U0227563

河湖污染与蓝藻爆发治理技术

主　编　朱　喜　胡云海

副主编　周　吉　李金灿　陈旭清　陈　实
　　　　姜国盛　徐春雷

黄河水利出版社

·郑　州·

内容提要

本书通过调研诸多河湖污染及蓝藻爆发现状和治理实践，总结分析“三湖”（太湖、巢湖、滇池）富营养化、蓝藻爆发治理和河湖污染防治、黑臭水体治理的经验教训，提出治理“三湖”等大中型浅水湖泊必须建立消除蓝藻爆发的目标，总结治理直至消除蓝藻爆发的治理富营养化、打捞削减蓝藻和恢复湿地的三大策略；总结河湖污染防治和黑臭水体治理的控源截污、打捞削减蓝藻、清淤、调水、恢复湿地的五大技术集成综合措施；总结全国调水和洪涝防治的经验教训，提出平原城市高标准洪涝防治的思路；阅读文章的体会交流；建议等。

本书内容丰富，具有理论性、实用性和可读性，对“三湖”消除蓝藻爆发、国内外河湖污染防治和黑臭水体治理、城市洪涝防治具有现实指导意义。本书可供水利、环保、生态、城建市政等专业人员，政府管理部门、院校师生及关心河湖治理的各界人士阅读参考。

图书在版编目（CIP）数据

河湖污染与蓝藻爆发治理技术 / 朱喜，胡云海主编. —郑州：黄河水利出版社，2021. 1

ISBN 978-7-5509-2797-1

Ⅰ. ①河… Ⅱ. ①朱… ②胡… Ⅲ. ①河流-蓝藻纲-富营养化-综合治理-研究-中国②湖泊-蓝藻纲-富营养化-综合治理-研究-中国 Ⅳ. ①X520.6

中国版本图书馆 CIP 数据核字（2020）第 164282 号

审稿编辑：席红兵 13592608739

出 版 社：黄河水利出版社

地址：河南省郑州市顺河路黄委会综合楼 14 层　　邮政编码：450003

发行单位：黄河水利出版社

发行部电话：0371-66026940、66020550、66028024、66022620（传真）

E-mail：hhslcbs@126.com

承印单位：河南瑞之光印刷股份有限公司

开本：787 mm×1 092 mm　1/16

印张：25.5　　插页：18

字数：480 千字　　印数：1—1 200

版次：2021 年 1 月第 1 版　　印次：2021 年 1 月第 1 次印刷

定价：168.00 元

编写人员名单

主　　编　朱　喜　胡云海

副 主 编　周　吉　李金灿　陈旭清　陈　实
姜国盛　徐春雷

主要编写人员　朱　喜　常　露　马建华　符智强
李忠海　杨剑平　董　松　王　川
张铮惠　丁少锋　杨　俊　黄　巍
金瑞琳　曹泽磊　潘正国　韩曙光
朱霖毅　徐晓峰　周　敏　李小韵
王晓英　王喜华　顾星苗　朱　旭
黄沁卿　吴应梁　张耀武　郑建中
朱晓良　秦建国　龚　莹　朱　云
陆一平

作者介绍

朱喜 1945-,男,江苏无锡人,高级工程师,40 多年从事水资源、水工程、水环境、水生态和治理湖泊蓝藻爆发、富营养化工作,本书主编(著作权人)、主要编写人员。

作者曾负责编写 4 部技术专著:《太湖无锡地区水资源保护和水污染防治》(副主编、主要编写人员),2009 年;《太湖蓝藻治理创新与实践》(副主编、主要编写人员),2012 年;《中国淡水湖泊蓝藻爆发治理与预防》(主编、主要编写人员),2014 年;《河湖生态环境治理调研与案例》(主编、主要编写人员),2018 年(附图 11)。

作者曾主编 4 个规划:《无锡市水资源综合规划》(2007 年),为江苏省首个依靠本市水利局自身力量完成的综合规划;《无锡市水生态系统保护和修复规划》(2006 年),为当时国家水利部 5 个水生态系统保护与修复工作试点城市依靠本市水利局自身力量完成的规划;《无锡市水资源保护和水污染防治规划》(2005 年),为江苏省和太湖流域依靠本市水利局自身力量完成的首个规划;《无锡市区水资源保护规划》(1995 年),为太湖流域首个依靠本市农机水利局自身力量完成的城市市区区域规划。

作者曾发表有关河湖的生态环境、蓝藻爆发和富营养化治理、2007 年太湖供水危机、水资源保护、城市防洪排涝等百余篇文章,参加百余个全国性研讨会并发言交流。

工作经历与知识积淀:20 年在无锡生活、学习(1945~1964 年)、20 年在新疆学习、工作(1964~1985 年)、20 年在无锡工作生活(1985~2005 年),2005 年退休,退休前后在无锡市水利局工作 11 年(2003~2013 年),专门进行水利规划编制和技术专著编撰工作。从 1968 年新疆巴楚开始工作至 2005 年退休的 38 年间,经历多次职位、岗位的变化:新疆巴楚再教育、劳动锻炼,水利勘测绘图、打井取水、水闸施工、规划设计、建设管理、行政管理,无锡水利系统的工程管理、建设施工、质量检查、协调管理、水政执法、资源管理、规划设计。40 年新疆、无锡的学习、工作和生活的经验教训,面广量大的阅历,为作者积淀了丰富的生活和工作的知识，增加了对水利技术知识诸多的了解，为退休前后编写多个水利规划、编撰技术著作奠定了基础。

小时候生活在五里湖边（太湖北部的小湖湾），看见湖水清澈见底、长满水草、游鱼可数，至今不能忘怀；从新疆调回无锡后的几年，太湖就蓝藻爆发了，可惜！作为居住在太湖边的水利人，有责任为治理太湖出一份力。

10 多年的时间里，作者曾参加全国百余场学术、技术研讨交流会，会上作报告、发言，会下与全国千百位专家、学者相互交流学习，增加了知识、技术的积累，体会到不仅要为治理太湖消除蓝藻爆发出力，应同时为治理巢湖、滇池和其他湖库的蓝藻爆发出力，为治理全国河湖水环境出力。

作者专业是农田水利而非水环境、水生态和蓝藻治理，但经过 40 多年的工作和学习深刻地体会到：只要有责任心、建立起兴趣、不断学习知识、努力坚持下去，与大家一起共同努力，一定能够为治理“三湖”做出一点贡献。在具有优越体制的中国特色社会主义国家，一定能够在中华人民共和国成立百年之前逐个分水域消除太湖、巢湖、滇池的蓝藻爆发。

前　言

起因。几位朋友来信说,你写了许多有关治理河湖水环境、水生态、黑臭水体和治理“三湖”(太湖、巢湖、滇池)蓝藻爆发的文章,可以汇集出版,供大家交流学习。于是趁2020年春节后新冠肺炎疫情宅在家中期间,整理有关文件及近年发表的多篇文章,与大家交流。

贯彻习近平总书记指示。党的十八大以来,以习近平同志为核心的党中央明确提出了建设生态文明的系列重大理论;习近平总书记一直心系长江经济带发展,站在历史和全局的高度,为推动长江经济带发展掌舵领航、把脉定向,长江是中华民族的母亲河,是中华民族发展的重要支撑,推动长江经济带发展必须从中华民族的长远利益考虑,把修复长江生态环境摆在压倒性位置,共抓大保护。

太湖、巢湖、滇池是长江流域的三颗明珠,我国著名的风景胜地,历史文化悠久,城乡经济繁荣。国家在数个五年计划中都把“三湖”治理列为环保重点。各地积极行动,治理污染,修复环境,已取得相当成效。然而“三湖”生态环境形势依然严峻,富营养化尚未消除,蓝藻依然年年爆发。

本专著的写作目的是遵照习总书记建设生态文明和“绿水青山就是金山银山”的指示,积极推进河湖污染治理、消除黑臭水体、消除“三湖”蓝藻爆发,建设绿水青山。希望将治理“三湖”、消除蓝藻爆发纳入长江大保护范围,建立消除蓝藻爆发目标,提高湖长河长、领导、决策人员的积极性、主动性。希望能够与广大科研人员一起践行习总书记的绿色发展理念,同心协力,攻坚克难,研究消除蓝藻爆发的技术综合集成。

生态文明建设是关系中华民族永续发展的根本大计,是满足人民日益增长的优美生态环境需要最普惠的民生福祉。希望广大关心河湖治理人员积极参与河湖污染治理、消除“三湖”蓝藻爆发,希望全国人民共同努力、发挥中国特色社会主义制度能够集中力量办大事的体制优越性,希望能在2049年中华人民共和国成立百年之前逐个分水域消除“三湖”的蓝藻爆发,为建设美丽中国贡献一份自己的力量。

本书创新观念。在总结以往河湖治理经验教训的基础上,总结出以下几点创新观念(观点、措施):在人口稠密、社会经济发达区域、流域,污水处理厂是最大点源群,应在建设足够污水处理能力和全覆盖污水收集管网的基础上,大幅度提高污水处理标准,以及配合其他措施,才能满足所在流域的环境容量;“三湖”流域年年蓝藻爆发,蓝藻已经成为主要内源;“三湖”消除蓝藻爆发,必须实施分水域打捞·消除蓝藻,最后将已消除蓝藻爆发的各水域连起来成为无蓝藻爆发的大水域;要改变以往仅在蓝藻爆发期打捞水面蓝藻的习惯为全年打捞·消除水面、水体和水底的蓝藻,才能逐渐消除“三湖”蓝藻爆发;仅依靠治理富营养化难以消除“三湖”蓝藻爆发,必须治理富营养化与削减蓝藻数量相结合才能最终消除蓝藻爆发。

本书共分为以下八个部分。

第一部分湖泊蓝藻爆发综合治理,8 篇文章,主要论述蓝藻、“三湖”蓝藻爆发状况,特别是 2007 年太湖供水危机后“三湖”蓝藻爆发治理状况和综合治理对策措施,强调大中型浅水湖泊消除蓝藻爆发必须治理富营养化与削减蓝藻数量相结合,必须分水域一年四季治理,打捞和消除水面、水体和水底的蓝藻,才能得到良好效果,也包括其他湖库的相关治理状况。

第二部分河湖水体污染与黑臭的综合治理,4 篇文章,主要论述在 2007 年太湖供水危机后,无锡市委市政府首先提出并推进河长制,在全市数千条河道实行河长制,取得改善河湖水环境的阶段性良好效果。2017 年起,河长制成为国家层面的行动。

第三部分污染防治和富营养化治理技术,9 篇文章,分析河湖污染防治、控源截污基本情况;提出“三湖”流域在现有一级 A 污水排放标准情况下,就是建设有足够污水处理能力和全覆盖的污水收集管网,其入湖污染负荷已超过“三湖”各自的环境容量,难以全面达到Ⅲ类水质目标,必须大幅度提高排放标准;现代污水处理技术日新月异,完全可以实现高标准排放;在清淤、除藻、削减内源中特别提出中小河道在使用常规方法清淤之外,可用新技术长期有效清除有机底泥;提出在相当部分河道可采用直接净化河湖水体并同时净化底泥的技术,有些技术也可治理养殖场污水和用于污水厂尾水的提标,介绍了部分案例;其中特别提出“三湖”目前已年年蓝藻爆发,蓝藻已经成为主要内源,在清除底泥污染的同时,应深入积极消除蓝藻,以能够大幅度削减内源污染负荷。

第四部分打捞削减蓝藻技术,5 篇文章,分析湖泊蓝藻爆发及微电粒子、添加剂、混凝气浮、改变生境、生物种间竞争、治理富营养化、常规打捞及综合除藻等清除蓝藻的治理技术。这些打捞、削减蓝藻的技术,应择优在“三湖”

水域尽快进行试验,其后分水域推广,以期使能在小水域使用的除藻技术也能在分水域的“三湖”等中得到应用。提出应改变原来仅在蓝藻爆发期打捞水面蓝藻的固有习惯,实施一年四季全面打捞·消除水面、水体和水底蓝藻的策略。

第五部分生态修复　恢复湿地,1篇文章,论述水生态系统、湿地的类型、特点、保护和治理的成效和存在问题,生态修复和恢复湿地的必要性、思路和对策等。

第六部分调水与洪涝防治,2篇文章,论述古今调水,调水的种类、作用和总体要求,分类分析全国主要调水工程的效益、存在问题及其解决方法,调水应该应调尽调,正确理解公益性调水;平原城市调水、防治洪涝、海绵城市三者密切相关、相辅相成,人口稠密、社会经济发达区域必须高标准防治洪涝;鄱阳湖、洞庭湖完全有必要及采取不同的方法控枯。

第七部分治理河湖的建议,3篇文章,希望把“三湖”蓝藻爆发列入长江大保护和国家治理河湖水环境目标,列入国家“十四五”规划,加强污水处理和提高污水处理标准、生态修复恢复湿地、加强规模禽畜养殖污染的治理和废弃物资源化利用等。

第八部分治理河湖·学术交流,19篇文章,主要是交流治理“三湖”水环境、蓝藻爆发的观点,包括污水厂是否需要提标、蓝藻爆发能否消除、通过控磷或治理富营养化能否消除蓝藻爆发、能否修复湿地、近年蓝藻爆发程度基本没有减轻原因、监测水质的结果差距很大等。

本书共收录51篇文章。其中发表于各级期刊12篇,会议论文集1篇,讲稿1篇,新作15篇,给政府机构和单位的建议3篇,作者间的交流文章19篇。

鸣谢。对关心支持本书出版和提出宝贵意见的朋友(排列不分先后)李贵宝、王圣瑞、黄建元、张光生、成小英、成新、翟淑华、洪国喜、郑建中、吴时强、吴小明、张毅敏、董建伟、黄炜、骆祥君、石磊、左其亭、黄胜平、冯冬泉等表示感谢!

多提宝贵意见。因作者在研究治理河湖水污染、生态环境治理、消除蓝藻爆发方面经验不足,主要是通过调查研究和与各位专家学者的交流取得经验教训和案例。作者对此边探索边前进,边前进边提高认识,以进一步深入了解河湖污染与蓝藻爆发治理技术。作为第一主编,作者已退休15年,经验有限,故书中难免有错误或不完善、不全面之处,希望各位同人多提宝贵意见,相互交流。邮箱:2570685487@ qq.com;手机号:13861812162;联系人朱喜。

说明：

(1)书中的“三湖”，即为太湖、巢湖、滇池，书中不再另行说明。

(2)本书中N P作为专有名词，N P两个字母之间空半格，不加“、”号，如汉字书写为氮磷一样，不加“、”号。

(3)本书在汇编期刊和会议论文集中已发表的文章时，对其中有些文章的标题和内容进行了略微修改和补充。

(4)书中的水质标准采用国家环境保护总局和国家质量监督检验检疫总局发布的《地表水环境质量标准》(GB 3838—2002)。其中，河道的水质文中一般不作说明，文中关于TP(湖、库)的标准一般作说明；城市黑臭水体污染程度采用中华人民共和国住房和城乡建设部、环境保护部分级标准(见表1、表2)。

表1 《地表水环境质量标准》(GB 3838—2002)摘录 (单位：mg/L)

项目		Ⅰ类	Ⅱ类	Ⅲ类	Ⅳ类	Ⅴ类
溶解氧(DO)	≥	7.5	6	5	3	2
氨氮(NH_3-N)	≤	0.15	0.5	1.0	1.5	2.0
总氮(TN，湖、库，以N计)	≤	0.2	0.5	1.0	1.5	2.0
高锰酸盐指数(COD_{Mn})	≤	2	4	6	10	15
化学需氧量(COD)	≤	15	15	20	30	40
五日生化需氧量(BOD_5)	≤	3	3	4	6	10
总磷(TP，以P计)	≤	0.02(湖、库0.01)	0.1(湖、库0.025)	0.2(湖、库0.05)	0.3(湖、库0.1)	0.4(湖、库0.2)

注：文中单位“个细胞/L”即为cells/L。

表2 城市黑臭水体污染程度分级标准

特征指标(单位)	轻度黑臭	重度黑臭	说明
透明度(cm)	25~10*	<10*	＊表示水深不足25 cm时，该指标按水深的40%取值
溶解氧(mg/L)	0.2~2.0	<0.2	
氧化还原电位(mV)	−200~50	<−200	
氨氮(mg/L)	8.0~15	>15	

(5)书中的污水处理标准采用国家环境保护总局和国家质量监督检验检疫总局发布的《城镇污水处理厂污染物排放标准》(GB 18918—2002)。另有说明者除外。

(6)本书中若干技术如治理富营养化、清淤、调水、生态修复、打捞蓝藻等及其案例已在作者朱喜以往编撰的《太湖无锡地区水资源保护和水污染防治》(2009)、《太湖蓝藻治理创新与实践》(2012)、《中国淡水湖泊蓝藻爆发治理与预防》(2014)、《河湖生态环境治理调研与案例》(2018)等著作中叙述，本书中仅作简单叙述。

作　者

2020 年 7 月

目 录

第一部分
湖泊蓝藻爆发综合治理

序

远古、近代、现代均有蓝藻爆发，特别是2007年太湖供水危机后，经10年多努力，“三湖”富营养化程度普遍降低，但蓝藻爆发程度未得到减轻，应引起足够的重视！要认真研究其原因，同时研究如何转变浅水湖泊蓝藻爆发的治理思路和策略；必须建立“三湖”消除蓝藻爆发的目标，并把其列入国家的长江大保护、“十四五”规划和河湖治理水环境、水生态之中；改变以往认为治理富营养化就能消除蓝藻爆发的固有观念，改变仅在蓝藻爆发期间打捞水面蓝藻的既有习惯，实施治理富营养化、打捞削减蓝藻、恢复湿地的三大综合措施；实施分类分水域消除蓝藻爆发的战略，一年四季实施打捞·消除水面、水体和水底蓝藻，就一定能够消除“三湖”等大中型湖库的蓝藻爆发现象。

本书第一部分主要论述“三湖”的蓝藻爆发、治理状况和综合治理对策措施，也包括其他一些湖泊水库的相关状况。

此部分共收集8篇文章，其中6篇在期刊上发表过，2篇是新作。第一篇是综述，是关于蓝藻、水华和蓝藻爆发及其治理概况；第二~六篇是关于太湖、巢湖、滇池、东湖、三峡水库的蓝藻爆发和治理概况及今后的总体治理思路、方案，提出大中型浅水湖泊“三湖”消除蓝藻爆发必须进行分水域治理，关键是要建立消除蓝藻爆发的目标、提振信心、下定决心，利用现有技术集成消除蓝藻爆发；第七篇是大数据结合治理太湖消除蓝藻爆发实践的思路，提出若对全太湖进行一次性消除蓝藻爆发的模型试验不太现实，可分水域进行消除蓝藻爆发的模型试验,然后合并成太湖的总体模型试验;第八篇是太湖2007年与20世纪90年代供水危机的实质均是“湖泛”,书中首次披露20世纪90年代发生的供水危机的情况。

综述|蓝藻·水华·爆发[①]

1 蓝藻

1.1 古代蓝藻

蓝藻也称蓝绿藻或蓝细菌,是地球上分布最广、适应性最强的光合自养生物。据专家考证,蓝藻在地球的全盛期为35亿年前~7亿年前,历时28亿年之久,其间经历了远古时期的巨大繁荣。35亿年前,第一批原核藻类——蓝藻出现;15亿年前,真核藻类逐渐繁衍;直到7亿年前,藻类依然是地球上唯一的绿色植物。

1.2 蓝藻的结构和分类

蓝藻属于原核生物,蓝藻的细胞结构一般分为细胞壁和原生质体两部分,认为其门下仅有一个蓝藻纲或有色球藻纲、藻殖段纲、真枝藻纲等三个纲,一般认为蓝藻包括色球藻目、管孢藻目、段殖体目等三个目。

蓝藻既具有藻类的特性,又有细菌的特性,故又称蓝细菌。一般认为“蓝藻”既不是典型的细菌也不是典型的藻类,实际上是细菌和绿色植物的连接者。蓝藻是细菌和高等植物的纽带,叶绿体起源于蓝藻。蓝藻的基本形态有单细胞、群体和丝状体等。蓝藻单细胞一般均很小,最小直径仅0.1 μm。蓝藻的多细胞群体相对较大,甚至多达千万个细胞。

蓝藻在生物三界系统学说中属于植物界,所以相当多的专家称之为浮游植物;在生物五界系统学说中属于原核界;在生物六界系统学说中直接分属为蓝藻界。蓝藻一般可分为非固N蓝藻和固N蓝藻。其中,非固N蓝藻有微囊藻、颤藻、鞘丝藻等;固N蓝藻有鱼腥藻、束丝藻、拟柱胞藻、胶刺藻、节球藻、

① 此文作者为朱喜(原工作于无锡市水利局),2020年4月编写。

蓝纤维藻等。微囊藻中主要包括铜绿微囊藻、水华微囊藻、惠氏微囊藻，还有鱼害微囊藻、片状微囊藻、挪氏微囊藻、放射微囊藻、绿色微囊藻、史密斯微囊藻等。一般认为，微囊藻具有藻毒素、有毒。蓝藻可以在淡水、海水中生活，可在水底、水体和水面生活，可在静水或流动的水体中生活。

1.3　蓝藻的特性

① 蓝藻是光合自养生物；② 蓝藻在未死亡时，水体中藻毒素很少，一般不造成危害；③ 蓝藻爆发的过程是增加 N、C 和富集 N P 的过程，所以蓝藻主要含有有机质、N、P 等物质。太湖蓝藻干重所含物质比例如表 1 所示；④ 蓝藻生长爆发过程可分为休眠、复苏(萌发)、首次爆发、持续爆发、衰退期五个阶段；⑤ 蓝藻有很强的生命力，可形成绝对竞争优势；⑥ 蓝藻没有死亡时，一般不污染水体，如梅梁湖锦园附近的蓝藻刚爆发未死亡时，由于其吸收氮磷，将蓝藻过滤掉之后的水质就比较好，2008 年 8 月 14 日 5 次监测的过滤蓝藻后水质的平均值明显优于梅梁湖当年总体水质(见表 2)，相当于优于有关部门公布的 2019 年的太湖水质。

表 1　太湖蓝藻干重所含物质比例　　(%)

项目	TN	TP	有机质	其中 C	灰分	其他
范围	6.4~6.9	0.62~0.74	1.724 * C	42~45	6.5~10	
平均	6.7	0.68	76.7	44	8.2	7

注：该比例由江南大学在 2008 年于太湖北部水域多次采样检测和综合分析确定。

表 2　2008 年 8 月 14 日梅梁湖锦园附近水质

项目	TP (mg/L)	TN (mg/L)	NH_3-N (mg/L)	藻密度 (cells/L)	叶绿素 a (mg/L)
2008-08-14 锦园水质	0.065	0.705	0.09	9.67×10^7	0.276
2008 年梅梁湖均值	0.112	2.98			
减少比例(%)	42	76.34			
2019 年太湖均值	0.087	1.49			

注：5 次监测均是蓝藻水经 0.45 μm 滤膜过滤后测定。

1.4　蓝藻繁殖方式

蓝藻的繁殖方式主要为营养性繁殖和无性繁殖，包括单细胞或群体的裂殖、群体藻丝体裂殖，以及无性孢子繁殖等几种，均是简单繁殖方式，繁殖速度比较快。蓝藻的生长比较适应碱性水质条件，蓝藻的繁殖周期为 0.5~3 天或更长时间。

2 蓝藻·水华·爆发

蓝藻、水华、爆发是相互关联的,而蓝藻水华爆发简称为蓝藻爆发。

2.1 水华

当藻类异常增殖,使湖面(水面)上在一定的比较小的范围内有藻类聚集时,一般称之为水华,海洋中水华爆发称为赤潮。据太湖、巢湖沿岸百姓反映说在19世纪二三十年代湖水清澈,但沿岸水面上也年年漂一层藻类水华,百姓把其捞去当肥料。太湖、巢湖、滇池均是从1990年起开始年年有大规模蓝藻爆发。

2.2 水华与富营养化

水体富营养化,是引发水华的一个主要因素。水体富营养化是指水体中氮磷等营养物质含量过多所引起的水质污染现象。湖泊水质达到Ⅳ类一般就认为已经富营养化了。

富营养化发展历程,20世纪70年代富营养化以城市小湖泊为主;1985~1989年(20世纪80年代后期)在以城市小湖泊为主的同时,有一些大中型湖泊的局部水域开始富营养化,如梅梁湖(太湖北部的湖湾)北部就在此时开始富营养化;2000年前大中型湖泊出现大规模富营养化,面积达到5 000 km^2;2007年前达到6 500 km^2;2013年达到14 000 km^2,占所有淡水湖泊面积的85%以上。

2.3 蓝藻爆发

蓝藻爆发,是在富营养化水体中,蓝藻种源在合适的生境中又缺少种间竞争的条件下,快速生长繁殖,达到一定密度,大范围聚集于某处水面的现象。

各类湖泊蓝藻爆发的情况不同,具体如下:

(1)人口密度小、人类活动少、社会经济不发达的入湖污染负荷少的区域的湖泊,如洱海(Ⅱ~Ⅲ类水,中营养)有轻度蓝藻爆发;水质良好(Ⅰ类)的抚仙湖和泸沽湖则未有蓝藻爆发。

(2)深水湖泊水温低,一般不会有蓝藻爆发,如抚仙湖。

(3)换水次数多的湖泊难以有蓝藻爆发,如鄱阳湖、洞庭湖已富营养化,但因换水次数达15次以上,而在主要水流通过水域无蓝藻爆发。

(4)三大淡水湖(太湖、巢湖、滇池)是浅水型湖泊,很容易有蓝藻爆发,自1990年起至今一直呈富营养化,并年年蓝藻爆发。

(5)小型湖泊如蠡湖、玄武湖、东湖、西湖等仍为富营养化状态,各有次数不等的蓝藻爆发，经治理现已基本消除或完全消除蓝藻爆发。

(6)全国城市微型湖泊绝大部分富营养化并有蓝藻爆发或藻类爆发，经治理，有些消除了蓝藻爆发，有些一直未能消除，有些暂时治好后又复发。

蓝藻爆发在北半球一般发生于每年的5~10月(3~4月或11~12月也有发生)，有明显的季节性，水体一般呈蓝绿色(也有黄绿色、红色、黑色等其他颜色)；引起蓝藻爆发的优势品种有微囊藻、鱼腥藻、束丝藻等。

其他藻类，如硅藻、绿藻、裸藻、轮藻、金藻、黄藻、硅藻、褐藻、红藻和甲藻等均有可能爆发，大部分藻类爆发是包括多种藻类的，所占比例各不相同，但在某一藻类爆发阶段往往以一种藻类为主。

2.4　影响蓝藻爆发的因素

2.4.1　氮磷富营养化为基本条件

河湖水体富营养化发展至一定程度时就可能发生蓝藻爆发。一般认为在N/P指标合适时，TP浓度达到0.03 mg/L时湖库就可能发生蓝藻爆发。水质达到Ⅳ~Ⅴ类时爆发的可能性就大幅增加，如1987年起梅梁湖北部水质达到Ⅳ~Ⅴ类，就开始小规模蓝藻爆发，而达到劣Ⅴ类就较大规模爆发，至20世纪90年代→20世纪初蓝藻爆发规模就持续扩大，直至发生太湖大范围蓝藻爆发，如太湖最大爆发面积2007年达到979 km^2，2017年达到1 403 km^2。

2.4.2　水温因素

全球温度在20世纪的下半世纪每10年升高0.5 ℃，北冰洋冰山大量融化，不久将开通北冰洋航道，南极冰山也开始大量融化。这是全球温度升高的例证。如滇池区域的温度20世纪90年代就较50年代升高2 ℃。

太湖蓝藻在3~4月水温9~12 ℃时，从休眠状态开始苏醒(萌发)，4~5月初18 ℃时就开始第一次蓝藻爆发，5~10月水温25~35 ℃时就持续多次爆发；早春若水温升高较快，则蓝藻在3~4月就会大量增殖而爆发，如2007年供水危机年份。目前每年蓝藻爆发结束时间一般已经推迟至11月，极个别的暖冬年份可能推迟至12月上中旬。

2.4.3　光照因素

光照对浮游植物生长影响显著，许多形成水华的种属喜好或耐强光。

2.4.4　水体pH

藻类生长在碱性水体中，略强于在酸性水体中。

2.4.5　气候与水文因素

降雨能大量减少藻蓝上浮的概率，但降雨使陆地的微量元素、有机质、大量养分等流入河湖水体，为蓝藻提供了营养条件，增强了蓝藻的生长繁殖；蓝藻爆发大多是在低风速及缓流流态水体下；风的作用可使蓝藻特别是水面蓝藻随风迁移，但若风力过大，如超过 4 级，则大部分蓝藻将隐于水下不浮于水面而看不见爆发的迹象。

2.4.6 浮力调节能力

蓝藻的浮力调节能力可使其通过主动浮游或下沉来选择最佳生长和生存空间，对其自身生长繁殖非常有利。

2.4.7 快速增殖能力

在理想条件下，蓝藻数量可在 0.5~3 天翻一番，这对于形成蓝藻爆发非常有利；蓝藻可通过化感作用影响其他藻类和高等植物生长；蓝藻可以在体内储存磷等营养盐以满足细胞分裂需要，进而促进其快速增殖。

2.4.8 快速漂浮聚集能力

在较大风力作用下，蓝藻能够快速漂浮至下风处聚集，一般每年的 5~10 月，太湖在东风或东南风的作用下蓝藻一般大量聚集在北部的梅梁湖、贡湖和竺山湖或西部的太湖沿岸，形成爆发，而 3~4 月或 10 月下旬至 11 月在西北风或北风时蓝藻聚集在南边的湖州沿岸，可能形成太湖第一次或最后几次的蓝藻爆发。

2.5 蓝藻及其爆发的计量

蓝藻及其爆发的计量一般采用爆发面积（km^2）、年最大爆发面积（km^2）、年累积爆发面积（km^2）、年爆发次数（次）、藻细胞密度（万个细胞/L 或万 cells/L）、叶绿素 a（chla）或藻蓝素（μg/L）、蓝藻干（湿）物质（mg/L）等。

2.6 蓝藻爆发危害和作用

2.6.1 危害

（1）水体观感差。由于蓝藻多次爆发，导致蓝藻在水面的堆积及在水下、水底的厌氧反应，使水体出现恶臭，水面变成绿油漆状等，视觉和嗅觉的感官效果极差。

（2）破坏水生态系统。藻类爆发可以产生缺氧、遮阳等情况而导致水生态系统失衡，使其他一些生物不能正常生活，最终死亡，水体持续恶化。

（3）饮用水水源受到威胁。蓝藻爆发产生异味物质和蓝藻毒素，影响饮用水水源和水产品安全，自来水厂的过滤装置被藻类填塞，并有难闻的臭味。

（4）影响人类健康。水源地蓝藻爆发后蓝藻的堆积与厌氧分解，使自来水出现恶臭，导致水污染事件；藻毒素影响水产品的安全，影响人类健康。

（5）加重底泥和水体的污染。蓝藻在爆发期间处于不断的生长繁殖与死亡的交替循环，其残体成为污染物质而严重污染水体和底泥，甚至可形成供水危机。

2.6.2　作用

(1)增加氧气。蓝藻在阳光下能够进行光合作用,增加地球的氧气。

(2)能吸收水中氮磷物质。蓝藻在生长时能够吸收水中的氮磷物质,减少水体中的氮磷含量。所以,只要及时清除水体中的蓝藻,就能够清洁水体。如表 2 中 2008 年 8 月 14 日梅梁湖锦园附近蓝藻水经 0.45 μm 滤膜过滤后的水质达到 TNⅢ类、TPⅣ类。

3　蓝藻爆发概况

国内外湖泊大多数存在富营养化现象,其中相当部分湖泊存在蓝藻爆发现象。

3.1　世界蓝藻爆发

(1)美国犹他湖。位于美国犹他州中北部,是面积 390 km^2 的淡水湖,2016 年犹他湖蓝藻爆发;蓝藻面积达湖面总面积的 90%,水体发绿、发臭;蓝藻爆发式增长造成 100 多名居民中毒,伴有呕吐、腹泻、高烧以及皮肤或眼部刺激、过敏等症状。

(2)美国伊利湖。北美五大湖之一,水面面积 25 700 km^2,平均水深 19 m(在五大湖中最浅),最大深度 64 m,蓄水量 455 km^3;2019 年 7~8 月蓝藻爆发,绿色油漆状的水华覆盖了整个伊利湖西部湖区;规模的微囊藻多次爆发,俄亥俄州托列多市自来水的微囊藻毒素浓度超标,造 50 多万人的饮用水危机。

(3)日本霞浦湖。日本第二大湖,水域面积 220 km^2,容积 8.5 亿 m^3,平均水深 4 m,浅水湖泊,区域人口 100 万,换水天数 200 天。由于富营养化造成蓝藻爆发,20 世纪七八十年代蓝藻爆发,后减轻。

(4)日本琵琶湖。日本最大湖泊,面积 670 km^2,构造湖,位于本州岛中部滋贺县,湖面海拔 85 m,其北湖为平均深 43 m 的深水湖,最大水深 102 m,南湖为平均深 4 m 的浅水湖。从 1960 年始,沿岸经济增长迅速,为京都、大阪和神户地区 1 400 万人生活和工农业的水源地。水污染逐步严重,1977 年发生大规模赤潮,1983 年 9 月 21 日起多次爆发蓝藻,现在富营养化程度得到基本改善、蓝藻爆发程度大幅度减轻。

(5)美国 Apopka 湖。由于水污染至富营养化,重富营养化,1947 年首次发生蓝藻水华,以后爆发日益严重,藻类优势种为蓝藻。

(6)荷兰 Veluwe 湖。小型湖泊,面积数平方千米,1970 年蓝藻大量爆发。

3.2 国内蓝藻爆发

3.2.1 大中型湖泊

(1)“三湖”。均为浅水大中型湖泊,其中太湖、巢湖水深2~2.5 m、滇池4.5 m,从20世纪80年代的中后期开始小规模爆发,20世纪90年代开始蓝藻爆发,规模越来越大,且年年持续爆发至今。

(2)鄱阳湖。其流域地跨江西等六省,面积16.22万 km^2,以平均水面积3 673 km^2 计为我国第一大淡水湖,蓄水284亿 m^3,汛期为深水湖泊,最大水位差16 m;主要承纳赣江、抚河、信江、饶河、修河五河来水,调蓄后由湖口入长江,是吞吐型、季节性淡水湖;2011年湖水水质Ⅴ类,现为Ⅳ类,是我国大型淡水湖中年均水质唯一未曾达到劣Ⅴ类的湖泊;2012年以后曾发生数次水华或有小规模蓝藻爆发,现水质有所改善。

(3)洞庭湖。位于湖南省北部,平水期面积2 625 km^2,容积174亿 m^3;是我国第二大淡水湖泊,承纳湘河、资河、沅河、澧河“四水”和长江松滋口(松滋河)、太平口(虎渡河)、藕池口(藕池河)“三口”来水(原有长江“四口”,另一个是华容河的调弦口,现弃用),近年水质一般为Ⅳ~Ⅴ类,以往有时为劣Ⅴ类;2008年6~9月,东洞庭湖的大小西湖及附近连通水域首次出现轻度水华,其后至2018年,该区域连续发生面积不等的水华,其中2013年9月达400 km^2,为东洞庭湖的30%,优势种为微囊藻,其中2008年藻密度为137万cells/L。

(4)洪泽湖。其大坝以上流域面积15.8万 km^2,2/3为平原;以平均水面积计为我国第四大淡水湖,人工控制浅水吞吐型湖泊,正常蓄水位13 m时水面积2 152 km^2,蓄水42亿 m^3,平均水深1.95 m,最大水面积曾达到3 500 km^2;出湖水量为426亿 m^3;换水次数多;以往有些枯水年份由于水浅及水体流动性差致大坝附近水域及成子湖(北部湖湾)曾有数次小规模蓝藻爆发。

(5)云南洱海。面积257 km^2,水量28亿 m^3,平均水深10 m,岸线长30 km,形成于冰河时代末期,属构造断陷高原湖,为西南季风气候,注入澜沧江;以前湖水为Ⅰ~Ⅱ类水,后由于人口增加、社会经济发展,退化为Ⅳ类水、轻富营养化,1996年和2003年曾有过两次较大规模的蓝藻爆发,蓝藻主要聚集在东北沿岸湖湾,湖水透明度从4 m下降至0.5 m;后经治理,现在为中营养—轻富营养、水质Ⅱ~Ⅲ类,蓝藻尚有轻度小规模爆发。

(6)内蒙古乌梁素海。黄河内蒙古段最大的湖泊,水面积285 km^2,其中有芦苇面积百余平方千米。21 世纪初在其北部有“水华”聚集或轻度藻类爆发现象，其特点是蓝藻或藻类与芦苇共存，叶绿素 a 最大月平均值为 40～77 μg/L，其时年均值 TN 一般超过 4 mg/L，TP 为劣Ⅴ类。

3.2.2　小型湖泊

（1）南京玄武湖。曾有过多次蓝藻爆发，1986 年 4 月首次蓝藻爆发，出现“黑水”，湖水发臭，5 月出现大面积死鱼；2005 年 7 月起再次蓝藻爆发，9 月 18 日 3 km^2的湖面就像铺了一层厚厚的绿地毯；2007 年 7 月大面积蓝藻爆发，水质恶化，散发出臭气，后经治理消除蓝藻爆发。

（2）武汉东湖。水域面积 34 km^2，1985 年以前在主水域面积 28 km^2水面持续有过多次蓝藻爆发；后经治理基本不再发生，但主水域在 2007 年 7 月 11 日又一次蓝藻爆发，现水质一般在Ⅴ～劣Ⅴ类。

（3）杭州西湖。面积 6.4 km^2，平均水深 2.27 m，流域面积 27.5 km^2。20 世纪 60～90 年代已富营养化，如 1980 年 TN 3.04 mg/L（劣Ⅴ类）、TP 0.14 mg/L（Ⅴ类）。1958、1981 年曾两度出现蓝藻爆发现象，1958 年爆发时水体呈红色，称“红水”，由蓝纤维藻引起，湖心藻密度 65×10^8 cells/L；1981 年蓝藻爆发时水体呈黑褐色，称“黑水”，由水华束丝藻引起，藻密度 6.77×10^8 cells/L，其占藻类总量的 98%。

（4）云南星云湖。面积 34.7 km^2，平均水深 7 m，容积 1.84 亿 m^3，为高原断层湖，近年由于富营养化，多年连续有蓝藻爆发，至今蓝藻爆发依然严重。

（5）苏州金鸡湖。面积 7.4 km^2，平均水深 1.8 m，容积 0.13 亿 m^3，近年也多次蓝藻爆发或水华聚集。

3.2.3　微型湖泊

由于城市人口稠密和社会经济发达，各大中城市的小微型湖泊、塘、坑污染发展至富营养化，全国有许多城市湖泊有蓝藻爆发或水华爆发现象：湖南长沙南郊公园漫竹湖、湘潭白石公园白马湖、长沙年嘉湖、湖南跃进湖、岳阳楼畔南湖、河南商丘南湖、广州流花湖、南昌市南湖北湖、武汉南湖、昆明市翠湖、湖北省随州白云湖等。

3.2.4　水库

中国大小水库众多，大部分已富营养化，大部分河流上游山区水库一般未有蓝藻爆发或水华爆发，因其上游山区入水污染负荷较少，富营养程度较轻，水库的换水次数较多。河道下游水库或污染负荷入库多、换水次数较少的水库有可能爆发，但不一定是年年爆发。

（1）长江三峡水库支流回水区。三峡水库为峡谷型拦河大坝水库，175 m

高程蓄水 393 亿 m^3,水面积 1 084 km^2,是我国第一大水库,水位年内变幅 30～50 m;2003 年水库蓄水后,支流回水区发生富营养化,支流中有小江、汤溪河、磨刀溪、长滩河、梅溪河、大宁河、香溪河等多条河流回水区有不连续的多次蓝藻爆发或水华爆发现象。

(2)于桥水库。是海河流域山区浅水型拦河水库,总库容 15.6 亿 m^3,平均水深 4.6 m,最大水深 12 m,流域面积 2 060 km^2。1997 年、2006 年、2009 年蓝藻爆发,达到叶绿素 a 130 μg/L、藻密度 1 亿～1.6 亿 cells/L;TN 劣Ⅴ类、TP 0.029 mg/L(Ⅲ类);次优势种为绿藻;污染源主要为外源和菹草的二次内源污染。

(3)洋河水库。是海河流域山区平原拦河水库,总库容 3.86 亿 m^3,平均水面积 13 km^2,平均水深 5.7 m。2009 年,TN 劣Ⅴ类、TP 0.039 mg/L(Ⅲ类)。1990 年,大部分水域水华爆发;1992 年,蓝藻(鱼腥藻)爆发;1995 年,微囊藻爆发;1999 年,全部水域水华爆发;2000 年、2001 年,大面积水华爆发;2004 年,蓝藻爆发,蓝藻密度 1.03 亿 cells/L;2007 年,蓝藻爆发。

(4)官厅水库。属海河流域,总库容 41.6 亿 m^3,平均水深 7.6 m,流域面积 4.3 万 km^2。2009 年,TN 1.07 mg/L、TP 0.063 mg/L(均Ⅳ类),多次发生较大水华;2007 年,微囊藻、鱼腥藻爆发,达到 Chla 240 μg/L。

(5)桥墩水库。在浙江境内,库容 0.84 亿 m^3,水面积 3 km^2,在 1997～2000 年曾连续多次蓝藻爆发。

(6)新立城水库。在长春市,库容 6 亿 m^3,最大水面积 97.5 km^2,流域面积 1 970 km^2; 2007 年多次蓝藻爆发。原因是富营养化和水库周围河塘中的蓝藻随降雨流向水库聚集。

(7)高州水库。是广东茂名市水源地,容积为 11.5 亿 m^3、正常水面积 44 km^2,流域面积 1 022 km^2;水深处有 20～30 m;2009 年、2010 年在枯水期鱼腥藻爆发,最大藻密度达到 1.4 亿 cells/L。其间,平均 TN 0.67 mg/L(Ⅲ类),TP 0.014 mg/L(Ⅱ类)。

(8)湖北宜昌枝江市善溪冲水库。山区拦河水库,库容 2 040 万 m^3,水深平均 13～14 m;2019 年藻类爆发,夏季藻密度 1.2 亿个/L,其中蓝藻密度 2 000 万 cells/L,pH = 9.04,TN 0.48 mg/L (Ⅱ类)、TP 0.06 mg/L (Ⅳ类)。

(9)小关湖水库。贵阳市北拦河水库,地处贵阳市云岩区,位于贵阳市区西北部黔灵公园二湖尾水河段,是一座于 1961 年 4 月建成的总库容 231 万 m^3 的小(1)型水库。其下游的小关湖水库总库容 40.8 万 m^3,是一座小(2)型水库。两水库的主要功能是防洪和向南明河提供河道环境用水。2011 年,小关湖水库曾多次蓝藻爆发。

(10)共青水库。江西乐平市,水面面积 1.4 km^2,2011 年蓝藻爆发。主要原因是外源入湖和高密度人工投饵养殖。

4　蓝藻爆发治理现状

目前,蓝藻爆发的治理一般采用防治水污染和改善富营养化,以及用打捞的方法清除部分集聚在水面的蓝藻,取得了一定的效果。如"三湖"均采用多种方法治理湖泊使富营养化均得到相当程度的改善,均在蓝藻爆发期打捞了相当多的水面蓝藻,其中太湖自 2007 年至 2019 年,经统计,打捞蓝藻水合计达到 1 450 万 m^3,使湖泊水面上蓝藻爆发的视觉、嗅觉的感觉效果得到相当程度的改善,同时保证了湖泊水源地的供水安全。但目前仍年年有蓝藻爆发现象。

5　治理存在问题

5.1　不能正确认识治理富营养化与蓝藻爆发的关系

(1)认为治理富营养化就能够消除蓝藻爆发,实际上地广人稀的湖泊流域可以,但对"三湖"等浅水湖泊是难以做到的。

(2)认为消除蓝藻爆发必须治理水体直至消除水体富营养化(一般认为,水质达到Ⅲ类,就相当于中营养化水平),实际上当水质达到Ⅳ~Ⅴ类,也可能消除蓝藻爆发。蓝藻爆发是湖泊水体富营养化的一个重要表征或结果,水体中存在营养物质是蓝藻爆发的必要条件,治理富营养化是治理蓝藻爆发的基本要求。

(3)治理富营养化不一定能马上减轻蓝藻爆发,如"三湖",从 2007 年太湖供水危机起至今已经过 10 年多的治理,其富营养化程度(主要是 TN)得到大幅度改善,但期间蓝藻爆发程度均未减轻。说明治理富营养化必须达到一定程度(如水质达到Ⅱ~Ⅲ类)才能减轻蓝藻爆发程度。同样,如蠡湖、玄武湖、东湖、西湖等没有消除富营养化,水质仅改善至Ⅴ~Ⅳ类,就可基本消除蓝藻爆发。

5.2　国家至今未建立消除"三湖"蓝藻爆发的目标

"三湖"蓝藻爆发已有 30 年,原制定的各湖水环境总体治理方案中均未提出消除蓝藻爆发的目标,其他有关政府文件中也均未提出此目标。没有目标,就使有关领导缺乏主动性和积极性,使有关科研机构、人员缺少研究消除蓝藻爆发的动力和财力支撑。

5.3 “三湖”富营养化程度减轻而蓝藻爆发依旧严重

“三湖”经10余年的治理，虽富营养化程度减轻，但蓝藻爆发依旧严重，甚至加重。如太湖水质，从2007年的劣Ⅴ类改善为2018年的Ⅳ～Ⅴ类，其中TN从2.35 mg/L降为1.60 mg/L，削减31.9%，但2017年最大爆发面积1 403 km^2，超过发生太湖供水危机2007年的979 km^2的43%，且其间的藻密度增加了1倍多；又如巢湖，通过治理，其富营养化程度有较大改善，2018年巢湖平均水质东部Ⅳ类，西部Ⅴ～劣Ⅴ类，全湖平均Ⅴ类，其中TN 1.44 mg/L、TP 0.102 mg/L，分别较历史最大值1995年4.62 mg/L、0.41 mg/L削减68.8%、75.1%，但仍有大范围的蓝藻爆发，如年最大蓝藻爆发面积2016年237.6 km^2、2017年338 km^2、2018年440 km^2，分别占巢湖面积的31%、44.5%、57.9%，而2018年东巢湖的叶绿素a、藻蓝素分别较2012年增加159%和404%。

5.4 缺少消除蓝藻爆发的技术集成

全国湖泊，控制点源面源、控制内源、治理水环境、修复水生态的各类单项技术很多，但缺乏技术的综合集成，特别是缺乏可消除蓝藻爆发的应用性技术的综合集成。

5.5 研究机构少有研究消除蓝藻爆发的应用性集成技术

全国水环境水生态研究机构数量众多，但一般均关注于蓝藻及其爆发的基础性理论研究，因为容易出成果；受难以消除蓝藻爆发思想的影响，认为研究应用性集成技术把握性不大、出成果的效率低下，加之由于国家没有制定消除蓝藻爆发的目标而缺乏研究资金，使之很少去研究消除蓝藻爆发的应用性集成技术。

6 理清几个概念

6.1 水华与蓝藻爆发概念的差异

水华是太湖、巢湖在20世纪五六十年代或更早的非富营养时期就存在的一种自然生态现象，其组成可能是蓝藻或是其他藻类，应该没有什么害处，那时候老百姓打捞水华藻类作为肥料。水华爆发可以是蓝藻爆发，也可以是其他藻类爆发，爆发规模可大可小。而蓝藻爆发则是以蓝藻为主的藻类的水华爆发，简称蓝藻爆发，但蓝藻爆发统一称为“水华”不妥。因为蓝藻爆发必须消除也可以消除，但20世纪五六十年代或更早的少量水华一般不可能或不必要消除。

6.2 仅依靠防治水污染治理富营养化不一定能消除蓝藻爆发

“湖泊水污染，根子在岸上，治湖先治岸”的说法对治理水污染、富营养化而言完全正确；但对“治理蓝藻爆发即是治理富营养化”的观点不全面或不妥。如洱海那样的湖泊可以这样说，但对“三湖”这样的浅水湖泊就不妥了，因其蓝藻年年规模爆发后根子已延伸到湖中，须同时大量削减湖中蓝藻数量才能消除爆发。

专家一般认为，蓝藻已爆发的如“三湖”这样的大中型浅水湖泊，仅依靠治理富营养化消除蓝藻爆发则应达到 TN 0.1～0.2 mg/L、TP 0.01～0.02 mg/L。今后在人口稠密、社会经济发达区域的“三湖”不可能达到此 N P 标准；仅依靠治理富营养化至一定程度，根据实践经验及相关资料，专家一般认为水质需要达到Ⅲ类，即 TN≤1.0 mg/L、TP≤0.05 mg/L，“三湖”才可减慢蓝藻生长繁殖速度。但若治理富营养化与削减蓝藻数量相结合，水质达到Ⅲ～Ⅴ类甚至劣Ⅴ类（如武汉东湖），就有可能消除蓝藻爆发。

6.3　控磷是消除蓝藻爆发关键因子的提出有其局限性

控磷是消除蓝藻爆发关键因子的提出的依据是加拿大安大略实验湖区开展历时 37 年的施肥试验的结论。因试验中的蓝藻是鱼腥藻和束丝藻等固氮蓝藻，可从空气中获取氮，因此认为难以控制 TN，依此认为只能控制 TP。此结论无法在已经爆发蓝藻的“三湖”等浅水湖泊的治理实践中得到应用，原因如下：

（1）“三湖”目前主要是非固氮的微囊藻，不是加拿大安大略实验湖区的鱼腥藻和束丝藻，一般不可能从空气中获取氮。

（2）“三湖”难以达到国内外专家一般认为仅依靠治理富营养化消除蓝藻爆发需要达到水质Ⅰ～Ⅱ类。其一是自有记录以来，太湖、巢湖无 P≤0.01 mg/L 的记录。其二是根据“三湖”目前入湖污染负荷量很大的实际情况，今后也难以达到此标准。

（3）现“三湖”的磷本底值较高。底泥中的不溶性磷，由于蓝藻大量死亡沉入水底发生厌氧反应使磷转化为可溶性磷，释放进入上覆水体，所以其难以降低至 $P\leqslant0.01$ mg/L 的水平。

（4）低磷也可能爆发蓝藻。如广东茂名高州水库，TP 已达到较低水平，2009 年、2010 年已达 TP 0.014 mg/L、TN 0.67 mg/L，但此时仍发生相当程度的鱼腥藻爆发。

（5）上述理由说明，控磷是消除蓝藻爆发关键因子的提法有其局限性，仅能适合人口密度低、社会经济欠发达地区的湖泊如洱海等，可通过治理富营养化削减 TP 达到Ⅰ～Ⅱ类而消除蓝藻爆发；而“三湖”等浅水大中型湖泊则不适合此提法。所以，不必过多研究控氮还是控磷，应根据实际情况，只要能研究出消除蓝藻爆发的技术集成就是好的。应首先采用现有通用技术集成的综合治理措施,并尽可能采用新技术或新的技术集成,在降低营养程度的同时,削减蓝藻数量至其不爆发密度才能消除蓝藻爆发。同理,N/P 比学说是研究水体营养物质中氮磷含量比例对蓝藻爆发影响的理论学说,也难以在“三湖”的治理实际中应用,所以对此也不必过多研究。

6.4 打捞蓝藻能减轻爆发程度但不能消除蓝藻爆发

打捞水面蓝藻是目前控制蓝藻爆发取得良好视觉、嗅觉效果的应急性重要措施,并能同时清除一定数量的 N、P、有机质。据估计,太湖、巢湖每年打捞蓝藻量与其蓝藻生产量之比,据计算基本大致相仿,为 2%~4%或 3%~5%。所以,无论用何类技术打捞水面蓝藻,仅依靠此技术不能消除蓝藻爆发,应转变策略,创新除藻技术并且加以集成,分水域一年四季实施消除水面、水体和水底蓝藻工作,同时配合其他措施,才能消除“三湖”蓝藻爆发。

6.5 “三湖”消除富营养化的关键是控磷

自 2007 年太湖供水危机以来,“三湖”花了大量力气、大量投资,治理 10 多年,富营养化程度有相当程度的减轻。其中,TN 削减得比较多、TP 削减得很少或甚至反而增加。如太湖从 2007 年至 2019 年的年均水质从劣Ⅴ类改善为Ⅳ类,其中 TN 从 2.36 mg/L 改善为 1.49 mg/L,削减 36.9%,但 TP 在 2007 年的 0.074 mg/L 下降至 2014 年的 0.069 mg/L 后,至 2019 年上升至 0.087 mg/L,较 2007 年增加 17.6%;2015~2019 的 5 年中 TP 均高于 2007 年,特别是 2018 年上升到 0.097 mg/L、增加 31.1%(见表 3)。同样,据有关部门监测,巢湖 TP 2018 年较 2016 年也略有升高,据“2012-2018 年巢湖水质变化趋势分析和蓝藻防控建议”,巢湖总磷浓度由 2012 年的 0.107 mg/L 升高至 2018 年的 0.125 mg/L,升高 16.6%。说明太湖、巢湖这样的已经多年连续爆发蓝藻的浅水湖泊,削减 TP 难于削减 TN。

表 3　太湖主要年份水质变化　（单位:mg/L）

年份	1981	1987	1990	1996	2000	2004	2006	2007	2014	2015	2016	2017	2018	2019
TN	0.9	1.543	2.349	3.29	2.6	3.57	3.2	2.36	1.85	1.85	1.96	1.60	1.55	1.49
TP	0.021	0.035	0.058	0.134	0.13	0.086	0.103	0.074	0.069	0.082	0.084	0.083	0.079	0.087

注:2007 年以后数据主要来自“太湖健康报告”。

分析其原因,主要是多年连续蓝藻爆发,蓝藻生长繁殖与死亡经过多次循环,有相当多死亡的蓝藻、有机质积存于湖底,而当年蓝藻死亡期间又要消耗水体和底泥上层的氧气,使底泥处于缺氧的厌氧反应状态,使底泥表层的不可溶磷转变为可溶磷而释放进入水体，使水体的磷浓度增加；水体和底泥中的N由于好氧、厌氧的硝化、反硝化作用而释放N进入大气，使水体中容易减少N含量。所以说，太湖、巢湖消除富营养化的关键是P，需要花大力气削减外源入湖的P负荷和水体中的P负荷及蓝藻中的P负荷，才能解决此难题。

6.6　关于经典与非经典生物操纵理论

经典生物操纵理论与非经典生物操纵理论均是利用生物种间竞争削减蓝藻数量的一种手段，总体类似，只是放养鱼类的种类和竞争过程有所差别。

(1)经典生物操纵理论。常用方法：① 放养凶猛鱼类来捕食浮游生物食性鱼类或者直接捕杀浮游动物食性鱼类。② 为避免生物滞迟效应，在水体中人工培养或直接向水体中投放浮游动物。使用条件：水体较小(若水体比较大，则可以分割成若干小水域)、较浅(水深以1~3 m为宜)、水停留时间比较长，等等。

(2)非经典生物操纵理论。常用方法：① 利用浮游植物食性鱼类(如鲢、鳙鱼)来控制富营养化和蓝藻水华。② 利用大型软体动物滤食作用控制蓝藻和其他悬浮物。但由于鲢、鳙等动物的排泄物要二次污染水体，使湖泊水质不够理想，如武汉东湖的水质长时期处于Ⅴ~劣Ⅴ类水平，需要配合人工干预，才能进一步改善水质。

目前，主要采用非经典生物操纵理论，放养鲢、鳙鱼等水生动物滤食蓝藻、藻类，并辅以恢复沉水植物及采用其他工程措施进行有效的水生态修复。

7　湖泊蓝藻爆发的治理与预防分类

7.1　大中小型湖泊治理应分类区别对待

(1)城市微型湖泊蓝藻爆发比较容易治理，治理富营养化与削减蓝藻种源相结合；采用抽干水清淤，再放清洁水进去；大流量调水，增加10次以上的换水次数；微生物等方法直接除藻；鱼类滤食蓝藻；紫根水葫芦、岸伞草和菱等除藻；微电子技术除藻；等等。

(2)小型湖泊蓝藻爆发治理一般也较容易，如蠡湖、玄武湖、东湖、西湖等采取综合措施治理后已基本消除或完全消除蓝藻爆发，但若要彻底消除蠡湖、玄武湖、东湖的蓝藻爆发仍需要经过相当的努力。

(3)大中型浅水湖泊“三湖”蓝藻爆发治理难度最大，但可治理好，只要把其分为若干水域，就可把用于小型湖泊治理技术经集成后用于“三湖”治理。关键是要有信心和建立治理目标，把消除蓝藻爆发列入国家计划中，采用科学合理搭配的综合技术集成。

(4)直接用治理富营养化来消除蓝藻爆发,此仅适合人口密度低和社会经济欠发达区域如洱海流域,或入湖污染负荷少或能大量削减入湖污染负荷至水质达到Ⅰ~Ⅱ类的湖泊。

7.2 深水清洁湖泊

如云南抚仙湖,周围人口密度低、污染负荷少,水质Ⅰ类,无蓝藻爆发。说明Ⅰ类水或深水湖泊一般均不会有蓝藻爆发。但美洲五大湖之一的伊利湖由于进入污染负荷量过多,也有数次蓝藻爆发。所以,深水湖泊也必须控制入湖污染负荷。

7.3 换水次数多的大型湖泊

如湖南洞庭湖、江西鄱阳湖等,水质为Ⅳ~Ⅴ类,洞庭湖曾为劣Ⅴ类,但其主水流通过水域不发生蓝藻爆发。因其入湖水量多,换水次数达到15~20次或更多,水流速度快,带走的蓝藻和污染物多,一般不会有蓝藻爆发。但水面相对静止的个别时间段如鄱阳湖、洞庭湖也曾数次发生蓝藻水华集聚或有轻度爆发现象,须严格控制入湖污染负荷,即此类湖泊水质改善至Ⅲ类一般就不会有蓝藻爆发。

7.4 污染负荷入湖较少湖泊

如云南洱海,属中小型湖泊,水质Ⅱ~Ⅲ类、个别水域曾达到Ⅳ类,在东北沿岸水域存在轻度蓝藻爆发现象,后经治理蓝藻基本不爆发或仅有小规模爆发。原因是其人口密度较低、社会经济欠发达,入湖污染负荷较少,只要严格控制外源入湖、修复水生植被,就能基本消除蓝藻爆发,若水质全年改善至Ⅰ~Ⅱ类,则可全面消除蓝藻爆发。

7.5 小型浅水湖泊

如无锡蠡湖、南京玄武湖、武汉东湖主湖区、杭州西湖等小型浅水湖泊,水质均曾为劣Ⅴ类、蓝藻曾年年爆发(其中西湖仅有2次非微囊藻蓝藻爆发),经采取建闸挡污、控源截污、清淤、调水、生态修复、养殖鲢鳙鱼滤食蓝藻等措施中的若干进行综合治理,水质改善为Ⅳ~Ⅴ类就基本消除蓝藻爆发。其中,西湖则是彻底消除了蓝藻爆发。但东湖鱼类的排泄物对水质有一定的影响,需要继续采用有效技术综合治理,才能在消除蓝藻爆发的同时改善水质至Ⅲ类。

7.6 大中型浅水湖泊

“三湖”为大中型浅水湖泊,水深一般为2~2.5 m,其中滇池4 m多。“三湖”均是人口稠密、社会经济(较)发达的流域,水质曾达到劣Ⅴ类,在20世纪90年代起蓝藻年年爆发,经采取控源截污、清淤、调水、生态修复、打捞蓝藻等综合措施治理,富营养化程度均有所减轻、水质改善为Ⅳ~Ⅴ类、局部水域及滇池仍为劣Ⅴ类，但至今蓝藻仍年年爆发，必须改变治理策略，采用治理富营养化与削减蓝藻数量相结合的措施，分水域全年治理，才能消除蓝藻爆发。

8　结论

8.1　治理转变思路

(1)有蓝藻爆发的河湖应该全流域统一规划和制定相应的综合治理方案，应该建立消除蓝藻爆发的目标。

(2)实行污染源统一治理，对各类点污染源和面污染源从其源头及其排放路径直至进入河湖水体的路径进行全过程的有效控制和治理。同时，有效清除污染的底泥和藻类，其中"三湖"特别要注意清除内源蓝藻，同时大幅度提高污水处理标准，以降低水体的富营养化程度。

(3)改变以往10多年仅在蓝藻爆发期单一打捞水面蓝藻的固有思路，采用多技术组合，进行分水域一年四季全面打捞·削减水面、水体和水底的蓝藻。

(4)制订全面的生态修复计划，使河湖湿地恢复至20世纪50~70年代规模。

(5)加强水质、蓝藻自动监测，卫星遥感联合监测，建立河湖蓝藻爆发预警管理和决策平台，资料公开共享，群众积极参与。

8.2　"三湖"消除蓝藻爆发的关键

(1)国家的长江大保护战略和"三湖"水环境综合治理总体方案的修编及国家"十四五"规划中列入消除蓝藻爆发的目标及相应技术集成措施。

(2)采用科学治理方法，即在防治水污染和治理富营养化的基础上，实行综合性措施分水域大量削减水面、水体和水底的蓝藻数量，与修复湿地相配合，必定能够分水域消除蓝藻爆发，最终建设一个无蓝藻爆发的有良好水环境的湖泊。

人与自然是生命共同体，人类必须尊重自然、顺应自然、保护自然。建立消除蓝藻爆发的目标，发挥中国特色社会主义制度能够办大事的优越性，全民共同努力，一定能够落实长江大保护、消除"三湖"蓝藻爆发。

参考文献

[1]《中国河湖大典》编撰委员会. 中国河湖大典[M]. 北京：中国水利水电出版社，2010.

[2]朱喜，张春，陈荷生，等. 无锡市水资源保护和水污染防治规划[R]. 无锡市水资源保护和水污染防治规划编制工作领导小组，无锡市水利局，2005.

[3]朱喜,张春,陈荷生,等. 无锡市水生态系统保护和修复规划[R]. 无锡市人民政府, 江苏省水利厅, 2006.

[4]朱喜,张春,陈荷生,等. 无锡市水资源综合规划[R]. 无锡市人民政府, 无锡市水利局, 2007.

[5]王鸿涌,张海泉,朱喜,等. 太湖无锡地区水资源保护和水污染防治[M]. 北京:中国水利水电出版社,2012.

[6]王鸿涌,张海泉,朱喜,等. 太湖蓝藻治理创新与实践[M]. 北京:中国水利水电出版社,2012.

[7]朱喜,胡明明,孙阳,等. 中国淡水湖泊蓝藻暴发治理和预防[M]. 北京:中国水利水电出版社,2014.

[8]朱喜,胡明明,孙阳,等. 河湖生态环境治理调研与案例[M]. 郑州:黄河水利出版社,2018.

[9]太湖流域管理局,江苏省水利厅,浙江省水利厅,等. 2008-2017 太湖健康报告[R]. 上海:太湖流域管理局,2018.

[10]朱喜. 太湖蓝藻大爆发的警示和启发[J]. 上海企业,2007(7).

[11]太湖流域管理局. 太湖流域水(环境)功能区划[R]. 上海:太湖流域管理局,2010.

[12]张民,史小丽,阳振,等. 2012-2018 年巢湖水质变化趋势分析和蓝藻防控建议[J]. 湖泊科学,2020.

[13]中共中央办公厅,国务院办公厅. 关于全面推行河长制的意见[R]. 2016.

[14]中共中央办公厅,国务院办公厅. 关于在湖泊实施湖长制的指导意见[R]. 人民日报, 2018.

[15]王丽婧,田泽斌,李莹杰,等. 洞庭湖近 30 年水环境演变态势及影响因素研究[J]. 环境科学研究,2020(5).

太湖蓝藻爆发治理现状与目标对策①

摘要:针对太湖 2007~2017 年蓝藻爆发治理效果欠佳,每年蓝藻爆发面积仍然很大,

① 此文完成于 2019 年 6 月,同年 8 月录用于《水资源保护》杂志,发表于 2020 年 11 月(2020 年第 6 期)。作者:朱喜(原工作于无锡市水利局),李贵宝(中国水利学会事业发展部),王圣瑞(北京师范大学水科学研究院)。

2017 年的最大爆发面积超过 2007 年最大爆发面积的 43%，藻密度全湖普遍增加的现状，分析了太湖蓝藻爆发治理效果和存在问题及原因，提出了消除富营养化和在 2049 年之前分水域消除蓝藻爆发的目标及实现此目标的技术集成综合对策，包括消除富营养化、削减蓝藻和恢复湿地三大类措施，建议再次修编太湖流域水环境综合治理规划方案等，使太湖治理由目前的治理富营养化转入治理富营养化与消除蓝藻爆发并重的阶段。

关键词：太湖；蓝藻爆发；富营养化；治理对策

1　治理现状和效果

太湖（附图 1），以最大水面面积计，为中国第三大淡水湖，2004 年起平均水面面积为 2 340 km^2；以最小水面面积 2 200 km^2计，则太湖为冬春季中国最大淡水湖；多年平均年蓄水量 47.5 亿 m^3；湖岸线长 436 km，其中建大堤 290 km。

自 2007 年“5 · 29”太湖供水危机起，国家及地方政府出巨资，采取综合措施全力治理太湖 10 多年：控源截污，提升了污水处理能力及污水收集管网，达到一级 A 处理标准，控制生活、工业、规模集中养殖等点源和农业农村等面源污染，关停并转 3 000 余家重污染企业等；至 2019 年共打捞藻水 1 450 万 m^3，蓝藻进行无害化处置、资源化利用；至 2018 年望虞河“引江济太”调水入湖 93 亿 m^3，梅梁湖（太湖北部的一个湖湾）调水出湖 89 亿 m^3，带走大量 TN、TP 和蓝藻；太湖完成清淤 3 000 万 m^3，清除了底泥中大量 TN、TP、蓝藻种源和有机质等污染物；东太湖修复以芦苇为主的湿地 37 km^2，其他水域进行了零星修复。

通过 10 多年的治理，太湖水质得到改善，每年蓝藻爆发面积大小有所差异，但总体上蓝藻水华爆发（以下简称蓝藻爆发）仍然较严重。据太湖流域管理局资料，太湖水功能区达标率从 2007 年的 22.5%提升为 2017 年的 58.3%；同期太湖年平均水质从劣Ⅴ类改善为Ⅴ类。其间，TN 从 2.35 mg/L 降为 1.60 mg/L，削减 31.9%，TP 从 0.074 mg/L 上升为 0.083 mg/L，增加 12.2%；贡湖（太湖北部的一个湖湾）再未发生“湖泛”和产生黑臭水体，保证了无锡供水安全。

但是，蓝藻仍年年持续爆发，2017 年最大爆发面积 1 403 km^2，超过发生太湖供水危机的 2007 年最大爆发面积（979 km^2）的 43%；2017 年太湖的藻密度普遍较以往有较大幅度增加，如太湖全湖、梅梁湖年均藻密度分别为 1.17 亿 cells/L 和 2.4 亿 cells/L，分别为 2009 年的 5.05 倍和 3.43 倍。太湖仍存在蓝藻爆发而导致“湖泛”型供水危机的潜在危险,必须认真研究太湖水质好转而蓝藻爆发形势依然严峻的原因。2018 年,太湖建立了湖长制,国家提出了长江大保护战略,这是推进太湖水生态环境治理的良好机制和机遇,消除蓝藻爆发应是治理太湖不可或缺的重要内容。

2 治理存在问题

(1)尚未设立消除蓝藻爆发目标。国务院 2008 年太湖流域水环境综合治理总体方案及 2013 年太湖流域水环境综合治理总体方案(修编)的两个方案及各级政府文件中均未提出消除蓝藻爆发的目标,因此不能充分调动各级领导和科研人员治理太湖、消除蓝藻爆发的积极性和主动性。

(2)蓝藻爆发程度有所加重。蓝藻的细胞密度存在增加的趋势,年最大爆发面积存在加大的趋势。目前,太湖的治理停留在治理富营养化阶段,尚未进入控制蓝藻爆发、深度清除蓝藻阶段。

(3)河湖水质 N P 浓度居高不下。太湖和入湖河道水质均未达到目标要求,按水环境质量标准的河道标准评价,2017 年入太湖河道均消除劣Ⅴ类,但 N P 仍超过湖泊标准的Ⅲ类,其中 TN 均劣于Ⅴ类(注:现行河道水质评价中不含 TN);太湖水质为Ⅴ类,距离Ⅱ~Ⅲ类的目标还有相当距离,使蓝藻生长繁殖、爆发有足够的营养基础。

(4)太湖芦苇湿地大量减少。现流域河道和陆域的生态修复成效较显著;但太湖水域以芦苇为主湿地(简称湿地)恢复很有限,目前太湖湿地较蓝藻爆发前减少 200 km^2以上,使太湖净化水体能力、丰富生物多样性和抑制蓝藻生长繁殖作用显著减弱。

(5)缺乏治理蓝藻爆发的集成技术措施。目前采取的控源、打捞蓝藻、调水、清淤和生态修复等五项技术措施,虽然每项措施均有减慢、抑藻蓝藻生长繁殖和一定的除藻作用,但由于未能对其进行有效技术集成,难以发挥其削减蓝藻直至消除蓝藻爆发的较好效果。

3 问题原因分析

太湖蓝藻自 1990 年起持续爆发的原因主要如下。

3.1 缺乏消除蓝藻爆发的信心

主要表现在对消除蓝藻爆发的必要性认识不足,有关部门安于治理富营养化现状;对消除蓝藻爆发的可能性认识不足,认为需等到有了消除蓝藻爆发的单项成熟技术才能提出消除蓝藻爆发的目标。此外,对于我国湖泊蓝藻爆发及其治理情况缺乏研究,如我国大多数的大中型浅水淡水湖泊已富营养化,但只有“三湖”年年出现蓝藻较严重爆发现象;富营养化的鄱阳湖、洞庭湖、洪泽湖以往仅有数次轻微蓝藻爆发;无锡蠡湖、南京玄武湖、武汉东湖、杭州西湖以往均数次有蓝藻爆发,经治理一般蓝藻不再爆发或爆发轻微。应认真总结上述大型湖泊富营养化或水质劣Ⅴ类而没有蓝藻爆发、小湖泊能基本有效消除蓝藻爆发的经验教训,创新出一套消除蓝藻爆发的治理思路。如把大型湖泊分为大小适宜的若干水域,把小湖泊消除蓝藻爆发的技术进行集成创新,用于大型湖泊相宜水域,逐步消除其各水域蓝藻爆发现象。

3.2　存在“治理富营养化就能消除蓝藻爆发”的观点

人的认知是在实践中不断完善、逐步接近客观规律的。“治理富营养化就能消除蓝藻爆发”的观点不妥,国内外专家一般认为蓝藻已爆发的大中型浅水湖泊,如仅依靠消除富营养化来消除蓝藻爆发,则 N P 质量浓度须分别达到 0.1~0.2 mg/L 和 0.01~0.02 mg/L(分别相当于湖泊Ⅰ、Ⅰ~Ⅱ类水),“三湖”难以达到上述数值,故仅依靠治理富营养化不能消除蓝藻爆发。应将治理富营养化与削减蓝藻数量结合才能逐步减轻直至消除蓝藻爆发。

3.3　内外污染源控制力度不够

3.3.1　外源污染控制力度不够

2017 年,环湖河道入湖总负荷量 TN 为 3.94 万 t,TP 为 0.20 万 t,分别为 2007 年 4.26 万 t、0.19 万 t 的 92.5%和 105%,即 10 年来入太湖的 TN 仅削减 7.5%,TP 则增加 5%。太湖 2017 年大部分水域水质已提升为Ⅳ~Ⅴ类,少部分水域如西部沿岸和竺山湖的水质仍为劣Ⅴ类(主要是 TN 超标)。说明由于流域人口增加、社会经济持续发展产生的污染负荷持续增加,而控制点源、面源的力度不够或仅能赶上污染负荷增加速度,使太湖上游特别是西部河道入湖水质仍较差,直接影响西部沿岸水域和竺山湖水质,直至影响整个太湖水质。

污水处理厂(设施)是流域最大点源群,现行处理标准太低而不能满足太湖环境容量的要求。目前《城镇污水处理厂污染物排放标准》(GB 18918—2002)一级 A 的 TN、TP 质量浓度分别为《地表水环境质量标准》(GB 3838—2002)的太湖水质Ⅲ类的 15 倍和 10 倍,因此应提高污水处理标准。至于提高处理标准成本很高的问题,应从流域污染负荷总量控制和满足太湖环境容量的高度出发,必须提高污水处理标准,同时不断改进污水处理工艺和加强管理以逐步降低成本。太湖上游区域应在提升污水处理能力和建设全覆盖的污水收集管网基础上,大幅度提高污水处理标准,同时对其他点源、面源进行全面有效控制,才能满足太湖环境容量的要求。

3.3.2 削减内源污染力度不够

目前,控制内源仅满足于常规清除底泥,没有重视蓝藻持续爆发对底泥和水体产生的严重污染,目前蓝藻已成为太湖的主要内源,这是治理太湖10多年来水质TN改善而TP未得到改善的主因之一。据测算,目前打捞水面蓝藻的数量仅为太湖年生成蓝藻数量的2%~4%。所以,须创新思路,加大削减内源污染力度,深度打捞·清除水面、水体和水底的蓝藻,才能消除蓝藻的爆发。

3.4 缺少统一修复太湖水域湿地方案

湿地具有固定底泥、减少底泥释放污染物、净化水体等减少营养物质和丰富生物多样性的作用,同时相当多的植物具有抑藻除藻的化感物质。但太湖现状湿地较蓝藻爆发以前的20世纪60~70年代减少200 km^2以上,使湿地功能损失较大。关于太湖只有达到适合的生境才能实施大规模修复湿地的问题,应该首先致力于人工改善水域生境,满足种植湿地植物的要求,不应该等待自然修复太湖的生境。应统一制定修复太湖水域湿地方案,充分发挥湿地治理富营养化和消除蓝藻爆发的作用。

3.5 研究资金和集成研究不足

由于研究资金不足,研究设计深度不够,导致相关研究不到位。若利用现有技术进行科学集成创新,则可分水域治理逐步达到消除蓝藻爆发目标。目前,国内研究蓝藻和湖泊的机构主要侧重于蓝藻生长繁殖机制等基础理论研究,很少进行消除蓝藻爆发的应用性技术集成的研究创新,也少有关于综合治理“三湖”蓝藻爆发的研究成果,治理太湖的研究还基本停留在治理富营养化和打捞水面蓝藻层面,深度不足以支撑控制、消除太湖蓝藻爆发。

3.6 太湖TP升高原因初析

治理太湖10多年全湖TP含量反而升高,又如东太湖的TP从Ⅲ类下降为Ⅳ类。其原因主要为:① 环湖河道入湖TP负荷量增加,10多年间入湖TP增加5%。② 底泥释放的TP增加。由于连续多年蓝藻爆发,蓝藻死亡后大量沉积于湖底,底泥中原来的不可溶性P(包括底泥中原有的P及死亡蓝藻中的P)在厌氧条件下转化为可溶性P,释放进入水体增加TP含量。③ 水体藻密度增加导致藻源性磷含量升高。

目前,蓝藻已逐渐成为太湖的主要内源,削减蓝藻成为削减内源TP负荷的主要措施:① 削减外源TP的负荷量和速度应该大于流域社会经济发展增加的TP负荷量和速度,才能有效削减入湖河道TP负荷量及其他外源入湖TP;② 应该深度消除蓝藻生物量,降低水体藻密度;③ 削减底泥释放TP和降低底泥中蓝藻种源春季萌发数量。

4　治理目标

流域全面实行湖长制、实施长江大保护战略是开展新一轮治理太湖的良好开端。特别要以蓝藻年年规模爆发的问题为导向，应从目前的治理富营养化阶段转入治理富营养化与消除蓝藻爆发并重阶段，为此要设立消除蓝藻爆发的目标，调动相关部门、科研人员和关心治理太湖人士的积极性，以加快太湖治理速度。

治理目标可为：控制蓝藻爆发，争取在2030~2049年（中华人民共和国成立百年之际）前分水域消除蓝藻爆发；消除富营养化，2030~2035年水质达到Ⅱ~Ⅲ类。其中，2020~2030年消除梅梁湖蓝藻爆发，接着或同时消除贡湖、竺山湖、太湖西部等沿岸水域的蓝藻爆发，其后或待太湖水质提升至Ⅱ~Ⅲ类时，采用相应技术集成消除湖心水域蓝藻爆发。

建议第三次编制（修编）太湖流域水环境综合治理规划方案，创新思路，把消除蓝藻爆发目标及其相应治理技术集成措施列入其中。各级政府及部门通力合作，全力推进消除太湖蓝藻爆发进程，为巢湖和滇池消除蓝藻爆发树立榜样。

5　对策措施

消除太湖蓝藻爆发的技术可归纳为治理富营养化、清除蓝藻、恢复湿地三大类。

5.1　治理富营养化措施

消除富营养化是太湖治理的基本措施，主要是大幅度削减湖水中N P和其他污染物的含量，一定程度上削减蓝藻生长繁殖的基础营养物质，减慢蓝藻生长繁殖速度。

5.1.1　提高污水处理标准，减少尾水入湖污染负荷

生活污水和相当部分工业污水经污水处理厂一级A标准处理后可以削减55%~70%的N和70%~85%的P，但污水处理厂尾水排入水体的N P仍超过太湖环境容量，如再加上其他未进行处理的点源及众多的面源排入水体的N P，则超过环境容量幅度更大。目前，应在建设足量污水处理厂和全覆盖污水管网的基础上，大幅度提高污水处理标准。如太湖上游地区污水处理厂（设施）TN排放标准提高至2 mg/L或更高标准，近期（2030年）可先提高至3~5 mg/L；TP提高至0.025 mg/L，近期可先提高至0.1 mg/L；NH_3-N提高至

0.1~0.5 mg/L。据测算,污水处理厂提高至上述标准,同时大幅度削减其他各类点源、面源污染负荷,就可满足太湖水体环境容量的要求。太湖非上游地区污水厂提标幅度可小于此值。

流域各市在总结各地污水处理提标经验的基础上,根据人口密度、社会经济持续发展的特点及河湖环境容量的要求,进行地方立法,制定污水处理厂(企业)高于一级 A 的更严格的污水处理、排放标准。

5.1.2 削减其他点源、面源

采取各类有效措施全力削减未进入污水处理厂(设施)处理的各类点源的污水及严格处置废弃物,关停并转重污染企业,工业企业进入工业园区、污水分类处理,规模畜禽养殖污染集中处理;积极有效治理农业污染物、农村生活污水、垃圾、废弃物、水产养殖、航行等各类面源污染,如农田测土配方,大量削减化肥、农药用量,推广使用有机肥,节水灌溉,以减少农田径流污染。同时,严格控制洞庭东山、西山由于乡村旅游业迅速发展而引起的生活污水、垃圾污染,减少太湖东部水域的污染。

5.1.3 调水

通过调水可以增加环境容量和水体自净能力,带走部分污染物质和蓝藻。主要措施是继续实行望虞河“引江济太”与梅梁湖泵站调水出湖的联合调水,增加太湖“引江济太”第二条新沟河线路和第三条新孟河线路,可有效改善竺山湖、太湖西部沿岸水域水质。

5.1.4 进一步削减内源污染

(1)清淤。继续清除蓝藻大量聚集水域的底泥,清淤土方作为抬高修复芦苇湿地基底的回填土。这样可一举三得:较常规清淤和淤泥干化可节省投资 64%、减少淤泥的堆场、利于修复芦苇湿地。清淤的淤土资源应全部资源化利用。

(2)清除蓝藻。采用抑藻除藻综合技术集成措施深度清除水面、水体和水底的蓝藻,此类集成技术措施可削减 N P 特别可大幅度削减 TP,这是仅依靠削减陆源和常规清除底泥的技术难以达到的效果。清除蓝藻将成为太湖清除内源的主要内容,可利用混凝气浮、碳纳米电子技术、湿地等相关技术在除藻的同时消除有机底泥污染,同时应清除过多的水草、水产养殖污染负荷。

5.2 清除蓝藻措施

清除蓝藻(简称除藻)包括抑制蓝藻生长繁殖和直接消除蓝藻。其措施除目前常规打捞水面蓝藻外,也包括使用安全的物理、理化、生物、生化等方法抑藻、杀藻。

5.2.1 分水域除藻

太湖除藻的基本要求是必须分水域实施。太湖面积大、风浪大,不可能一次性统一清除太湖蓝藻。太湖分水域除藻,首先消除梅梁湖、贡湖、竺山湖等湖湾蓝藻爆发,这些水域还可分割成适宜大小的水域,采用小型湖泊消除蓝藻爆发的治理技术,并对相关技术进行集成创新后用于适宜的水域消除蓝藻爆发,其后消除湖心水域蓝藻爆发。

分水域消除蓝藻爆发时,要求各个水域既要相对封闭,又与相邻水域具有一定的水力联系、水量交换,因此须在水域的边界处建设适宜的可阻挡蓝藻和风浪的隔断、围隔系统。如风浪较大水域可采用钢丝石笼透水坝(或其水下一定位置可采用土坝)或采用竹木桩、混凝土桩等排桩(外加滤布)等组合隔断等设施,有利于同时改善两侧水域环境;风浪相对较小水域可采用固定围隔或软围隔。

5.2.2 深度除藻技术

改进目前仅在蓝藻爆发期打捞水面蓝藻的技术和固有习惯,实行一年四季深度分水域打捞·清除水面、水中和水底的蓝藻,使各个水域保持数年无蓝藻爆发,再把其连成整片无蓝藻爆发水域。

(1)改性黏土除藻。即使用机械设备快速喷洒改性黏土水溶液,使水面、水体和水底的蓝藻均快速沉于水底,继而实施生态修复如种植沉水植物,以固定底泥和吸收蓝藻所含的营养物质,达到除藻目的。其他如天然矿物质净水剂或类似物质均有除藻作用。

(2)高压除藻。即是对进入高压设备的蓝藻进行高压处理,改变蓝藻原来的压力、温度等生境,使蓝藻在相当程度上失去生长繁殖能力,甚至死亡,达到大幅度减慢蓝藻生长繁殖速度的效果。高压除藻包括竖井式和移动式两类,其他如推流曝气、超声波等类似技术均有除藻作用,若对高压除藻设备的尾水进行藻水分离则除藻效果更好。

(3)混凝气浮除藻。即把目前在“三湖”广泛使用的德林海的固定式混凝气浮的藻水分离除藻技术(或其他类似技术)直接应用于太湖水域,但需设计制造移动式除藻船(设备)。即用混凝气浮法使水面、水中和水底的蓝藻及水底的有机悬浮物质全部浮于水面,然后将其打捞、分离处置,或可设计气浮、打捞和藻水分离一体化的工作船,此类设备一年四季可运行。此技术设备在除藻的同时,可直接清除湖底表层的有机底泥,若干年内不必再采用常规方法清淤。

(4)碳纳米电子技术除藻。采用金刚石碳纳米薄膜电极装置,加电压后释放电子,在阳光下产生光电效应、光催化作用,破坏蓝藻的细胞壁和细胞内部物质、消除蓝藻。此技术除藻效率高、不添加化学物质,节省人工,管理方便,可一年四季运行,同时可削减水体和底泥的N P等污染物,此类技术还有复合式区域活水提质除藻技术。

(5)生物种间竞争除藻。如采用芦苇湿地、紫根水葫芦、沉水植物或植物化感物质制剂除藻,采用鲢鳙鱼等动物滤食蓝藻。

(6)锁磷剂除藻。水体喷洒锁磷剂,使水体磷颗粒沉入水底,致P浓度大幅度降低、减慢蓝藻生长繁殖速度,而沉入水底的P以后可被沉水植物吸收。

(7)安全高效微生物及制剂抑藻杀藻。目前,能够抑制蓝藻生长繁殖或直接杀死蓝藻的高效微生物很多,关键是选择安全的微生物。应该组建治理蓝藻技术安全鉴定机构,对各类技术进行安全性科学鉴定,允许安全技术使用,或为技术进行安全性指导,特别应开发推进土著微生物抑藻除藻技术。

(8)使用常规措施抑藻除藻。如控源截污、调水、清淤等措施在治理富营养化至一定程度(一般要改善水质至Ⅲ类水)后可有效减慢蓝藻生长繁殖速度。其中,调水可带走污染物和蓝藻,清淤可清除底泥蓝藻种源和减慢污染负荷释放,若使用改性黏土使蓝藻沉于水底后再实施分水域清淤,则除藻的效果更佳。这些措施均能在一定程度上降低藻密度或减慢藻密度的增加速度。

5.2.3 综合除藻

综合除藻即在分水域治理的基础上采用上述数种除藻技术合理搭配和集成创新,取得降低藻密度的最佳效果,直至消除蓝藻爆发。总之,不是等待太湖由藻型湖泊自然转变为草型湖泊后再去消除蓝藻爆发,而是在总结现有诸多治理技术的基础上,进行技术集成创新,科学治理太湖,使太湖由藻型湖泊转变为草型湖泊,其间同时消除蓝藻爆发。

5.3 恢复环湖湿地

5.3.1 恢复湿地规模

太湖湿地应恢复至20世纪60~70年代蓝藻爆发前的规模,即需增加超过200 km^2的芦苇、沉水植物等多种生物系统的湿地。

太湖水域内湿地受到严重损毁的主要原因是建设环湖大堤、围湖造田(鱼池)以及严重水污染、蓝藻大规模爆发和提高冬春季水位。如太湖西部和竺山湖沿岸水域建设太湖大堤时就减少湖滨水域湿地70 km^2,贡湖和竺山湖由于水污染及蓝藻爆发分别使30 km^2、20 km^2的沉水植物湿地消失。新增芦苇湿地应主要安排在太湖西部和北部水域。

5.3.2　恢复湿地类型

(1)恢复沿岸水域湿地。恢复太湖沿岸500~1 000 m或更宽水域湿地。太湖岸线总长436 km,大部分沿岸水域可修复湿地。修复湿地首先要改善生境,使符合种植相应植物的条件,具体措施包括:① 在较宽的水域修复湿地要先在其外围设置挡风浪设施,如设置钢丝石笼坝或围隔等。② 修复芦苇湿地主要是减小风浪、控制水深或抬高基底高程至冬春季基本无水。③ 修复沉水植物湿地可用改性黏土、碳纳米电子技术和锁磷剂等消除污染和蓝藻爆发,采用控制底栖鱼类扰动底泥等措施,提高水体透明度至一定程度,再修复以沉水植物为主的湿地。④ 在适宜的太湖或其湖湾的中心水域自然修复结合人工修复湿地。

(2)恢复被围垦湿地。主要是拆除西部环太湖大堤、退田还湖,恢复沿岸水域原来被围垦的30~50 km^2的部分湿地,及适当恢复太湖其他水域被围垦的湿地。云南滇池外海已拆除50 km的环湖大堤,恢复了9 km^2湿地,其经验值得借鉴,太湖同样可拆除部分环湖大堤恢复原来的湿地。恢复太湖西部湿地或可用适当方式改造大堤使大堤两侧水体相互流通,如在环湖大堤及相应的入湖河道的河堤上打开若干个缺口(缺口上设置桥涵)与太湖连通而成为湿地,这样同时可使污染河水经由河堤上的口子进入湿地,湿地净化河水,再通过环湖大堤的桥涵缺口入湖,使湿地同时起到减少河道污染负荷入湖的作用。

(3)降低水位增加湿地。适当降低太湖冬春季水位,据计算,如降低50 cm水深,可增加14 km^2的湿地面积,同时有利于春季芦苇等植物发芽生长,有利于人工修复湿地;适当降低其他季节水位,可提高水底光照强度,有利于自然修复湖中心水域的沉水植物群落。

5.3.3　科学制定太湖修复湿地专项规划方案

借鉴东太湖修复大片芦苇湿地的经验以及太湖东部三山岛和西部宜兴沿岸等水域小规模修复湿地的经验,统一制定人工修复各湖湾、水域湿地的专项规划方案,分期实施。恢复太湖湿地至蓝藻爆发以前规模,在实行人工修复湿地的同时促进自然修复。建立专业湿地管理保护队伍,冬季收获芦苇,控制沉水植物疯长。政府应如公园草地养护一样拨款养护湿地。

5.4　建立示范试验区

(1)把消除蓝藻爆发列入太湖治理重点研究课题。组建多学科联合研究团队,研究推广适用、低价、长效、安全的集成技术,推进消除蓝藻爆发科研成果转化和推广应用。太湖消除蓝藻爆发的科研重点应放在应用性技术研究并兼顾蓝藻基础理论研究,即重点应放在进行蓝藻死亡的规律、生境和消除蓝藻爆发的综合集成技术措施的实用性研究(如前述除藻的 8 类技术)上,应加强创造不利于蓝藻生境的应用技术研究。

(2)进行分水域综合除藻试验。把梅梁湖作为分水域综合除藻的试验水域。梅梁湖自然地理条件有利于建成相对封闭的水域,具有良好的治理基础条件,且大众对消除全国著名的梅梁湖风景区蓝藻爆发极为关切,因此可把梅梁湖作为综合除藻试验水域。综合除藻试验包括:设置经得起风浪和透水的隔断,阻挡外太湖蓝藻进入梅梁湖;沿岸水域修复湿地;湖湾中心进行分水域深度除藻试验。消除蓝藻爆发后可拆除全部围隔,连成为一整片无蓝藻爆发的水域,约用 10 年或少一点的时间可完成此项试验。梅梁湖除藻试验成功后或同期可在贡湖、竺山湖实施。

(3)加大科研投入和资料公开共享。采用国家、地方政府和民营资本等多种形式聚集资金,加大科研投入;加强水质、蓝藻及其爆发等项目的监测,监测指标应增加监测蓝藻干物质一项,此指标较监测藻细胞密度和叶绿素 a 更能说明蓝藻爆发的严重程度;鼓励建立资料公开共享的一个或多个太湖大数据(研究)中心或公益网站,凡政府出资取得的研究成果和监测资料均应公开共享。

结语:在实行湖长制和进一步推进河长制的过程中,开展新一轮的太湖治理工作,以蓝藻持续规模爆发问题为导向,调动湖长、河长和各级领导、科研人员及广大民众的积极性、主动性和创造性,设立消除蓝藻爆发目标,进行分水域消除太湖蓝藻爆发的重大基础科学问题研究和技术集成创新,早日解决太湖蓝藻爆发问题,使太湖成为长江流域最先消除蓝藻爆发的生态文明的美丽湖泊。

参考文献

[1]朱喜,胡明明,孙阳,等. 河湖生态环境治理调研与案例[M].郑州:黄河水利出版社,2018.

[2]太湖流域管理局,江苏省水利厅,浙江省水利厅,等. 2008-2017 太湖健康报告[R].上海:太湖流域管理局,2018.

[3]朱喜. 太湖蓝藻大爆发的警示和启发[J].上海企业,2007(7):6-8.

[4]太湖流域管理局.太湖流域水(环境)功能区划[R]. 上海:太湖流域管理局,2010.

[5]王鸿涌,张海泉,朱喜,等.太湖蓝藻治理创新与实际[M].北京:中国水利水电出版社,2012.

[6]朱喜,胡明明,孙阳,等.中国淡水湖泊蓝藻暴发治理和预防[M].北京:中国水利水电

出版社,2014.

[7]天津市安宝利亨环保工程建设有限公司.天然矿物质制剂净化水体技术总结[R].天津:天津市安宝利亨环保工程建设有限公司,2018.

[8]无锡德林海环保科技股份有限公司.加压灭除蓝藻整装成套设备技术研究报告[R].无锡:无锡德林海环保科技股份有限公司,2017.

[9]范功端,林茜,陈丽茹,等.超声波技术预防性抑制蓝藻水华的研究[J].水资源保护,2015,31(6):158-164.

[10]上海金铎禹辰水环境工程有限公司.协同超净化水土共治技术研究报告[R].上海:上海金铎禹辰水环境工程有限公司,2018.

[11]无锡智者水生态环境工程有限公司.利用植物化感物质制剂消除蓝藻的技术总结[R].无锡:无锡智者水生态环境工程有限公司,2018.

[12]谢平.鲢、鳙与藻类水华控制[M].北京:科学出版社,2003.

[13]武汉鄂正农科技发展有限公司.一种快速絮凝并去除水体中蓝藻的方法:中国,410382658.3[P].2017-04-18.

[14]北京信诺华科技有限公司.使用固化载体微生物除藻试验的技术总结[R].2018.

治理巢湖蓝藻爆发现状及思路[①]

摘要:通过考察、收集资料,综合分析治理巢湖消除蓝藻爆发成效、问题及原因,提出深入治理巢湖的目标和相应的技术集成措施。治理成效:巢湖水质得到提升,由劣Ⅴ类提升为Ⅳ~Ⅴ类。存在问题:控制外源内源力度不够,蓝藻仍年年爆发。建立2025~2035年分水域消除巢湖蓝藻爆发目标。创新治理巢湖蓝藻爆发的技术集成思路:进一步治理富营养化,加强控制各类外源力度,重点减少污水厂和生活污水的污染负荷,同时减少内源污染负荷,削减富营养化程度至一定水平,减慢蓝藻生长繁殖速度;除藻,在分水域基础上用综合除藻技术深度消除水面水体和水底蓝藻;大规模恢复沿岸水域湿地和西部原来湿地,使巢湖植被覆盖率由5%恢复至原来的25%~30%。

关键词:巢湖;蓝藻爆发现状;治理目标;思路对策

① 此文初稿完成于2019年6月,几经曲折,2020年6月录用于《环境生态学》杂志,在2020年8月(2020年第8期)发表。作者:常露(无锡市水资源管理处),朱云(无锡市城市防洪工程管理处),朱喜(原工作于无锡市水利局,通讯作者)。

巢湖(附图 2)自 20 世纪 90 年代起蓝藻水华爆发(简称蓝藻爆发),1999 年 12 月 31 日的“零点行动”代表治理巢湖行动的开始,国家和地方政府持续出巨资、全力治理巢湖 20 余年,富营养化程度得到相当幅度的减轻,保证东巢湖水源地供水安全,取得了一定的阶段性成绩。但蓝藻仍年年爆发,爆发面积没有减少,入湖污染负荷仍大幅度超过环境容量。目前,政府有关部门尚未建立消除蓝藻爆发的目标及未有相应的消除蓝藻爆发的技术集成措施,巢湖治理总体仍停留在治理富营养化和打捞水面蓝藻的初级阶段。巢湖已建立河(湖)长制,国家提出了长江大保护战略,巢湖是长江流域的重要组成部分,消除蓝藻爆发应是其重要内容,也是流域百姓的希望。巢湖今后应采用消除富营养化与综合除藻技术相结合的技术集成创新思路,进入分水域治理、消除蓝藻爆发的新阶段。

1 概况

1.1 巢湖及流域

巢湖为中国第五大淡水湖,属人工控制湖泊,水面面积 765 km^2(东、西巢湖分别为 517 km^2、248 km^2)、容积 18 亿 m^3、水深 2.35 m,不含岛屿岸线长 182 km。巢湖流域面积 1.35 万 km^2,巢湖湖体与 52%的流域面积位于合肥市。入湖河道以巢湖为中心呈放射状,主要有杭埠河(丰乐河)、南淝河等入湖河道,年平均入湖水量 35 亿 m^3;裕溪河为出湖河道。

1.2 蓝藻爆发总体原因

总体原因是巢湖大量存在蓝藻种源,以合肥市为主的流域人口稠密、社会经济较发达,入湖污染负荷量大,造成水体富营养化,及有适当的水文水动力、气象地理等生境,加之缺乏种间竞争,非常适合蓝藻快速生长繁殖,达到一定藻密度后,于 20 世纪 80 年代中期开始小规模爆发,90 年代起年年蓝藻爆发。其中西巢湖是爆发重点。

1.3 蓝藻爆发危害

蓝藻有藻毒素,特别是蓝藻多年连续爆发后存在发生类似 2007 年太湖供水危机的潜在危险,危害人体健康;蓝藻爆发减少生物多样性,影响风景旅游,影响人居环境。所以,应该消除蓝藻爆发。

2 巢湖治理成效和存在问题

2.1 巢湖治理

巢湖 1999 年 12 月 31 日的“零点行动”取得一定效果和减慢了污染发展

速度,后进一步加强治理;行政区域得到调整,巢湖水域主要由合肥市统一管理,成立巢湖管理局、环巢湖生态示范区领导小组及其办公室;制定、完善治理巢湖的有关法规;建立河(湖)长制及相应保障措施。

采取了综合治理措施:控制生活、工业污染,关停并转重污染企业;建设农业循环经济,综合治理规模集中养殖;削减化肥、农药用量和进行节水灌溉;加强污水处理系统建设,据调查,流域主要城市合肥市的污水处理能力从2011年的100万 m^3/d 增加至2018年的197万 m^3/d,制定了《巢湖流域城镇污水处理厂和工业行业主要水污染物排放限值》(DB 34/2710—2016),提高了处理标准,如合肥王小郢污水厂排放标准现达到 NH_3-N 1.5 mg/L,TN 5 mg/L,TP 0.3 mg/L,减少污染负荷入湖量;巢湖西北部的南淝河、十五里河、派河等入湖河道的水质明显改善;打捞蓝藻和清淤减少了内源的释放。

2.2　治理成效

(1)巢湖水质改善。据巢湖有关部门监测:2018年巢湖水质平均为Ⅴ类,TN 1.44 mg/L、TP 0.102 mg/L(见表1)。其中东巢湖水质平均为Ⅳ类,西巢湖为Ⅴ~劣Ⅴ类。巢湖水质从1995年以来总体呈改善趋势,2018年TN、TP分别较历史最大值1995年4.62 mg/L、0.41 mg/L削减68.8%、75.1%。但2018年TP较2016年略有升高。

表1　巢湖主要年份年均水质

年份	1984	1995	2000	2005	2008	2010	2016	2017	2018
TN	2.64	4.62	3.45	1.98	2.00	1.80	1.65	1.64	1.44
TP	0.18	0.41	0.18	0.22	0.147	0.21	0.092	0.108	0.102

注:1984~2010年水质的参考文献为[2]。

(2)生态修复。在巢湖北部沿岸水域修复湿地,使植被覆盖率由2%增加至5%。

(3)控制水面蓝藻爆发。采用打捞蓝藻等方法,改善了水面蓝藻爆发的视觉和嗅觉效果。

2.3　存在问题

(1)蓝藻爆发程度仍严重。10多年来,巢湖富营养化、气候水文水动力条件不尽相同,每年蓝藻爆发面积大小有差异,近年富营养化条件虽有所改善,但其仍在蓝藻爆发的范围内,蓝藻爆发总体仍处于较严重阶段。如每年爆发最大面积达到2016年237.6 km^2、2017年338 km^2、2018年440 km^2,分别占巢湖面积的31%、44.5%、57.9%;又如2018年东巢湖的叶绿素a、藻蓝素分别较2012年增加159%和404%。

(2)控制外源力度不够。主要入湖河道水质较差,8 条入湖河道(见表 2),TN 均为Ⅴ~劣Ⅴ类,TP 大多为Ⅴ~劣Ⅴ类,其中南淝河、派河、十五里河在 2016~2018 年水质虽总体呈好转状态,但连续 3 年 TN、TP 均为劣Ⅴ类(湖泊标准);加之清除底泥和蓝藻的力度不够,使巢湖现状水质距Ⅲ类水质目标还有相当差距。

表 2　主要入巢湖河流年均水质　　(单位:mg/L)

区域	2016			2017			2018		
	NH_3-N	TN	TP	NH_3-N	TN	TP	NH_3-N	TN	TP
丰乐河	0.684	2.22	0.116	0.813	2.23	0.108	0.658	1.98	0.133
杭埠河	0.462	2.19	0.084	0.401	1.83	0.092	0.583	1.77	0.105
兆河	0.455	1.68	0.084	0.393	2.08	0.075	0.443	2.06	0.057
白石天河	0.406	2.12	0.067	0.375	1.78	0.086	0.277	1.61	0.047
南淝河	5.28	7.7	0.371	6.01	8.76	0.474	5.33	8.51	0.399
十五里河	7.45	10.2	0.610	4.91	9.02	0.409	2.25	6.96	0.201
派　河	3.52	5.75	0.287	2.97	6.08	0.291	1.82	5.48	0.232
双桥河	2.93	4.19	0.216	1.37	2.77	0.125	0.438	1.86	0.078
裕溪河	0.269	1.63	0.102	0.364	2.25	0.120	0.520	1.51	0.073

注:表中裕溪河为出湖河道,其余均为入湖河道。

(3)湖泊生态系统退化严重。湿地面积由原来的 25%~30%减少至目前的 5%(附图 2.4)。

(4)湖泊治理的应用性研究较薄弱。目前,研究机构注重湖泊治理的基础理论研究,基本没有消除蓝藻爆发的应用性技术集成研究及方案研究。

3　深入治理巢湖消除蓝藻爆发思路

总体思路是总结和借鉴全国湖泊蓝藻爆发治理的经验教训,对现有消除蓝藻爆发技术进行综合集成,治理富营养化与消除蓝藻爆发相结合,分水域消除巢湖蓝藻爆发。

3.1　全国湖泊蓝藻爆发及治理状况

3.1.1　深水清洁湖泊

如云南抚仙湖,流域人口密度低、污染负荷少,水质为Ⅰ类,无蓝藻爆发。说明Ⅰ类水或深水湖泊一般不会有蓝藻爆发。

3.1.2　换水次数多的大型湖泊

如湖南洞庭湖、江西鄱阳湖等,水质为Ⅳ~Ⅴ类,洞庭湖曾为劣Ⅴ类,但其主水流通过的水域蓝藻爆发。因其入湖水量多，换水次数达到15～20次或更多，水流速度快，带走的蓝藻和污染物多，一般不会有蓝藻爆发。但水面相对静止的个别时间段如鄱阳湖也曾数次发生蓝藻水华集聚现象。

3.1.3　污染负荷入湖较少湖泊

如云南洱海，属中小型湖泊，水质为Ⅱ～Ⅲ类、个别水域曾达到Ⅳ类，在东北沿岸水域存在轻度蓝藻爆发现象，后经治理蓝藻基本不爆发。原因是其人口密度较低、社会经济欠发达，入湖污染负荷较少，只要严格控制外源入湖、修复水生植被，就能基本消除蓝藻爆发，若水质改善至Ⅰ～Ⅱ类，则可全面消除蓝藻爆发。

3.1.4　小型浅水湖泊

如无锡蠡湖、南京玄武湖、武汉东湖主湖区、杭州西湖等小型浅水湖泊，水质均曾为劣Ⅴ类、蓝藻曾年年爆发（其中西湖仅有2次非微囊藻蓝藻爆发），经采取建闸挡污、控源截污、清淤、调水、生态修复、养殖鲢鳙鱼滤食蓝藻等措施中的若干进行综合治理，水质改善为Ⅳ～Ⅴ类，基本消除蓝藻爆发。其中，西湖则是彻底消除蓝藻爆发。但东湖鱼类的排泄物对水质有一定的影响，所以同时需要采取综合措施治理富营养化使水质改善至Ⅲ类。

3.1.5　大中型浅水湖泊

"三湖"为大中型浅水湖泊，水深一般为2～2.5 m，其中滇池4 m多。"三湖"均是人口稠密、社会经济（较）发达的流域，水质均曾达到劣Ⅴ类，均在20世纪90年代起蓝藻年年爆发，经采取控源截污、清淤、调水、生态修复、打捞蓝藻等措施进行治理，富营养化程度均有所减轻、水质改善为Ⅳ～Ⅴ类（局部水域劣Ⅴ类），但至今蓝藻仍年年爆发。

3.2　正确认识消除蓝藻爆发

3.2.1　仅依靠防治水污染、治理富营养化不能消除蓝藻爆发

"湖泊水污染，根子在岸上，治湖先治岸"的说法对治理水污染、富营养化而言完全正确；但"治理蓝藻爆发即是治理富营养化"的观点不妥。因蓝藻年年规模爆发后根已延伸到湖中，须同时大量削减湖中蓝藻数量才能消除爆发。专家一般认为蓝藻已爆发的大中型浅水湖泊，仅依靠治理富营养化消除蓝藻爆发则应达到TN 0.1～0.2 mg/L、TP 0.01～0.02 mg/L。今后巢湖不可能达到此N P标准。因此，须治理富营养化与削减蓝藻数量结合才能消除蓝藻爆发。

3.2.2　打捞蓝藻能减轻爆发程度但不能消除蓝藻爆发

打捞水面蓝藻是目前控制蓝藻爆发取得良好视觉效果的重要措施，并能同时清除一定数量的N、P、有机质。据估计，巢湖每年打捞蓝藻量与其蓝藻生

产量之比,基本与太湖相仿,为2%~4%。所以,无论用何种技术打捞水面蓝藻,仅依靠此技术不能消除蓝藻爆发,所以应该改变仅在蓝藻爆发期打捞水面蓝藻的固有习惯,应创新除藻技术并且加以集成,实施分水域一年四季打捞消除水面、水体和水底蓝藻的策略,以及配合其他措施,才能消除巢湖蓝藻爆发。

3.3 建立巢湖消除蓝藻爆发目标

建立消除蓝藻爆发目标。以往制定巢湖流域水环境综合治理总体方案中没有消除蓝藻爆发目标及相应的技术集成措施。应把蓝藻爆发作为问题导向,建议2025~2035年分水域消除巢湖蓝藻爆发,先用10年时间分水域消除西部巢湖蓝藻爆发,其后或同时消除东部巢湖蓝藻爆发或保持蓝藻不爆发;同时,使巢湖水质达到Ⅲ类。有了消除蓝藻爆发的目标,才能提升各级湖长和科研工作者消除蓝藻爆发的信心和决心,提高责任性和主动性,以此深入推进河长制、湖长制,并把其融入长江大保护战略之中。

为实现此目标,应加大科研力度和投入。加强除藻的应用性集成技术研究并兼顾基础理论研究,特别在创造不利于蓝藻的生境、种间竞争、抑藻除藻的研究上能有所突破;加强水质、蓝藻及其爆发的监测;推进资料公开共享、公众知情、群众参与、共商对策、民主监督。

3.4 治理消除蓝藻爆发思路技术集成

以往的治理方案主要考虑治理富营养化,几乎未涉及消除蓝藻爆发。今后应制定兼顾治理富营养化和消除蓝藻爆发的治理方案。总结大中型湖泊蓝藻爆发治理和预防的经验教训及针对治理目标,在分水域治理的基础上,采取三类湖泊治理技术:消除富营养化(包括控制外源、净化水体、清除内源、调水等),清除蓝藻、湖体生态修复,并进行综合技术集成创新,则可把仅能用于治理小型湖泊如蠡湖、玄武湖、东湖、西湖的消除蓝藻爆发技术,集成创新后用于巢湖治理、消除蓝藻爆发,使巢湖成为“三湖”消除蓝藻爆发的榜样。

3.4.1 控制外源

控制外源(点源、面源)入湖是治理湖泊富营养化的基本措施,也是消除蓝藻爆发的必要措施。以往采取了诸多控源措施,但由于流域特别是合肥的外源污染负荷量增加较快,治理水污染速度超过外源负荷增加的速度有限,控源强度不够,入湖污染负荷仍超过其环境容量很多,因此须加大控源力度。

(1)大幅度削减污水厂污染负荷。目前或今后污水厂是流域主要点源群,削减污水厂污染负荷是流域控源的关键措施。巢湖流域必须在建设足量的污水处理能力、污水收集管网全覆盖、科学管理和安全运行的基础上提高污水处理标准，才能全面控制污水厂（含设施）、生活污水和相当部分工业污水的污染负荷，才能使污水厂排放的污染负荷基本与巢湖的环境容量相适应。因为全流域包括合肥和其他城市的社会经济均在不断发展之中，产生的污染负荷也在不断增加。所以，必须提高污水处理标准，削减污水厂污染负荷。

（2）地方立法提高污水厂排放标准。地方立法提高入巢湖河道区域的污水处理标准。其中，TN 应提高至地表水Ⅴ类或更高，TP 达到 0.01～0.05 mg/L。高标准的污水处理是能达到的，经调查，昆明第一、二污水厂在已达到一级 A 基础上提标改造，效果良好：NH_3-N 达到 0.1～0.2 mg/L，TP 达到 0.1～0.2 mg/L；合肥王小郢污水厂的 TN 已达到 5 mg/L；宜兴正在筹建（已奠基）的高塍污水厂的 TN 计划达到 3 mg/L；麦斯特环境科技公司的离子气浮技术可使 TP 达到 0.01 mg/L；用高效固载微生物设备提标改造的生活污水处理厂的 TN 可达到地表水Ⅱ～Ⅴ类。经调查，污水厂提标的费用是可以接受的，流域污水厂应逐个提标。非入湖河道区域污水厂及农村污水处理标准可略低。

（3）削减各类点源、面源污染负荷。大幅度削减未进入污水厂处理的生活污水、工业污水及废弃物的污染，调整工业产业结构，关停并转重污染企业，严格执法；加大规模畜禽养殖治理力度，对集中养殖的畜禽排泄物全面资源化利用、推行农业循环经济的发展；削减农村农业污染，建设生态农业和社会主义新农村，测土配方施肥，减少化肥农药用量，提倡使用有机肥，秸秆资源化利用，节水灌溉减少农田径流，削减水产养殖污染；治理流域 500 km^2 的富 P 地层的水土流失和提高绿化率，拦截净化地表径流；控制航行污染；分区域治理、进行生态修复。

（4）综合治理、净化河道。由于目前及今后相当长的一段时间仍难以全面控制外源，必然有相当多的污染负荷入河，如污水厂及地表径流的污染等，所以可采用直接净化河水的技术使达到Ⅲ～Ⅳ类水。重点治理南淝河、派河等重污染河道，加强长效管理。据调查，其中南淝河 2018 年水质差，TN 7.7 mg/L、NH_3-N 5.28 mg/L、TP 0.371 mg/L（见表 2），入湖污染负荷多，其原因主要是受纳 122.5 万 m^3/d 污水厂排放的尾水、排放量 3.6 亿 m^3，为南淝河年入湖水量的 80%，以后随着社会经济的持续发展将接纳更多的污水厂尾水，此是南淝河达不到Ⅲ类水和造成部分河段黑臭的主因。因此，须在建设足量的高标准的污水厂和封闭排污口等一系列控源截污措施的基础上，继续净化河道水体，可把污染严重的河道或其一段设置为一级、多级净化池（湿地）或设置河道旁侧净化池、入湖前置库，采用综合技术净化处理河水，其中固载微生物技术、金刚石纳米薄膜电子技术、光量子载体技术等能在流速相对较快河道中净化水体及直接消除有机底泥及黑臭。杭埠河、丰乐河入湖水量大、年均19亿 m^3，占入湖水量比为55%，以河道标准评价水质虽较好，但TN、TP为劣Ⅴ类（湖泊标准），入巢湖的污染负荷总量占比最大，其中杭埠河TP近3年呈升高趋势，从2016年的0.084 mg/L升高为2018年的0.105 mg/L，增加25%。所以，同时应大力削减杭埠河、丰乐河及其他达不到Ⅲ类（湖泊标准）水质的河道流域的生活、污水厂、农业等点源和面源污染。

3.4.2 清除内源

控制内源（蓝藻、底泥等）释放污染负荷是治理湖泊富营养化的另一个基本措施。清淤和清除蓝藻大量聚集水域的底泥，可减少N P释放及清除底泥表层的蓝藻种源。清淤土方可作为抬高巢湖修复芦苇湿地基底的回填土。此举可减少清淤费用，同时不需要淤泥堆场、利于修复芦苇湿地。

清除蓝藻。采用除藻综合集成技术（具体见3.4.4）彻底清除水面、水体、水底的蓝藻，削减蓝藻种源和降低藻密度，同时有效削减蓝藻所含N P，这是控制陆源和采用常规清除湖泊底泥的措施难以达到的效果。根据巢湖蓝藻爆发治理效果不理想的现状，应把清除蓝藻作为清除内源的主要内容。如巢湖湖体在实施分水域治理后，应采用相关技术除藻的同时消除有机底泥污染。

3.4.3 实施规模调水，加快水体流动

（1）1962年裕溪河建闸减少了长江入湖水量的88%，减少了换水次数、环境容量和净化水体能力。

（2）今后扩大“引江济巢”调水。通过对凤凰颈和枞阳两个引江泵站“引江济巢”的合理调度，调长江水30亿~50亿 m^3 入湖，可增加换水2次，同时增加相应的环境容量和大量带走相当多的蓝藻。

（3）适时建立“引江济巢”“引江济淮”联合调水体系（附图2.5），增加净化水体能力，削减西部巢湖藻密度。

（4）两个引江泵站均应设为双向泵站，调水与湖区防洪、生态调度相协调，有效消除巢湖1954年、1991年12~13 m的高水位，控制湖泊生态水位，使湖中芦苇等植物以后再不受灭顶之灾。

3.4.4 除藻

以往采用多种常规技术除藻仅是在蓝藻爆发期打捞水面蓝藻，仅解决水面蓝藻堆积现象，不能根本消除蓝藻爆发。今后要进行分水域一年四季消除水面、水中和水底的蓝藻。除藻技术同时应包括生物种间竞争、创造不利于蓝藻生长繁殖生境等措施。

（1）分水域消除蓝藻爆发。分水域除藻是消除大中型浅水湖泊蓝藻爆发

的基本和必要的要求。巢湖可分为东、西巢湖两部分，每部分还可分割成若干大小适宜的水域，使现有蠡湖、玄武湖、东湖、西湖等小型湖泊消除蓝藻爆发的治理技术经集成创新后能用于治理巢湖。

分水域时，各个水域既要相对封闭，又要与相邻水域具有一定的水力联系、水量交换，须在水域的边界处设置有适宜高度和形式的阻隔、围隔系统，并允许水流在其两侧间流动。如风浪较大水域可采用钢丝石笼透水坝（或其水下一定位置可采用土坝）、橡胶坝或土坝加透水系统、牢固的围隔等形式；风浪相对较小水域，可采用固定围隔或软围隔等。

（2）深度清除蓝藻技术。清除蓝藻技术包括使蓝藻上浮、下沉，抑制或直接杀死，改变生境，种间竞争等类技术。

① 金刚石碳纳米薄膜电子技术除藻。该技术为物理的电子技术直接杀藻，原理是其装置加电压后释放电子，在阳光下产生光电效应、光催化作用，破坏蓝藻的细胞壁和细胞内部物质、消除蓝藻。此技术效果好、能源省、人工省、不添加化学物质、易管理、成本低，可一年四季运行，同时可削减水体和底泥的N P 等污染物，此类技术还有复合式区域活水提质除藻技术。

② 改性黏土除藻。该技术是使用机械设备喷洒改性黏土水溶液，使水面、水体、水底的蓝藻均快速沉于水底，继而实施生态修复，如种植沉水植物，固定底泥和吸收蓝藻所含的营养物质消除蓝藻。其他如天然矿物质净水剂及其他类似物质也有此作用。

③ 混凝气浮法除藻。该技术使蓝藻上浮，是把目前广泛使用的德林海固定式混凝气浮的藻水分离除藻技术（或其他类似技术）直接用于湖体水域，即用混凝气浮法使水面、水中、水底的蓝藻及水底的有机悬浮物质全部浮于水面，然后将其打捞、处置，或可设计混凝气浮、打捞和藻水分离一体化的工作船，设备可一年四季运行。此技术同时可直接清除湖底表层的有机底泥。此类技术还有雷克公司的磁捕船等。

④ 高压除藻。该技术会改变蓝藻生境、抑制生长或至死亡。其原理是对蓝藻进行高压处理，改变原来蓝藻生长的压力、温度等生境，抑制蓝藻生长繁殖，使其逐步失去生长繁殖能力甚至死亡。此技术（设备）不添加任何添加剂，操作简便，自动化控制，运行高效、费用低，能耗低、四季昼夜运行，除藻效果良好。此技术包括竖井式和移动式两类。其他如推流曝气、超声波等技术均能有效抑藻杀藻，高压除藻设备的尾水若进行藻水分离则除藻效果更好。

⑤ 光量子载体技术除藻。该技术为光量子波物理除藻技术，其原理是将光量子的能量植入载体，放入水体后载体释放能量、产生氧气，经若干时间就

能消除水体和底泥中的 N P 等污染物，在与其他技术配合后能起到相当程度的除藻作用，但其有效除藻的幅度有限。该技术实施方便、简单，不需要电源、管理方便。

⑥ 制剂抑藻杀藻。该技术采用较安全的制剂撒入水中抑藻或直接杀藻。如将食品级的添加剂撒入水中杀藻；将植物（中草药）化感物质制剂撒入水中除藻。

⑦ 生物种间竞争除藻。如采用芦苇湿地、紫根水葫芦、沉水植物除藻，利用鲢鳙鱼、贝类、浮游动物滤食蓝藻（鱼密度要达到 40 g/m^3 水体）。相当多植物如沉水植物、芦苇湿地等在吸取 N P 的同时，可产生化感物质抑藻除藻。另外，由于巢湖的鲢鳙鱼等食藻鱼类及浮游动物从 1952 年的 38.3%减少至 2002 年的 2.6%，减少了滤食蓝藻量，所以应该增加鱼类等生物多样性，消除蓝藻。

⑧ 锁磷剂除藻。水体喷洒锁磷剂，使水体 P 颗粒沉入水底，降低 P 浓度，大幅度减慢蓝藻生长繁殖速度，而沉入水底的 P 以后可被沉水植物吸收。

⑨ 安全高效微生物抑藻杀藻。目前，能抑制蓝藻生长繁殖或直接杀死蓝藻的高效微生物及其制剂很多，具有巨大潜力，关键是选择安全高效的微生物，进行试验示范，确定其安全可靠性，允许安全技术使用，更应开发推进土著微生物除藻技术。

⑩ 使用常规措施抑藻除藻。控源截污、调水、清淤等措施可治理富营养化至一定程度如至Ⅲ类水，就可有效减慢蓝藻生长繁殖速度。调水同时可带走污染物和蓝藻，清淤可清除底泥中的蓝藻种源。若使用改性黏土使蓝藻沉于水底后再实施分水域清淤，则除藻的效果更佳。

（3）综合除藻。综合除藻即在分水域治理的基础上选用上述若干除藻技术进行试验，并合理搭配和集成创新，取得降低藻密度的最佳效果，直至消除蓝藻爆发。上述各类除藻技术在目前或今后均具有一定的可推广性，但在消除蓝藻爆发的效果、速度、彻底性等方面有差异，应根据实际情况试验后选择使用。应在总结治理全国大中小型湖泊治理蓝藻爆发经验教训的基础上，对 3 大类治理巢湖技术进行综合集成创新，使由藻型湖泊逐步转变为草型湖泊，其间同时消除蓝藻爆发。

3.4.5 修复湿地

大规模修复湖体湿地和恢复生物多样性，建成良性循环的巢湖生态系统。

（1）以往湿地损毁严重。历年来，由于围湖造田、污染严重、蓝藻爆发、泥沙淤积、大水年份高水位等原因，芦苇湖滩地的占比由 25%～30%减少至2%～

5%，湖滩湿地减少超过 150 km^2。以往虽进行了多次生态修复，但湖体生态修复效果不佳，生态退化形势依然严峻。所以，应大力修复湿地。

（2）修复湿地的作用和目标。巢湖湖体大规模修复湿地，是目前消除蓝藻爆发、净化水体、改善湖泊生境和保持良好生态系统的关键措施之一，也是在消除蓝藻爆发后保持蓝藻不爆发的必要措施。

以往巢湖湖体的水生态修复试验示范工程部分保存下来，但恢复规模有限，应使巢湖水体的植被覆盖率恢复至蓝藻爆发前规模，达到 20 世纪 50～60 年代或 30 年代的 25%～30%。

以往湖体未能大规模恢复湿地的原因：一是湖中风浪大、水深等客观原因影响生态修复，增大修复难度；二是主观原因，即对巢湖大面积修复湿地的必要性和可能性认识不足，缺乏修复信心，认为巢湖现在缺乏大规模修复湿地的生境；三是未科学制定大规模修复湿地的规划方案。

（3）科学制定修复湿地规划方案。

① 巢湖沿岸水域分片修复 500～1 000 m 或更宽的湿地。首先改善风浪和水深等生境：湿地外围设置能挡风浪、蓝藻的透水坝或隔断；种植芦苇的湿地需要抬高基底至冬春季基本无水状况，以确保芦苇正常生长和冬季芦苇湿地具有冻死、消除蓝藻的作用。湿地也可种植其他适合在巢湖生长的挺水植物；沉水植物湿地可用改性黏土、金刚石碳纳米电子技术、光量子载体技术、混凝气浮、锁磷剂等技术控制污染、消除蓝藻爆发，同时控制底栖鱼类扰动底泥，以提高透明度，再种植相应植物。

② 恢复原有芦苇湖滩地。在确保防洪安全的前提下，拆除巢湖西部的派河与杭埠河之间的部分环湖大堤或用其他方法恢复原有 15～20 km^2 芦苇滩地。此类湿地恢复后同时可作为净化派河水的前置库，大量削减派河的入湖污染负荷。同时，可修复巢湖其他区域的原有湿地。

③ 适当降低巢湖水位。由于建设了裕溪闸，巢湖升高了 1.5 m，减少了湿地。所以，应该适当降低冬末春初水位，如降低 0.5～0.8 m，则可增加湖滨湿地 8～12 km^2 及有利于春天种植芦苇，有利于湿地植物春天发芽生长。若适当降低全年水位，有利于增加湖底光照强度和自然修复湖中沉水植物群落。若降低水位后影响航行，可适当疏浚加深航道。

④ 建立专业管理队伍。长期管理保护湿地，如冬季收获芦苇，控制沉水植物疯长。政府应如公园草地一样拨款养护湿地。

（4）人工修复促进自然修复。巢湖各水域应以人工修复促进自然修复；东、西巢湖的湖中心水域也可在改善生境后，以人工修复促进自然修复，恢复部分湿地。生态修复与景观密切结合，巢湖岸线均基本规划为风景区域。景观水域可根据水深等条件合理搭配种植挺水、沉水、浮叶等植物和设置生态浮岛（浮床），满足景观多样性要求。

4　分水域治理

分水域治理巢湖消除蓝藻爆发时，由于各水域生境及蓝藻爆发情况不同，生态修复、打捞清除蓝藻须分片、分水域实施，需设置能够阻挡蓝藻和风浪的牢靠、便于管理的透水坝、隔断、围隔系统。修复湿地后，需 2～4 年的生长保护期，确保芦苇、沉水植物顺利生长；各小水域消除蓝藻爆发后，可拆除其间的隔断、围隔，连成为一大片无蓝藻爆发的水域。东、西巢湖之间可设透水拦湖坝（并设通航口门），拦住东巢湖蓝藻使不入西巢湖，坝两侧水体可交换。

4.1　西巢湖

西巢湖治理主要是控制点源、面源，特别是建设满足要求的污水处理能力、全覆盖的污水收集管网和大幅度提高污水厂处理标准、削减污水厂入湖污染负荷；提升入湖河道水质达到Ⅲ类；恢复湖体 60～80 km^2湿地，包括恢复巢湖西部环湖大堤背水侧的原湿地，修复 60 km 长的湖岸线的沿岸水域宽 500～1 000 m 或更宽的湿地；“引江济巢”“引江济淮”协调调水，加快水体循环流动，净化水体，削减蓝藻数量；采用综合技术集成分水域深度清除水面、水体和水底的蓝藻。以上过程估计需 5～6 年时间，即能使西巢湖基本消除蓝藻爆发，其后加强管理养护、保持蓝藻不爆发，共 10 年时间可把西巢湖连成一整片无蓝藻爆发的水域，并使水质达到Ⅲ类。

4.2　东巢湖

东巢湖治理可在西巢湖治理取得基本消除蓝藻爆发的成果时开始或同时开始。治理措施：主要是控制外源污染负荷入湖，清除蓝藻等内源，总结西巢湖治理、消除蓝藻爆发的经验教训，在 120 km 长的湖岸线的沿岸适当水域修复适当宽度的湿地，“引江济巢”调水使换水次数增加两次多，选择合适的综合技术集成措施清除蓝藻，消除湖中水域蓝藻爆发或保持蓝藻不爆发，使水质达到Ⅲ类。

参考文献

[1]《中国河湖大典》编撰委员会. 中国河湖大典：长江卷（下）[M].北京：中国水利水电出版社，2010.

[2]朱喜,胡明明,孙阳,等.中国淡水湖泊蓝藻暴发治理与预防[M].北京:中国水利水电出版社,2014.

[3]张民,史小丽,阳振,等.2012-2018年巢湖水质变化趋势分析和蓝藻防控建议[J].湖泊科学,2020.

[4]安徽省人民政府.巢湖流域水环境综合治理总体方案[R].2009.

[5]朱喜,胡明明,孙阳,等.河湖生态环境治理调研与案例[M].郑州.黄河水利出版社,2018.

[6]张翼飞.中持水务股份公司污水处理厂建设报告[R].北京:中持水务股份公司,2018.

[7]麦斯特环境科技公司.污水处理厂除磷效果总结报告[R].无锡:麦斯特环境科技公司,2019.

[8]北京信诺华科技公司.高效固载微生物厌氧设备改造污水厂总结报告[R].北京:北京信诺华科技公司,2019.

[9]上海金铎禹辰水环境工程有限公司.协同超净化水土共治技术研究报告[R].上海:上海金铎禹辰水环境工程有限公司,2018.

[10]天津市安宝利亨环保工程建设有限公司,无锡市蓝藻办公室.天然矿物质制剂净化水体技术总结[R].天津:天津市安宝利亨环保工程建设有限公司,2018.

[11]安徽雷克科技有限公司.雷克环境富藻水磁捕处理技术总结报告[R].合肥:安徽雷克科技有限公司,2019.

[12]无锡德林海环保科技股份有限公司.加压灭除蓝藻整装成套设备技术研究报告[R].无锡:无锡德林海环保科技股份有限公司,2017.

[13]范功端,林茜,陈丽茹,等.超声波技术预防性抑制蓝藻水华的研究[J].水资源保护,2015,31(6):158-164.

[14]苏州顶裕环境科技有限公司.光量子载体除藻技术总结报告[R].苏州:苏州顶裕环境科技有限公司,2019.

[15]山西巴盾环境保护技术研究所.食品级超化学抑制除藻剂试验总结报告[R].太原:山西巴盾环境保护技术研究所,2016.

[16]无锡智者水生态环境工程有限公司.利用植物化感物质制剂消除蓝藻的技术总结[R].无锡:无锡智者水生态环境工程有限公司,2018.

[17]谢平.鲢、鳙鱼与藻类水华控制[M].北京:科学出版社,2003.

[18]王鸿涌,张海泉,朱喜,等.太湖蓝藻治理创新与实践[M].北京:中国水利水电出版社,2012.

[19]武汉鄂正农科技发展有限公司.一种快速絮凝并去除水体中蓝藻的方法:中国.410382658.3[P].2017-04-18.

滇池蓝藻爆发治理思路与措施[①]

摘要:滇池自20世纪80年代起至今年年蓝藻爆发,成为全国蓝藻严重爆发的三大淡水湖之一。近年滇池北部草海水污染严重但蓝藻爆发不严重或不爆发。经10多年治理,滇池水质有所改善,一定程度上控制了蓝藻爆发。总体治理思路:把消除蓝藻爆发列入治理滇池目标,才能激发责任领导和科研人员的积极性或创造性;把提高污水厂处理标准放在控源首位;实行分区域治理和深度彻底打捞消除蓝藻;大规模生态修复。治理措施:控源截污;建设足量高标准的污水处理厂;封闭排污口;综合措施治理每条河道;分片消除蓝藻爆发;清淤;生态修复;"引江济滇"调水;把草海建成全国不全封闭小型湖泊治理典型,并保持蓝藻不爆发。

关键词:滇池;蓝藻爆发;治理;思路;措施

滇池(附图3),面积为310 km^2,蓄水15.6亿 m^3,构造断陷湖,昆明高原景观湖泊,平均深5 m;湖岸线长163 km。滇池分南北两部分,中间有海埂大堤(1996年建)相隔。南部为外海,300 km^2;北部为草海,10 km^2;海口闸以上流域面积2 920 km^2。2015年,流域常住人口523万,为昆明的72%,城镇化率80%;GDP 3 160亿元,为昆明市的80%。

1 蓝藻爆发

由于水污染造成富营养化、建成人工控制湖泊后水文水动力条件变差、水生态系统退化、近些年的年均气温较以往升高1~3 ℃等原因,20世纪90年代起至今滇池几乎年年蓝藻爆发,成为全国蓝藻严重爆发的三大淡水湖泊(太湖、巢湖、滇池)之一。蓝藻爆发最大规模曾达到近百平方千米。滇池蓝藻爆发以微囊藻为主,其次为束丝藻、鱼腥藻。外海北部为蓝藻爆发主要水域。

---

① 此文初稿完成于2016年10月,2017年1月录用于《环境科学导刊》杂志,发表于2017年5月(2017年增刊)。作者:陈旭请(无锡市蓝藻治理办公室),胡明明(无锡德林海环保科技股份有限公司),朱喜(原工作于无锡市水利局,通讯作者),黄晓莹(无锡市政府投资评审管理处),孙雯(无锡市太湖闸站工程管理处),马建华(无锡德林海环保科技股份有限公司)。

2　滇池治理取得阶段性成果

滇池治理起点是“零点行动”(1999年4月1日至5月1日),取得减慢富营养化进程的效果,并在2007年后实施控源、清淤、水生态修复、机械除藻、牛栏江调水、四退三还破堤还湖等六大工程,取得一定的阶段性成果。

(1)减轻富营养化程度。已削减大部分的工业和畜禽集中养殖污染,生活污水大部分进入污水厂处理,草海由异常富营养化改善为重富营养化,外海中富营养化程度略有改善。但2015年滇池水质仍为劣Ⅴ类。

(2)降低蓝藻密度,减轻蓝藻爆发程度,消除了漂浮在水面的一层绿油漆似的高密度蓝藻斑块,改善了人们对蓝藻爆发的不良视觉和嗅觉效果。

(3)水生态系统得到初步改善。湖周围湿地增加,净化水体和抑藻除藻能力增强。

3　治理滇池蓝藻爆发总体思路

3.1　建立消除蓝藻爆发的目标

滇池治理,须有治理直至消除蓝藻爆发的目标,以及能够达到目标的相应治理措施和强度。但在“零点行动”及以后数次的滇池治理规划或方案中均无消除蓝藻爆发的目标。只有有了消除蓝藻爆发目标才能激发有关各级政府及其部门消除蓝藻爆发的积极性、主动性,以及制定有关政策法规,同时也能激发各研究机构、专家的积极性,去研究消除蓝藻爆发的技术集成及创新。滇池面积和水量在“三湖”(太湖、巢湖、滇池)中为最小,相对较易治理,所以滇池在“三湖”中可以首先攻克消除蓝藻爆发这一难点。建议治理目标:2020年滇池水质Ⅴ类,主要入湖河道Ⅳ~Ⅴ类;外海蓝藻爆发程度有较大幅度减轻,草海保持蓝藻基本不爆发;2030年滇池达到Ⅲ类和主要入湖河道达到Ⅲ类,消除蓝藻爆发。

3.2　仅依靠治理水污染难以消除蓝藻爆发

滇池流域社会经济较发达、人口稠密,进入湖泊的污染负荷较多,难以恢复至蓝藻爆发以前的20世纪50~70年代的营养水平,也不可能达到消除蓝藻爆发的公认的氮磷营养标准TN 0.1~0.2 mg/L、TP 0.01~0.02 mg/L。如具有良好的Ⅱ类水质的富春江在2016年9月中旬的G20峰会期间也有相当规模的蓝藻爆发,就是一个例子。所以,只有治理富营养化与削减蓝藻数量结合,且蓝藻自然增殖量不大于削减蓝藻数量,就能使蓝藻爆发规模逐渐减小直至消除,同时不一定要改善水质至Ⅰ~Ⅱ类,如改善至Ⅲ~Ⅳ类,并且配合其他措施,就有可能最终消除蓝藻爆发。

3.3 把提高污水厂处理标准放在控源首位

城市污水厂若仍按一级A标准排放,据测算至2030年污水厂排放的TN、TP就要超过环境容量,成为流域最大点源群。若再加上农业、地表径流等各类污染负荷,特别是流域P本底值高,必然使入湖污染负荷量大幅度超过环境容量。所以,必须把提高污水厂处理标准放在控制污染源的首位。

3.4 分区治理水环境

打捞和清除蓝藻分片进行,各片保持蓝藻不爆发,其后连成一整片;河道一河一策逐条治理;点源逐个彻底治理;面源分区逐片治理;生态修复区建设一块保持一片。科学分析外海和草海的水质、藻密度、生物多样性、入湖污染负荷和不同的自然地理条件,采用适合其实际情况的治理措施。

3.5 分片深度彻底打捞削减蓝藻

滇池应分区域深度彻底打捞、清除水面、水体和水底的蓝藻,并保持水域无蓝藻爆发状态数年,最后把各片连成整片无蓝藻爆发水域。想一次性消除大中型湖泊蓝藻爆发是难以做到的。

3.6 实施大规模生态修复

由于水污染、建成人工控制湖泊后水位升高、建设环湖大堤等,使植被覆盖率大幅度降低,所以应大规模修复生态,恢复蓝藻爆发以前的植被覆盖率。

3.7 科学调水

"引江济滇"牛栏江泵引调水已实施(附图3.3),年调水量6亿m^3,科学调水有效改善滇池水环境。

3.8 农业和工业已不是主要污染源

经前一阶段治理,农业、工业已不再是流域主要污染源,主要污染源是生活源。

3.9 技术集成

现有的工程技术应进行技术集成及创新,使适合于消除滇池蓝藻爆发。

3.10 解除使用微生物治理湖泊及蓝藻爆发禁令

滇池有禁止使用微生物治理蓝藻爆发的内部规定。但实践证明和大部分专家认为,与蓝藻进行种间竞争最有力的生物是微生物,所以使用微生物治理湖泊及其蓝藻爆发最具潜力,而且滇池基本已不是水源地,昆明的水源已为"引江济滇"牛栏江水源,所以应在适当时取消此禁令。措施:一是研究高效安全微生物;二是建立对除藻和改善水环境的微生物进行安全性监测鉴定的权威机构;三是全国诸多微生物的研究、生产和使用单位大量尝试在多个非水源地的中小型湖泊使用微生物安全除藻和净化水体的试验、推广，增加微生物能高效安全除藻和净化水体的事实依据，促进有关部门取消大中型湖泊使用微生物除藻和改善水环境的禁令，加快消除蓝藻爆发步伐，更可以开发推进土著微生物治理滇池消除蓝藻爆发技术。

4　今后治理措施

4.1　控源截污减少入湖污染负荷

控源减少污染物排放量。改变传统生活消费和生产方式，在采用技术集成综合措施大幅度减少生活污染负荷的基础上，同时有效地削减工业、养殖、种植、城市村镇和山林的地表径流、垃圾或废弃物等污染负荷的产生量和进入滇池数量。其中，特别要注重流域富 P 地层的水土流失治理。

4.2　建设足量高标准的污水处理厂

(1)建设足量污水处理厂。至 2015 年已建 17 个污水厂，处理能力 160 万 m^3/d，污水排放标准一级 A，其中数个污水厂排除标准优于一级 A；随着昆明社会经济持续发展，城市化率提高，总人口增加，将大幅度增加生活污水和其他各类污水的需处理量，预测 2020 年、2030 年分别需有超过 180 万 m^3/d、250 万 m^3/d 污水处理能力。所以，必须建设足够的污水处理能力及全面铺设污水收集管网，使污水管网全覆盖。

(2)提高污水厂排放标准。污水厂是流域主要点源群，所以昆明市应制定较污水处理一级 A 标准更高污水排放的地方标准，以大幅度削减污水厂的污染负荷量。建议污水处理标准提高至：NH_3-N 0.1～0.3 mg/L、TP 0.05～0.1 mg/L、TN 2 mg/L 或更高的标准。其中，TN 可分期提高，近期如 2020 年达到 5 mg/L；处理分散污水的简易设施的处理标准可略低一点，但至少达到一级 B。

(3)昆明第一、二污水厂已做出了更高处理标准处理污水的榜样。提高污水处理标准主要是采用先进工艺、高效复合微生物、精准管理、多点进水、严控各反应阶段的氧含量、适当延长反应时间等措施。昆明第一、二污水厂已做出了榜样，基本达到上述标准，且费用基本未增加。其中，TP 提标需增加一些药剂费用。其他污水厂均应以此为榜样。至于远期达到 TN 2 mg/L 标准，费用要增加多一些。

(4)污水厂尾水进行大规模再生利用，不宜进金沙江。

4.3　封闭排污口推进治污

封闭城市村镇的全部排污口是控源截污必不可少的保障措施。地方应立法，明确提出封闭排污口的时间表。

4.4 综合治理净化河道

滇池共有大小入湖河道 36 条,较大入湖河道 29 条。其中,入外海 22 条,入草海 7 条。最大河道为盘龙江,水量 2 亿~3 亿 m^3/a,其他主要有宝象河、大河、柴河、东大河等。目前,大部分河流水质为劣Ⅴ类,所以全部入湖河道应在实行河长制基础上,进一步净化水体和降低 N P 入湖量。

(1)河道水体综合治理。主要是控源截污和封闭排污口,同时采用技术集成措施直接净化污染的小河道水体。其中,首先可采用安全高效复合微生物治理,配合曝气造流增氧或纯氧曝气净化水体,也可用磁分离或混凝过滤等方法治理。或可在适当区域设置一级或多级净化池或前置库配合治理河道污水。

(2)实施以植物为主的生物修复。可在河道适当水域实施,合理选用各类植物或生态浮床,选用以本地为主的合适植物品种。其中,若修复沉水植物,则需要在净化水体提高透明度后实施。

(3)清除垃圾和污染底泥、建设生态护岸。

4.5 深度彻底分片打捞消除蓝藻

以往一般仅在蓝藻爆发期打捞水面蓝藻。以后应一年四季深度彻底打捞消除包括水面、水体和水底的蓝藻。主要有以下方法:① 气浮法:先使蓝藻浮于水面,再打捞运走。② 采用改性黏土除藻等沉降技术,使蓝藻沉于水底并予以固定。③ 用安全高效复合微生物除藻具有巨大潜力,也是今后的方向,专家研究认为,蓝藻死亡主因之一是水体中微生物作用破坏了蓝藻的相关功能、结构,关键是在适当的时候取消使用微生物禁令。④ 用超声波、高压除藻等方法抑制蓝藻生长繁殖、破坏蓝藻结构、直接杀死蓝藻。⑤ 直接降低营养物质氮或磷含量至蓝藻不爆发程度,其中如用锁磷剂降磷较容易。⑥ 除藻提高透明度后,再种植沉水植物,抑制蓝藻生长。⑦ 适当放养有直接除藻作用的紫根水葫芦,但应适时收获和资源化利用,放养时注意削减风浪、改善生境,否则其消除蓝藻的作用将减弱。⑧ 放养鲢鳙鱼和其他动物滤食消除蓝藻。

分片打捞消除蓝藻,即把大水域分成若干片(如 1~5 km^2 为一片)打捞·消除蓝藻,并保持无蓝藻爆发数年,后连成一整片无蓝藻爆发水域。其间,分区建设富集蓝藻围隔、藻水打捞和分离系统,增加能力和提高效率;打捞上来的蓝藻全部实施蓝藻资源化利用。

由权威机构制定分区(片)深度彻底打捞削减蓝藻的规划、方案。立项进行水上蓝藻混凝气浮打捞一体化设备的研制,即把陆上普遍使用的藻水分离的气浮技术用于水上;进行使用改性黏土、微生物、超声波、高压除藻和降磷除藻等技术试验,并结合修复沉水植物试验。

4.6　清淤清除蓝藻种源

在滇池外海北部等蓝藻爆发、死亡和沉积的局部区域实施清淤除藻，清淤深度 10~30 cm，用环保型设备连片清淤削减蓝藻种源。已清淤区一般可不再清；多年放养水葫芦或紫根水葫芦的水域应根据底泥淤积和污染情况实施适时适度清淤。清淤土方一般可与抬高芦苇修复区基底结合。

4.7　湖滨水域实施生态修复

以往由于各种原因使滇池芦苇湿地大量减少，需在浅水区域恢复至 20 世纪 50~70 年代蓝藻爆发前的湿地面积。人工修复与自然修复结合，人工修复促进自然修复。各类植物合理搭配，并与景观相协调。

芦苇湿地修复方法：① 湖滨浅水区，在适当改善生境如风浪、湖底高程、水质、蓝藻爆发等的基础上实施人工修复。② 在以往拆除 48 km 环湖大堤恢复 9 km^2 水面的基础上，继续拆除对防洪安全无影响的下游海口闸以外的全部环湖大堤，恢复芦苇湿地。③ 在可能情况下，适当降低冬春水位，增加一定的芦苇湿地和利于芦苇成活生长。

改善拟建芦苇湿地生境时，其周围一般应建挡风浪、挡藻的设施。至于放养水葫芦或紫根水葫芦，宜作为先锋（先导）植物进行临时放养，不宜连续很多年放养，否则可能加重底泥污染。

4.8　科学“引江济滇”调水

牛栏江泵引调水工程在解决昆明安全用水基础上，实施科学调度、选择合理的湖体调水路径控制调水沿线的污染，以最大限度起到净化水体和降低藻密度作用。

4.9　把草海建成全国非全封闭小型湖泊治理的典型

草海与百姓生活居住休闲活动密切相关，并且是昆明的城市内湖和风景旅游区，应尽快治好。

（1）保持蓝藻不爆发和净化水体。以往草海水质差致蓝藻基本不爆发，后虽经治理水质有较好改善，但仍为大幅度劣Ⅴ类。因此，应全力控制水污染和尽快改善水质至Ⅲ~Ⅳ类。草海治理可与蠡湖（太湖北部的小湖湾）治理相比较，两者面积相仿，蠡湖略小（8.5 km^2），蠡湖经数年治理，已建成为全封闭水域，水质已改善至Ⅳ类，并保持至今和蓝藻基本不爆发，所以草海的治理目标经过数年努力是完全可达到的。

（2）草海治理措施。① 域内污水厂大幅度提高排放标准，或其尾水再生利用，不进入草海。② 封闭全部入湖排污口。③ 继续调水入湖，增加环境容量，调水经过的大观河等河道和小湖泊严控污染，用微生物、曝气、增氧、造流、过滤等技术净化水体,确保调入之水达到Ⅳ类。④ 全面综合整治全部入湖小河道达到Ⅳ类水。⑤ 利用微生物、曝气、增氧、造流和锁磷剂降磷等技术净化湖泊水体、消除有机底泥,提高透明度,或配合适当放养紫根水葫芦净化水体、抑藻除藻。⑥ 没有生长沉水植物的部分水域适时适度清淤。⑦ 在实施改善生境,如提高透明度后进行适当面积的人工修复,修复以植物为主的生态系统,促进草海的自然修复,特别是诱发草海底泥中原有植物种子的发芽生根,使湖底植被覆盖率达到 70%~80%。⑧ 适当降低水位,以增加湖底光照和沉水植物生长。⑨ 分片治理,分片修复生态、分片抑藻除藻,保持蓝藻不爆发,并最终连成一个整体。应防治初步改善水质后引起蓝藻爆发的不良后果,使其成为名副其实的草海和健康的水生态系统,可建成如蠡湖一样的全国小型湖泊(湖湾)治理的典范,而且是非全封闭湖泊的榜样,更具全国学习价值。

也可在外海北部等水域,在总结以往经验教训的基础上,建设能够消除蓝藻爆发的示范区,以带动滇池全部水域消除蓝藻爆发。

4.10 保障措施

滇池保护管理局充分发挥统一领导滇池治理工作的作用;制定科学和适当的消除蓝藻爆发的目标和规划、方案;提高认识,各部门密切协调,完善和健全管理体制和机制;加强执法力度和生态补偿;加强对责任人的考核;加大资金投入;增强群众参与程度和监督能力。

参考文献

[1] 刘玉生,郑丙辉,戴树桂,等.滇池富营养化及其综合治理技术研究[M].北京:海洋出版社,2004.

[2] 孔繁祥,宋立荣.蓝藻水化形成过程及其环境特征研究[M].北京:科学出版社,2011.

[3] 中国国际工程咨询公司.滇池流域水环境综合治理总体方案[R].北京:中国国际工程咨询公司,2008.

[4] 中国环境保护部.2015 全国环境公报[R].2016.

[5] 地表水环境治理标准:GB 3838—2002[S].

[6] 城镇污水处理厂污染物排放标准:GB 18918—2002[S].

武汉东湖水环境继续治理思路与要点①

摘要：东湖的富营养化在20世纪六七十年代即已形成，1985年前曾多次有蓝藻爆发，东湖主湖体经治理现蓝藻不爆发，主要采用控源、养殖鲢鳙鱼和调水等措施；东湖南部的湖湾官桥湖现仍有蓝藻爆发；官桥湖南部的小湖湾小庙水域虽进行过生态修复，但治理效果不佳，现水质差、透明度低、轻度黑臭、无蓝藻爆发。东湖继续治理思路：认真总结水环境治理经验教训，水质水环境资料公开和共享，制定科学合理的治理目标及其实施方案，统一管理和治理，充分考虑影响蓝藻爆发的种源和生境两大因素、消除蓝藻爆发必须削减蓝藻数量持续大于蓝藻的自然增殖量、生态修复工程等合同应有奖罚条款、采用综合工程技术措施和相应保障措施治理水环境。根据东湖主湖体、官桥湖和小庙水域3块水域的具体情况，采用合适的控源截污、调水、清除蓝藻、清淤和生态修复等工程技术措施和相应保障措施分别治理。

关键词：东湖；水环境；现状；治理；思路；要点

武汉东湖，面积为34 km^2，容积为0.94亿 m^3，平均水深2.7 m，最大水深4.8 m，流域面积97 km^2，是城市景观湖泊、著名风景旅游区。临近长江，通过北部的青山港与长江相连。东湖主要分为4个湖区：西部的郭郑湖、北部的汤林湖、东部的牛巢湖、东南部的后湖，这4个湖区连通而相对独立；另外有几个小湖湾，如郭郑湖南面的官桥湖、小庙湾和西面的水果湖等。

1　东湖1985年以前曾多次蓝藻爆发

1.1　富营养化

东湖以往由于外源大量入湖而富营养化，污染负荷来源于生活、工业、地表径流等城市污水，主要通过排污口直接排入湖内。东湖的富营养化在20世纪六七十年代即已形成，营养指标TP由1963年0.1 mg/L升至1976年0.6 mg/L，再升至1984年的1.3 mg/L。20世纪70年代中期至1985年经常有不同程度的蓝藻爆发。

---

① 此文完成于2013年8月，发表于2013年10月的《健康湖泊与美丽中国——第三届中国湖泊论坛暨第七届湖北科技论坛论文集》，作者：朱喜（原工作于无锡市水利局），吴付生（无锡市水利设计研究院有限公司）。

1.2 藻类数量

从20世纪50年代至80年代藻类数量逐渐增加,其中蓝藻从非优势种逐渐变为优势种。1956~1957年,甲藻最多、硅藻次之;20世纪60年代起,蓝藻开始增多,至70年代蓝藻和绿藻合计占50%以上,蓝藻主要为微囊藻、丝状束丝藻和颤藻;70年代末至80年代初,鱼腥藻、丝束藻和微囊藻等蓝藻已经成为优势种或绝对优势种,如1979~1982年蓝藻的生物量一般在10~20 mg/L,必然发生蓝藻水华。

1.3 1985年以前蓝藻爆发原因分析

蓝藻种源多;水体富营养化,其中1983~1984年TP曾超过1 mg/L;换水次数少、水文水动力条件适合蓝藻生长;水生植物很少和生态系统退化,20世纪60年代水生植物覆盖率超过水面面积的一半,但1965年以后由于水污染加重,水生植物逐渐减少,其间原来占全湖生物量40%的黄丝草绝迹,其他沉水植物寥寥无几;生境适合蓝藻生长繁殖;缺乏种间竞争对手等,致使藻密度持续升高,蓝藻快速增殖直至爆发。

2 东湖主湖体现蓝藻不爆发

东湖主湖体主要指郭郑湖、汤林湖、牛巢湖和后湖等四部分及水果湖,水面积大约为28 km^2。东湖后来通过控源截污、调水、生态修复等措施治理,入湖污染负荷逐渐减少,富营养化程度有所减轻。1985年,以后TP开始下降,但1996~2000年仍有0.25~0.5 mg/L。后富营养化程度继续有所改善,综合有关资料,按《地表水环境质量标准》(GB 3838—2002)评价,东湖现水质为劣Ⅴ类,接近Ⅴ类。湖中生物具体情况如下。

2.1 动植物

东湖主湖体水生维管束植物很少;湖中鱼类较多,主要为鲢鱼、鳙鱼,食鱼性鱼类很少。

2.2 蓝藻和藻类变化

自20世纪70年代至80年代初的夏天几乎年年有蓝藻爆发,虽然各年爆发程度可能有所不同,但蓝藻爆发总趋势是逐渐加重,蓝藻死亡的臭味难闻,很大程度上影响了武汉的风景旅游、生活居住和投资环境,以后由于有效治理使蓝藻爆发有所减轻,1985年大幅度减轻,1986年蓝藻爆发程度很轻,以后直至2012年基本无蓝藻爆发。在此期间,东湖蓝藻数量日益减少,其生物量一直保持在低密度状态,如1989~2000年一直低于1 mg/L;1985年后,东湖的藻类优势种逐渐转变为小环藻(硅藻)和隐藻,蓝藻主要为颤藻、平裂藻,且其生物量也不大，如藻类总生物量1989~2000年一直在3~4 mg/L。

2.3　基本消除蓝藻爆发原因

2.3.1　基本原因是控源截污

控源截污，控制点源、面源的污染，基本封闭全部入湖排污口，削减入湖TP 60%~80%，削减大量入湖TN。

2.3.2　大量养殖鲢鳙鱼滤食蓝藻

根据谢平的研究结论，东湖能够基本消除蓝藻爆发主要原因是大量养殖鲢鳙鱼滤食蓝藻。东湖修复以鱼类为主的水生态系统；养殖鲢鳙鱼滤食削减蓝藻数量有一个从少至多的过程，因为是人工放养，逐年投放鱼苗，鱼数量和总质量由少至多，鲢鳙鱼滤食蓝藻数量也由少至多逐渐增加，但鱼类排泄物的量也随之增加，富营养化程度随之升高；以后又随着捕捞量的增加，把大量的N P等营养物质带出水体。如东湖的捕鱼量，20世纪50年代为39 kg/hm^2，1971年为124 kg/hm^2，以后采取了一系列提高鱼产量的措施，1997年达到1 068 kg/hm^2，较1971年增加8倍多，同时在水中保有高密度的鲢鳙鱼数量。

2.3.3　引长江水的净水减藻作用

引长江水可增加换水次数，提高水流速度，增加溶解氧，净化水体，降低富营养化，有利于减慢蓝藻生长繁殖速度。

2.3.4　植物有一定净化水体的作用

植物可通过其根茎叶吸取水中或底泥中营养、固定底泥、减少底泥释放营养物质，光合作用增加氧气，有利于净化水体。

2.3.5　结果

各类措施直接削减蓝藻数量或抑制蓝藻生长繁殖速度，使削减蓝藻数量持续大于蓝藻自然增殖量，逐步降低蓝藻密度至蓝藻基本不爆发。并且东湖降低营养状况至一定程度，保持了水体美观，达到了一定的清澈程度，满足了旅游景观和生活居住要求。

2.4　东湖治理的经验和启示

东湖大量人工养殖鲢鳙鱼滤食消除蓝藻爆发的实践经验是成功的，说明只要环境条件许可，大量养殖鲢鳙鱼是消除蓝藻爆发的一种有效的生物措施，但需达到一定的鱼类蓄存密度，即40~50 g/m^{3}水体。同时也给人们以启示：只要有关条件和水质目标许可，不一定把N P降至很低，而只需要把N P降至一定程度也能消除蓝藻爆发。事实上，社会经济发达地区的湖泊，要想把其水质改善至Ⅰ~Ⅱ类非常难或甚至不可能，也即专家公认的要消除蓝藻爆发的富营养化标准是同时把水质改善至TN≤0.1~0.2 mg/L、TP≤0.01~0.02 mg/L则无法达到。但大量养殖鲢鳙鱼后，其排泄物增加水体污染负荷，降低水质,应予以控制。

3 现官桥湖仍有蓝藻爆发

东湖有 28 km^2经治理至今蓝藻基本不爆发。但东湖南部的湖湾官桥湖,水面积大约为 4 km^2,至今蓝藻爆发仍较严重,且几乎年年爆发。

3.1 官桥湖蓝藻爆发仍较严重的可能原因

① 控源截污力度不够,排污口入湖污染负荷仍有相当数量存在;② 水生态修复措施强度不够,水生植物覆盖面积小、放养食藻鱼类较少;换水少;③ 曾用微生物等技术治理,但因选择的微生物种类达不到目标,所以效果不佳等;④ 其富营养化程度较高,又无法大量削减蓝藻数量使降低蓝藻密度至其不爆发程度,因此近几年连续有蓝藻爆发。

3.2 东湖和官桥湖鲜明对比

东湖主湖体和官桥湖相邻,中间有连通水道。但现在经治理后前者至今28 年基本无蓝藻爆发,后者近几年年年爆发且较严重。鲜明对比,值得深思,应认真总结经验教训,消除官桥湖蓝藻爆发。

4 现小庙湾水污染严重

小庙湾面积约 0.2 km^2,在东湖最南边,北与官桥湖有涵洞相连。水质差,颜色异常,透明度低,有轻度黑臭现象,也无蓝藻爆发。虽进行过生态修复,设置了生态浮床等,但治理效果不佳。分析其原因可能是 N 浓度过高,主要是大量 N P 等污染负荷通过排污口入湖及底泥污染较重。水质差和污染重的水体不适合蓝藻生长繁殖,所以藻密度低,蓝藻不会爆发。

5 东湖继续治理思路

5.1 进一步总结经验教训

进一步认真总结东湖三部分水域水环境治理至今截然不同效果的经验教训。为何东湖主湖体现在基本无蓝藻爆发、官桥湖近几年蓝藻年年爆发且较严重、小庙湾无蓝藻爆发而水体有轻度黑臭现象？也可借鉴云南洱海、太湖湖湾五里湖、杭州西湖、南京玄武湖采用综合措施治理基本消除蓝藻爆发和现水质分别为Ⅱ~Ⅲ类、Ⅳ类、Ⅳ类、劣Ⅴ类的经验教训。

5.2 水质水环境资料公开和共享

要认真总结经验教训必须要有正确的湖体水质和生物、排污口水质和水量、进出湖河道水质和水量等可靠资料。好的指标可鼓舞人心,差的指标可激励人努力,不应看作是负担,且可促进群众的积极参与和监督,推进水环境治理工作。要如太湖流域管理局和云南省、昆明市环境保护部门等单位能够定期公布资料。同样的,空气污染物 PM2.5 都能实时公布,为何水质资料就不能实时定期公布?

5.3　制定一个科学合理的治理目标及实施方案

制定的水环境治理目标须是有其先进性并经努力可达的,同时制定达到目标的实施方案。其目标,首先保持东湖主湖体基本无蓝藻爆发和基本消除官桥湖蓝藻爆发;适当改善水质和富营养化程度,东湖是风景水域而非水源地,所以水质不必要达到Ⅰ类或Ⅱ类,经过努力达到Ⅲ~Ⅴ类即可,但透明度应适当提高如达到或超过 1 m,能满足风景水体的要求;加快消除小庙水域的轻度黑臭现象;最终建立健康的良性循环的水生态系统。

5.4　东湖统一管理和统一治理

东湖的各湖湾和水域实行统一的治理和管理,使均能消除蓝藻爆发、消除黑臭及恢复良好的水生态系统。

5.5　充分考虑影响蓝藻爆发的种源和生境两大因素

仅依靠改善富营养化一般难以达到消除蓝藻爆发的目标,必须充分考虑影响蓝藻爆发的种源和生境两方面的因素。改善富营养化和削减蓝藻数量相结合,同时改善其他生境使不利于蓝藻生长繁殖,以及发展对蓝藻的种间竞争,削减蓝藻数量和抑制蓝藻的生长繁殖速度。

5.6　消除蓝藻爆发必须削减蓝藻数量持续大于蓝藻的自然增殖量

官桥湖消除蓝藻爆发必须满足此条件,同样防止或保持东湖主湖体和小庙水域蓝藻不爆发也必须满足此条件。

5.7　生态修复等工程合同应有奖罚条款

治理湖泊水环境的项目有众多施工队伍(单位)来争取,但拿到项目后施工的结果有好有差,如东湖的小庙水域施工结束后却达不到目标要求。

5.8　采用综合工程技术措施和相应保障措施治理水环境

综合工程技术措施一般包括控源截污、调水、清除蓝藻、清淤和生态修复五类,可根据湖泊各水域的具体情况全部采用或部分采用,且在治理力度和治理时间上均必须合理;保障措施则是能保障工程技术措施顺利实施的非工程技术措施。其中,工程技术措施具体如下。

5.8.1　控源截污为最基本措施

控制各类外源包括生活、工业和畜禽规模集中养殖业及污水厂等点源污染,种植业、零星养殖业、地表径流和降雨降尘等面源污染。其中,点源产生的污水全部进入污水处理厂处理,并提高排放标准至高于一级 A 的 1~2 倍或数倍。

5.8.2　调水是必要的长期措施

利用东湖临近长江的有利条件，大流量调水、增加换水次数，同时合理选择调水路径，以增加净化水体能力，达到增加环境容量和带走蓝藻数量的目的。

5.8.3　清除蓝藻

蓝藻爆发水域采用养殖鲢鳙鱼滤食、打捞蓝藻、放养紫根水葫芦等方法除藻，或用其他方法除藻，其中放养紫根水葫芦既能除藻，又能净化水体。

5.8.4　清淤

清除污染严重、积存厚度大或蓝藻爆发水域的底泥。

5.8.5　生态修复

采用合适的生物技术直接削减蓝藻数量或抑制蓝藻生长繁殖速度，并可减少污染负荷和净化水体。生物技术包括种植各类植物、养殖水生动物和微生物，且合理搭配，禁止投饵料养鱼，实行天然养鱼。其中，微生物应采用高效组合型优良种群，先试验后推广，能起到快速、高效和低成本治理水环境的效果，也是今后水环境治理研究推广的方向。

6　东湖继续治理建议要点

根据东湖主湖体、官桥湖和小庙湾水域三部分有无蓝藻爆发、水污染程度和生物多样性不同的具体情况提出继续治理的建议要点。

6.1　东湖主湖体

主湖体现基本蓝藻不爆发，水质仍为劣Ⅴ类，透明度不高，但已能基本满足风景旅游水体的水质要求。

6.1.1　治理目标

争取在4~6年内逐步改善水质至Ⅲ~Ⅳ类，提高透明度，水体清澈，保持蓝藻基本不爆发，再经5~10年建立健康的水生态系统。

6.1.2　继续治理措施

① 进一步削减入湖N P，封闭全部排污口；② 适当清除污染严重和积存厚的淤泥；③ 在沿岸浅水水域围网大量搭配种植挺水、沉水、浮叶、漂浮植物和适量配置生态浮床，其中蓝藻爆发水域可放养紫根水葫芦，增加净化水体能力的同时又能削减蓝藻数量；④ 设法减少鱼类的二次污染；⑤ 利用距长江近的有利条件，增加合理路径的“引江济东”调水量、增加换水次数；⑥ 保持不投饵高密度放养鲢鳙鱼的蓄存量；⑦ 蓝藻爆发水域，冬天实施表层清淤削减

蓝藻种源，或实施全湖抽干水，冬天清除表层淤泥和蓝藻种源，使蓝藻春天的复苏概率大幅度减少。

6.2　官桥湖

官桥湖目前蓝藻爆发较严重、年年爆发，水质也较差。

6.2.1　治理目标

争取在3~5年内基本消除蓝藻爆发，水质达到Ⅲ~Ⅳ类，提高透明度，水体清澈，满足居民和游客的风景、观赏要求，再经4~6年建立健康的水生态系统。

6.2.2　继续治理措施

① 总结东湖主水域已基本消除蓝藻爆发，而官桥湖却不能消除蓝藻爆发的经验教训；② 控制外污染源，封闭全部排污口，使陆域污染负荷基本不入湖（调水带入的负荷除外），否则高密度放养的鲢鳙鱼可能会大量死亡；③ 加大本水域合理路径的调水力度，增加换水次数；④ 扩大水生植物覆盖率，增加净化水体能力；⑤ 围网高密度不投饵放养鲢鳙鱼大量滤食蓝藻；⑥ 在蓝藻爆发水域配合紫根水葫芦除藻，在消除蓝藻爆发的同时，净化水体、减轻富营养化，并适当清淤。

6.3　小庙湾水域

小庙湾水域水面积小，水质差，透明度不高，但无蓝藻爆发。可一次性治理好。

6.3.1　治理目标

争取用2~3年的较短时间一次性治理好，水质达到Ⅲ~Ⅳ类，水体清澈，基本长满水草，保持蓝藻不爆发，再经3~4年建立健康的水生态系统。

6.3.2　治理措施

（1）总结虽经多家科研机构、单位进行生态修复试验但水污染仍较重的经验教训。

（2）封闭全部入湖排污口，使陆域N P“零”入湖。

（3）清除污染严重的淤泥。

（4）使用两步制修复生态系统，即可用微生物或配合设置生态浮床、紫根水葫芦、菱等先锋植物（或称先导植物）净化水体，提高透明度后，一次性种植沉水植物，配合一定的挺水、浮叶植物；并加强管理，特别是长效管理；适时调整植物和动物的种类或品种结构。

（5）建立责任制，统一治理。

参考文献

[1]谢平. 鲢、鳙鱼与藻类水华控制[M].北京:科学出版社,2003.
[2]谢平.蓝藻水华的发生机制[M]. 北京:科学出版社,2007.
[3]地表水环境质量标准:GB 3838—2002[S].
[4]王鸿涌,张海泉,朱喜,等.太湖蓝藻治理创新与实践[M].北京:中国水利水电出版社,2012.
[5]城镇污水处理厂污染物排放标准:GB 18918—2002[S].

三峡水库支流回水段藻类爆发治理思路①

摘要:通过对三峡水库蓄水后部分支流回水区段蓝藻与其他藻类爆发的调研和分析,提出控制消除支流回水区段藻类爆发的思路:深入推进河长制,制定消除藻类爆发和水质目标、建立治理消除藻类爆发信心,控制N P 等外源入水,大量减少外来种源输入支流回水区,降低富营养化和削减藻类数量结合。其中,削减藻类数量的技术集成:分片深度彻底打捞消除藻类,包括围隔阻拦、植物动物除藻、高压除藻、改性黏土除藻、天然矿物质除藻;减轻营养程度,减慢藻类生长繁殖速度;科学调度蓄水泄水,减轻藻类爆发程度;加强科研,加快消除藻类爆发速度。

关键词:三峡支流;藻类爆发;现状原因;消除爆发;思路

三峡水库 175 m 高程蓄水 393 亿 m^3,经多年运行,库区干流无藻类爆发,但有些支流回水区段有藻类爆发。

1 三峡水库支流回水区藻类爆发情况

库区支流回水区存在一定密度的蓝藻和其他藻类(以下一般称藻类)种源,在合适的生境和缺乏强有力的种间竞争的情况下快速生长繁殖,藻类增殖聚集至一定密度而爆发。

① 此文完成于 2019 年 1 月,同年 3 月录用于《水资源开发与管理》杂志,发表于 2019 年 4 月。作者:朱喜(原工作于无锡市水利局),李贵宝(中国水利学会事业发展部),王圣瑞(北京师范大学水科学研究院)。

1.1　支流回水区藻类爆发总体情况

库区多条支流曾发生过多次藻类爆发。如 2003~2009 年，有香溪河、神农溪、大宁河、梅溪河、汤溪河、小江、长滩河、磨刀溪等 8 条有多起藻类爆发。

1.2　支流回水区藻类爆发的条件

1.2.1　有基础条件藻类种源存在

(1) 金沙江等支流及相关的次级支流、水库的藻类种源流入干流库区，经生长繁殖、增殖后汇聚至支流回水区。

(2) 支流回水区及其上游的藻类种源，增殖后增加回水区藻类密度。

1.2.2　合适的生境

(1) 水体营养化程度。三峡库区藻类爆发的支流回水区段水质一般为Ⅳ~Ⅴ类，个别为劣于Ⅴ类［《地表水环境质量标准》(GB 3838—2002) 的湖库标准］，其中 TP 超标比较多，基本呈轻~中度富营养化，这在适宜藻类生长繁殖和爆发的范围内。支流回水区藻类爆发后的死亡又加重营养程度。

(2) 水温。库区支流位于高山峡谷，阻挡了冬季寒冷的北风，故支流冬季的水温高于同纬度的平原湖库，每年 2 月水温就可能达到藻类复苏萌发的水温 9~12 ℃；直至 8~9 月的水温均适合于藻类生长繁殖。

(3) 水体流速和换水频率适合。支流回水区段的流速、换水频率相对于干流库区均较低，比较适合藻类生长繁殖。而干流库区因为流速、换水频率较高而无藻类爆发。

(4) 透明度提高。由于回水区段流速缓慢，泥沙和其他悬浮物沉降，透明度提高，水体中藻类能得到更多光照，光合作用增强，生长繁殖加快。

(5) 其他生境。包括干流库区及支流的蓄水量或水位、流量、风浪、来水和泄水时间早晚等水文水动力条件及相应的风力、气压等对支流的藻类爆发均有影响。如干流库区蓄水高程越大，则支流的回水量越大，进入回水区的藻类数量越多。

1.2.3　缺乏种间竞争

支流回水河段因为水流相对一般河湖的流速较快及水较深，所以缺乏相当密度的对藻类有高强度竞争能力、抑制藻类生长繁殖的动植物等生物种群、群落等。

1.3　支流回水区藻类爆发特点

(1) 库区支流回水区段的藻类爆发程度总体上不十分严重，爆发程度差异大。不是每条支流均爆发，三峡库区从大坝至重庆的 24 条支流中，有 8 条发生藻类爆发；支流藻类爆发程度不等，爆发支流叶绿素年均值均大于

10 μg/L，而神农溪叶绿素 a 曾达到 2 700 μg/L，香溪河、神农溪在藻类爆发时的藻密度曾达到 1.5 亿～16.8 亿 cells/L；支流一般没有年年藻类爆发，在前述年份中支流爆发次数在 1～5 次不等；每次爆发的时间也长短不等。

（2）靠近三峡大坝处支流易爆发和爆发程度较重。如香溪河、神农溪、大宁河等，其原因是水深、回水量大，随回水进入的藻类多。而库尾支流一般无藻类爆发。

（3）主要发生在三峡库区北部支流，自东向西有香溪河、神农溪、大宁河、梅溪河、汤溪河、小江 6 条，库区南部仅有长滩河、磨刀溪 2 条。原因是春夏季主吹东风、东南风，北部支流的回水水流和同方向风生流重叠，加大藻类的聚集密度。

（4）藻类爆发支流长度，一般为支流与库区干流相交断面上溯数公里至数十公里。如香溪河藻类爆发河段曾达 20～25 km。

（5）藻类爆发时间主要在 3～7 月。这与支流回水区的水温相关，其他月份如 2 月、8 月、9 月也可能有小规模爆发。即大部分爆发时间在春天，少部分在夏天，藻类爆发时间段要较太湖、巢湖等近似纬度的平原湖泊早 1～2 个月。

（6）支流藻类爆发的种类不尽相同。藻类包括甲藻、蓝藻、硅藻、绿藻、小环藻、衣藻等。其中，香溪河、神农溪、大宁河等支流主要为蓝藻爆发或个别时段为蓝藻爆发。

2　解决对支流藻类爆发的几个认识问题

2.1　控 P 是消除蓝藻爆发关键因子的提法一般不适合中国大部分大中型湖库

国内外专家一般认为，已发生以蓝藻为主的藻类爆发的湖库，当营养程度只有改善至 TN 0.1～0.2 mg/L、TP 0.01～0.02 mg/L 时，才能消除蓝藻爆发。但中国大部分大中型湖库包括三峡水库及其支流现在及今后均难以达到此标准，而且藻类爆发的湖库大部分为非固 N 的蓝藻和其他藻类，所以也即不可能在蓝藻爆发后仅通过控 P 消除蓝藻爆发。应同时削减 N P，才可能消除蓝藻爆发。

2.2　建立消除蓝藻藻类爆发的信心和决心

有相当部分人认为，蓝藻藻类爆发难以消除，说这是世界性难题，中国也无能为力。所以，目前治理“三湖”仅满足于改善水质，在治理“三湖”方案中均没有消除蓝藻爆发的目标，致使 10 余年治理改善富营养化的效果非常明显，如太湖、巢湖均已经从劣Ⅴ类改善为Ⅳ～Ⅴ类。但减轻蓝藻爆发效果不明显，如太湖 2017 年的蓝藻最大爆发面积达到 1 403 km^2，大于 2007 年供水危机时的蓝藻爆发面积。应该说消除大中型湖库蓝藻藻类爆发的任务的确是艰巨的、长期的。但消除是可能的。应认真总结国内外消除蓝藻爆发正反两方面的经验教训。如富营养化的杭州西湖、武汉东湖、玄武湖、太湖五里湖(蠡湖)等中小型湖泊原来发生多次蓝藻藻类爆发,现基本消除或完全消除爆发;全国的大中型湖泊大部分已富营养化,但除“三湖”年年有蓝藻爆发外,其他湖泊则不然。如洞庭湖水质曾达到劣Ⅴ类、鄱阳湖达到Ⅴ类而在主水流经过水域未有藻类爆发;洪泽湖曾有过几次藻类爆发,但在治理后基本无蓝藻爆发;三峡干流库区及相当多支流未有藻类爆发,就是有过藻类爆发的大部分支流也不是年年爆发。所以,应在认真总结这些经验教训的基础上,建立通过治理消除蓝藻藻类爆发的信心和决心,共同努力完成这艰巨而又长期的任务。

2.3　降低富营养化和削减藻类数量相结合才能消除藻类爆发

现流行这样一句话:“湖泊水库水污染,根子在岸上,治湖库先治岸”。此话对保护湖库水资源,治理水污染、富营养化而言,完全正确;但对于已较严重的和规模较大的蓝藻藻类爆发的“三湖”、三峡水库支流而言,则是不全面的或是片面的。因为“三湖”、三峡水库支流蓝藻藻类爆发后,根子已延伸到湖库,不仅要治理富营养化,还需大量削减蓝藻藻类种源数量。

同理“治理蓝藻藻类爆发即是防治水污染、治理富营养化”这一传统观点不妥,因其未考虑到必须同时削减蓝藻数量的必要性。如“三湖”流域入湖NP多,难以达到消除蓝藻爆发的TN、TP营养程度。同样,三峡水库水质也难以达到TN 0.1~0.2 mg/L、TP 0.01~0.02 mg/L。

如具有良好水质Ⅱ类水的富春江在2016年杭州G20峰会(9月3~5日)期间也发生过规模蓝藻爆发现象,这也说明仅依靠治理富营养化必须达到Ⅰ类水才能消除蓝藻爆发。

许多经验证明,N P不必一定要达到Ⅰ~Ⅱ类水,而达到Ⅲ~Ⅴ类水就有可能消除蓝藻藻类爆发。如上述提及的中小湖或大型湖库,虽数次或多次蓝藻藻类爆发,在水质达到Ⅲ~Ⅴ类时就基本消除蓝藻爆发或不再爆发,应认真总结此类经验教训。

中国绝大多数大中型湖库仅依靠治理富营养化不能消除蓝藻藻类爆发,但治理富营养化至一定程度可减轻爆发程度。所以,对已有蓝藻藻类爆发的湖库,须治理富营养化与削减蓝藻藻类数量密切结合,并创造不适合蓝藻藻类生长繁殖的生境和增加生物种间竞争抑藻除藻,使藻密度持续降低至其不爆发水平,才能最终消除其爆发。

3 治理消除藻类爆发的思路

藻类爆发原因包括自然地理的不可控因素和可控的人为因素两类。其中,前者一般人为难以直接控制,如温度、压力等,或仅可能在小范围内控制;后者如 N P 营养物质等生境及生物种间竞争等,一般可通过人为控制,可在相当大范围内治理消除藻类爆发。须采用包括物理、理化、生物、生化等技术集成的综合措施才能消除藻类爆发。应根据实际情况,试验确定治理消除藻类爆发的技术集成。

3.1 制定消除藻类爆发的目标及实行河(湖)长制

三峡水库支流出现藻类爆发已有十年,现在应该趁 2018 年掀起的长江大保护的东风,进一步保护长江,改善水环境。建立、推进河(湖)长制,制定支流消除藻类爆发和水质达到Ⅲ类(湖库标准)的目标。消除藻类爆发和全面改善水质应是河(湖)长制的主要内容,同时只有有了此目标才能提高河(湖库)长消除藻类爆发的积极性和责任心,才能提高科研人员和管理人员研究治理藻类爆发技术及其集成的积极性,才能加强百姓监督。流域统一制定治理水环境、消除藻类爆发的一河(湖库)一策实施方案,确保各支流尽快消除藻类爆发。

3.2 大量减少外来种源输入

3.2.1 大量减少上游输入种源

减少金沙江等支流及其上游水库和次级支流向三峡库区输入种源,首先禁止滇池向下游金沙江输入蓝藻藻类种源。以往滇池每年打捞数十万立方米藻水,有相当部分未经无害化处置而直接输往下游,虽在输送过程中,绝大部分蓝藻藻类会死亡或不能增殖,但毕竟给三峡水库增加了一些种源。今后,滇池打捞的藻水应自行处置,不输往下游。同样,三峡库区的其他上游支流湖库也须削减藻类,尽可能减少输入三峡库区的藻类种源。

3.2.2 减慢干流库区藻类生长繁殖速度

采用控源截污等综合措施减少干流库区污染负荷输入量,降低 N P 等营养程度,减慢藻类生长繁殖速度。

3.2.3 阻挡藻类种源进入支流回水区

在长江干流库区与支流交汇处的一定位置设置一定形状的不透水的围隔(通航河道需留适当的航行口子),围隔深度根据实际情况确定,一般可为水深的1/2~2/3。这样可大幅度减少水面和上层水体漂入或流入支流回水段的藻类。

3.3　采用技术集成综合措施分片深度彻底打捞消除藻类

3.3.1　常规打捞藻类方法

目前,全国主要采用德林海式常规打捞藻类方法,打捞清除水面上积聚的藻类,此是目前有效降低水面藻密度和减轻藻类爆发程度的一个有效办法。即在藻类爆发水域配置数套德林海式藻水打捞和分离系统,设备规模大小根据实际要求确定。如在恩施的大清江水库和"三湖"等处配置了20余套德林海式藻水打捞和分离系统。

3.3.2　深度彻底打捞消除藻类技术

根据三峡水库的具体情况,不仅要打捞水面蓝藻,而且需要深度彻底打捞消除水体中的蓝藻。主要技术如下。

(1)气浮法打捞消除藻类。① 气浮法使藻类浮于水面。采用微气泡发生器,使水体中藻类通过气浮技术而浮于水面。气浮过程中,若加入适量添加剂如PAC(聚合氯化铝)、PAM(聚丙烯酰胺)等,则称为混凝气浮法,可提高气浮效率。② 打捞方法。即把浮于水面的藻类基本打捞干净并运走。打捞藻类方法主要有机械打捞、泵吸法等。打捞后的藻水送至藻水分离站脱水、无害化处置或资源化利用。③ 气浮技术的研究。现"三湖"广泛使用德林海固定式气浮设备进行藻水分离,可对其进行改造,减小体积、提高效率,并移至船上,成为移动式蓝藻混凝气浮打捞一体化设备。

(2)改性黏土除藻。在藻类爆发的水面使用机械喷洒改性黏土水溶液,使藻类沉入水温较低的水底,可有效抑制藻类增殖或致其死亡。

(3)高压除藻。使蓝藻短暂处于高压设备之中,有效抑制其生长繁殖或致其死亡,也可降低水温,减慢其生长繁殖速度。高压除藻有固定式和移动式两类。其中,移动式可采用无人或少人驾驶高压除藻船群运作。

(4)曝气推流抑制藻类生长繁殖。采用曝气推流设备促使水体上下流动,把水温相对较高的含藻密度较高的水面及上层水体推入水温较低的下层深水处,达到降低水温有效抑制藻类生长繁殖的效果。可采用无人驾驶曝气推流船群运作,特别是在藻类将要爆发前或爆发前期进行曝气推流,抑制藻类生长繁殖的效果最佳。

(5)其他物理或理化除藻技术。包括超声波和电催化除藻等。

(6)采用种间竞争技术除藻。

① 大规模网箱养鱼除藻。在蓝藻藻类爆发的支流回水区采用有底网箱放养高密度鲢鳙鱼或其他能够滤食藻类的鱼类、动物。通过这些生物对藻类的有力种间竞争抑制藻类生长繁殖甚至消除藻类爆发。养鱼网箱的大小和网

格的大小则根据实际需要和养殖的鱼类或动物的大小确定。

② 大面积放养紫根水葫芦除藻。在蓝藻藻类爆发河段，大规模放养紫根水葫芦，可利用其发达的根系及其所特有的化感作用和附着的微生物，大量削减蓝藻藻类数量，则可消除爆发，同时其具有净化水体、降低富营养化作用。但若冬季水温较低，则需要适时打捞收获其植枝、残体，并进行无害化处置和资源化利用。

③ 植物化感物质制剂除藻。喷洒化感物质制剂除藻，化感物质制剂在部分植物、草药中提取。

④ 微生物除藻。微生物及其制剂抑藻除藻、治理蓝藻藻类爆发很有潜力。根据蓝藻藻类种属不同，要采用不同的微生物治理方法。但应进行微生物安全性监测、检定。

(7)采用综合技术集成模式治理直至消除藻类爆发。根据支流的水功能区性质、目标及其重要程度、藻类爆发程度及频率等情况，采用上述若干类技术的综合集成模式打捞消除藻类，逐步减轻藻类爆发程度，直至消除藻类爆发。上述技术集成措施中的相当部分技术可一年四季实施，有效拓宽了除藻时间，利于加快消除藻类爆发速度。

3.3.3 分片(水域)打捞消除藻类

把大水域分隔成若干片小水域实施打捞清除藻类。每片面积根据水面大小和采用设备的功能等具体情况确定。分片所用的隔断可用软围隔、硬围隔、伸缩围隔、移动围隔等。把大水域分成小片水域后，原来不适宜在大水域打捞消除藻类的技术就有了用武之地，比较容易消除小片水域的藻类爆发。最后把消除了藻类爆发的各片小水域连接成一大片无藻类爆发水域，直至消除整个支流回水区段的藻类爆发。

3.4 减轻富营养化程度，减慢藻类生长繁殖速度

3.4.1 控源截污减少污染负荷入水

控源截污是消除富营养化和治理藻类的基本措施，在长江大保护行动中，切实减少陆域的生活、工业、规模集中养殖和污水厂的点源，以及种植业、分散畜禽养殖、水产养殖、航行和地表径流等面源的污染负荷进入水体。

其中，人口密集区和生产区的生活、工业污水应全部进入污水处理厂(设施)处理；三峡水库管理机构应会同有关部门制定提高污水处理排放标准的规定，使排放标准大幅度高于一级 A，如 TN 达到 2 mg/L、TP 达到地表水Ⅲ类；调整产业结构、关停并转重污染企业、严格执法，发展无污染或少污染产业；治理磷矿企业的污染及其相关地表径流污染；减少农药化肥用量；控制减

少城镇和山岭的地表径流污染，使其满足干流库区和支流Ⅲ类（湖库标准）水时的水环境容量要求，以降低干流水库和支流的营养化程度，有效降低藻类增殖速度。

3.4.2　采用锁磷剂降低磷浓度

在支流藻类爆发的重要适宜水域，采用机械喷洒锁磷剂水溶液，降低磷浓度至Ⅰ、Ⅱ类水，大幅度减慢藻类生长繁殖速度。

3.4.3　其他方法降低支流富营养化程度

采用碳素纤维生态草、生态浮床及水葫芦等水面植物降低富营养化程度，其中对生态浮床及水葫芦等植物要加强管理。

3.5　科学调度蓄水泄水

支流回水段有无藻类爆发及爆发的程度、时间与回水的时间、强度有关。三峡水库管理机构应加强水库蓄水和泄水的科学调度、降低藻密度，进一步改善河道和水库生境，使其不利于藻类生长繁殖，同时配合其他措施，治理藻类爆发。

3.6　加强科研

投入资金，建立课题，有关科研机构、大专院校应加强三峡水库蓄水泄水的科学调度，以及支流回水区段消除藻类爆发的集成技术的研究，逐渐减轻直至消除藻类爆发。

三峡水库是我国最大的水库，是长江大保护中极其重要的一部分。只要政府有关各部门、机构同心协力，制定最终消除藻类爆发的目标和建立治理消除蓝藻藻类爆发的信心，实行河（湖）长制，制定科学合理的控源截污、除藻和蓄泄水调度的方案，认真实施，降低富营养化和削减藻类数量相结合，分片深度彻底打捞消除藻类，必然能达到最佳效果、尽快消除水库支流回水段的藻类爆发，保护好水库的生态环境，为我国大中型水库消除藻类爆发树立典型。

参考文献

[1]邱光胜，叶丹，陈洁，等.三峡水库蓄水前后库区干流浮游藻类变化分析[J]. 人民长江，2011，42(2)：1.

[2]邱光胜，涂敏，叶丹，等.三峡库区支流富营养化状况普查[J]. 人民长江，2008，39(13).

[3]邱光胜，胡圣，叶丹，等.三峡库区支流富营养化及水华现状研究[J]. 长江流域资源与环境，2011，20(2).

[4]洪尚文,吴光应,万丹,等. 三峡水库大宁河春季水华藻类分布及影响因子[J].水资源保护,2012,28(1).
[5]王鸿涌,张海泉,朱喜,等.太湖蓝藻治理创新与实践[M].北京:中国水利水电出版社,2012.
[6]王海军,王洪铸.富营养化治理应放宽控N、集中控P[J].自然科学进展,2009(6).
[7]朱喜,胡明明.中国淡水湖泊蓝藻暴发治理与预防[M].北京:中国水利水电出版社,2014.
[8]太湖流域管理局,江苏省水利厅,浙江省水利厅,等.2016、2017 太湖健康报告[R].2016、2017.
[9]马建华,朱喜,胡明明,等.太湖蓝藻爆发现状及继续治理措施[J].江苏水利,2017(3).
[10]中共中央办公厅,国务院办公厅.关于全面推行河长制的意见.2016.
[11]朱喜,袁萍."水华爆发及其对策"[OL].中国环境科学学会 2013 年学术年会电子版论文集.2013-08.
[12]朱喜.深度彻底分片打捞削减蓝藻技术录[OL].QQ 全国河湖治理资源平台,2016-08-18.
[13]无锡德林海环保科技股份有限公司.加压灭除蓝藻整装成套设备技术研究报告[R].2017.
[14]谢平.鲢、鳙鱼与藻类水华控制[M].北京:科学出版社,2003.

大数据结合治理太湖消除蓝藻爆发实践的思路①

摘要:该文是为加快建立太湖治理大数据和加快建立治理太湖消除蓝藻爆发的数学模型提供思路。主要内容:太湖治理大数据的内涵,主要包括太湖及流域的社会经济、自然地理、水生态环境、入湖污染源、生态环境治理和其他等多系列数据资料;太湖治理数模包括水量水质、湿地和蓝藻治理等;分析大数据与太湖治理实践结合的现状、问题和提出总体改进措施。大数据结合太湖治理实践,建立消除蓝藻爆发的总体思路:用水量水质数模分析各阶段水质改善趋势和能够达到的最终水质目标;结合修复湿地的实践建立

① 此文完成于 2019 年 5 月,2019 年 9 月录用于《水资源开发与管理》杂志,发表于 2020 年 1 月(2020 年 1 期).作者:朱喜(原工作于无锡市水利局),朱云(无锡市城市防洪管理处)。

完善湿地数模；在水量水质、湿地数模的基础上建立蓝藻数模。蓝藻数模可分为两类：一类是建立统一分析、计算太湖富营养化、蓝藻爆发趋势和消除蓝藻爆发的数模，这在理论上可行，但实际上太湖营养化程度无法达到消除蓝藻爆发的Ⅰ～Ⅱ类的水质，即无法仅依靠治理富营养化来消除蓝藻爆发；另一类是分水域建立蓝藻数模，即在各水域采用相应的综合除藻技术集成消除蓝藻爆发的过程中，加快创新，与水量水质数模、湿地数模结合，建立各水域消除蓝藻爆发的数模，数模与治理实践结合，以数模指导实践，以实践验证、完善数模，最后在各水域建立蓝藻数模的基础上，汇聚建立全太湖消除蓝藻爆发的数模。设计分水域消除蓝藻爆发数模比较可行和相对较容易，也可同时达到消除蓝藻爆发的实际效果。以梅梁湖为例，进行消除富营养化和蓝藻爆发试验，结合梅梁湖治理实践建立梅梁湖蓝藻数模试点，给太湖其他水域建立数模树立榜样。

关键词：太湖治理；大数据；数模；消除蓝藻爆发；思路

太湖自1990年起持续年年蓝藻爆发且越来越严重，直至2007年发生“5·29”太湖“湖泛型”供水危机，流域积极治理太湖水生态环境取得相当成效，水质明显改善。但蓝藻爆发仍然严重。应结合大数据平台加快太湖水生态环境治理（简称太湖治理）消除蓝藻爆发。

1　太湖大数据

太湖治理大数据（简称太湖大数据）是大规模获取、存储、管理太湖水生态环境的系列数据的集合，具有数据快速流转和太湖治理的分析、决策能力的数据库（平台），以加快推进太湖治理和提升消除蓝藻爆发信心直至消除太湖蓝藻爆发。

1.1　大数据资料

大数据应满足太湖治理需求的多系列数据的要求，主要为太湖流域上中游及湖体的数据资料。具体包括以下内容。

（1）社会经济。流域各阶段社会经济发展状况，包括人口及密度、GDP、行业、各类污染物的产生量、处理情况和排放量。

（2）自然地理。① 地理，包括太湖流域的面积，流域的地形地貌，湖体形状。② 气候，包括流域及湖面的降雨、气温、天气、光照、风力风向等。③ 水文水动力，包括历年各时段出入湖水量，湖体的水位、水深、风浪，水流的方向、流速，水温等。

（3）湖体水环境。① 历年水质，包括 N P 等有关指标，污染物质净化率。② 蓝藻及其爆发的历史状况，包括平时及蓝藻爆发时的藻密度、叶绿素 a、干物质，蓝藻中 N P 等含量，每次爆发面积、年累计爆发面积，蓝藻、藻类的种类，蓝藻的结构、特点、生境，蓝藻爆发、藻源性污染负荷对水质的影响。③ 太湖湿地的历史变迁，包括湿地的位置、面积、植被覆盖率，湿地植物种类及其生长情况，主要植物干物质中 N P 和有机质等的含量，净化水体的能力等。④ 太湖水生动物的历史变迁，包括种类、密度、产量，N P 等物质的含量，净化水体的能力等。

(4) 入湖污染源。① 流域各类点源(包括生活、工业、污水厂、规模集中畜禽养殖业)、面源(包括种植业、分散的生活和畜禽养殖、降雨降尘、水产养殖、地表径流、航行等)的历史状况和控制状况。② 入湖出湖河道的流量、水量和污染物含量，雨水入河排放口、污水入河排污口等资料。③ 直接入湖的地表径流流量及其污染物浓度等。

(5) 生态环境治理。① 控制外源情况。② 调水入湖出湖的历史记录，包括各调水线路的路径、流量、水量、时间，调水水质。③ 底泥及历次清淤情况，包括各年代底泥的沉积厚度和污染状况，历次清淤的时间、地点、数量，清出淤泥中 N P 和有机质等含量，清淤效果。④ 历年打捞蓝藻情况，包括打捞的位置、时间、方式、数量、含水率等，历年蓝藻的处理或处置、资源化利用情况，藻水分离后余水回流入湖的数量及其水质等。⑤ 湿地的修复情况，包括位置、面积、植物和动物的种类及其净化水体作用。

(6) 其他资料。包括治理太湖富营养化和消除蓝藻爆发技术，国内外湖泊蓝藻爆发及其治理的现状、效果及存在问题、经验教训等。

1.2　太湖大数据的多系列数学模型

太湖大数据的主要利用形式是太湖治理的数学模型(简称数模)。主要包括水量水质的水动力数模及湿地蓝藻的生物数模等。

(1) 水量数模。根据太湖流域不同入湖河道概化线路方案计算分析太湖及各水域出入湖的水量、流速、流向、水位的数模。

(2) 水质数模。在水量数模的基础上，计算分析和预测太湖及各水域各个阶段在不同入湖污染负荷情况下空间立体水质的数模。水量水质数模往往密切相关，现较成熟且正在广泛使用。

(3) 湿地数模。在水量、水质数模的基础上，计算分析和预测各水域各类湿地对改善太湖水生态环境所起的净化水体和抑藻除藻作用，以及丰富生物多样性的数模。

(4) 蓝藻数模。在水量、水质、湿地数模的基础上，计算分析和预测各水域立体层面上在各类不同生境条件、时间段、空间立体范围内的蓝藻生长繁殖及爆发或消失的数模。

1.3　数模需要的系列数据资料

需要的数据资料一般均要长系列数据，须包括近期资料。

(1)水量水质数模资料。包括自然地理、水文水动力、社会经济发展、湖体水环境、入湖污染源(外源和内源)、污染治理情况，出入湖河道及湖泊的污染负荷等，其中水质包括 TN、TP、NH_3-N 及相关指标。

(2)湿地数模资料。除水量水质资料，还包括太湖各水域湿地、生物多样性、各类植物群落和动物种群及有关资料。

(3)蓝藻数模资料。除水量水质和湿地资料，还包括蓝藻的结构、特点、生境、爆发和消除爆发资料。其中，生境包括气候、水文水动力、水体中 Fe、Al 等元素或微量元素；爆发包括面积、位置、频率、密度、叶绿素和生物量等。

2　太湖大数据现状和改进

2.1　现状效果

目前，已采集上述系列中的诸多数据，存于环境、水利、生物、地理等部门。现水量水质数模比较成熟，自 20 世纪 90 年代中期起数模结合太湖的重大水工程、治理实践进行水量水质分析和预测，也普遍用于洪涝防治、水生态环境规划方案和调水引流方案的制定等。例如，1996 年作者参与的由无锡市水利局委托河海大学实施的直湖港武进港入湖口挡污工程调控数模研究课题，运算结果表明，建闸控制能大幅度减少河道入湖污染负荷及有效改善梅梁湖水质。两个水闸建成运行后的效果也证明了数模计算结果的正确性。

又如 2004~2005 年，作者参与由无锡市太湖治理公司、无锡市水利局委托中国水利水电科学研究院、太湖流域管理局、江苏省水利厅、河海大学和南京水科院负责研究的“改善太湖流域区域性水环境的引水调控技术研究”数模研究课题，对流域河网 45 个调水线路方案进行分析研究计算，得出望虞河与梅梁湖泵站联合调水可较好改善梅梁湖水质的结论，与工程运行效果基本符合，同时预测新沟河调水能有效改善梅梁湖、竺山湖、太湖水质的结论成为实施新沟河泄洪调水工程的理论依据。

多次太湖大数据的数模试验结论基本符合重大水工程运行和太湖治理取得的效果。太湖水质明显提升：太湖平均水质从 2006 年劣Ⅴ类提升为 2017 年Ⅳ~Ⅴ类，TN、TP 分别削减 50%、19%，其中 TN 实际改善效果好于数模结论，TP 则差于数模结论。

2.2　存在问题

(1)太湖大数据没有一个主事部门或机构。数据分散，形不成合力，不能发挥更大的作用。

(2)缺少大数据的采集、使用、管理的有关法规。

(3)系列数据尚不全或严重缺失。其中,水量水质数模的资料基本尚可,略有缺失,而湿地和蓝藻数模的资料严重缺失。

(4)已有的有些数据不协调。如环境、水利部门或其他检测机构之间有些年份的太湖水质资料有明显差异。

(5)相当部分数据如太湖水质、蓝藻爆发程度等不能公开共享,影响湿地、蓝藻数模的设计与运算。

(6)水质数模有待进一步完善。由于削减外源的艰巨性和差异性,环湖河道入湖污染负荷 2017 年较 2006 年的 N P 分别削减 7%、-5%,致使同期太湖水质 N 降低 50%,而 P 则降低不多或甚至反而升高,而数模运算未及时考虑如污水厂污染负荷等的有关影响。

(7)尚未成功建立蓝藻数模和湿地数模。研究者们已建立许多数模预测太湖蓝藻水华的爆发过程,但仍没有一个公认的可以准确预测蓝藻水华爆发的数模。

(8)相关领导和研究人员缺乏消除蓝藻爆发和建立数模的信心。原因:太湖蓝藻仍严重爆发,2017 年爆发最大面积 1 403 km^2,超过发生供水危机的 2007 年 979 km^2的 43%;同期蓝藻密度增加,如太湖、梅梁湖年均藻密度分别为 11 700 万 cells/L、24 000 万 cells/L,是 2009 年 2 315 万 cells/L、6 995万 cells/L 的 5.05 倍、3.43 倍,具有蓝藻长期大规模爆发的最基本的种源条件;缺乏统一的太湖大数据平台,缺乏消除蓝藻爆发有关技术、技术集成及其应用理论;政府至今仍无制定太湖消除蓝藻爆发的目标。

2.3 今后的改进

大数据需要系统收集、存储、整理海量的系列数据,进行专业化处理,需要总结太湖和国内外浅水型湖泊特别是蓝藻爆发湖泊治理的经验教训,加快建立湿地、蓝藻数模,以指导、支持太湖治理消除蓝藻爆发的决策。

(1)建立专门的太湖大数据(研究)中心、管理机构,同时建立相应的公益网站。加快推动数据资源开放共享,特别是水质和蓝藻爆发的系列数据资料(专利可除外)。让百姓知情,调动群众积极参与和满足研究人员的需求。大数据中心和公益网站可为公办、民办或联合办,也可建立多个大数据中心,发挥各家之长。

(2)建立健全太湖大数据的有关地方法规。

(3)继续收集完善前述系列数据资料。主要是湿地、蓝藻资料,特别是蓝藻的爆发和消除的有关生境、种间竞争的资料，同时积极试验并获取治理太湖的技术及其集成资料。

(4)积极收集国内外浅水湖泊特别是蓝藻爆发湖泊治理的资料。

(5)科学整理大数据和评估其可靠性。

(6)正确选用水质数模、与太湖实践密切结合、正确选定边界条件、正确概化河网、正确选择有关系列资料。同时，在完善数模时，充分考虑蓝藻年年爆发增加藻源性负荷特别是对增加内源释放 P 的影响。

(7)加快建立蓝藻、湿地数模，使数模从理论到实践，与治理富营养化和消除蓝藻爆发实践密切结合，再从实践到理论，建立科学完美的数模。

3　数模结合太湖治理实践消除蓝藻爆发思路

遵照习总书记长江大保护的指示，大数据应结合太湖治理实践，设计出水生态环境治理新模式，加快长江流域富饶美丽太湖消除蓝藻爆发的步伐。同时，使太湖大数据成为长江流域“三湖”(太湖、巢湖、滇池)治理的大数据应用的示范平台。

3.1　太湖治理目标为“二消除”

“二消除”为消除富营养化、消除蓝藻爆发。只有建立消除太湖蓝藻爆发的目标，才能提升各级领导和研究人员消除太湖蓝藻爆发的信心。

3.2　以水动力数模分析水质改善趋势及其最终目标

(1)计算各阶段水质。根据太湖现状Ⅳ～Ⅴ类水质(其中，竺山湖、西部宜兴沿岸的 TN 为劣Ⅴ类)、湿地、底泥和蓝藻的实况，人口和社会经济持续发展情况，可能削减的外源内源数量，根据以往系列数据资料，以水量水质数模计算 2030 年、2040 年、2049 年各水域 TN、TP 能够分别达到的数值。同时，以此计算各阶段各水域环境容量、水体净化率、入湖污染物应削减量，并分配各水域、陆域予以实施。在此数模运算中，应考虑适度增加入湖水量，以增加环境容量、水体自净能力和带走更多蓝藻。可通过望虞河、新沟河、新孟河等通道增加“引江济太”水量，使太湖的年入湖水量由目前的 105 亿～110 亿 m^3增加到 120 亿～130 亿 m^3。

(2)确定可能达到最优水质目标。根据现有太湖和国内外大中型浅水湖泊治理的经验教训，利用上述数模计算太湖各水域水质可能达到最优的 TN、TP 值。估计 2049 年东、西部水域的最好水质目标可能分别是Ⅱ类、Ⅲ类。

3.3　建立完善湿地数模及其目标

相当规模湿地可以净化水体和抑藻除藻，而无蓝藻爆发或已消除蓝藻爆发水域可保持蓝藻在不爆发状态。修复以芦苇为主的湿地,达到太湖20世纪五六十年代植被覆盖率25%~30%。主要在西部沿岸水域修复芦苇湿地、湖湾中间水域修复湿地及西部大堤陆域侧退田还湖等。

数模与修复湿地实践结合。收集修复湿地实践过程中的各类植物、动物在不同密度和规模情况下一年四季各时间段净化水体和抑藻除藻的作用,以此初步建立湿地数模,以数模指导湿地修复工程,以湿地工程验证、完善数模,如此循环建立科学的湿地数模。

3.4 蓝藻数模分类

蓝藻数模即是计算分析蓝藻生长繁殖及爆发趋势或消除爆发的数模的简称。蓝藻数模可分为以下两类。

第一类,全太湖建立统一计算的一次性消除蓝藻爆发的数模。此类数模建立相当困难。可分为两步,第一步是计算蓝藻生长繁殖、生物量在时间和空间上的分布,即以水量水质数模计算各阶段所得的N P等指标(也含其他元素)为基础,根据蓝藻的特性及生境,进行全太湖统一分析、计算各阶段蓝藻的生长繁殖、爆发在时间和空间位置的趋势的数模;第二步是在第一步基础上计算消除蓝藻爆发时应该控制湖泊的N P及有关生境指标的数模。其中,第二步可在理论上计算出消除蓝藻爆发时相应的N P值,但实际上仅依靠治理富营养化难以使全太湖达到国内外专家一般认为消除蓝藻爆发的TN 0.1~0.2 mg/L、TP 0.01~0.02 mg/L的水质目标,也即实际上无法做到全太湖仅依靠消除富营养化统一消除蓝藻爆发。

第二类,太湖分水域消除蓝藻爆发及建立相应数模。即在各水域的水量水质和湿地数模的基础上,与各水域治理实践相结合,建立分水域的蓝藻数模,数模与治理实践相互协调、不断验证完善,直至消除蓝藻爆发和建立完整的数模。估计设计此类数模比较可行和相对比较容易。下面叙述建立第二类数模的思路。

3.5 分水域消除蓝藻爆发及其数模

要彻底治理太湖消除蓝藻爆发,首先应建立消除蓝藻爆发的信心和建立至少在中华人民共和国成立百年之际消除蓝藻爆发的目标;认识到太湖这样的浅水湖泊仅依靠治理富营养化不能消除蓝藻爆发,应确立消除富营养化与削减蓝藻数量相结合才能消除蓝藻爆发的观点;改变以往仅打捞水面蓝藻的习惯思路,应明确只有深度彻底全面打捞清除水面、水中、水底的蓝藻才能消除蓝藻爆发。尽快设计出分水域消除太湖蓝藻爆发的数模,同时为“三湖”的巢湖和滇池消除蓝藻爆发做出贡献。

3.5.1　分水域

若把太湖作为统一的一整片水域建立蓝藻数模，则目前无法通过计算全太湖统一消除富营养化而一次性得出能消除蓝藻爆发的结论。所以，可将太湖分成若干片相对封闭又具有一定水力联系的水域，分别建立各水域数模。太湖分水域时，须在两个水域的边界处建设适宜的围隔、隔断系统。

3.5.2　分水域消除蓝藻爆发和建立数模的思路

首先各水域应尽量采用控制外源、削减内源、调水、清淤和生态修复等措施，使水质尽量达到最佳状态（Ⅲ～Ⅴ类或更好）、降低或消除富营养化程度，创造不利于蓝藻生长繁殖的生境，加剧生物与蓝藻的种间竞争，抑制蓝藻生长繁殖速度；然后以此思路分水域消除蓝藻爆发及建立相应数模。

分水域：总体上把太湖分为梅梁湖、贡湖、竺山湖、西部宜兴沿岸水域、湖心水域西部、南部湖州沿岸水域、蠡湖、东太湖、北部苏州沿岸水域、东部嘉兴沿岸水域、湖心水域东部等 11 个水域建立数模。其中，前 5 个为蓝藻爆发严重水域，第 6 个为蓝藻爆发较轻水域，后 5 个为蓝藻基本不爆发或偶尔轻度蓝藻爆发水域。所以，前 6 个水域应消除富营养化和蓝藻爆发及建立相应数模，后 5 个主要消除富营养化、预防蓝藻爆发和建立相应数模。

分水域治理顺序：先湖湾，再沿岸，后湖心；先上游，后下游。

分水域消除富营养化和蓝藻爆发顺序：先梅梁湖、贡湖、竺山湖；后西部宜兴沿岸水域、南部湖州沿岸水域；最后湖心水域西部。

分水域消除富营养化和预防蓝藻爆发顺序：先蠡湖、东太湖，后北部苏州沿岸水域、东部嘉兴沿岸水域，最后湖心水域东部。

若有必要，每个水域又可分为若干个小水域，其面积根据实情确定。

3.5.3　除藻主要技术

在分水域消除蓝藻爆发及建立相应的蓝藻数模时，应合理地使用除藻技术及技术集成，才能有效消除各水域蓝藻爆发和建立适宜的相应数模。

（1）改性黏土除藻和天然矿物质净化剂除藻使蓝藻沉于水底并进行生态修复。

（2）高压除藻（包括固定和移动两类）、推流曝气等方法抑藻除藻。

（3）混凝气浮法除藻，使水面、水中、水底的蓝藻均浮于水面，再打捞收集、处理，一年四季可实施。还有类似的复合式区域活水提质除藻技术。

（4）金刚石碳纳米电子技术除藻，装置加电压后释放电子，在阳光下产生光电效应、光催化作用，破坏蓝藻的细胞壁和细胞内部物质，消除水面、水中、水底的蓝藻和底泥的有机污染物，一年四季可实施。还有类似的复合式区域活水提质除藻技术。

（5）生物种间竞争除藻，相当多植物在吸取氮磷的同时可产生化感物质抑藻除藻，如沉水植物、紫根水葫芦、芦苇湿地除藻；利用鲢鳙鱼和贝类或其他动物滤食蓝藻。

（6）锁磷剂除藻，降低磷浓度，可降至小于 0.01 mg/L，抑藻除藻。

（7）安全高效复合微生物及其制剂或化感物质制剂除藻抑藻，具有相当潜力，需解决目前太湖禁用微生物及其制剂或禁用生化制剂的禁令。

（8）常规技术除藻，包括治理富营养化、调水、清淤、打捞水面蓝藻，减慢蓝藻生长繁殖速度。

（9）综合除藻。在适当水域，以一种或数种除藻技术为主，配合其他技术进行分片除藻，尽快消除较大范围蓝藻爆发。

3.6 与各水域治理实践结合建立蓝藻数模

在各水域消除蓝藻爆发的过程中，加快创新，与水量水质数模、湿地数模结合，并收集、确定各类除藻技术在各时间段的抑藻除藻能力、效率、效益及最终效果，以此为基础，初步建立蓝藻数模，以数模指导治理实践，以实践验证完善数模。同时，验证各水域消除蓝藻爆发的综合除藻技术和系列数据的可靠性。然后在分水域消除蓝藻爆发并保持无蓝藻爆发数年后，把各片连成整片无蓝藻爆发水域，其后在汇聚各水域建立的蓝藻数模的基础上，建立全太湖消除蓝藻爆发的数模。

4 以梅梁湖为例

梅梁湖为太湖北部的大型湖湾，面积为 124 km^2，现年年蓝藻严重爆发、水质为Ⅴ类。以梅梁湖为例进行消除富营养化和蓝藻爆发试验，结合治理实践建立梅梁湖蓝藻数模试点。

4.1 选择梅梁湖试验的理由

自然地理条件好，可建成相对封闭水域；其与太湖连接的边界口门较狭，仅为 6.5 km；有良好的治理基础条件，已有多套打捞蓝藻设备和已建多个藻水分离站；有独立的调水泵站；控制污染效果好，陆域污染源进入水体很少；有一套完整的治理管理体系和经验；为无锡市统一决策管理；是全国著名风景区，影响非常大，全国游客、百姓极其关心消除梅梁湖蓝藻爆发。

4.2 分水域消除蓝藻爆发治理措施

4.2.1 口门处设置钢丝石笼透水坝

与太湖湖心水域交界处设置钢丝石笼透水坝，其作用：挡藻，阻挡太湖湖心水域蓝藻漂进梅梁湖；挡风浪；透水，允许石笼坝两侧的水体在一定程度上进行交换。

4.2.2 沿岸建设湿地消除蓝藻爆发

沿岸水域建设湿地作用：净化水体、抑藻除藻、丰富生物多样性，直至消除蓝藻爆发。恢复湿地达到蓝藻爆发以前规模、植被覆盖率达到25%~30%。

(1)建设湿地范围为沿岸1~1.5 km宽的水域，及湖湾中间的部分水域。

(2)湿地外围建设钢丝石笼坝或固定式围隔(根据实际需要和可能决定)，其作用与口门处的钢丝石笼坝相似，可阻挡梅梁湖中心水域的蓝藻漂进湿地。在梅梁湖东岸可利用原来2005年实施863水专项时候设置的2 km距离的挡风浪的钢筋混凝土排桩，不需要再设置钢丝石笼坝。

(3)湿地的钢丝石笼坝或固定式围隔的内侧种植150~200 m宽的芦苇带，阻挡风浪，净化水体和抑藻除藻。芦苇湿地的基底应抬高至冬季基本无水，以冬季能基本消除残存的蓝藻和使芦苇在春季能顺利种植或发芽生长。其中，抬高芦苇湿地基底的部分回填土可利用太湖清淤土方。

(4)湿地的芦苇带与湖岸之间800~1 300 m宽的范围内种植沉水植物为主的植物，可净化水体和在一定程度上抑制蓝藻生长。首先要提高透明度，可采用改性黏土、锁磷剂、混凝气浮法、光量子载体、金刚石碳纳米电子等技术除藻、改善水质提高透明度，即可种植沉水植物。

4.2.3 分片清除中间水域蓝藻

(1)在梅梁湖两侧沿岸湿地之间的中心水域设置3~4道东西方向的围隔，每两道围隔间形成相对封闭水域，每道围隔均采用双围隔布置，继而在每个相对封闭水域采用适宜的技术集成措施清除水面、水体和水底的蓝藻，直至蓝藻密度降低至蓝藻不爆发水平。

(2)在形成的相对封闭水域中，若有必要可根据实情再分成5~10块小水域，此小水域用可移动的单围隔隔开，然后逐块小水域用适当的技术或技术集成清除水面、水体和水底的蓝藻。

4.2.4 湿地和除藻两者相互作用分析

(1)梅梁湖两侧沿岸湿地净化水体及抑藻除藻的作用可透过钢丝石笼透水坝等设施传递给梅梁湖中心水域。

(2)中心水域逐步把蓝藻清除干净后，蓝藻不再进入两侧沿岸水域湿地，如此相互影响，数年后使中心水域全部持续保持Ⅲ类水、消除蓝藻爆发，则可建成太湖及全国中型浅水湖泊消除蓝藻爆发的典范。

4.2.5 数模的建立

根据梅梁湖上述消除蓝藻爆发的综合技术集成过程和治理过程的思路，

初步建立分水域消除蓝藻爆发数模。然后在分片治理梅梁湖、消除蓝藻爆发过程中,分水域验证数模,包括验证各类除藻技术的作用、实施次数、时间和效率、最终效果等,并修改完善数模。如此循环验证、完善数模,直至梅梁湖全部水域消除蓝藻爆发及建立科学完整的数模。

5 其他水域

5.1 贡湖

贡湖为太湖北部的大型湖湾,面积为 147 km^2,现年年蓝藻轻度爆发、水质为Ⅳ~Ⅴ类。主要治理措施基本类似梅梁湖,其不同处:其口门较宽,有 11 km;有利条件为望虞河"引江济太"直接进入贡湖,根据换水次数较多的水体其主水流通过水域基本不会有蓝藻爆发的经验,可消除其相当部分水域的蓝藻爆发;为无锡与苏州共同管理、内有两市的水源地,应采用更为安全的治理技术,以确保水源地全年全面达到Ⅲ类水,不发生"湖泛"、保证供水安全。与治理实践结合建立蓝藻数模。

5.2 竺山湖

竺山湖为太湖西北部的湖湾,面积为 58 km^2,现年年蓝藻严重爆发、藻密度很高、水质为劣Ⅴ类,常发生小规模"湖泛"。主要治理措施基本类似梅梁湖。其不同之处为:需要严格控源截污,严格控制入湖河道武进港污染,严格控制底泥污染;加快新沟河、新孟河"引江济太"调水通道建设,建成后持续调水入湖 10 亿~15 亿 m^3,换水超过 15 次/年,调水的主水流经过的相当部分水域能基本消除蓝藻爆发;修复占竺山湖面积 50%以上的沿岸芦苇湿地。消除其富营养化、达到Ⅲ类水,彻底消除"湖泛"和蓝藻爆发。同时,与此治理实践结合,建立和完善消除竺山湖蓝藻爆发的数模。

5.3 西部宜兴沿岸水域

该水域年年蓝藻严重爆发、藻密度高、水质为劣Ⅴ类。主要治理措施为:因为太湖上游的大部分入湖河道进入此区域,须全面严格控制各类点源、面源的污染,特别是加大污水处理力度和提高污水处理标准,大幅度减少污水厂污染负荷;修复沿岸 1~1.5 km 宽的芦苇湿地;拆除部分环湖大堤以恢复原来的芦苇湿地,并可将此湿地作为净化河道污水的入湖河道前置库;配合金刚石碳纳米电子技术除藻、高压除藻技术等措施除藻。消除富营养化、达到水功能区目标Ⅲ类水,消除蓝藻爆发。与治理实践结合建立蓝藻数模。

南部湖州沿岸水域,该水域现年年蓝藻轻度爆发、水质为Ⅳ~Ⅴ类。治理富营养化和消除蓝藻爆发措施基本同西部宜兴沿岸水域。

5.4　其他水域

其他水域包括太湖湖心水域和其他沿岸水域。水质为Ⅳ类，其中大部分水域基本无蓝藻爆发。治理措施：在前述水域基本完成治理任务及总结经验教训的基础上，使水质改善提升至东部Ⅱ～Ⅲ类、西部Ⅲ类，采取相应的恢复生态、增加湿地面积等综合技术集成措施治理、消除富营养化，保持蓝藻不爆发。其中，湖心西部水域现尚有蓝藻轻度爆发，届时水质已较好，蓝藻爆发程度会大幅度减轻，若必要仍需采取相应的分水域消除蓝藻爆发的集成技术消除蓝藻爆发。同时，与治理实践相结合，建立相应的蓝藻数模。

6　结论

目前，难以建立统一的治理太湖消除蓝藻爆发的数模，应该结合分水域治理太湖消除蓝藻爆发实践，建立分水域消除蓝藻爆发数模，其后将分水域数模汇聚成全太湖消除蓝藻爆发数模，此是建立治理太湖数模的最佳思路。只要有决心和信心，创新治太方略，确立正确科学的目标，定能分水域消除太湖蓝藻爆发和建立相应的蓝藻数模。大数据、数模与太湖治理实践密切结合，数模指导、支持治理实践，实践验证、完善数模，使太湖在习总书记提出的长江大保护中首先成为长江流域消除蓝藻爆发的生态文明的美丽湖泊。

参考文献

[1]褚君达，姚琪，徐惠慈.梅梁湖水环境保护河道入湖口挡污工程调控研究（直湖港武进港）[R].南京：河海大学，1996.

[2]中国水利水电科学院，水利部太湖流域管理局，江苏省水利厅，等.改善太湖流域区域性水环境的引水调控技术研究总结报告（第一阶段）[R].北京：中国水利水电科学院，2006.

[3]杨柳燕，杨欣妍，任丽曼，等.太湖蓝藻水华暴发机制与控制对策[J].湖泊科学，2019，31(1)：18-27.

[4]马建华，朱喜，胡明明，等.太湖蓝藻爆发现状及继续治理措施[J].江苏水利，2017(3).

[5]朱喜，胡明明，孙阳，等.河湖生态环境治理调研与案例[M].郑州：黄河水利出版社，2018.

[6]朱喜，胡明明，孙阳，等.中国淡水湖泊蓝藻暴发治理和预防[M].北京：中国水利水电出版社，2014.

[7]天津市安宝利亨环保工程建设有限公司.天然矿物质制剂净化水体技术总结[R].天津：天津市安宝利亨环保工程建设有限公司，2018.

[8]无锡德林海环保科技股份有限公司.加压灭除蓝藻整装成套设备技术研究报告[R].无锡:无锡德林海环保科技股份有限公司,2017.
[9]上海金铎禹辰水环境工程有限公司.协同超净化水土共治技术研究报告[R].上海:上海金铎禹辰水环境工程有限公司,2018.
[10]谢平.鲢、鳙与藻类水华控制[M].北京:科学出版社,2003.
[11]武汉鄂正农科技发展有限公司 一种快速絮凝并去除水体中蓝藻的方法:中国,410382658.3[P]. 2007-04-18.
[12]北京信诺华科技有限公司.使用固化载体微生物除藻试验的技术总结[R].北京:北京信诺华科技有限公司,2018.
[13]无锡智者水生态环境工程有限公司.利用植物化感物质制剂消除蓝藻的技术总结[R].无锡:无锡智者水生态环境工程有限公司,2018.
[14]太湖流域管理局,江苏省水利厅,浙江省水利厅,等.2017 太湖健康报告[R].上海:太湖流域管理局,2018.
[15]太湖流域管理局.太湖流域水(环境)功能区划[R].上海:太湖流域管理局,2010.

太湖 2007 年和 20 世纪 90 年代供水危机实质是“湖泛”①

太湖 2007 年“5 · 29”供水危机震惊世界,影响无锡市 300 万人的供水。当时有一个星期的自来水是臭的,洗澡洗碗都不行,市民疯抢瓶装水。当时无锡市曾邀请北京、上海和南京等地全国多位顶级专家讨论,其后多年仍有多地专家讨论其原因,有的说是蓝藻爆发引起的,有的说不是蓝藻爆发引起的,但均不符合实际。作者研究得出的结论是太湖供水危机是“湖泛”引起的,后“湖泛”此词为国务院、太湖流域、江苏省及全国所采纳,防治“湖泛”成为太湖的治理目标之一。其实,太湖供水事件在 20 世纪 90 年代初就已经发生了多次,每次影响 30 万~80 万人不等,当时的供水危机只是规模小一点、历时短一点、影响范围小一点,主要原因是当时没有互联网,所以其他地区的人一般不知道,没有引起大家的关注。

① 该文作者为朱喜(原工作于无锡市水利局),2020 年 5 月编写。

1　太湖 2007 年“5 · 29”供水危机过程

1.1　供水危机发生过程

2006~2007 年的冬季是个暖冬，平均气温较往年高 2 ℃左右，所以蓝藻萌发（苏醒）比较早，太湖在 4 月中旬蓝藻就第一次爆发，由于该年天气热得早、气温高、水位低、干旱少雨，太湖北部 5 月蓝藻就连续爆发，较往年提前爆发 1 个月。加之当时盛行偏南风，使蓝藻爆发后开始大量聚集在太湖西北部湖湾梅梁湖的北部，先危及梅梁湖小湾里水源地（当时取水能力为 60 万 t/d），迫使其停止取水，后又盛行西南风使蓝藻爆发后大量聚集在太湖北部湖湾的贡湖北部，危及贡湖水源地（当时取水能力为 100 万 t/d），直至 5 月 29 日发生供水危机，自来水发臭，影响无锡市区 2/3 以上约 300 万（包括流动人口）市民的供水。贡湖水源地蓝藻大爆发时，主要污染指标 NH_3-N 较平时高 20 多倍，达到 10 mg/L，溶解氧接近于零，所以称之为“5 · 29”事件，直到 12 天后的 6 月 10 日自来水才基本恢复正常。

1.2　危机处理过程

这次自来水危机事件，在中共中央和省政府的关怀下，无锡市政府尽责尽力、市民们同舟共济和宽容理解下平稳度过。

该事件发生后，采取了一系列措施改善水源地水质和强化自来水制水工艺。如组织数百人人工捞藻，捞除水源地水面上集聚的蓝藻；立即组织拆除梅梁湖阻水土坝，在 6 月 1 日就开启梅梁湖泵站紧急调水，使原来贡湖北部相对不流动的水体流动起来；采用人工降雨措施，增加水量和降低水温；使贡湖水源地水质得到好转，逐步达到Ⅲ~Ⅳ类水。同时，自来水厂采用了紧急处理配方和处理顺序，如适当增加活性炭和高锰酸钾用量，使自来水逐步达到标准。

此供水事件是天灾，但也是多年人祸的积累，是污染物大量排入水体所造成的；此事件是坏事，也是好事，它给人们敲响了警钟，使人们开始注重保护太湖。人类为了自身的生存而向大自然大量索取，但一定要记住在索取的同时不能忘记保护大自然。

2　20 世纪 90 年代供水危机

20 世纪 90 年代曾发生过多次太湖供水危机，但外界一般不知道，原因是当时尚无互联网。在此回忆，以增强治理、保护太湖水环境的认识。

2.1　供水危机过程

1987~1989 年，由于梁溪河把大量城市污水带入梅梁湖北部，使水质逐步恶化,达到劣Ⅴ类,蓝藻开始小规模的爆发,1990年蓝藻爆发规模开始增大、次数增多,直接影响梅梁湖北部当时的梅园水厂水源地(供水能力为14万m^3/d),1990年7月,开始是大量蓝藻阻塞自来水厂进水管道,至梅园自来水厂减产70%,影响15万居民25天的用水,使117家工厂停产,直接经济损失1.3亿元;1994年7月,梅梁湖北部水源地和东部小湾里水源地由于多年的蓝藻爆发与死亡的循环,消耗水体大量氧气,至底泥中大量死亡的蓝藻、有机质发生厌氧反应,而产生黑水臭气的"湖泛"现象,导致梅园自来水厂和中桥新水厂(供水能力为60万m^3/d)自来水发臭,当时梅园自来水厂取水口的DO为0.4 mg/L、TN为8.5 mg/L,极大影响了全市百万市民的生活;1995年7月,梅梁湖北部蓝藻爆发和"湖泛",DO接近于零,整个湖水发臭,梅园自来水厂停产4天,影响30万市民的生活和生产;1998年8月,梅梁湖蓝藻爆发和发生"湖泛",严重影响小湾里和梅园自来水厂取水口水质,造成梅园自来水厂停产5天和中桥新水厂大量减产,影响数十万市民的生活和生产。

2.2 处理过程

20世纪90年代,太湖梅梁湖水源地的多次供水危机绝大多数是"湖泛",也有个别仅是蓝藻阻塞管道。对于蓝藻阻塞管道的处理方法是:打捞水源地蓝藻;增加制水的预处理工艺,沉淀分离蓝藻,当时主要是采用黏土混凝沉淀。对于水源地"湖泛"的处理:一是消除蓝藻阻塞管道。二是控制水污染,建设犊山控制水闸,关闭闸门,阻止城市污水进入太湖、梅梁湖,同时在水源地种植菱等漂浮植物净化水体。三是制水时,适当加强净化工艺,但效果不太理想,往往是水源地发生水污染突发性事件时基本只能停产。四是增加水源地,在原有水源地水质得不到保证的情况下,逐步增加建设梅梁湖小湾里水源地(取水能力为60万m^3/d)、贡湖南泉水源地(取水能力为50万m^3/d)、贡湖锡东水源地(取水能力为30万m^3/d),由于水源地的"湖泛"得不到实质性的控制,所以此后就逐步放弃梅梁湖梅园水源地、梅梁湖小湾里水源地。

3 供水危机经验教训

3.1 根本措施是防治水污染

解决水源地被水污染的问题,首先是控制水污染。对如何控制水污染,人们的认识也是逐步提高的。1998年12月31日,国家实施了"零点行动",有一些效果,但效果不大且没有持续,后至2007年发生了更大的太湖供水危机,直接影响300万人的饮用水。其后人们才认为必须采取实质性的治污行动,于是自2007年以后开始了有效的治污行动:严格控制点源和面源污染、打捞水面蓝藻、清淤、调水和进行生态修复，终于使太湖水质得到比较明显的改善，由劣Ⅴ类提升为Ⅳ～Ⅴ类。

3.2　控制蓝藻爆发

控制蓝藻爆发也是必需的措施，自2007年下半年至今一直采用机械方法打捞水面蓝藻，使蓝藻不聚集于取水口周围，同时提高水体的DO。

3.3　实施多水源双向供水

无锡市区的供(取)水能力由2000年的100万m^3/d增加至目前的245万m^3/d，正常情况下至2050年仍能满足供水需求；采取多水源供水，现主要有双水源(太湖和长江)三处(其中，太湖有2个水源地)供水；采取双向供水，即2个源水厂或制水厂之间可以双向供水(源水或自来水)。整个供水系统统一规划、实施，确保向市区安全供水，江阴市和宜兴市均建设了有足够供水能力的双水源双向统一供水系统。

4　太湖供水危机的实质是“湖泛”

太湖20世纪90年代至2007年“5·29”发生了多次供水危机，分析其实质几乎均是“湖泛”引起的。即太湖由于若干年来连续蓝藻爆发，在太湖北部湖湾梅梁湖、贡湖北部的湖底淤泥上部聚集了相当多的死亡蓝藻、有机质，在将发生“湖泛”前蓝藻又爆发，蓝藻的死亡消耗水中的氧气，使湖底大量有机底泥在缺氧状态下发生厌氧反应，产生了黑水臭气，此自然现象就称为“湖泛”。“湖泛”中臭气主要是反应过程中产生的H_2S、NH_3-N、CH_4等的混合气体及中间产物。“湖泛”过程中，NH_3-N、TN可能升高至8～12 mg/L。

5　“湖泛”分类

蓝藻爆发与“湖泛”有一定的联系，但不是蓝藻爆发就一定会产生“湖泛”，也不是蓝藻不爆发就不会产生“湖泛”。作者在2007年“5·29”供水危机性事件不久的6月底即撰文提出太湖供水危机是“湖泛”，发表于《上海企业》(2007年7月)。

“湖泛”的形成可分为三类：一是多次大规模蓝藻爆发死亡沉入水底而引起的“湖泛”；二是大量有机污染物进入水体、底泥引起的“湖泛”；三是上述两者兼有，引起的“湖泛”。

2007年“5·29”供水危机主要为多年蓝藻爆发、死亡后沉入水底，有机质大量增加，且水体处于相对静止状态，底泥发生严重厌氧反应形成“湖泛”及伴随臭气黑水。此次供水危机时，当时有人认为贡湖可能有大量污水进入，是人为事故,应追究责任,但后来调查发现没有污水进入,作者的“湖泛”理论正好解释了此现象。

20世纪90年代的多次供水危机实质主要也是“湖泛”,其影响因素是多年蓝藻持续爆发、污水大量进入二者兼有之,底泥厌氧反应而造成“湖泛”。其污水来源是城市污水由梁溪河进入水体或其有机质沉入水底,每年的东南风使蓝藻爆发后聚集于梅梁湖北部的梅园自来水厂水源地,蓝藻的爆发与死亡的多次循环为底泥提供、积累大量有机质,所以造成90年代的多次“湖泛”。

6 形成严重“湖泛”的条件

“湖泛”的形成有以下诸多条件:① 底泥污染严重,包括有机质和C、N,以及P、S、Fe、Mn等;② 上覆水体静止或相对静止;③ 上覆水体污染严重及严重缺氧;④ 水温比较高;⑤ 水较浅;⑥ 厌氧菌大量存在。

其中,2007年“5·29”供水危机是发生在“引江济太”期间,贡湖水厂取水口当时距离“引江济太”水流的路径也不远,照理说水体有相当的流动性,不会处于静止状态,不至于发生“湖泛”。究其原因:当时盛吹南偏西风,在贡湖水面产生的风生流恰与东北方向流来的“引江济太”水流在水源地周围附近形成循环的相对静止水流,满足了“湖泛”的上覆水体静止或相对静止的水动力条件。

7 治理和预防“湖泛”的措施

治理和预防“湖泛”的措施是控制上述条件,主要包括:① 控制、清除蓝藻爆发;② 控制水污染、防治高浓度污水入湖和进入底泥;③ 生态修复净化水体和底泥;④ 调水增加水体流动性和改善水质。

上述措施一般均可由人工控制,但水温较高、水深较浅、厌氧菌大量存在等条件一般为自然因素,难以进行实质性的控制。

应该说,太湖今后仍然存在再次发生供水危机的潜水可能,但只要做到上述人工能够做到的几点措施,则完全可以消除“湖泛”、消除供水危机。但若要完全消除供水危机的潜在威胁,则须消除太湖蓝藻,削减湖底有机底泥。主要措施:① 全面控制点源和面源污染、改善水质至Ⅲ类(湖泊标准);② 深度打捞、清除水面、水体和水底的蓝藻;③ 用高新技术持续清除湖底的有机底泥;④ 生态修复,增加贡湖植被覆盖率至50%以上。经过不懈的努力,消除蓝藻爆发、消除供水危机威胁、太湖一年四季呈现碧水蓝天美景的愿望,必定能够实现。

参考文献

[1]朱喜.太湖蓝藻大爆发的警示和启发[J].上海企业,2007(7).

[2]朱喜,张春,陈荷生,等.无锡市水资源保护和水污染防治规划[R].无锡市水资源保护和水污染防治规划编制工作领导小组,无锡市水利局主持编写,2005.

[3]朱喜,张春,陈荷生,等.无锡市水生态系统保护和修复规划[R].无锡市人民政府.江苏省水利厅主持编写,2006.

[4]朱喜,张春,陈荷生,等.无锡市水资源综合规划[R].无锡市人民政府,无锡市水利局主持编写,2007.

[5]王鸿涌,张海泉,朱喜,等.太湖无锡地区水资源保护和水污染防治[M].北京:中国水利水电出版社,2012.

[6]王鸿涌,张海泉,朱喜,等.太湖蓝藻治理创新与实践[M].北京:中国水利水电出版社,2012.

[7]朱喜,胡明明,孙阳,等.中国淡水湖泊蓝藻暴发治理和预防[M].北京:中国水利水电出版社,2014.

[8]朱喜,胡明明,孙阳,等.河湖生态环境治理调研与案例[M].郑州:黄河水利出版社,2018.

[9]太湖流域管理局,江苏省水利厅,浙江省水利厅,等. 2008-2017 太湖健康报告[R].上海:太湖流域管理局,2018.

第二部分 河湖水体污染与黑臭的综合治理

序

我国自20世纪90年代正式开始启动水环境保护、河湖治理工作,以后陆续出台了诸多重要法规:2015年4月《水污染防治行动计划》("水十条"),2015年8月提出了黑臭河道治理;2016年12月提出实施河长制,2018年1月提出实施湖长制,这些法规成为推进我国河湖水环境治理事业的新动力。为此每年国家及地方对此投资高达数千亿元。随着人们环保意识的增强,百姓对供水水质要求的不断提高,河湖治理技术不断探索出新;水利环保人士和全国人民一起努力拼搏,我国治理水污染取得阶段性成果和水污染得到相当程度的缓解,但对消除河道黑臭、防止反弹和长久保持河湖清洁,及消除蓝藻爆发这一难题,仍需奋进求索。

第二部分共包括4篇在期刊上发表的文章。主要论述在2007年太湖供水危机后,无锡市委、市政府首先推出河长制,即是以党政领导为第一责任人的一种治理河湖的新的组织形式和责任制,并在全市数千条河道推行河长制,取得改善河湖水环境的阶段性良好效果。为此,国家在2016年发文提出在全国实施河长制。

该部分第一、二篇是"无锡市创建河长制十年成效和深入推进河长制""无锡市河道综合治理成效问题及对策",主要论述无锡市创建和推进河长制的过程、经验教训、存在问题和今后河湖治理思路,总结了平原河网区黑臭河道特别是黑臭暗河的治理思路和集成技术;第三篇是"综合治理 创建无锡城市优良水环境思路",以无锡市为例,分析城市水环境广义上的综合含义,城市水环境不仅要包括河湖水质、水生态和景观,更需包括城市的洪涝防治和供水，使市民安居乐业，提出了创建优良水环境的综合举措；第四篇是“加大力度整治古运河水环境”，以整治中国闻名的古运河为龙头，使河水清澈见底、两岸景色优美宜人，把无锡市的全部区域建设成为旅游景区、景点。

无锡市创建河长制十年成效和深入推进河长制①

摘要：本文调查研究无锡市创建与发展河长制、治理河湖十年成效的实践经验、创新举措、存在问题和教训，提出今后深入推进河长制、湖长制，消除黑臭、水质达标和消除太湖富营养化及蓝藻爆发的技术集成思路。

关键词：河长制；成效；问题；深入推进；治理思路

中共中央办公厅、国务院办公厅在2016年12月印发《关于全面推行河长制的意见》。标志着河长制上升为国家战略层面，这是对创造河长制的无锡市的肯定和鞭策，无锡应再接再厉，深入推进河长制，加快河道保护治理管理，彻底改善河湖水环境，建设健康的河湖水生态系统。

无锡市人口稠密、社会经济发达，地势低洼，是平原河网区。无锡城镇在历史上就是随水而建、因水而兴、因水而美。境内河网密布，水系发达，全市共有河道5 635条、7 328 km。河道是无锡的血脉，良好水环境是百姓的希望。

1　无锡河长制的创建与发展

20世纪80年代末至21世纪初，无锡市社会经济发展迅速，乡镇企业发展速度创出奇迹，但由于水资源不合理开发利用，导致千条河道水污染严重，市区普遍发生黑臭现象，由于围湖造田、湿地面积减少，使水环境、水生态问题日益突出。1990年，太湖第一次蓝藻大爆发。

1998年12月30日，国家实施“零点行动”，一定程度上减轻了河湖污染

---

① 此文完成于2018年2月，2018年4月发表于《水资源开发与管理》（2018年第4期），作者：朱喜（原工作于无锡市水利局）。

及减慢了以后的水污染发展速度，但此后水污染仍日益严重，河湖水环境恶化趋势并未得到改善，直至太湖发生严重“湖泛”而造成2007年太湖供水危机，这对无锡市造成了严重的影响，激发了市委、市政府的水危机意识，迫切需要采取有效措施来解决和预防太湖蓝藻爆发和“湖泛”事件的发生。

如何把治理河湖水环境、改善水质、消除黑臭、消除蓝藻爆发，提到各级领导的议事日程上，但以往的“九龙治水”，往往不协调，时常出现责任不明、互相推诿、办事效率低，形不成合力，影响治水效果和进程。经过多年实践证明，治理河湖不能仅依靠单个部门或某一层级，须充分发挥各级党政领导的主导作用并联合诸部门统一行动才能见效。

2005年编制的《无锡市水资源保护和水污染防治规划》中提出“建立统一领导，分级管理，责任到人的河道长效管理体制”，即在实施中逐渐创建形成管理、保护和治理河湖水环境的一种责任制和协调机制，也即党政领导保护治理河湖的责任制，称为河长制。

2006年，滨湖区首先开始实施河长制，后各区(市)相继实施、不断完善。

2007年8月，出台《无锡市河(湖、库、荡、氿)断面水质控制目标及考核办法(试行)》，明确实施河长制。

2008年8月，中共无锡市委、无锡市人民政府正式发布了《关于全面建立“河(湖、库、荡、氿)长制”全面加强河(湖、库、荡、氿)综合整治和管理的决定》，全市对6 519条(段、个)河道全面实行“河长制”，形成市、区(县)、镇(街道)、社区居委村的四级“河长”管理体系，建立市、区(县)、镇三级领导小组、河长办，制定建立一系列的目标考核、管理协调、督查督办、巡查执法、奖罚公示、公众参与和社会监督等规章制度。形成了河长制“全覆盖、共参与、真落实、严监管、重奖惩”的工作特色，维护河湖健康生命、促进经济社会可持续发展。

《关于全面推行河长制的意见》发布后的2017年初出台了《无锡市全面深化河长制实施方案》，进一步深入推进河长制。

2　十年河长制河道治理成效

河长制实施以来，各级财政平均每年增加近4亿元直接用于河长制管理专项工作。投入河湖治理资金累计达470亿元，其中地方投入393亿元。

2.1　治理措施

河长制创建十年来，创新了诸多河湖治理举措、技术集成，为推进河长制创造了条件。

(1)控源截污。全市已建 73 座污水处理厂,覆盖所有城镇,2016 年日处理能力 218.4 万 t,处理标准达到一级 A;城镇污水集中处理率 90%,其中主城区 95%。污水处理在全国领先。

控制工业、生活和畜禽集中养殖点源污染和控制种植业、城镇地表径流等面源污染,调整产业结构,清洁生产;高强度淘汰"三高两低"和"五小"企业,累计关停企业 2 819 家;搬迁入园工业企业 3 200 余家;大力封闭排污口;节水减排,再生水回用;等等。

(2)调水。在全国首先实施大规模调水,每年调长江、太湖等水源 30 亿~40 亿 m^3 改善河湖水环境。其中,梅梁湖泵站年调水 10 亿 m^3,使太湖、贡湖水有序流动,在相当程度上解决了太湖"湖泛"影响供水的问题。

(3)清淤。在全国首先启动大型湖泊清淤工程,"十二五"完成太湖清淤 2 300 万 m^3,占全省的 72%;2007~2015 年河道清淤 1 900 万 m^3。其中,贡湖清淤消除了底泥污染严重的这个产生"湖泛"的基础条件。

(4)打捞清除蓝藻。在全国首先启动大型湖泊打捞清除蓝藻工作,建成 15 座以德林海类似类型为主的藻水分离站,每年打捞太湖蓝藻和水草百余万吨,且全部无害化处置或资源化利用。

(5)修复河湖水生态,保护和修复湿地,净化水体。已建成梁鸿、蠡湖、长广溪等国家湿地公园,宜兴云湖、江阴芙蓉湖、太湖大溪港等 3 个省级湿地公园,十八湾等 16 个湿地保护小区;自然湿地保护率从 2011 年的 16.6% 提升到 2016 年的 50%。蠡湖成为全国小湖泊治理的典型。

(6)清除河道垃圾及住家船,垃圾资源化利用。

2.2　治理效果

十年来,无锡把全面推行河长制作为生态文明建设的主要内容,取得显著成绩。

2.2.1　水质明显改善,全国领先

(1)全市 6 个主要饮用水水源地水质指标稳定合格,太湖连续 9 年正常供水,安全度夏。

(2)骨干河道水质普遍改善。京杭运河和古运河等已全面消除黑臭。京杭运河无锡段已经消除劣Ⅴ类,其中 NH_3-N 已达到Ⅳ~Ⅴ类。

(3)黑臭小河道绝大部分消除,黑臭比例明显低于全国。《关于全面推行河长制的意见》发布后,进一步加大河道治理力度,2016 年又消除了梁溪区芦村河等一批黑臭河道。

(4)无锡入太湖的 17 条主要河道全部消除劣Ⅴ类。

(5)太湖无锡水域水质明显好转。已从2006年大幅度劣Ⅴ类提升为Ⅳ~Ⅴ类,蠡湖由原严重劣Ⅴ类改善为2009年起的Ⅳ类,且保持至今。

2.2.2 水生态系统改善

河水变清,生物多样性增加,相当部分中小河道修复后水生态系统良好。如尚贤河、长广溪、堰桥万巷河等河道,现水质良好。大部分城市乡村河道做到了水清、岸绿、环境美。

2.2.3 无锡建成了文明城市、生态城市

无锡先后荣膺全国最佳人居环境城市、国家环保模范城市、国家节水型城市、全国水生态系统保护与修复示范市、全国节水型社会建设示范区、中国最具国际生态竞争力城市、中国最佳绿色生态旅游名城、中国最具幸福感城市、国家宜居城市,2015年获得全国文明城市称号。

3 尚存问题及原因

3.1 尚存问题

① 河长制尚不能完全适应河湖水环境质量目标要求。② 河道在10多年中均已经过1~2次的整治,但河道水质仍未达标,据统计,市区仍有4%的黑臭河道存在。③ 居民区的黑臭暗河最难治理。如河埒浜等梁溪河两侧的支浜,东亭的桐桥港等。④ 河道或黑臭河道治理成果易反复。⑤ 彻底控源难。污水厂提标难,控制城市地表径流污染难,排污口全封闭难,偷排、超标排放执法难;⑥ 太湖蓝藻爆发消除难。

3.2 问题原因

① 河长制发展还具不平衡性,有关机制应进一步完善。② 部分的一河(湖)一策方案不符合实际,其措施达不到目标要求。③ 缺乏河湖治理的长效技术集成措施。④ 缺乏河湖管理保护的长效机制制度、技术和资金支撑。⑤ 控源截污不到位。污水厂排放标准偏低;排污口没有全封闭(不含污水厂),存在偷排污水、偷倒泥浆、垃圾,以及执法不严的现象;点源、面源的控制力度不够;老居民区计划拆迁而尚未拆迁区域未及时完成污水接管,污水管道渗漏,污水管网管理和全覆盖进程落后要求。⑥ 尚存在未及时清淤、调水不足及生态修复不到位的现象。

4 治理目标

无锡市已确定2020年河湖治理目标:全面建立河长制管理体系;水源地100%达标;消除黑臭河道;重点水功能区水质达标率82%;国考断面优于Ⅲ类

水的比例超过 70%；消除劣Ⅴ类水；完成 161 条河道的整治。

2030 年目标：巩固河长制治理河湖成果，水功能区水质全面达标，河道清澈见底；建议 2035~2040 年太湖基本实现二消除（基本消除富营养化和蓝藻爆发）二恢复（恢复湿地和生物多样性）；实现上述目标，实现百姓期望，全面恢复 20 世纪五六十年代“水清、岸绿、河畅、景美、生态”的河湖生态系统。

5　深入推进河长制　加快河湖治理思路

总结以往创建河长制、河湖治理的经验教训，深入推进河长制，加之 2018 年将实行湖长制，所以只有全面加强河道综合治理，才能全面完成 2020 年的目标任务，并且为实现 2030 年目标打好坚实的基础。河道治理内容众多，其关键点是消除黑臭水体、改善河湖水质、水功能区达标。

5.1　深入推进河长制

河长制应制定符合无锡实情的一河（湖）一策治理方案，才能取得更好效果。必须进一步完善、提升河长制，向纵深推进。健全、完善领导督导检查，群众监督，考核问责，科技创新，关键性应用技术攻关的五大机制。

5.1.1　加强党政领导

建立区域、小流域的总河长（片长），太湖纳入河长制的管理范围，建立总湖长；加大考核力度和对不合格河长的处罚；制定河长制实施条例。

5.1.2　完善长效管护机制

健全完善建管并重长效管护机制，落实资金、人员、责任。河道治理要如公园草地一样进行长效管护。

长期管养方式：一是由河道治理企业进行长期管护，治理管养合同期不少于 5~10 年；二是河道治理验收后由其他单位管养，合同期不少于 5~10 年。合同中有相应的水质达标及其奖罚等条款。

河湖经 10 年治理管护，水质长期保持良好，河道就能形成良性循环的健康的水生态系统，水体就有良好的自净能力。

5.1.3　水质定期监测和公布共享

每条黑臭河道和代表性河道水质监测年频率不少于 4 次。水质资料公开共享是公众参与社会监督的主要依据，是提高社会监督有效程度的关键。

5.1.4　加强公众参与、加强社会监督

公开环境信息，建立河湖管理保护信息双向平台。定期向社会公布河长制工作；如 PM2.5 一样实时公布河湖和排污口水质；公开曝光环境违法典型案件；给有成效的监督者以物质、精神奖励，激发公众参与积极性、提高公众参

与者的社会监督程度和责任心。人大、政协相应介入或建立监督机构。

5.1.5 考评中加大水质考核分量

河长制考核评分指标有多项,其中水质指标的考核应是最主要的,百分制中的占比应达到1/3以上。

5.1.6 强化科技支撑

加强河湖治理的适用性技术集成的研究,开展政产学研合作,推进河湖治理科技成果的转化和推广应用,研究推广适用、低价、长效、安全技术,建设河湖治理专家智库、平台。

5.2 深入调查,优化一河(湖)一策治理方案

一河(湖)一策治理方案是河长制落实到位的基础。在深入调查河湖及其治理状况的基础上,根据流域规划,科学编制、完善全市河道综合治理总体规划和一河(湖)一策的符合实际的治理方案。其中,骨干河道保持无黑臭、达到水功能区水质目标;中小河道以提高透明度、清澈见底为主,达到Ⅲ~Ⅳ类,治理难度大的(如黑臭的暗河)只须消除劣Ⅴ类就行。治理方案要统一考虑水体、岸坡、河底、一定范围陆域的水生态、水环境、风景景观和宜居环境。

5.3 河道综合治理技术的思考

总结10年来河湖治理经验,其技术可归纳为控源截污(含节水减排)、生态调水、生态清淤、净化水体、生态修复、整治河道六大类工程技术措施。

5.3.1 控源截污技术集成

控源截污总体要求:节水优先、源头至末端的全过程治理、全面控制削减各类点源和面源污染,大幅度减少污染负荷产生量和入水量。

(1)提高污水厂处理标准。无锡是人口稠密的社会经济发达区域,污水厂的污染负荷是最大点源群,测算2030年无锡要达到280万~300万t/d的污水处理规模,就是建成全覆盖的污水收集管网和达到一级A处理标准,仍不能满足全市环境容量的要求。须进一步提高污水处理标准,其中NH_3-N达到《地表水环境质量标准》(GB 3838—2002)(下同)的Ⅰ~Ⅱ类,入太湖河道的污水厂TN,近期先达到5 mg/L,最终达到《地表水环境质量标准》(GB 3838—2002)Ⅴ类或更高标准。

(2)抓紧其他污染源治理。包括城市乡村的生活污染、工业污染、畜禽养殖、农村及种植业、垃圾污染等点源、面源的治理及节水减排。

(3)建设海绵城市蓄水减污。增加地面、地下和屋顶的蓄水、渗水能力,减少城镇地表径流污染。

(4)封闭城镇全部排污口。地方立法,严格执法,封闭城镇全部排污口;

雨污合流的排污口作为污水排污口处理。

(5)合流溢流制控制雨污污染。小河道两侧暂时难以封闭的排污口,可采用合流溢流制控制地表径流和零星生活、“三产”的污染。须做到:施工质量好,不漏水;管理好;适当距离设置窨井,用于纳污、检查,每次大雨后清除窨井中污染物;无雨或大、暴雨初期,雨水和污水全部进污水收集管网,非初期雨水直接排进河道。

5.3.2　充分利用调水改善河道水环境

无锡是河网区,水资源丰富,可充分利用此有利条件。如利用太湖等湖泊河塘、长江及入江河道、梁溪河等水源长期调水,有效改善水环境。调水流量和时间以河湖能持久达到水质目标为标准,流量大小适时调整。其中,适宜建设洪涝防治控制圈的区域,在建设洪涝防治控制圈的同时结合调水,更有利于改善水环境。

5.3.3　科学适时清淤

全市河道已进行1~2轮人工或机械清淤。城镇中小河道应3~5年清淤1次,若河道建成良性循环的生态系统,则可10年清淤1次甚至可以不清淤。若1~2年就需要清淤1次,则说明控污工作未做好。中小河道淤泥不多时,可利用固载微生物清除有机底泥和保持河道持久无有机底泥。这是现代科学的发展成果,应推广。

5.3.4　加大生态修复力度

生态修复过程分为控制外源、清除内源、消除黑臭和净化水体、修复生物系统、长效管理五阶段。即控制内外源及河水基本变清后,实施修复及保持河水清澈。

凡适宜水域均应实施生态修复,修复以植物为主的生物系统。特别是太湖应该大规模修复以芦苇为主的湿地系统,恢复蓝藻爆发以前的芦苇湿地面积规模。

下列情况下,可不修复沉水植物:河底或边坡非土质,水流较快,通航河道的航道及其附近水域,水较深等。生态修复是在河底、边坡、水体种植适当密度的各类植物,并修复动物和鱼类等。在确保防洪排涝和航行安全情况下采用合适的生态护坡形式,直立护岸可采用挂毯式垂直生态绿化。通航河道要考虑船行波对护坡的影响。河道较长、水位差较大或自然条件不同,则可分段建坝进行生态修复。

各类植物适当搭配种植。人工修复促进自然修复。充分利用现有技术净化河道水体,把河道建成良性循环的健康的水生态系统。

5.3.5 采用分水域深度彻底打捞消除太湖蓝藻

建立消除蓝藻爆发的目标,编制消除蓝藻爆发的科学规划和采取相应的治理措施,进一步扩大打捞清除蓝藻能力。采用分水域深度彻底打捞清除蓝藻措施,把水面、水体和水底的蓝藻均打捞清除掉。此措施一年四季可实施。最后把各个无蓝藻爆发水域连成无蓝藻爆发的太湖,实现流域人民的太湖没有蓝藻爆发的心愿。这需要有关科研机构研究分水域深度彻底打捞清除蓝藻的适用技术集成措施。

5.4 河道长效治理管理技术集成

河长制应有相配套的长效治理和管理技术集成,才能取得长期有效的效果。河道治理有六大类技术和众多单项技术,仅依靠某大类或单项技术难以治理好河道,须把各类技术进行综合集成,以发挥最佳治理效果,并与长期管护措施结合。

5.4.1 骨干河道治理长效技术集成

骨干河道如京杭运河、锡澄运河等一般水量较大,流速较快,水体自净能力较大,有通航要求。治理措施:建立总河长和相应河段的河长,加强责任制;编制科学的治理方案;技术措施主要加大控源截污(包括封闭排污口和控制船舶污染)力度;调水;配合其他技术集成措施治理。

其中,京杭运河苏南段控源截污的关键是大幅度提高其两岸每日上百万吨污水处理能力的排放标准,同时需要建设足够的污水处理能力和全覆盖的污水收集管网;建立长效管养机制。就能达到并保持水功能区Ⅲ类水质目标。

5.4.2 中小河道清洁水体长效技术集成

中小河道治理达到Ⅲ类水不难,因治理河道技术很多,只要采用现有技术集成即行:①河长尽心尽责,提高责任心,科学编制一河(湖)一策治理方案;②使用安全高效复合微生物;③使用石墨烯光催化生态网、碳素纤维生态草等物理生化技术;④使用过滤、混凝气浮、电催化、曝气造流等技术;⑤利用菱、生态浮床、紫根水葫芦、普通水葫芦等生物技术;⑥分段净化水体;⑦长期有效的管养。

河道长期保持Ⅲ类或水功能区水质目标,则难于对河道一次性达标治理。以往经常发生这种情况:下大暴雨,让水一冲,原来治好的河道水质就变差,甚至恢复到治理前原样;今年治理好了,明年又反复。

只要有决心,河长认真负责,就完全能做得河道治理不反复。如进行彻底截污后,采用持续调水、微生物消除有机底泥、植物覆盖率达到50%~60%等技术集成,加上长效管养措施就能做到。对施工单位、管养单位实行达标付款制,治理不达标的不予付款。

5.4.3　黑臭河道长效治理管养技术集成

消除河道黑臭是河道治理的基本要求。无锡骨干河道早已消除黑臭,但根据2016年统计,市区还存在4%的小河道黑臭,城市乡镇的黑臭暗河治理最难。需在治理和管养两方面下真功夫。总体是在全面有效控源截污基础上,采用技术集成治理。不断进行技术创新,研究推广能够治好黑臭河道的技术集成及集成创新。治好黑臭河道的技术集成本身也是集成创新。

(1)控源截污是基础。小河道可抽干水结合清淤,检查、封闭全部排污口;暗河则可在抽干水清淤基础上,分段掀开暗河的部分盖板,检查、封闭排污口;雨污合流的排污口应全部封闭,或采用雨水污水合流溢流制,城镇初期雨水进污水收集管网。

领导和河长要下决心,封闭全部排污口(不含污水厂)、提高污水处理率和污水处理标准;引黑臭小河道水及初期雨水进污水收集管网;若河道污水暂时无法接管,可在排污口用小型简易磁分离、生化或过滤等设备处理污水;或设置污水收集池,再处理或运走污水。

(2)实施调水。水资源丰富的无锡,在控源截污的基础上,凡有条件的黑臭河道均应实施调水改善水环境。如梁溪河与蠡湖、曹王泾之间的黑臭小河道,可优先调引蠡湖、梁溪河水持续消除黑臭和改善水质至Ⅱ~Ⅲ类。其方法有:非断头浜实施常规调水;断头浜可实施浜顶换水,即抽取骨干河道相对的好水送至断头浜浜顶,再顺势而下;接通两条相邻断头浜后实施调水。其中,蠡湖作为调水水源,水位可降至原太湖平均水位3.05 m(这样同时可增加湖底光照度,利于蠡湖沉水植物生长),可调水量较多,汛期可调水量更大,河长应协调多部门合作,充分利用蠡湖调水改善其周围小河道水环境。暗河则在采取控源的基础上实施浜顶调水最有效。

(3)科学适当清淤。采用干式清淤或水力清淤;暗河清淤结合检查、封闭排污口;有机污染底泥较浅或消除黑臭后的河道,可结合固载微生物长期有效清除有机底泥。

(4)充分发挥高效复合微生物净化黑臭水体的作用。把某一段河道的黑臭水体进行生化处理,特别可采用固载高效复合微生物处理。固载微生物净化水体速度快、效果好,不易被水流冲走,可持续发挥治理河道污水和有效消除有机底泥的作用。

5.4.4　加快入太湖河道整治和确保太湖安全供水

入太湖河道全面整治、水质达到Ⅲ类是治理太湖的基础。其关键是提高太湖西部及南部入湖河道的污水处理标准和满足污水处理能力,同时严格控制点源、面源污染，大幅度削减污染负荷才能满足太湖环境容量的要求。

确保太湖年年安全供水的关键措施：在控源基础上，梅梁湖泵站持续调水，望虞河“引江济太”同时持续进行，加紧打捞贡湖蓝藻，确保蓝藻不爆发堆积，就可做到。

5.5 分区域治理河道

无锡市为河网地区，河道互通，难以单独治好一条河道并持久保持良好水质。须分区域分片进行治理，使一个区域一片河网同时治好。在适宜的低洼区域应全面建设城市乡镇洪涝防治控制圈，结合调水改善水环境。

如无锡城市防洪控制圈可作为一个区域同时治理，设置控制圈总河长及相应的河长，在彻底控源基础上，改进调水线路：增加白屈港长江调水线路；冬天增加太湖水（NH_3-N 为Ⅱ类）调水线路进控制圈。控制圈内黑臭小河道可以骨干河道为水源进行调水；同时采用清淤、净化河水、生态修复等技术集成治理。控源关键是提高控制圈内 25 万 t/d 污水厂的处理标准，NH_3-N 达到地表水Ⅱ类或更好，控制圈内骨干河道就可全面持久消除黑臭和达到Ⅲ类水。锡南片等洪涝防治控制圈也可用上述方式治理。

无锡有众多圩区，其河道达标治理也须整个圩区同时进行。设置圩区总河长及相应的河长，加强责任心。河道治理管护的技术集成类似城市防洪控制圈。控源为基础，调水优先，配合其他措施。

较长的骨干河道应设置总河长及相应河段的河长，全面控源和调水改善水环境。

梁溪河及其两侧小河道作为一片区域同时治理。设置梁溪河总河长及相应小河道的河长；采用控源截污、调水、净化河水、清淤等技术综合治理两侧小河道；控源的关键是封闭排污口和采用各类技术处理污水或河道污水；梁溪河持续调水。梁溪河就可全面持久达到Ⅲ类水，其两侧小河道就可持久消除黑臭和达到Ⅳ~Ⅴ类水。

5.6 分水域治理太湖

太湖，污染比较严重，面积又大，由于风向等自然因素蓝藻爆发的水域主要在无锡，太湖治理特别是消除蓝藻爆发是困难的和需要相当长时间的，但应该是可以做到的。2018 年又将实行湖长制，只要太湖湖长、分水域湖长及太湖局、江苏省和无锡市的有关领导有信心和决心，只要建立消除蓝藻爆发的目标，环境、生物、水利等众多的专家齐出力，必然能达到目标。只要认真总结我国相当多湖泊虽然富营养化了但没有蓝藻爆发的事实和经验，总结有些中小湖泊已经基本消除蓝藻爆发的经验，就可分水域消除太湖蓝藻爆发。

有人说太湖很大,不能如中小型湖泊那么容易消除蓝藻爆发,但可以把太湖的大水面分隔成若干小水域进行分片(水域)治理,消除蓝藻爆发后再把小水域连接成大水面,必然能见效、达到目标。湖长、各位专家和全体市民齐努力,充分发挥我国特色社会主义体制能够集中力量办大事的优势必然能突破无法消除蓝藻爆发的这一个世界难题,把河湖全面建成良性循环的健康的水生态系统。

参考文献

[1]中共中央办公厅,国务院办公厅.关于全面推行河长制的意见.2016.

[2]朱喜,等.无锡市水资源保护和水污染防治规划[R].无锡市水资源综合规划领导小组办公室,2005.

[3]中共无锡市委,无锡市人民政府. 无锡市河(湖、库、荡、氿)断面水质控制目标及考核办法(试行)》.2007.

[4]中共无锡市委,无锡市人民政府.关于全面建立"河(湖、库、荡、氿)长制"全面加强河(湖、库、荡、氿)综合整治和管理的决定.2008.

[5]中共无锡市委,无锡市人民政府.无锡市全面深化河长制实施方案.2017.

[6]冯冬泉,朱喜,唐永良,等.太湖水环境创新治理的无锡样本——无锡"治太"十年创新实践成效问题及对策建议[C].2017 世界地球日论坛(北京), 2017.

[7]太湖流域管理局,江苏省水利厅,浙江省水利厅,等.2015 太湖健康状况报告[R].2016.

[8]朱喜,胡明明,孙阳,等.中国淡水湖泊蓝藻暴发治理和预防[M].北京:中国水利水电出版社,2014.

[9]朱喜,胡明明.生态治水——建设美丽太湖[R]. 无锡市科协,无锡市老科协,2015.

[10]中共中央办公厅,国务院办公厅.关于在湖泊实施湖长制的指导意见.2018.

无锡市河道综合治理成效问题及对策①

摘要:2007 年太湖供水危机后,无锡市首创河长制,特别是 2016 年起选择 161 条重

① 此文完成于 2020 年 2 月,2020 年 4 月发表于《无锡市城市科学研究》(2020 年第 1 期)杂志,作者:朱喜(原工作于无锡市水利局),朱云(无锡市城市防洪管理处)。

点河道在2020年完成综合整治,要求达到地表水Ⅲ类的比例为70%。自此加大水污染防控力度,4年来取得良好效果,基本消除黑臭河道,Ⅲ类水占比达到51.23%,但仍有部分河道未达目标,有些已达标河道可能有反复,已消除黑臭河道存在返黑可能。所以,必须制定一个契合实际的河道治理总体方案;坚持控源截污是根本原则,全面控制各类点源、面源,特别是在人口密集和社会经济发达区域须提高污水处理标准,千方百计减少入水污染负荷;控制削减内源;充分利用水资源丰富的特点实施调水;加大生态修复力度;采用长效治理和长效管护技术分区域治理、净化水体,特别要创新技术集成治理老大难的黑臭暗河。确保2020年达到治理目标。

关键词:河道治理;成效问题;总体思路;长效机制

无锡市自2007年太湖供水危机后,市委、市政府高度重视河道整治工作,随即创建河长制,加大污染控制力度,带领全市人民千方百计整治河道。在全市5 635条河道中确定了161条重点河道在2016~2020年进行环境综合整治,要求2020年达到或优于地表水Ⅲ类水的河道占比70%以上。

1　河道治理效果问题及原因

河道治理良好效果。由于各级领导、河长和河长办的重视,政策制度健全、全方位保障、整治工程投入大和治理措施得当,经四年努力,综合整治成效逐步显现,161条河道已大部分完成整治工作,水质明显提高。2019年年底,达到Ⅲ类水的河道从2016年的29条增加到83条,其占比从2016年年底的18.01%逐年提升至目前的51.23%。特别是市区的41条黑臭水体已完成阶段性整治,基本消除黑臭,提前完成国家下达的2020年地级市消除90%黑臭河道的任务。但161条河道中距2020年达到70%的比例尚有18.77%的缺口(31条河道),且剩余的均是难度较大的河道,故整治任务相当艰巨;要实现两个确保:确保已消除黑臭的河道以后不返黑臭、确保已达到Ⅲ类水河道永远保持的任务同样艰巨。

市区水质较差河道的类型。以行政区域分析,梁溪区水质较差,参加考评的44条河道中有39条为劣Ⅴ类,其他区域的比例较小。以自然地理条件分析主要分布在以下区域:① 防洪工程控制圈(大包围),是无锡中心城区,共有大小河道近400条,属于161条考评河道的有27条,其中绝大部分未达标或水质较差;② 蠡湖、梁溪河周围小河道,包括通往蠡湖的10多条断头浜,梁溪河南北两侧的20余条小河道及蠡湖东边的漕王泾、马蠡港;③ 暗河的延伸段大部分是不达标的小河道,甚至是黑臭河道(主要在夏季),如梁溪河北侧的小河道等;④ 零星河道,在控制圈的边缘的城中村区域,以及惠山区、锡山区、宜兴市、江阴市等零星河道有少部分未达标。

河道未能达标总体原因：① 人口稠密、社会经济发达，入河污染负荷量大。如市区控制圈最为典型；② 区域内水体流动速度慢，换水次数少，水体环境容量小、自净能力小。此类以市区控制圈和圩区为典型；③ 控源截污不彻底，如城中村、准备拆迁而未拆迁区域，排水管道未接通，雨污未彻底分流，特别是由于城市乡镇建设成为暗河的区域，难以全面控源截污。此类以暗河延伸段的治理难度最大。还有人口密集的中心城区和旧城区的地表径流难以控制。④ 清淤或封闭排污口不彻底，相当多河道已清淤 1 次或数次，但仍不达标。⑤ 河道治理使用净化水体技术不当，特别是缺少长效治理技术。相当部分经整治已达标的河道，后发生反复而又不达标，此类河道梁溪区相对多一些。⑥ 长效管理不到位。有些河道的治理效果较好，由于管理不善，如重视程度不够，管理队伍不得力，缺少资金等原因，以致造成反复而不达标。

2　继续治理总体思路

进一步加强河长制建设，各级河长、河长办在督促、检查、巡视、协调下级河长工作时，应同时全面调研总结分析河道治理的经验教训，坚持以问题为导向，切实解决问题，提出解决问题的方法和汇集长效治理、管护技术，指导河长治理河道工作。一般微污染或非黑臭河道的治理技术有许多种，包括物理、化学、理化、生物、生化等类，只要治理技术选择得当、符合客观实际，均能够有效治理好河道。整治河道总体要求如下：

(1)首先制定一个契合实际的河道治理总体方案，并制定相应的能使河道长期达标的综合措施。

(2)控源截污是根本：① 提高污水厂处理标准。无锡是人口稠密社会经济发达区域，污水厂是最大点源群，测算 2030 年无锡要达到 280 万～300 万 t/d 的污水处理规模，就是全部达到一级 A 处理标准，仍不能满足全市环境容量的要求。所以，在大范围内彻底实施雨污分流，建设足够污水处理能力和全覆盖污水管网，同时需要进一步提高污水处理标准，其中 NH_3-N 达到《地表水环境质量标准》(GB 3838—2002)的Ⅰ～Ⅱ类，TP 达到Ⅲ类。这在科学技术突飞猛进的现代社会是完全可以做到的。② 抓紧其他污染源治理。包括城市乡村的生活污染、工业污染、畜禽养殖、农村及种植业、垃圾污染和城市村镇地表径流污染等点源、面源的治理及节水减排。③ 建设海绵城市净水减污能力。增加屋顶和地表，地下的蓄、滞、渗、净水能力，减少城镇地表径流污染。④ 封闭城镇全部入河排污口。地方立法，严格执法；雨污合流的排污口作为污水排污口处理。⑤ 控制地表径流污染和实施合流溢流制控制雨污污染。无锡市地表径流已成为中心城区主要或重要的污染源;小河道两侧有暂时难以封闭的排污口,故在小范围内可采用雨污合流溢流制,控制地表径流和零星生活、"三产"的污染;适当增加雨水收集窨井数量和容积,每次大雨后清除窨井中污染物;无雨或大、暴雨初期雨水和污水全部进入污水收集管网,非初期雨水直接排进河道。

(3)控制削减内源。包括底泥、垃圾等漂浮物,过多的水草或动植物残体,其中主要是底泥,专家得出结论,清除底泥污染耗用的氧气较清除水体污染需要耗用的氧气为多。较深的底泥用常规方法清除,较浅的淤泥可用特定的固定载体微生物、碳纳米薄膜电子、光量子载体等技术清除有机底泥,使河水和底泥同时长期保持清洁状态。

(4)充分利用调水净化水体。有些河道由于暂时无法彻底控制污染源时,可用调水净化水体: ① 充分利用丰富的长江、太湖水和相对较好的水体调水改善河道水质。② 断头浜,可接通两条或多条,实现河水正常流动;实施断头浜浜顶调水,用管道把水质较好的水送至断头浜顶端后再回流,可多级调水;断头小河浜往复循环调水及纵向围隔单向调水。③ 暗河,实施一次处理浜顶调水,即将河道黑臭水直接利用磁分离、混凝气浮、膜、高效复合微生物进行过滤、处理,处理合格后作为水源浜顶调水;二次处理浜顶调水,即在一次调水基础上,若水质不达标,则对其水源继续处理,如进行补充溶解氧(直接补充氧气或制氧物质)、加入制氧微生物、天然矿物质净化剂(包括适量明矾)、量子载体技术等继续净化水体,直至水质达标。

(5)加大生态修复力度。在控制内外源、净化水体和保持河水清澈的基础上,对合适水域实施修复以植物为主的生物系统。各类植物适当搭配种植。人工修复促进自然修复。非土质的河底或边坡、水流较快、通航河道等情况下可不修复沉水植物。生态护坡须确保防洪排涝和航行安全,直立护岸可采用挂毯式垂直生态绿化。河道可分段建坝控制。有些小河道可采用干河清淤后,使用填土或松土等措施整理好河床后,再种植适宜的沉水植物,并逐步回灌恢复水深。

(6)采用长效治理技术和长效管护技术见 3　河道治理长效机制和技术。

(7)中小河道治理五部曲:控源截污,清除内源、净化水体、生态修复、长效管护。

(8)分区域分块治理。无锡市为河网平原区,河道相互连通,难以一条河道单独治理,如主城区控制圈总体上应该实行一次性统一治理,效果会更好;

蠡湖及梁溪河周围河道同样要实行统一治理;局部的零星河道可单独进行治理。

3　河道治理长效机制和技术

2020 年,应完成 161 条河道的全部整治任务,同时要制订计划准备实施 2021~2030 年更艰巨的河道治理任务,即需要治理剩余的数千条河道,消除劣Ⅴ类,大部分达到Ⅲ类水。所以,须认真总结整治河道的经验教训,以问题为导向,必须采用长效机制,使河道治理长期有效,尽量少走或不走弯路。从技术层面上分析长效机制有两个:一是长效治理机制,即治理措施在长期内均有效;二是长效管理、养护机制(简称管养机制),即在河道治理完成后进行长期的管养。

长效管养。包括清除水面垃圾等漂浮物、禁止向水体倾倒生活和建筑垃圾、泥浆,发现和督促封闭入河排污口,禁止和处罚沿河两岸“四乱”的不文明现象等。在实际长效管养时,往往发现有些治理措施仅在短期内有效,如由于夏季高温使底泥泛起或经大水一冲,水质变差或重返黑臭。所以,在长效治理基础上,河道才能有效地进行长效管养。长效管养应订立长效管理合同,建立长效管理队伍,要有资金和严格的验收制度。长期管养合同期为 3~5 年或更长,实行达标付款制。

长效治理。其关键是要采取长效治理技术措施,即此技术同步消除水体和底泥的污染,使河道能够长期保持良好状态,水体清澈、生态健康。仅净化水体而没有消除底泥的污染则不是长效治理措施。长效治理主要分为三类:一是彻底控源截污,并严格执法、追责;二是长期有效清除被污染的底泥;三是对于无法彻底控源截污和清淤的河道同时进行长效的净化水体。

净化水体。全市的城镇普遍规模大、人口密集和社会经济发达、入水污染负荷多,难以百分之百地控制污染源,特别是难以控制地表径流污染源,一场大暴雨可能使河水浑浊甚至返黑臭,如上海苏州河就如此,无锡市也常有此现象发生。仅依靠目前的控源截污措施暂时难以全面解决大中型城市地表径流污染的问题。所以,目前应特别重视净化水体的技术。

长效净化水体主要技术如下:

(1)控制雨水排放口污染。将初期雨水作为污水处理,或接入污水厂处理,需加大污水处理能力和建设相应管网,或将污水收集起来用长效治理技术进行处理、合格排放;在雨水管入河口设置雨水口的污水预处理设施,用过滤、微生物或量子载体等技术进行处理。

(2)在基本控制外源和内源后,采用长效的净化水体和治理黑臭技术:①采用固载(固化)微生物技术治理,有效期长达10年,不需要每次下大雨增加微生物,管理方便;②金刚石碳纳米薄膜电子技术治理,有效期1年,管理方便;③光量子载体技术,有效期1年,不需氧气,一年四季均能治理,无阳光情况也能发挥作用,不需要能源,施工和管理及更换载体均很方便;④高级混凝气浮曝气技术,特别是纯氧曝气技术效果好,可常年运行。以上这些技术,在有效期内均能直接净化水体和同时清除污染的底泥及消除黑臭,效果良好,使河水长期保持清澈,以后一般不需要再清淤。

(3)彻底控制内源和外源、净化水体、种植植物的系列措施是目前通用的长效治理标准集成技术。

(4)局部区域可短效与长效治理相结合,如浑浊的河道在种植沉水植物前可撒微生物等短效技术提高水体透明度后再种植。

4 黑臭暗河治理技术

黑臭河道是严重污染的河水和底泥在缺氧情况下发生厌氧反应产生黑水臭气的现象,臭气主要为H_2S、NH_3-N等。暗河(涵)则是加了盖板的明河,无阳光和缺氧。目前的暗河及其出口延伸段(总称黑臭暗河)则几乎均是黑臭河道。

黑臭河道受污染程度较一般河道更严重,需加大治理力度。其治理第一阶段是消除黑臭,河水变清。采用短效或长效治理技术均可,一般在基本没有外源继续进入的情况下需时数天。第二阶段是达标治理,达到水质目标,其治理措施总体与普通河道治理类似,主要采用长效治理技术。

黑臭暗河治理难度很大,至今还未有一整套成熟的综合治理技术方案,需要大家在实践中创新集成。如梁溪河北部河埒口地区的断头浜中黑臭暗河的比例达到40%~50%,其中河埒浜虽经多次治理,但在夏季高温时期仍有黑臭现象出现。但黑臭暗河只要采取上述的综合集成技术是完全能够治理好的。采用长效治理技术和管养技术进行综合集成治理必定能够治理好黑臭暗河。

①控源截污。尽量掀开暗河盖板,抽干水清淤、封闭排污口。因暗河上方全是高楼大厦或道路,无法再改为开敞式河道。

②将河道黑臭水接入污水收集管道排进污水厂。若污水收集管道或污水厂已满负荷,则有决策能力的一级政府应出面增加污水收集管道流量,包括建加压站或扩建新管道,或同时提高污水处理能力。

③污水简易集中处理。若河道黑臭水暂时进不了污水厂,则可另进行简

易集中处理，如就近处理或运走集中在一个池内采用固载微生物设备处理达标排放。

④ 进行一次或二次处理浜顶调水，即在暗河水一次处理浜顶调水后达不到水质目标时，可在一次处理浜顶调水的过程中再进行一次处理，如用光量子载体、矿物质粉剂、增氧微生物、增氧曝气等综合技术进行处理。

治理黑臭暗河的集成技术，经过数次试验，坚持不懈后，必定能够取得良好成效。

5　分区域分块治理

无锡为平原河网区，相当多河道相互联通，有些区域难以一条一条河段治理，而应该一片一片分区域治理。

(1)主城区防洪控制圈。控制圈须制定统一的治理规划，一次性治理。应设置区域(片)河长，在彻底控源和基本清除内源基础上，改进调水线路：增加白屈港长江调水线路；冬天增加太湖水(NH_3-N 为Ⅱ类)调水线路进控制圈(注意控制蓝藻)。采用长效的净化河水、底泥等技术集成净化水体、治理黑臭、生态修复。控源关键是提高控制圈内 25 万 t/d 污水厂的处理标准，NH_3-N达到地表水Ⅱ类，并且适当增加污水处理能力。实施这些综合措施则能一次性统一治理好控制圈内河道的水污染，取得长期良好效果，使河道全面达到Ⅲ类水。锡南片等控制圈或圩区也可用上述方式治理。

(2)蠡湖及周围河道应一次性统一整治。蠡湖经治理在 2005 年已达到Ⅳ类，成为全国小型湖泊治理榜样，但至今水质未有提升，甚至有下降趋势。蠡湖周围小河道的污染对蠡湖水质影响比较大。蠡湖及周围河道应设置蠡湖区域(片)河长。蠡湖及周围包括马蠡港、漕王泾等河道应采用前述适宜的综合集成技术进行控源截污、净化湖水河水、提高透明度、生态修复，植被覆盖率达到 70%～80%，使水质由Ⅳ类提升至Ⅲ类和全面彻底消除蓝藻水华爆发。

(3)梁溪河及其两侧小河道作为一个片区同时统一规划进行治理。每条河道均要制定符合实际的一河一策方案。采用强有力的长期有效的控源截污、封闭排污口、调水、净化河水、清淤等技术措施综合治理。梁溪河南侧小河道的调水可以蠡湖为主要水源进行细水长流的调水，若蠡湖水不足，可调贡湖水，在处理蓝藻以后进入；梁溪河北侧小河道主要是集成技术治理黑臭暗河。

(4)圩区的若干小河道连在一起，也应统一治理。

各级河长和各部门共同协调努力，采用长效治理和长效管养机制，一定能完成 2020 年 161 条河道剩余的治理任务和完成将来的治理任务。

参考文献

[1]中共无锡市委,无锡市人民政府. 关于全面建立“河(湖、库、荡、氿)长制”全面加强河(湖、库、荡、氿)综合整治和管理的决定.2008.

[2]无锡市水利局河长制工作办公室.无锡市河道环境综合整治工作方案(2016-2020)[R].2016.

[3]无锡市水利局河长制工作处.无锡市河道环境综合整治工作的调研报告[R].2019.

[4]朱喜,胡明明,孙阳,等.河湖生态环境治理调研与案例[M].郑州:黄河水利出版社,2018.

[5]上海金铎禹辰水环境工程有限公司.协同超净化水土共治技术研究报告[R].2018.

[6]苏州顶裕环境科技有限公司.光量子载体除藻技术总结报告[R].2019.

[7]北京信诺华科技公司.高效固载微生物厌氧设备改造污水厂总结报告[R].2019.

综合治理　创建无锡城市优良水环境思路①

1　城市水环境内容

城市水环境即为城市中涉水环境的总和。主要包括洪涝、供水、河湖水质(包括底泥)和生态系统(包括底质和岸坡)、相关的人文历史和景观等五部分。

2　无锡城市水环境的现状

本部分主要分析市区范围水环境的前四部分。市区均为城市区域,其村镇已建成小城镇,均是人口稠密和社会经济发达区域,大多为低洼平原区,河网密布。

2.1　供水质量得到保证

自 2007 年太湖供水危机以来,无锡增加长江水源、扩建太湖水源,建成了

① 此文发表于《无锡水利》2018 年第 1 期,作者:朱喜(原工作于无锡市水利局)。

二地三处水源地(长江一处、太湖两处),实际供水能力达到每日 230 万 m^3,且加强了水源地管理,确保市民和各单位的安全供水。

2.2　洪涝灾害

无锡市城市中心区自 2007 年初步建成、2008 年正式建成面积 136 km^3的高标准全封闭洪涝防治控制圈(俗称大包围,简称控制圈),以往控制圈内发生多次大暴雨(100~200 mm/d)也没有受淹;控制圈在 10 年前就已经达到 2017 年 6 月由住房和城乡建设部发布城市易涝点的防涝标准。住房和城乡建设部规定无锡的防涝标准为 30 年一遇的抵御大于每日 200 mm 降雨。2015~2017 年京杭运河数次超过 4.88 m 最高洪水位(2017 年 9 月 25 日最高水位达到 5.32 m);贡湖北部的锡南片也建设了 127 km^2的全封闭控制圈,以免受洪涝灾害。但其他区域若遇大暴雨就可能受淹,如 2015 年、2016 年、2017 年汛期大暴雨,江阴、宜兴和控制圈以外的区域遭受多次洪涝灾害。

2.3　城市水体质量

2007 年后实施了河长制,河湖均配有河长,全面治理河道湖泊,城市水体水质得到明显改善。其中,骨干河道如京杭运河和古运河等全面消除黑臭,中小河道湖泊基本消除黑臭;部分河道达到清澈见底,但还有 1/3 的水功能区未达到水质目标,其中部分河道有黑臭现象;五里湖水质由劣Ⅴ类改善为Ⅳ类,并且保持至今;太湖水质得到大幅度改善,由劣Ⅴ类改善为Ⅳ~Ⅴ类。

2.4　水体生态系统得到一定程度的修复

生物多样性丰富程度有所增加;有些河道水草生长良好;已建成梁鸿、蠡湖、长广溪等国家湿地公园,宜兴云湖、江阴芙蓉湖等 3 个省级湿地公园,十八湾等 16 个湿地保护小区。大部分河湖周围区域成为市民休闲娱乐活动和健康运动的好场所,市民和各单位对水环境比较满意。但河湖水体的植被覆盖率总体不高,蠡湖不足 20%,太湖无锡水域的植被覆盖率不足 10%,不足蓝藻爆发以前的一半。蓝藻密度仍比较大,如 2016 年梅梁湖的藻密度就达到 15 000万 cells/L,且较 2015 年有较大幅度增加;蓝藻爆发程度仍比较严重,如 2016 年 7 月太湖的最大爆发面积达到 910 km^2,11 月的最大爆发面积接近 900 km^2。

3　城市水环境的治理目标

无锡已建成生态城市、文明城市,现提出创造无锡国家全域旅游示范区和全国一流世界知名的旅游目的地城市的目标,所以无锡全域均应有良好的水环境,应制定高标准的水环境目标。

(1)消除洪涝灾害,若遇超设计标准的情况,应减轻灾害损失至最低程度,确保市民生命财产平安无事。

(2)任何时候确保供水水质和水量的安全。

(3)城市河湖水体水质永远保持清澈。水体全年没有黑臭,底泥清洁。

(4)水体生态系统良好。生物多样性丰富,有水草、游鱼可数;适宜种植水生植物的水体,均应种植水生植物。大部分河道应该长满水草;蠡湖80%长满水草,梅梁湖、贡湖、竺山湖宜兴沿岸等无锡太湖有关水域达到20%~25%的植被覆盖率,恢复20世纪六七十年代的植被覆盖率。水体周围成为市民休闲娱乐活动和健康运动的好场所,市民和各单位对水环境满意。

(5)太湖治理目标。二消除(消除富营养化,消除蓝藻爆发)、二修复(修复湿地和生物多样性)。

(6)河湖周围有良好景观,能展现无锡悠久的人文历史。

4　城市水环境综合治理思路

4.1　深入推进河(湖)长制,加快河湖综合治理

总结以往创建河长制、河湖治理的经验教训,深入推进河(湖)长制,完善机制体制,全面加强河湖综合治理,加快生态河湖建设,治理一条(处)、提升一条(处)、巩固一条(处),全面建成良性循环的健康的河湖水生态系统。

黑臭河道和代表性河湖及排污口水质定期监测和公布共享。水质资料公开共享是公众参与社会监督的主要依据,是提高社会监督有效程度的关键。

加强公众参与、加强社会监督。公开环境信息,建立河湖管理保护信息双向平台。定期向社会公布河长制工作;公开曝光环境违法典型案件;给有成效的监督者以物质、精神奖励,激发公众参与积极性、提高公众参与者的社会监督程度和责任心。人大、政协相应介入或建立监督机构。

考评中加大水质考核分量。河长制考核评分指标有多项,其中水质指标是最主要的考核指标。

强化科技支撑。加强河湖治理的适用性技术集成的研究,不必一味追求高端技术,开展政产学研合作,推进河湖治理科技成果的转化和推广应用,研究推广适用、低价、长效、安全技术,建设河湖治理专家智库、平台。

4.2　加强综合规划设计

综合规划设计要有一定的超前程度,符合无锡的实际情况。

4.3　饮用水安全

现有供水能力已能满足未来20~30年无锡市人口和社会经济发展的要

求,关键是确保任何时候全部水源地均能安全供水。

4.3.1　确保太湖水源地安全

首先全面整治入河道太湖水质达到Ⅲ类。关键是提高太湖西部宜兴和常州污水处理标准和污水处理能力,同时严格控制各类点源、面源污染,大幅度削减污染负荷。

确保贡湖水源地年年安全的关键措施:在控源基础上,梅梁湖泵站和望虞河"引江济太"调水同时持续进行,及时和深度彻底打捞消除贡湖蓝藻,确保蓝藻不爆发、不堆积和不发生"湖泛"。

4.3.2　加强管理,确保长江水源地安全

无锡有近半水源来自于长江,加强水源地安全管理,由长江委和有关河长协调控源,特别是提高沿江污水处理标准(大幅度高于一级 A)和污水处理能力,做好突发性水污染事故的预案。

4.3.3　采用先进制水工艺和加强管理

自来水水源厂和净水厂采用先进的源水净水和制水工艺,制定突发性事件的预案,确保在任何时候和输水全过程中均能安全供应合格和足量的自来水。

4.3.4　减少自来水停水事故及其影响

全区域采用双线路或多线路或环型双向供水管网,确保在一条线路发生故障时,另一条线路能及时安全供水;增强抢修(检修)力量和提高其效率,缩短局部停水时间;加强教育和制定阻止野蛮施工破坏水管行为的预案。

4.4　洪涝安全

4.4.1　有一个适度超前的城市洪涝防治规划和相应体制机制

无锡市首先要编制(修编)一个高标准的城市洪涝防治规划。其中主要是全面建设高质量控制圈(区)防治洪涝,科学调度。

太湖流域已有上海、常州、苏州等城市建设一个或多个洪涝防治控制圈,而南京在学习无锡经验的基础上准备建设 10 个控制圈,控制面积千余平方千米。作为控制圈的首创城市,至今已建 2 个高标准控制圈,以后更应百尺竿头更进一步,加快全市控制圈的规划和建设速度,不能等到洪涝发生了再去规划建设。

控制圈内每个区域都要有高标准的防治洪涝规划、方案,城市的水利、城建、市政、交通等部门应该统一考虑控制圈内的街道、道路、商业区、工业区、综合区和居民区的高标准的防治洪涝的工程和调度管理,包括道路、地下通道排

水,区域的蓄储、滞水、排水工程,海绵城市建设,统一调度和加强管理,以使各区域均能够做到不受淹。

建设控制圈(区)应有一个好的体制机制相适配。建立城市洪涝防治的协调机构,各部门、单位密切合作;设置控制圈独立管理机构,小范围控制区建立责任人制度。

控制圈(区)由流域统一规划,区域统一建设和管理,流域与区域协调管理,流域规划应满足各区域高标准的洪涝防治要求。控制圈内的河道与管道(管网)的排涝标准相协调。

4.4.2 城市洪涝防治有一个符合实际的高标准

防治洪涝高标准。无锡作为大城市,应有一定的超前意识,防洪标准应为200~250 年一遇(校核标准可为 300~350 年一遇);防涝标准可为抵御降雨200~250 mm/d;村镇的标准可略微低一些。城市防治洪涝的标准应该与不断发展的社会经济和相关的各类工况相适应。

4.4.3 控制圈(区)规模适当,分区防治洪涝

控制圈(区)建设应因地制宜、宜建尽建、宜大则大、宜小则小。整合相关圩区,成为控制圈,提高防洪排涝标准,或直接通过圩区的防洪排涝标准。

4.4.4 控制圈、海绵城市与建设改善水环境相结合

加快海绵城市建设,充分发挥海绵城市"蓄、渗、滞、净、用、排"的作用,充分利用控制圈实施调水、控污等措施,结合改善水环境。

4.4.5 合理选择控制圈周围排水路径

控制圈周围需合理选择排泄洪涝的路径。如无锡城市控制圈,由于其圩区和城市排涝能力不断加大,京杭运河要承纳江苏南部地区各控制圈及圩区外排的涝水和上游洪水两者重叠的水量,其高水位发生概率增多。其排泄洪涝路径有 3 个方向,其中长江、大运河下游为主方向,而太湖为应急方向。为保护太湖,一般不向太湖排水,只在特殊状态下当运河水位超过 4.60~4.81 m时才能向太湖应急排水。锡南片控制圈的排水路径京杭运河和贡湖也应统一考虑。

4.4.6 制定切实可行的洪涝防治超标准预案

当发生超过设计标准的洪涝时,在做好科学预案的基础上,精心实施,确保受灾程度最小和损失最轻。

4.5 河湖水体清澈见底

4.5.1 深入调查,优化一河(湖)一策治理方案

一河(湖)一策治理方案是河长制落实到位的基础。在深入调查河湖及

其治理状况的基础上，根据流域规划，科学编制、完善全市河道综合治理总体规划和一河（湖）一策的符合实际的治理方案。治理方案要统一考虑水体、岸坡、河底、一定范围陆域的水生态、水环境、风景景观和宜居环境。

4.5.2　河湖综合治理技术集成

（1）控源截污技术集成。总体要求：节水优先、源头治理与末端治理相结合、全面控制削减各类点源和面源污染，大幅度减少污染负荷产生量和入水量。

① 提高污水厂处理标准。本区域污水厂的污染负荷是最大点源群，测算2030年无锡全市要达到280万～300万t/d的污水处理规模，就是建成全覆盖的污水收集管网和达到一级A处理标准，仍不能满足全市环境容量要求。须进一步提高污水处理标准，其中NH_3-N达到《地表水环境质量标准》（GB 3838—2002）的Ⅰ～Ⅱ类，入太湖河道周围的污水厂TN，近期先达到5 mg/L，最终达到地表水Ⅴ类或更高标准。

② 抓紧其他污染源治理。包括城市乡村的生活污染、工业污染、畜禽养殖、农村及种植业、垃圾污染等点源、面源的治理及节水减排。

③ 建设海绵城市蓄水减污。增加地表、地下和屋顶的蓄水、渗水能力，减少城镇地表径流污染。

④ 封闭城镇全部排污口。地方立法，严格执法，封闭城镇全部排污口；雨污合流的排污口作为污水排污口处理。

⑤ 合流溢流制控制初期雨水和污水的污染。小河道两侧暂时难以封闭的排污口，可采用合流溢流制控制地表径流和零星生活、“三产”的污染。无雨或大、暴雨初期雨水和污水全部进入污水收集管网，非大雨的初期雨水直接排进河道。

（2）充分利用调水改善河道水环境。利用太湖及其湖湾和其他湖泊河塘、长江及入江河道及梁溪河等水源长期调水，有效改善水环境。

（3）科学适时清淤。城镇中小河道若已建成良性循环的生态系统，则可10年清淤一次或甚至可以不清淤。即可利用高效复合微生物和光量子载体等技术清除有机底泥和保持河道持久无有机底泥。这是现代科学的发展成果，应推广。太湖清淤可与抬高修复芦苇湿地基底（包括湖滨水域与湖中岛屿）相结合。

4.6　生态修复

生态修复过程分为控制外源、清除内源、消除黑臭和净化水体、修复生物系统、长效管理五阶段。即控制内外源及河水基本变清后，实施修复及保持河水清澈。要改变以往生态修复重陆域轻水域的状况。

凡适宜水域均应实施生态修复，修复以植物为主的生物系统。特别是太湖应该大规模修复以芦苇为主的湿地系统,恢复蓝藻爆发以前的芦苇湿地面积规模。

生态修复是在河底、边坡、水体种植适当密度的各类植物,并修复动物和鱼类等。各类植物适当搭配种植。人工修复促进自然修复。但河底或边坡非土质,水流较快,通航河道的航道及其附近水域,水较深等情况可不修复沉水植物。

在确保防洪排涝和航行安全情况下,采用合适的生态护坡形式,直立护岸可采用挂毯式垂直生态绿化。通航河道要考虑船行波对护坡的影响。中小河道可分段建坝进行生态修复。

4.7 分水域深度彻底打捞消除太湖蓝藻

在建立消除蓝藻爆发的目标的基础上,采用分水域深度彻底打捞清除蓝藻的措施,把水面、水体和水底的蓝藻均打捞清除掉。此措施一年四季可实施。最后把各个无蓝藻爆发水域连成无蓝藻爆发的太湖,实现百姓太湖没有蓝藻爆发的心愿。

4.8 河湖长效治理管理技术集成

河长制应有配套的长效治理和管理技术集成,才能取得长期有效的效果。

河道治理有控源截污、调水、清淤、净化水体、打捞消除蓝藻、整治河道和生态修复六大类技术,须把各类技术综合集成,以发挥最佳治理效果,并与长期管护措施结合。

完善长效管护机制。健全完善建管并重长效管护机制,落实资金、人员、责任。河道治理要如公园草地一样进行长效管护。

长期管护方式。一是由河道治理企业进行长期管护;二是河道治理验收后由其他单位管养,上述两类的管护合同期均不少于 5~10 年。合同中有相应的水质达标及其奖罚等条款。

河湖经 10 年治理管护,水质长期保持良好,河道就能形成良性循环的健康的水生态系统,水体就有良好的自净能力。

4.9 分区域治理主要(重点)区域技术集成措施

无锡市为河网地区,河湖联通、河道互通,难以单独治好一条河道或一片湖泊,并持久保持良好水质。须分水域分片进行治理。

4.9.1 中小河道清洁水体长效技术

首先是使用安全高效复合微生物清洁水体和消除有机底泥;使用石墨烯光催化生态网、碳素纤维生态草等物理生化技术;使用过滤、混凝气浮、电催化、曝气造流等技术;利用菱、生态浮床、紫根水葫芦、普通水葫芦等生物技术;

长期有效管护。

4.9.2　黑臭河道长效治理管护

(1)控源截污是基础。黑臭小河道可抽干水结合清淤,检查、封闭全部排污口;暗河则可在抽干水清淤基础上,分段尽量掀开暗河盖板,检查、封闭排污口;雨污合流的排污口应全部封闭,或采用雨水污水合流溢流制,城镇初期雨水进污水收集管网。

引黑臭小河道水及初期雨水进污水收集管网;若河道污水暂时无法接管,可在排污口用小型简易磁分离、生化或过滤等设备处理污水;或设置污水收集池,再处理或运走污水。

(2)实施调水。凡有条件河道均应实施调水。如梁溪河与蠡湖、曹王泾之间的黑臭小河道,可优先调引蠡湖、梁溪河水持续消除黑臭和改善水质至Ⅱ~Ⅲ类。方法有:常规调水;断头浜实施浜顶换水;接通两条相邻断头浜后再调水,等等。暗河则在采取控源的基础上实施污染治理浜顶调水最有效。

(3)科学适当清淤。其中有机污染底泥较浅或消除黑臭后的河道,可结合高效复合固载微生物或光量子载体等技术长期有效地清除有机底泥。

(4)充分发挥高效复合微生物净化黑臭水体的作用。其中,流速比较快的须使用固载微生物。

如梁溪河两侧多为黑臭小河道,可作为一片区域同时治理。

4.9.3　控制圈

无锡主城区控制圈可作为一个区域同时进行治理,在彻底控源基础上,改进调水线路:增加白屈港长江调水线路;冬天增加太湖水(NH_3-N 为Ⅱ类)调水线路进控制圈,但需控制蓝藻进入。控制圈内黑臭小河道可以骨干河道为水源进行调水;同时采用清淤、净化河水、生态修复等技术集成治理。控源关键是提高控制圈内 25 万 t/d 污水厂的处理标准,NH_3-N 达到地表水Ⅱ类,控制圈内骨干河道就可全面持久消除黑臭和达到Ⅲ类水。锡南片等控制圈也用上述类似方式治理。每个圩区的全部河道应统一进行达标治理。其技术集成类似控制圈。

4.9.4　京杭运河

主要是加大控源截污力度,不仅要建设足够的污水处理能力和全覆盖的污水收集管网,更须大幅度提高其两岸每日上百万吨污水处理能力的排放标准,及封闭排污口和控制船舶污染;调水;配合其他技术集成措施治理,建立长效管养机制。就能达到并保持水功能区Ⅲ类水质目标。

4.9.5 太湖

以往治理太湖有控源截污、打捞消除蓝藻、调水、清淤和生态修复五大项措施,可归为以下三类。

第一类,为消除富营养化的二减二增,二减为减少外源入湖污染负荷和内源释放,二增为增加环境容量和净化水体能力。其中,控制外源是以减少污水厂污染负荷为主的各类外源负荷,控制内源是减少底泥和蓝藻释放污染物;二增主要是调水增容,生态修复和调水等措施增加净化水体能力。

第二类,为消除蓝藻爆发的抑藻、杀藻的二藻措施。主要包括降低及消除富营养化,采用生物种间竞争和创造不利于蓝藻生长繁殖的生境。具体有电子技术除藻、高压除藻、改性黏土除藻、混凝气浮除藻、机械打捞除藻、微生物除藻、植物等生物除藻,及其各类措施结合除藻。同时,应在不影响水源地供水的基础上,撤销太湖禁止使用微生物及有关制剂的禁令。须认识到仅依靠消除富营养化不能消除蓝藻爆发。

第三类,为二恢复,主要在太湖湖体恢复以芦苇为主的植物群落和恢复生物多样性,修复太湖生态系统。

太湖各水域消除蓝藻爆发和改善水环境的主要技术集成措施具体如下:

(1)蠡湖。继续减少断头浜的污染,适当降低水位,进行有效生态修复,使湖底水草等植被覆盖率达到70%~80%,使水质持久达到Ⅲ类,彻底消除蓝藻爆发。

(2)梅梁湖。主要是采取分区域深度彻底打捞消除水面、水体和水底的蓝藻,分区域修复以芦苇为主的植物,继续实施调水,适当进行机械清淤,清淤土用作抬高恢复芦苇湿地(包括滨水区和岛屿)基底的回垫土。使水质达到Ⅲ类、消除蓝藻爆发和恢复生态。

(3)贡湖。主要是采取分区域深度彻底打捞消除水面、水体和水底的蓝藻,分区域修复以芦苇为主的植物,继续持久实施调水,适当实施机械清淤。确保不发生“湖泛”、彻底消除蓝藻爆发和恢复生态。

(4)竺山湖。继续实施控源截污,分区域修复以芦苇为主的植物,分区域深度彻底打捞消除水面、水体和水底的蓝藻,加快新沟河、新孟河建设,持续调水,消除富营养化,并使水质达到Ⅲ~Ⅳ类水,彻底消除“湖泛”,消除蓝藻爆发和恢复生态。

加大力度整治古运河水环境[①]

今年10月11日,无锡市委、市政府提出创造无锡国家全域旅游示范区和全国一流世界知名的旅游目的地城市的目标,对整治水环境提出了更高要求,古运河水环境是无锡整个水环境的重要组成部分。本文通过对无锡古运河区域的社会经济人文发展和水环境整治的回顾,就如何进一步加大力度整治古运河水环境,着力打造世界著名的京杭大运河无锡国家旅游示范区,并就目前尚存问题提出对策建议。

1　古运河基本概况

京杭大运河,全长1 794 km,穿越海河、黄河、淮河、长江、钱塘江五大水系,纵贯北京、天津、河北、山东、安徽、江苏、浙江七个省市,是中华民族勤劳勇敢和智慧的结晶,是古代最伟大的工程之一。京杭大运河无锡段,从常州进入无锡的五牧至苏州望亭,全长40.8 km,城区段从皋桥到下甸桥,全长13.89 km,尤其是从吴桥至清名桥段,是精华河段。

1.1　无锡古运河是无锡民族工商业繁荣的走廊

无锡古运河带动和促进了米、布、丝三大码头的形成和发展。其中,尤其是米市为全国四大米市(无锡、芜湖、九江、长沙)之冠。

19世纪末至20世纪初,掀起创办近代民族工商业的蓬勃浪潮。到1929年形成了纺织缫丝、机械制造、粮油加工三大支柱产业。到1937年,工业总产值仅次于上海、广州,居全国第三位。产业工人数量,仅次于上海,居第二位。经济综合实力,在全国12个主要城市居第五位,因而被誉为“小上海”,造就了百年繁华。

1.2　无锡古运河是历史文化遗产丰富的长廊

无锡近代民族工商业发展和社会生活的方方面面,无不在古运河两岸留下极其丰富的历史文化遗产。可以说人杰地灵,人才辈出。以古运河穿越的

① 此文发表于中共无锡市委机关刊物《无锡导刊》2017年第12期(2007年12月),作者:富耀南(无锡市古运河研究会一分会),朱喜(原工作于无锡市水利局),冯冬泉(无锡市经济学会)。

梁溪区为例,有世界文化遗产 1 处 2 个节点段(绕解放路古河道“一环”11.2 km,南门水弄堂 1.6 km),全市有国家重点文物保护单位 31 处,其中梁溪区有 13 处 26 个节点,占全市 1/3 强;全市有省级文物保护单位 66 处 107 个节点,其中梁溪区有 23 处 64 个节点,又是占 1/3 强。

1.3 无锡古运河是无锡民情风格多彩的画廊

无锡人世世代代生活在古运河畔,“出门见河,抬脚上桥”,对身边的母亲河司空见惯,习以为常,相伴相生形成了绚丽多彩的民情风俗。如碾米木砻、纺线织布、种桑养蚕;传统节日、行业风俗、江南民居、婚嫁生育、寿庆丧葬、庙会祭祀、灯会香会,吴歌谚语;放风筝、调龙灯、赛龙舟等非物质文化遗产。

然而,京杭大运河到中华人民共和国成立时已是千疮百孔。从山东济宁以上到北京通州 938 km,在五六十年前就已断航,失去了运输和调节生态的功能。山东济宁以下 856 km 尚能通航,但破败不堪。

1958 年,经国务院批准制定了京杭大运河无锡市区段改道方案。从双河尖、经吴桥、黄埠墩右转,经过锡山,穿梁溪河至下甸桥,至 1979 年改造成四级航道,1983 年 12 月 6 日正式通航,1990 年开始,实行“四改三”工程,可通过 500 t 级船队。京杭大运河无锡段在 2005 年的年通过量已达 1.5 亿 t。穿城而过的老运河,从 21 世纪初开始,进行整修,实施修岸、补绿、添景、布道工程成为景观河道,为广大市民提供了锻炼健身、观景旅游的好去处。

1995 年,从吴桥、黄埠墩至清名桥段,江苏省人民政府宣布其为省级历史文化保护区。2012 年 11 月 30 日,市规划部门出台了未来三年城市建设规划确定三个重点:“一城一岛一带”,其中“一带”即古运河风光带。

2014 年在大运河申遗前,国务院宣布京杭大运河为国家重点文物保护单位。2014 年 6 月 22 日,在卡塔尔首都多哈召开的世界联合国教科文组织第 38 届大会上,一致通过中国大运河中的 27 个河段,计 1 100 km,58 个节点入列世界遗产名录。无锡市 1 处 2 个节点入列其中。2015 年,江苏省人民政府批复同意建立江南古运河旅游度假区。

以上这些都为无锡市打造国家全域旅游示范区和世界著名的旅游目的地城市打下了基础,提供了难得的机遇。

无锡大运河旅游,历史上有一段中兴时期。在 20 世纪 80 年代初,无锡在全国率先创办“欲游中国古运河,请到无锡来”的旅游项目,中外游客将游无锡古运河称之为“神奇的旅行”。1987 年,无锡市接待海外游客 16.7 万人,其中 40%游了古运河。我们对古运河的恩赐视为理所当然,对她的索取太多,超过了她的容纳度,必然受到惩罚。到了 1991 年无锡遇大洪水,无锡走上整治水环境的艰难征程。其中最重要的水利、水环境工程，就是对包括古运河的无锡主城区实施洪涝防治控制圈工程项目。

2　无锡城市洪涝防治控制圈概况和效益

古运河位于无锡城市洪涝防治控制圈(下称控制圈)的西部，是控制圈的最重要的一部分。控制圈控制面积为 136 km^2，位于无锡城市中心区，是无锡社会经济最发达区域，人口超百万；内有河道近 400 条，长 360 km，水面积 6.8 km^2。

2.1　控制圈防洪排涝标准

控制圈防洪标准：外围防洪屏障设防标准 200 年一遇，校核标准 250 年一遇，设计典型年为 1991 年，防御京杭大运河 5.05~5.31 m(吴淞高程，下同)洪水位。排涝标准：根据 30 年来最大降雨量，如 1991 年 7 月 1 日 24 h 降雨 227 mm，12 h 降雨 163 mm，1 h 降雨 83 mm。无锡市所属宜兴市的一区域，1990 年 8 月 31 日的 1 日降雨曾达到 421 mm。以此确定控制圈日常抵御降雨 250 mm/d(其中 1 h、6 h 雨量分别为 83 mm/h、145 mm/6 h)，校核标准为 350 mm/d 降雨。

2.2　控制圈排涝能力和功能

根据排涝标准，控制圈设计的排涝能力为 415 m^3/s，单位面积排涝能力 3 $m^3/(s \cdot km^2)$。设置 7 个排涝泵站，分布在控制圈周围 7 条骨干河道口门上。控制圈功能主要是防治洪涝及改善水环境，同时具有风景旅游功能。

控制圈是我国传统堵疏结合防治洪涝水利措施在现代城市的科学应用推广。控制圈作用归纳为 3 个词：阻挡、蓄滞、排泄。简单地说，控制圈防治洪涝即是堵住外来洪水不进入控制圈，及时排出控制圈内涝水。

控制圈建设和管理。控制圈 2007 年初步建成试运行，2008 年正式运行。建设时间 5 年，总投资 20 多亿元。管理机构为无锡市城市防洪工程管理处。

2.3　控制圈效益

(1)防治洪涝效益。控制圈 2016 年常住人口 135 万，占全市人口的 20.2%；经济总量大，GDP 1 500 亿元，为 1991 年的 7.5 倍，若目前再发生类似 1991 年大洪大涝水灾，则估计要损失 260 亿元。

建成控制圈后，改变了城市低洼地区逢大雨必淹的状况。由于控制圈内河道水位保持在 3.40~3.60 m，至今控制圈内从未发生过城市涝灾(雨水管道系统因堵塞而导致泄流不畅的个别情况除外)，确保了人民生活正常、经济持续发展。如 2007 年 7 月 4 日 6 h 降雨量 119 mm，2012 年 24 h 降雨量 209 mm，控制圈内均未受淹。又如苏南地区 2015 年 6~7 月中旬梅雨期间的 3 次大面积高强度降雨,使京杭运河水位全线升高,全面超过历史最高水位 25~40 cm,致苏州、无锡、常州等城市的京杭运河沿岸区域因运河水倒灌致大范围受淹,上海市区域也有相当多区域被淹,但无锡控制圈内居民区和道路均未受淹。古运河周围也完全消除了洪涝威胁。

(2)改善水环境效益。首先是改善水质。控制圈是全封闭水域,阻止圈外污染河水进入,且每年调引好水 2 亿多 m^3 入圈,相当于非汛期置换原有水体 12 次以上,使控制圈内骨干河道水质得到相当程度的改善,全面消除黑臭。特别是改善了古运河水质,如建控制圈前,古运河 2001~2003 年 TN、TP、NH_3-N分别达到 8~12 mg/L、0.45~0.51 mg/L、7.5~11.6 mg/L,严重劣Ⅴ类、黑臭;建圈后 2015 年分别为 6.68 mg/L、0.293 mg/L、3.37 mg/L,分别较之前削减 33.2%、39%、64.7%。又如现控制圈内伯渎港 NH_3-N 改善为 2.64 mg/L、九里河 NH_3-N 改善为 1.63 mg/L(Ⅴ类),透明度有较大提高。

(3)其他效益。控制圈内水体基本清澈,陆域生态修复良好,在此基础上已开发运河风光水上观光游,同时建有配套的景观旅游休闲设施,成为市民和游客休闲、旅游、运动锻炼和健身的好地方。2016 年,江苏省人民政府批复同意无锡建设江南古运河旅游度假区。

(4)控制圈成为全国平原城市防治洪涝的典范。国家住房和城乡建设部在 2017 年 3 月 29 日颁布的《地级及以上城市排水防涝标准及对应降雨量》中,确定无锡作为大城市相应的防涝雨量为 50 年一遇的 231 mm/d,而无锡在 10 年前就实现了此标准。无锡高标准控制圈的建设取得良好的效果,成为太湖流域及全国平原城市有效防治洪涝的典范。常州、苏州和上海及其他类似城市也已相继建成或在建全封闭控制圈。

3 尚存问题及原因

3.1 古运河和控制圈河道整治偏重景观,水环境改善重视相对不够

凡是整治过的河道,陆上景观都很好,但水质相当多不达标,时有黑臭。有些河道头一年整治完成,水质得到明显改善,但第二年反弹,水质又变差了。

古运河正在或已经建成"一环"(十里花海)、"两墩"(黄埠墩、西水墩)、"五园"(运河公园、江尖公园、扶熏苑、业勤苑、海棠苑)及"十景点"。不久还将建成环古运河步行道。古运河周围的陆上建设极有成就,百姓很满意,但古运河和控制圈河道水环境与全面实现"水清、水活、水优、水美、水生态"的目标有相当差距。

3.2　古运河水质尚未达到水功能区目标

古运河水功能区的水质目标为Ⅳ类，现状为劣Ⅴ类，其中化学需氧量、生化需氧量、总磷均为Ⅳ类，而氨氮为劣Ⅴ类（2015 年 3.37 mg/L）。控制圈的其他骨干河道均未达到水质目标（Ⅲ～Ⅳ类）。虽然骨干河道的化学需氧量、生化需氧量、总磷一般均达到Ⅳ类，但氨氮均超标。如伯渎港目标为Ⅲ类，但 2015 年氨氮为劣Ⅴ类、2.64 mg/L；九里河目标为Ⅲ类，但 2015 年氨氮为Ⅴ类、1.63 mg/L。而且控制圈有相当多小河道为劣Ⅴ类，甚至是黑臭河道，如古运河周围的酱园浜、羊腰湾圩、耕渎圩等。

3.3　污染负荷超过环境容量

目前，控制圈的入水污染负荷主要包括污水厂、工业、社会、种植业、养殖业、地表径流和降雨降尘。这些污染负荷的总量已经相当幅度超过了环境容量。

3.4　污水厂是主要点源群

入水污染负荷最多的是每日 25 万 t 的污水厂排放的尾水，这是主要点源，也是造成河道氨氮不达标的主要因素。

3.5　局部区域有小规模受淹现象，排水系统管理有待改进

控制圈的局部区域在大暴雨期间存在受淹现象，原因是管理不到位，致使局部雨水管道堵塞、泄水能力不足。

4　进一步改善河道水环境对策建议

4.1　古运河和控制圈的水环境须统一高标准规划

古运河和控制圈的水环境应该包括水质、生态和洪涝三部分。经常发生洪涝灾害的城市、区域不能称为有良好的水环境。

古运河和控制圈的河道相互连通，水环境密切相关。所以，其间骨干河道不可能单独改善水环境，必须要综合考虑"水安全、水资源、水环境、水生态、水景观、水文化、水管理"，统一规划改善水环境。古运河和控制圈应在全面解决洪涝问题的基础上，统一在 2020 年首先在无锡市全面消除黑臭河道和劣Ⅴ类水，再现古运河清澈见底风光。这一目标必须作为硬指标列入规划，否则难以为把无锡全域打造成国家旅游示范区和全国一流世界知名的旅游目的地城市的目标创造良好的生态环境。

4.2　加快控制圈海绵城市建设

建设海绵城市作用是"蓄、渗、滞、净、用、排"。控制圈建设海绵城市主要是为减轻内涝和减少地表径流污染。

4.3 进一步提高控制圈外骨干河道的泄水能力

控制圈外骨干河道同时要承纳控制圈排出涝水和上游来水两者重叠的水量，所以控制圈外骨干河道必须有足够行洪排涝泄水能力，最终排入长江、钱塘江或排入太湖。提高骨干河道泄水能力包括新建、开通新沟河、新孟河排水通道，新建、扩建锡澄运河等通长江骨干河道及其排水泵站，以满足排涝要求。

4.4 加大控源力度，进一步提升水质

（1）提高污水厂处理标准。控制圈内污水厂有超过 25 万 m^3/d 的污水处理能力，虽已达到一级 A 标准排放，但仍是圈内最大污染源，需提高其标准。NH_3-N 值从 5 mg/L 降至 0.2~0.5 mg/L，达到Ⅰ~Ⅱ标准，满足环境容量要求。

（2）其他措施。封闭全部排污口，全部污水进污水厂处理；定期清除污染严重的河道底泥；严格控制工业、畜禽养殖、垃圾等其他污染。

4.5 适当调整调水线路，进一步提高调水改善水质的效果

（1）增加太湖调水。如每年 11 月至次年 3 月或 4 月中旬增加太湖调水。此时蓝藻不爆发、水体藻密度较低，可利用梅梁湖泵站调太湖水直接进入控制圈改善水质，同时无须增加调水费用。在 11 月、4 月调水时，加大蓝藻密度监测频次。在通过梅梁湖泵站调太湖水进入梁溪河时，在梁溪河西部设置除藻设施（如高压除藻、混凝上浮围网打捞除藻等），清除水中蓝藻；可在 3 月或 4 月中旬太湖调水结束后，进行一段时间的白屈港或锡北运河调水，以进一步降低河水中藻密度，确保控制圈河道蓝藻不爆发。

（2）建设“引江济锡”新通道。白屈港调水引Ⅱ类的长江水进控制圈，长江水明显优于太湖水，更有利于改善控制圈的水质。但必须控制白屈港沿途污染，特别是污水厂的污染。

4.6 多举措改善古运河水环境

改善古运河水环境，除采用控制圈统一的加大控源力度和适当调整调水线路等措施外，还可以采用合适的高效复合的固载微生物或光量子载体等技术净化河道水体和消除底泥中的有机质；或通过过滤或分离等物理方法去除圈内小河道中悬浮物、污染物，净化水体；部分合适水域通过生态修复净化河道水体。

京杭大运河是中华民族的历史瑰宝、是世界文化遗产之一。加强无锡段京杭大运河全域水环境的保护治理和合理开发利用，是一项“功在当代，利在千秋”的具有战略性、长期性的系统工程，必须一次性长远规划，立足当前，扎实推进，全流域协同，深入推进河长制，分区分期治理，全面实施，落实到人。

加大力度整治古运河水环境，加快推进古运河景区建设，将有力提升无锡的城市地位和品质，这对于把无锡打造成为现代化、国际化、山水花园城市和世界著名生态文明旅游、休闲示范区，具有十分重要的现实意义。

第三部分
污染防治和富营养化治理技术

序

国家自20世纪90年代末期陆续启动“三湖”的“零点行动”(太湖:1998年12月31日;滇池:1999年4月1日至5月1日;巢湖:1999年12月31日),下决心治理水污染,至今已有20余年历程,取得了明显的阶段性成效,但为什么相当部分水域污染仍然较严重?为什么“三湖”水质难以达到Ⅲ类目标?为什么河道还有相当多的黑臭现象,有些河道治理好了还会反弹、重现黑臭?

其主要原因:一是水污染防治的艰巨性、长期性,20世纪80年代水污染开始至今已经历30多年,原因错综复杂,治理污染也需要较长时间;二是说明有些区域水污染治理速度赶不上因人口增长和社会经济发展致使污染发展的速度,或水污染治理速度虽超过污染发展速度,但超过的速率较小,满足不了水质提升的要求;三是缺乏长期有效的综合技术集成防治水污染的措施;四是防治水污染的政策和措施有待进一步完善。这些都是值得思考的问题,需要在技术和行政两个层面上去研究以尽快解决。

治理河流湖泊、防治污染、净化水体、消除富营养化和蓝藻爆发的基本措施是控源截污、削减污染负荷,即是防治水污染和治理富营养化。主要包括控制外源,治理内源,也包括调水、除藻、生态修复五大类治理措施(后三者分别在下面部分叙述)。此五类治理措施在各水域均能够起到改善富营养化和治理水污染的不同程度的作用,且措施相互关联,不能割裂,这些措施只有综合集成、共同作用才能达到改善水环境的目的。至于已经蓝藻爆发的大中型浅水湖泊若仅依靠治理富营养化，水质须达到Ⅰ～Ⅱ类才能消除蓝藻爆发，但这在“三湖”是难以做到的，所以只有改善富营养化到达一定程度（如水质达到Ⅲ～Ⅴ类），并与有效除藻技术结合就可能分水域消除蓝藻爆发。至于生态修复、恢复湿地，不仅可净化水体和抑制蓝藻生长，更在大中型浅水湖泊消除蓝藻爆发后，可确保其以后蓝藻不再爆发。

本部分共有9篇文章。第一篇为综述，分析污染防治、控源截污中有关的富营养化、环境容量、总量控制、截面控制等概念及控制点源、面源污染的基本措施。第二篇为“控源关键是提高污水处理标准　削减污水处理厂污染负荷”，主要论述“三湖”流域在现有污水处理一级A排放标准情况下，就是建设足够污水处理能力和全覆盖的完好的污水收集管网及加强管理，其入湖污染负荷仍然超过环境容量，即仍然不能使“三湖”达到其水功能区水质目标的Ⅲ类，必须大幅度地提高排放标准才有可能满足环境容量的要求；现代污水处理技术日新月异，污水完全可以高标准排放。第三篇为“清淤除藻　削减内源”，其中特别提出中小河道在使用常规方法清淤之外，可用微粒子（电子）技术、固载微生物技术和光量子载体等新技术长期有效清除有机底泥。第四篇为“直接净化河湖水体技术”，有一定数量的特殊小河道无法仅用控源截污的手段完全防治污染，须使用长期有效的净化水体技术来直接防治水体污染、清洁水体，且治理技术应该能同时净化水体与清除底泥污染。介绍了固化微生物技术、金刚石碳纳米电子技术、光量子技术等多种实用的能够同时长效清洁水体和底泥的技术或其集成。第五、六篇为关于“光量子载体技术”的文章，共有（一）（二）2篇，此技术是新型的可同时净化河湖水体和底泥的长效技术，正值推广阶段，施工、管理非常方便，无须电力，也不一定需要氧气、阳光，前景良好。第七、八篇为关于“固载微生物技术”的文章，共有（一）（二）2篇，包括治理河湖、养猪场污水及污水厂尾水提标。此技术治理河湖时，是能同时治理水体和底泥污染的长效技术，此类微生物能够适用于有一定流速的水体，微生物被固定在载体内，是制造微生物的机器，不怕被水冲走，能够治理黑臭水体，也能够治理蓝藻，有广泛的使用空间。第九篇为“微生态技术治理城乡污染黑臭水体案例”，介绍了用微生物制剂治理污染河道和黑臭水体的机制及2个案例。

其中第五、六篇文章所述的光量子载体技术是长期有效治理河湖水体污染的创新技术，但从总结的材料看，相当案例缺乏长系列资料。希望能够在大量推广的基础上，对有关治理项目进行比较长期的跟踪监测、总结经验。同时需要进一步研究光量子载体能量输入的效率，载体进入水体后及正常储存情况下的能量衰减情况，以能够更全面地了解该技术对削减各类污染物质的功能、效率和长期效果。

综述|污染防治·控源截污·基本措施[①]

1　水污染防治含义

1.1　水污染防治

水污染防治，一是预防过量的污染负荷进入河湖水体，使其尽量不超过该水体的环境容量；二是治理、削减已经进入河湖水体的污染负荷，使其小于该水体的环境容量。

1.2　控源截污

控源截污主要是控制削减外污染源污染负荷的产生量和阻截已产生污染负荷、减少其进入水体的量。

(1)控源，即在我国加速城镇化进程、统筹城乡发展和经济持续发展的基础上大幅度减少各类点源和面源污染负荷的产生量、排放量和入水量。控源内容包括控制点源和面源污染。其中点源包括生活、工业、规模畜牧养殖业、污水处理厂(含污水处理设施，下同)；面源包括种植业(含农田径流)、农村分散生活、分散畜禽养殖、水产养殖、降雨降尘、地表径流(包括农村、城镇、道路和山林的径流)、航行，各类垃圾及废弃物等。

(2)截污，即是将已经排放的污染负荷截住，使不进入水体或重要水域，主要包括建设污水处理系统、封闭排污口、建闸挡污等工程及制定相应的政策法规。

2　水质与富营养化

(1)水质，简单地说，就是水体质量的好与坏，一般以《地表水环境质量标准》(GB 3838—2002)评价，一般认为：Ⅰ～Ⅱ为好水(认为基本未受污染)；Ⅲ

① 该文作者为朱喜(原工作于无锡市水利局)，2020年5月编写。

类为基本好水(受到微污染),可以满足饮用水水源地的基本要求;Ⅳ~Ⅴ类为较差的水(受到一定程度的污染),理论上不能作为水源地;劣Ⅴ类为差水(受到较重污染);黑臭水体为很差的水(受到重污染);严重黑臭的水体为极差的水(受到很重污染)。

(2)水体营养程度,主要以富营养化指数评价,即采用若干个水质指标进行综合评价,以其分值确定营养程度,其主要用于湖泊水库的评价。如环保部的《湖库(水库)富营养化评价方法及分级技术规定》2017 年修订版。在湖泊中,若以氮磷等营养指标单独评价,则一般可认为:Ⅰ~Ⅱ类水体为贫营养;Ⅲ类为中营养;Ⅳ~Ⅴ类为轻度富营养;一定程度上,劣Ⅴ类为中度富营养;若严重劣Ⅴ类,如总氮达到 5 mg/L 以上,则为重度富营养。

3　污染物总量控制与断面控制

3.1　入水污染负荷与环境容量

一般所称水质的优劣,主要与入水污染负荷与环境容量有关。入水污染负荷与点源、面源和内源的入水量有关;环境容量(一般也可称允许纳污能力)的影响因素比较多,包括受纳水体确定的水质目标、污染物进入水体的净化系数、进入水体的水量,等等。重要的大中型水域获取分水域的环境容量一般要用数学模型计算,但比较稳定完整水域的环境容量的粗略估算则可用较简单的人工方法计算。如太湖环境容量的粗略估算,需要收集长系列的水质、水量资料,包括太湖的容积、有关水质指标、各时期的水质目标,各入、出湖河道每年的水质、水量(含人工调水、取水)等;若要精确一点,则需要水生物对各营养要素的吸取或移除。

3.2　总量控制

若必须有效防治水污染,需要实施总量控制,其可分为两部分:一是污染源产生污染负荷总量控制,即对各类污染源的产生,以及排放入水的污染负荷的总量实行控制,使其不超过某一限值;二是对进入河道、湖泊污染负荷总量实行控制,使其不超过某一限值。二者既相关,也有差异。

3.3　总量控制误区——认为调水增加污染负荷会恶化水质

调水(指调入水量)虽增加入水污染负荷,但增加了水量,由于调水水质一般优于原受水水体,加之增加了流动性、净化能力,必然可改善原水质。如太湖在 2007 年供水危机后,江苏沿江各城市开始并逐渐加大引江济太的力度,入太湖污染负荷虽有所增加,但太湖和江南运河河网的水质明显改善。同理,若入河湖水量基本相仿,入河湖污染负荷减少则水质就会得到改善;但若入河湖污染负荷基本相仿,入河湖水量减少,一般水质会变差。若调水水质略差于原受水体水质,但由于其流动性、净化水体能力和增加换水次数等因素,同样可以有效改善其水质。如有时引江济太水质略差于贡湖时,同样使贡湖水质得到改善,优于太湖湖心水质。

3.4　污染总量控制与断面(点)达标控制相结合

入水污染负荷总量控制是在一个区域或较大范围内对进入水体的某一类或多类污染负荷进行总量控制,而断面(点)水质达标控制则是指在此区域或较大范围内进行总量控制的基础上,对其中一个或多个断面(点)进行水质达标控制。由于各断面(点)的水质达标要求和达标条件不尽相同,且参与水质达标控制的可能有多项指标,所以有可能某一单项水质控制指标与污染总量控制目标存在不协调现象。根据以往经验,有相当多地区认为污染物总量控制已经达到目标,但往往是断面(点)水质没有达标,说明总量控制计算不正确或制定目标不合理,或者其中有人为因素。此时,必须修正污染物总量控制目标,与断面(点)水质达标控制指标相协调。所以,污染总量控制是否已经达到目标的判断要以断面(点)水质达标控制为评价依据,即后者未达标也不能认为前者已达标,二者须密切结合。

4　控制削减点源污染

4.1　削减污水处理厂点源群污染

污水处理厂(设施)处理污水的对象:主要是生活污水,其次是工业污水、初期雨水,地表径流,集中规模畜禽养殖废水,等等。全国在20世纪80年代后期开始建设有一定规模的污水厂,至今全国大部分地区的污水处理能力已基本满足要求,但相当多地区的污水处理标准偏低或污水处理系统管理不善。目前,污水厂已经成为全国重要的点源群,其中人口稠密、社会经济发达地区则为主要点源群。

4.1.1　全国污水处理厂处理能力及发展

以往我国因为经济发展比较落后,污水处理厂的建设进程比较缓慢。中华人民共和国成立前,在1921年于上海建成北区第一座生活污水厂,此阶段共建成3座小型污水厂。中华人民共和国成立后,百废待兴,20世纪六七十年代我国兴建一批污水处理设施,1984年开始在天津、无锡等城市建设有一定规模的污水处理厂。以后开始逐步发展污水处理事业,2002年以后,中国城市污水处理无论在数量上还是质量上都得到了迅速的发展。2008年,无锡芦村污水厂(20万m^3/d)第一个实施一级A排放标准(GB 18918—2002);

2016 年,北京高碑店污水处理厂(100 万 m^3/d)升级为再生水厂;2009 年建成的上海白龙港污水处理厂为中国最大污水厂,其设计规模为 280 万 m^3/d。

截至 2018 年 6 月底,全国设区市累计建成城市污水处理厂 5 222 座(不含乡镇污水处理厂和工业污水处理设备),污水处理能力达 2.28 亿 m^3/d。全年处理污水 692 亿 m^3。污水处理率已达到 90%以上。社会经济发达区域的处理能力比较多且处理标准相对较高。全国累计建成污水处理厂 8 591 座,其中县城共有污水处理厂 1 572 座,污水厂日处理能力 3 218 万 m^3/d,全年污水处理总量 87.77 亿 m^3,污水处理率 90%;全国建制镇建成 4 810 座污水处理厂。

4.1.2 人口稠密和社会经济发达地区污水处理厂是最大的点源群

20 世纪 70~80 年代及以前,把生活污水看作资源、作为肥料进入农田,后来“放错了地方”,把生活污水作为污染物排入水体。大中城市在 20 世纪 80 年代末至 90 年代起开始建设有一定规模的污水处理厂,随着社会经济的持续发展,人口持续向城镇集中,需要处理的生活、工业污水量随之增加,污水处理能力增加,进入 21 世纪,则大规模建设污水处理厂。与 20 世纪 80 年代前比较,目前全部污水处理厂所排放入水的污染负荷全部是增加的,所以污水处理厂排放入水的污染负荷也可称为二次污染。

(1)人口稠密和社会经济发达区域今后污水厂污染负荷将超过环境容量。

依据现状人口及增长率、2030 年城市化率设为 80%~85%,城市人均用水量 220~250 L/d,城镇生活和工业污水均应进行处理,处理标准一级 A,湖泊环境容量以Ⅲ类水计,以此计算典型流域污水处理能力、排放污染负荷和环境容量。

① 如太湖流域上中游区域需污水处理能力 770 万 m^3/d(为江苏苏州、无锡、常州、镇江和浙江湖州的全部或部分区域),污水处理厂全年排放 TN 3.37 万 t,相当于太湖环境容量 2.1 万 t 的 1.6 倍;排放 TP 0.112 万 t,相当于环境容量 0.105 万 t 的 1.07 倍(污水处理厂排放污染负荷在流动过程中有部分损耗,下同)。

② 巢湖流域合肥市需污水处理能力 300 m^3/d(巢湖闸以上区域),污水处理厂全年排放 TN 1.31 万 t,相当于巢湖环境容量 0.62 万 t 的 2.1 倍;排放 TP 0.43 万 t,相当于环境容量 0.31 万 t 的 1.39 倍。若计入合肥市以外的巢湖流域的污水处理能力,则超过环境容量更多。

③ 滇池流域需污水处理能力 170 m^3/d(海口闸以上区域),污水处理厂全年排放 TN 0.93 万 t,相当于滇池环境容量 0.47 万 t 的 1.97 倍;排放 TP 0.031

万 t,略低于环境容量 0.04 万 t。

④ 实际超过环境容量的比例更多。若加上其他未进入污水处理厂处理的其他污水(如规模集中养殖污水、未进入污水处理厂的工业污水等),诸多的面源、内源等污染负荷,所以对于“三湖”而言,全部入湖污染负荷超过湖泊环境容量的比例将更多。

(2)今后必须提高污水处理厂处理标准。全国应该在建设足够的污水处理能力、相应配套的污水收集管网和加强管理的基础上,提高污水处理厂处理标准,才能大幅度减少污水处理厂排放的污染负荷,才能满足环境容量的要求,才能使水功能区达标。《太湖流域水环境综合治理总体方案》提出制定比现行国家标准更严格的污水排放标准;《水污染防治行动计划》(“水十条”)提出地方可制定严于国家标准的排放标准;《关于加快推进生态文明建设的意见》鼓励各地区依法制定更加严格的地方标准。所以,人口密度高、社会经济发达流域,每个区域、城市可以先选择 1~2 个典型的污水处理厂进行提高标准的试验,成功且取得经验后可大规模推广。

(3)应该总结和推广全国典型污水处理厂的先进工艺和技术。目前,污水处理厂污染负荷削减率高的能达到 TN 85%、TP 和 NH_3-N 达到 98%~99%。所以,应总结和推广全国典型污水处理厂的先进工艺和技术,大幅度削减污水处理厂的污染负荷。

(4)适度提高污水处理标准。根据我国人口和社会经济的持续发展情况,应该适度提高污水处理标准,NH_3-N 达到地表水Ⅰ~Ⅱ类;TN 先达到Ⅴ类或接近Ⅴ类(如 3 mg/L),其后达到Ⅲ~Ⅴ类;TP 达到Ⅱ~Ⅲ类(湖泊标准)。人口密度低、社会经济欠发达区域标准可低一点,标准提高至一级 A~一级 B。

(5)较高标准完全可达到。目前是科技突飞猛进的时代,正在孕育和创新出大量新技术、新工艺。目前,我国污水处理的技术水平也即将进入世界先进序列,只要合理采用现有的新技术,在近期完全能够达到上述要求提高的标准。

① 2015 年,已达一级 A 排放标准的昆明第一、二污水处理厂进行提标改造。采取主要措施包括加强调控、精细调控,加强曝气、溶解氧控制,增加氧气,强化反硝化,适当增加 C 源,水解酸、多点进水等。已经取得良好效果:达到 TP 0.1~0.2 mg/L[《地表水环境质量标准》(GB 3838—2002)湖泊标准的Ⅳ~Ⅴ类],NH_3-N 0.1~0.2 mg/L(Ⅰ~Ⅱ类),并且基本没有增加运行费用,原因是依靠精细调控、技术改造后节约了资源。其他如无锡、深圳、合肥和北京的多座污水处理厂排放标准也大幅优于一级 A,达到 TP 0.1~0.2 mg/L、

NH_3-N 0.2~1 mg/L。

② 固载微生物污水处理技术。如北京信诺华公司的复合高效固载微生物技术对污水处理厂进行提标处理时，NH_3-N 可达到地表水Ⅰ~Ⅱ类，TN 可达到 1~3.5 mg/L；短程厌氧氨氧化工艺的处理效果也很好，TN 可达到 3 mg/L。

③ 磷处理技术。无锡麦斯特环境科技公司离子气浮技术可使 TP 达到 0.01 mg/L。

4.1.3 为提高污水处理厂处理标准立法，制定地方标准

控源截污途径很多，但人口稠密、社会经济发达的区域，如"三湖"流域提高污水处理厂排放标准是最快和最有效削减污染负荷的措施之一，所以必须为提高污水处理厂处理标准立法，制定适合各自河湖水体环境容量的地方标准。

（1）北京市，《城镇污水处理厂水污染物排放标准》（DB 11/890—2012），提高了排放标准，其中的 A 标准提高至相当于地表水河道标准的Ⅲ~Ⅳ类，如：NH_3-N 1.0 mg/L、TP 0.2 mg/L（均相当于Ⅲ类），TN 10 mg/L。

（2）上海市，《污水综合排放标准》（DB 31/199—2018）自 2018 年 12 月 1 日起实施，全部排污口均要提高标准，其中的一级标准中要求污水处理厂和全部排放水均达到相当于地表水河道标准的Ⅳ类，如：NH_3-N 1.5 mg/L、TP 0.3 mg/L（均相当于Ⅳ类），TN 10 mg/L。

（3）巢湖流域，《巢湖流域城镇污水处理厂和工业行业主要水污染物排放限值》（DB 34/2710—2016），提高了排放标准，自 2017 年 1 月 1 日起实施，其中污水处理厂的Ⅰ类排放标准达到地表水河道标准的Ⅳ~Ⅴ类，如：NH_3-N 2.0 mg/L、COD 40 mg/L（相当于Ⅴ类），TP 0.3 mg/L（相当于Ⅳ类），TN 10 mg/L。

（4）昆明市，《城镇污水处理厂主要水污染物排放限值》（DB 5301—2020，征求意见稿），提高了排放标准，其中污水处理厂的 A 类排放标准达到地表水河道标准的Ⅲ类，如：NH_3-N 1.0 mg/L、COD 20 mg/L（均相当于Ⅲ类），TP 0.05 mg/L（相当于地表水湖泊标准的Ⅲ类），TN 5.0 mg/L。

（5）太湖地区，《太湖地区城镇污水处理厂及重点工业行业主要水污染物排放限值》（DB 32/1072—2018），提高了排放标准，自 2018 年 6 月 1 日起实施。其中，太湖流域一、二级保护区污水处理厂排放标准为：NH_3-N 3.0 mg/L，COD 40 mg/L（相当于河道标准的Ⅴ类），TP 0.3 mg/L（相当于河道标准的Ⅳ类），TN 10 mg/L。

以上部分城市、区域制定了提高污水处理厂等污水的排放标准，有些排放标准提高得相当多，提高污水排放标准是全国不可逆的趋势。各城市、区域均

要根据自己河湖水体环境容量等实际情况，逐步提高各类污水的排放标准，上述城市、区域、流域已经立法了较高的地方标准，以后仍需继续提高排放标准，以满足河湖水体环境容量的需求和提升水功能区水质至目标值。当然，制定了高标准，在实施过程中还需要经过一段时间的艰苦努力，打破旧的传统，才能达到新的目标。

4.1.4　需纠正片面的观点

(1)有人认为大幅提高污水处理标准不可能、难以达到。有2个原因：一是只了解过去的污水处理技术、工艺，因为以往要想使污水处理大幅提高标准非常困难，特别是TN，以往中国的大中型污水处理厂最高标准仅是5~8 mg/L。但中国现在的技术正在飞速发展，TN和TP达到地表水Ⅰ~Ⅱ类已有可能。二是一些污水处理厂的建设、规划、施工企业或研究人员不愿舍弃自己原来熟悉的一整套成熟的技术，要提高污水处理标准就要去学习新技术，重新做起。

(2)有人认为提高污水处理标准在经济上不合算。此类人看问题的方法有些片面，他没有看到目前以“三湖”流域为代表的社会经济发达区域需要大量削减污染负荷才能满足河湖环境容量的要求，只想到省钱而忽略最终目的。好似一个病人去医院看病，只想省钱而不希望把自己的病看好一样。也许其还认为不提高污水处理标准，可用其他方法同样能达到削减污染负荷的效果。其实，这是想当然，现代社会，城镇生活污水是最大的污染负荷，再无其他方法能够替代高标准的污水处理的效果，若认为农业是最大的污染负荷，去削减农业负荷就行了，但在农业上花再多的钱也达不到提高污水处理标准的效果。当然大量削减农业污染是必须同时进行的，而人口密度较低及社会经济欠发达区域的污水处理标准则可相对低一点。

4.2　削减生活污染

流域城镇生活污水应该全部进污水处理厂处理，需要建设足够能力的污水处理系统(包括污水处理厂、污水收集管网)，达到一级A的污水处理标准和加强运行管理，使能够削减50%~70%的生活污染负荷。“三湖”流域则需要逐步提高污水处理标准达到地表水Ⅲ~Ⅴ类(根据环境容量的要求具体确定)。

4.3　削减工业污染

随着我国经济的飞速发展，工业污染日益增加，大量削减工业污染负荷是坚定不移的环保政策，有部分工业企业的污染负荷是N P等营养元素，而更多工业企业的污染是有毒有害物质。必须继续调整产业结构，关停并转重污染企业,建设少污染或无污染的企业,分类进行工业园区建设,对污染源头至末端进行全过程的污染处理,全部工业污水进行高标准处理,工业污染物中的资源进行再生利用,等等。

4.4 削减规模集中畜禽养殖污染

规模畜禽集中养殖应进行科学规划、合理布局、分区管理。按照"减量化、无害化、资源化、生态化"要求,进一步提高畜禽养殖污染治理技术水平,推进无污染、少污染的养殖业发展模式和废弃物资源化综合利用模式,推进农牧结合,逐步建立和完善生态农业、产业结构和可持续发展现代化农业。畜禽规模养殖污染作为重要点源治理,不应作为有些人认为的面源治理。在相当多的省份和经济社会发达地区,畜禽规模养殖业的污染负荷产生量大于人口的产生量,是仅次于污水处理厂的污染源。经测算,2011 年我国仅牛和猪二者合计产生的 N P 分别为 1 019 万 t、250 万 t,分别为全国人口产生量的 2.15 倍、5.27 倍,但其中有大部分未进入水体或未直接进入水体,而是进入土壤、地下水或被资源化利用。规模畜禽养殖的污水和废弃物应该在进行综合利用的基础上进行有效治理。

应在确保人民生活需要、大力发展畜禽养殖的基础上,研究出适合我国国情的规模集中畜禽养殖污染治理集成技术。特别是可以发展畜禽养殖→水产养殖或畜禽养殖→种植业的循环经济,既治理污染,又可资源再利用;采用固载微生物进行长期有效治理养殖污水是值得推广的技术。同时,国家财政应给此类污染治理进行补贴或政策倾斜。

5 控制面源污染

5.1 控制农业污染

农业主要包括种植业、水产养殖(鱼池和大水面养殖等)、分散畜禽养殖等面源污染。农业企业有千万家,大部分是集体、股份制或个体,少部分是全民所有制,数量庞大、形式多样,控制其污染比较困难。我国是具有中国特色的社会主义大农业,正在向现代化、机械化、精细化和科学化农业发展,生产更多的农产品以满足我国人民的需要。所以,控制农业污染的技术及政策必须是在确保农业发展的基础上严格控制农业污染。环境研究人员应下沉至农村,研究出能解决实际问题、能有效推广的成套集成技术,一个一个灌区、区域解决问题。

种植业实行集中经营、规模经营,调整种植结构、改进种植方法,减少农田污染,并发展生态农业和都市农业,在提高农业产量和产值的同时为城市服务,为提高人民生活质量服务。研制、开发和推广节氮控磷减农药技术、实行作物轮作、测土配方减施化肥、施用有机肥；建设农田生态沟和生态隔离带；建设农田余水入河前置库；节水灌溉；清除河湖水域大水面围网投饵水产养殖；连片规模养殖池塘合理布局，分片规划主养区、混养区、湿地净化区，构建鱼塘—湿地循环处理系统，养殖小区内的水循环利用和污染物“零排放”，鱼塘肥水及污泥不排入河湖水体；分散畜禽养殖尽量集中，排泄物进行资源化利用或集中处理。政府要给予必要的技术扶持、政策扶持。

5.2　化肥在人口稠密、社会经济发达地区不是主要污染源

“谁知盘中餐，粒粒皆辛苦”，“庄稼一枝花，全靠肥当家”，现在应改成全靠化肥当家。中国 14 亿人，必须在注意节约粮食的同时，更要保证粮食安全。目前，农业使用化肥是保证粮食安全不可缺的因素。化肥在全国又造成严重的面源污染，如何解决此矛盾？

(1)正确认识化肥污染。化肥在全国是很大的面源污染，全国控制耕地面积 18 亿亩(1 亩≈1/15 hm^2，下同)计，其单位面积化肥施用量一般为国际公认的化肥合理施用量的 2 倍左右；使用化肥后 N 的作物利用率仅为 25%~45%，有相当部分化肥进入地表水或地下水而造成水污染，须严格控制化肥污染。

(2)化肥在全国各区域污染强度不均匀。在人口稠密、社会经济发达地区不是主要污染源。以太湖为例：① 流域人口稠密、耕地少，人均不足 3 分(1 分=66.67 m^2，下同)地，使用化肥总量少，比起生活和工业污染轻的多；② 流域实施测土配方，化肥用量不再上升或有所下降；③ 流域水稻种植面积比例有所减少，化肥污染有所减轻；④ 流域实施节水灌溉，农田流进河湖水体的 N P 比较少。化肥的流失污染主要与降水、耕作制度、农技、节水等有关；农田径流少，化肥入水量也少，如特枯水年、90%或大于 90%的保证率，农田径流很少，化肥入水量也很少甚至接近于零。流域实施节水灌溉，水稻灌溉定额由以往 18 000 m^3/hm^2降低为7 500 m^3/hm^2，且灌溉定额继续走低，精细农业(大棚种植、喷灌、滴灌等)的灌溉定额更低，化肥入水量也随之大幅减少；⑤ 估计化肥除被作物吸收外，大部分进入土壤、地下水，其中 N 同时进入空气，所以估计实际上进入河湖水体的不超过 15%。⑥ 在以种植业为主的农村地区是主要污染源。

(3)减轻化肥污染。① 在保证粮食安全的前提下，适当减少化肥用量，全面实施测土配方施肥；② 研究新型缓释肥，使用、推广有机肥、绿肥、作物轮作制、秸秆还田等措施；③ 注重节水灌溉，减少农田径流，也即减少化肥农药污染。全国应高度重视化肥二次污染问题，在人口稠密、社会经济发达地区在首要关注生活和工业污染的同时，也必须十分关注化肥的污染问题，特别应关注旱田或水田旱作期间农田径流的化肥污染问题。

5.3 控制农村分散生活污染

农村分散生活污染主要包括未进入污水处理系统的卫生间、生活间的污水和洗衣水。治理措施:加快农村城镇化进度;适当封闭农村排污口,根据污染物排放量及环境容量决定封闭比例;农村生活污水实行多模式的小集中处理,一般按一级 A 标准排放,局部人口密度低或环境容量大的区域按一级 B 标准排放;培养良好的生活习惯,建设社会主义生态型新农村。

5.4 控制地表径流污染

地表径流包括城镇、农田、农村、山林、道路等的径流。其中,农田径流已经包括在种植业中。主要治理措施:加快城镇、道路绿化,水土保持;建设、完善城镇、道路、广场和绿地的雨水生态排水系统,建设、完善海绵城镇、村庄;城镇初期雨水进城镇污水处理厂(设施)处理或另行处理;及时清除城镇下水道和窨井中的垃圾、淤积物;建立相应法规。

目前,人口稠密、社会经济发达区域特别是城市面积广大的区域的地表径流污染已经逐渐成为其主要污染源之一。如上海的污染源,除了污水处理厂、生活和工业外,其相当大的污染负荷就是地面径流污染。必须严格控制大中型城市的地表径流污染,对雨水排放口进行处理,把初期雨水、地表径流作为污水进行处理,及时清除下水系统中的污染物。

5.5 控制其他污染

控制降雨降尘污染。包括削减空气、降雨中污染物和削减降雨降尘到达地面的污染物及进入径流的污染物。主要治理措施:增加水电、太阳能、风电、氢、液化气等清洁能源,减少煤炭、石油等传统污染能源的使用量;严格控制发电、钢铁、水泥等行业排放的废气和粉尘,控制机动车、飞机废气排放。

控制航行污染。全面控制机动船舶的石油污染和垃圾污染,船舶全部配备油水分离器和垃圾储存器;建设航道服务(管理)区,机动船舶的生活垃圾和生活污水不入水体,集中上岸处理;淘汰挂机船;逐步改用清洁能源。

6 封闭排污口治理雨水排放口

6.1 地方立法封闭全部城镇排污口

对于城镇排污口,应该进行地方立法封闭全部排污口。对于有一定的污染负荷的雨水排放口也应该作为排污口封闭或处理。农村的排污口根据所在水体的环境容量确定全部或局部封闭。

6.2 治理雨水排放口和局部暂时难以封闭的排污口

目前,如何治理难以封闭的局部排污口(包括暗河、涵洞的排污口)及污染严重的排水口、尚待改造的老居民小区难以封闭的雨污合流的排污口及污染严重的排水口等的污染是一个数量繁多且比较难以处理的问题。其中，包括初期雨水污染和生活污染，等等。需要采取特殊的治理方法与技术。

(1)全部接管进污水处理厂处理。把上述排污口、雨水排放口排出的污水全部接管，然后汇总进入污水收集管网，进污水处理厂处理。若由于污水处理厂的处理能力或其管网的收集能力已经饱和，则需要扩建或增建污水处理厂或管网。污水处理厂在规划时就应把初期雨水量计算入污水处理量中。若当初设计时没有列入，则应提高污水处理能力，扩建污水处理管网。

(2)全部接管进污水池单独处理。若由于污水处理厂的处理能力或其管网的收集能力已经饱和，且暂时无法扩建或增建的，就需要把上述排污口、排水口全部接管引进附近的污水池中，利用固载微生物设备等技术进行有效处理，原则上达到污水处理的一级 A 标准排放。

(3)单独处理排污口、排水口。根据排污口、排水口附近可利用空间的大小，在每个口子前设置一定面积、容积的单独处理装置或设施，采用过滤、微生物、光量子、曝气等技术进行处理，再进入河湖水体进行继续净化处理，达到河湖治理水质标准。

(4)暗河、涵洞的排污口、排水口。尽量分段掀开暗河(涵洞)的部分盖板，找到排污口、排水口，然后依上法处理。

(5)暗河(涵洞)排污口处理。暗河(涵洞)的出口可作为排污口，依照上述的(1)、(2)、(3)进行处理，或进行暗河(涵洞)的一次处理暗河顶端调水或二次处理暗河顶端调水(具体见本书“第六部分　调水与洪涝防治”的第一篇的4.3小微型河道和黑臭暗河调水)。

6.3　建设城镇初期雨水处理系统

降雨初期，地表径流是污水，《城镇污水处理厂污染物排放标准》(GB 18918—2002)中已把初期雨水纳入城镇污水的范围。城镇在大范围内建设雨污分流系统，生活污水和部分工业污水、地表径流进入城镇生活污水收集管网进入城镇污水处理厂处理。在局部小范围内，如某一条河道、一个小区、一个单位在有些情况下难以将雨水和污水彻底分清、分离，就应该建设雨污合流溢流(分流)系统。

6.3.1　减少城镇初期雨水污染的必要性

随着经济社会的发展，建设雨污合流－溢流(分流)系统有其必要性。①随着城市化率的不断增加，包括广场、道路、房屋等城镇硬质地面(下垫面)的增加，地表径流及其污染大幅度增加，使地表径流污染已经成为城镇污染负荷总量的重要组成部分，特别是城镇初期雨水形成的地表径流污染严重，已成为重要污染源，应进行处理；② 城镇下水道系统（含下水管道、窨井等）中积存大量污染物，以及雨污分流不彻底区域排入的部分生活污水，当降雨量较大时，下水道系统中的大量污染物被雨水一起带进河道水体；③ 某些老居民区的下水道和污水管一时无法分清楚，平时不下雨时，相当多的生活污水即从下水道排入河中。

6.3.2 建设海绵城镇，减少地表径流污染

城镇初期雨水形成的地表径流污染负荷比较大，采用拦截、滞留、吸收、吸附和入渗等各种方法控制和改变地表径流的流动方向和路径，达到削减地表径流污染的目的；清洁路面；适当增加窨井容量或设置专用蓄水池，增加存储初期雨水量、沉淀污染物；在雨后及时清除下水道和窨井中的垃圾；种树植草，以乔木、灌木和草地三个层次种植，增加拦截径流能力和提高土壤渗滤效果；建立雨水滞留区或湿地处理区，增加地面蓄水和渗透能力，建立城镇的绿地雨水生态排水和循环利用系统。

6.3.3 建设雨污合流溢流（分流）系统

现正在倡导全面建设海绵城市，但由于全部完成建设海绵城市的任务需要相当长的时间，新城市或新城区建设海绵城市可以一次性到位，但老城区的改造需要很长时间，所以相当长的一段时间内，总有相当多的初期雨水、地表径流及其含有的污染负荷，通过下水道进入河湖水体，成为水污染的重要来源。全部城镇初期雨水进污水处理厂处理需要相当大的处理能力，又难以做到。所以，应该建设雨污合流溢流（分流）系统。

该系统是将小范围的局部生活污水和初期雨水在一定时间段内实行雨污合流，在另一个时间段内实行雨污溢流（分流）的系统。① 雨污合流时间段，为无雨天、小雨天，以及降大雨、暴雨初期段（一般城市为 0.5~1 h，上海等特大城市可能延长至 1~3 h），即在此时间段内所有的生活污水和雨水均合流进城镇污水处理厂（设施）进行处理；② 雨污溢流（分流）时间段，为降雨初期段后至此次降雨结束及降雨结束后雨水在管道内的一段滞留时间。此时间段内也有两种情况，一是在生活污水和雨水在合流后，超过管道设计能力的流量经过溢流坝、闸、阀等设施直接排入河道水体，此时仅一部分由于大量雨水稀释的污染物浓度较低的雨污混合水流进入污水处理厂处理；二是通过分流设施将雨污实行分流，生活污水经污水管进入污水处理厂处理，雨水直接经雨水管道排入水体。

雨污合流溢流（分流）系统需要科研机构去研究解决或完善如何科学妥

善处理溢流(分流)的设备、技术问题,包括采用溢流还是分流,采用溢流坝还是溢流闸阀或其他设备,采用手动、半自动还是自动控制等,及控制雨污合流溢流(分流)等问题。

参考文献

[1]朱喜,吴煜昌,徐道清.无锡市区水资源保护规划[R].无锡市农机水利局,1995.

[2]朱喜,张春,陈荷生,等.无锡市水资源保护和水污染防治规划[R]. 无锡市水资源保护和水污染防治规划编制工作领导小组,无锡市水利局,2005.

[3]朱喜,张春,陈荷生,等.无锡市水生态系统保护和修复规划[R].无锡市人民政府,江苏省水利厅,2006.

[4]朱喜,张春,陈荷生,等.无锡市水资源综合规划[R].无锡市人民政府,无锡市水利局,2007.

[5]王鸿涌,张海泉,朱喜,等.太湖无锡地区水资源保护和水污染防治[M].北京:中国水利水电出版社,2012.

[6]王鸿涌,张海泉,朱喜,等.太湖蓝藻治理创新与实践[M].北京:中国水利水电出版社,2012.

[7]朱喜,胡明明,孙阳,等.中国淡水湖泊蓝藻暴发治理和预防[M].北京:中国水利水电出版社,2014.

[8]朱喜,胡明明,孙阳,等.河湖生态环境治理调研与案例[M].郑州:黄河水利出版社,2018.

[9]太湖流域管理局,江苏省水利厅,浙江省水利厅,等. 2008-2017 太湖健康报告[R].上海:太湖流域管理局,2018.

[10]朱喜.太湖蓝藻大爆发的警示和启发[J].上海企业,2007(7).

[11]太湖流域管理局.太湖流域水(环境)功能区划[R]. 上海:太湖流域管理局,2010.

[12]中共中央办公厅,国务院办公厅.关于全面推行河长制的意见.2016.

[13]中共中央办公厅,国务院办公厅.关于在湖泊实施湖长制的指导意见.人民日报,2018.

[14]国务院关于印发水污染防治行动计划的通知.国发〔2015〕17 号.2015.

[15]中华人民共和国住房和城乡建设部,环境保护部.城市黑臭水体整治工作指南.2015.

[16]曲久辉.中国城市污水处理的发展历程及未来展望[L].环保技术国际智汇平台,2020.

控源关键是提高污水处理标准
削减污水处理厂污染负荷①

摘要:控源是治理河湖水环境问题最基本的措施。农业在全国总体是主要污染源。但人口稠密、社会经济发达地区的农业面源为重要污染源而非最主要污染源,其原因:人口稠密、人均耕田少,如太湖流域人均耕地仅为全国平均值的28%,种植业污染负荷相对较少;普遍实行测土配方后,化肥用量减少;水田灌溉定额下降,枯水年水田径流少,等等。污水处理进程:20世纪80年代前,生活污水作为农田肥料、工业污水少,现大规模建设污水处理厂,污水经处理后削减了一半左右的污染负荷,仍有大量污染负荷排入水体,所以与80年代前比较,目前全部污水处理厂排放的入水污染负荷全是增加的。“三湖”(太湖、巢湖、滇池)流域污水处理厂是最大点源:目前“三湖”及上海等大城市的河道水质劣Ⅴ类和黑臭的主因是污水处理厂排放大量污染负荷;2030年“三湖”污水处理厂若仍然以一级A排放,其污染负荷均将超过其环境容量。削减污水处理厂入河湖污染负荷措施:建设满足环境要求的污水处理能力;建设全覆盖的污水处理系统的管网配套,各地政府地方立法下决心大幅度提高污水处理厂排放标准;选择典型污水处理厂进行提标试验,取得经验后推广;加大工业污水处理力度和提高处理标准;大力推进再生水回用和污染物“零排放”;科学编制控污规划、方案;严格执法;领导目标责任制;生态补偿。

关键词:控源关键;污水处理;提高标准;削减负荷

1 污染源及其排序

1.1 污染源

污染源包括外源和内源。外源包括点源、面源。外源、内源有时可转化(本文不论述内源)。

1.2 污染源排序

(1)全国污染源排序,根据全国第一次污染源普查公报,2007年的大小排序,COD为农业、工业、生活;TP为农业、生活;TN为生活、农业(不含基础流失量)。

---

① 此文完成于2015年5月,2015年10月发表于由环保部环境规划院主持的在北京召开的2015水污染防治国际研讨会论文集.作者:朱 喜(原工作于无锡市水利局),孙雯(无锡市太湖闸站工程管理处),张耀华(无锡市水资源管理处)。

(2)人口稠密社会经济发达区域排序,根据统计资料计算污染源大小,主要是生活和工业等点源,其次为农业和其他面源。各流域有差异,如太湖流域为人口稠密、城市化率74%(2013年,下同),社会经济发达,常住人口人均GDP为全国平均值的2.15倍,污染源以生活、工业点源为主,其次为畜禽规模集中养殖、种植业及其他面源;巢湖流域为人口稠密、城市化率67.8%(合肥),社会经济较发达、人均GDP为全国的1.47倍,污染源主要以生活、工业和畜禽规模集中养殖等点源为主,其次为种植业及其他面源;滇池流域人口稠密、城市化率68.05%(昆明),社会经济较发达、人均GDP为全国的1.25倍,污染源主要为生活,其次为少量的工业、畜禽养殖、农业面源等。

(3)其他区域城市乡镇污染源大小排序:一般主要是生活和工业等点源;其次为其他点源、面源。局部区域也可能主要是畜禽规模集中养殖,或城镇地面径流,或生活垃圾和废弃物及其渗滤液,或洗矿,或水产养殖等。

1.3　人口稠密、社会经济发达地区的农业面源为重要污染源而非最主要污染源

(1)此类流域区域人口稠密而人均耕田少,农业面源污染负荷也较生活、工业负荷少。如太湖流域人均耕地仅为252 m^2,是全国平均895 m^2的28%。种植业污染负荷相对较少。其2009年生活、工业污染负荷TN量为入湖总量的71%。

(2)种植业污染负荷主要来自于化肥,近几年全国化肥用量基本稳定,但社会经济发达区域如太湖流域一般已实行测土配方施肥,其单位面积耕地的化肥用量已较原来有所下降。

(3)淮河流域及以南区域的种植业污染主要来自于水田,但目前由于积极实行节水灌溉,灌溉定额大幅度下降。如太湖流域无锡的年灌溉定额由以往的18 000 m^3/hm^2下降为7 500 m^3/hm^2,下降了58%,化肥随农田径流入水量也再减少;农田径流量与当年降雨量(年降雨量、暴雨频次)有关,枯水年或特枯年径流很少或没有,化肥随径流入水也就很少或没有。非水田此时有一定的径流污染。

(4)目前,畜禽大多为规模集中养殖,且大力推行粪尿资源化综合利用(肥料、沼气等),入水污染负荷大量减少。

2　污水处理进程及特点

2.1　污水处理进程

20世纪80年代前,由于我国社会经济不发达,生活污水产生量不多,一般把生活污水作为农田肥料,不进入河湖;工业经济不发达、污水不多。80年

代中期开始，生活污水不作农肥，生活卫浴污水开始增加，乡镇企业发展致工业污水增加，且污水处置难度大、成本高或缺技术而直接大量排入河湖水体；大中城市在20世纪80年代中期至90年代起开始建设污水处理厂，如天津、无锡等城市1984年后开始建设具有一定规模的污水处理厂。随着社会经济的持续发展，人口也持续向城镇集中，需要处理的生活、工业污水量随之增加，污水处理能力增加，进入21世纪后，则大规模建设污水处理厂。

2.2 污水处理后仍有大量污染负荷排入水体

污水经污水处理厂（设施）处理后，削减了一半左右的污染负荷。如目前太湖流域达到一级A排放标准的污水处理厂，污染负荷削减率能达到TN 55%~65%、TP 60%~80%；一级B标准的污水处理厂，污染负荷削减率能超过一半；二级~三级标准的污水处理厂，污染负荷削减率则低于一半。所以，污水处理后仍有大量污染负荷排入水体。我国污水处理能力发展较快，但仍赶不上城市化和社会经济的进程。

结论：与80年代前比较，目前全部污水处理厂所排放入水的污染负荷全部是增加的。

2.3 全国污水处理特点

2013年，全国城市污水处理能力为14 653万m^3/d。其特点具体如下。

（1）污水处理能力不足。一般城市污水（生活、工业污水）处理率为80%~85%，且相当多的农村污水未处理。如2013年巢湖流域污水处理能力需210万m^3/d，实际仅达到一半左右。

（2）污水处理率不均衡。人口密度高、社会经济发达流域地区的污水处理能力强和处理率高，如2013年上海、江苏和昆明的污水处理能力按城市人口计，人均分别达到0.331 m^3/d、0.318 m^3/d、0.27 m^3/d，明显高于全国平均值0.193 m^3/d；安徽为0.183 6 m^3/d，低于全国平均值。又如2013年污水处理厂处理能力：太湖全流域1 700 m^3/d，滇池流域（海口闸以上区域）113.5万m^3/d，及上海、北京、广州等特大或大城市均基本满足污水处理要求。

（3）污水收集管网不能全覆盖。一般污水收集管网覆盖率达到60%~95%，社会经济发达区域的上海、北京、广州等城市覆盖率高。有些污水排放户未接入污水收集管网、污水直排入水体或通过雨水管排入水体。

（4）污水处理厂以处理生活污水为主，也处理部分工业污水。如太湖流域城市的污水处理厂处理生活污水比例达到80%~100%，乡镇污水处理厂则可能以处理工业污水为主，处理工业污水比例可达40%~90%。此类污水处理厂也称综合型污水处理厂。以下城镇、综合污水处理厂及处理设施统称污水处理厂。

(5)污水处理标准偏低不能满足流域区域环境容量的要求。目前,“三湖”流域污水处理厂的排放标准大部分达到一级A或一级B,仍不能满足流域河湖环境容量的限制要求;上海等城市达到一级B~一级A;社会经济欠发达区域的污水处理标准更低。致许多河道水污染严重和黑臭。

3　人口稠密、社会经济发达地区污水处理厂是最大点源

3.1　河道水质劣Ⅴ类和黑臭主因是污水处理厂排放大量污染负荷

(1)巢湖流域南淝河。南淝河年均入巢湖水量7.1亿m^3,其流域有污水处理厂7座、处理能力91万m^3/d,年排放尾水入河2.7亿m^3,占南淝河总水量的38.2%。污水处理标准基本达到一级A,向南淝河排放大量TN、TP,其中排入TN 4 050 t,为入河污染负荷总量一半(若达不到一级A,则负荷贡献率更大),致使南淝河水质为严重劣Ⅴ类;2013年,TN、NH_3-N、TP分别达到13.1 mg/L、10.2 mg/L、1.04 mg/L。

(2)无锡市城市防洪控制圈。控制面积136 km^2,四周已建闸控制,控制圈外河道污水不能进入,其内排污口已基本封闭,且每年还调2亿m^3较好的水入控制圈,但圈内有名的古运河(京杭运河原无锡段)2014年水质仍为劣Ⅴ类,TN、NH_3-N分别达到6.81 mg/L、3.51 mg/L。其主因是圈内有25万m^3/d处理能力的污水处理厂,年排放尾水0.73亿m^3,为控制圈内河道年均蓄水量0.22亿m^3的3倍多,污水排放标准一级A,每年向圈内排放污染负荷TN 1 100 t,相当于给控制圈内水体贡献4.9 mg/L的TN负荷。

(3)“三湖”。滇池流域大部分入湖河道水质为劣Ⅴ类,致使滇池水质为劣Ⅴ类;太湖西部上游15条入湖河道均为劣Ⅴ类,使太湖水质改善缓慢;巢湖北部南淝河、派河、十五里河等入湖河道均为劣Ⅴ类,使巢湖水质改善缓慢。均主要是因污水处理厂排放大量污染负荷所致。

(4)上海等特大城市。上海,不含TN评价,14个水利控制片中水质Ⅴ~劣Ⅴ类的有9个,占64%;中心城区河道水质均为Ⅴ~劣Ⅴ类;若含TN评价,绝大部分河道均为劣Ⅴ类;淀山湖水质为劣Ⅴ类。上海河道污染严重主因是有处理能力788万m^3/d的53座污水处理厂,处理标准基本为一级B~一级A(其中有部分污水处理厂尾水不排入域内河道),污水处理厂年排放尾水21亿m^3,相当于超过上海本地地表径流量40亿m^3的一半,水质难以全面好转。北京、广州基本与此类似。

3.2　以往“三湖”控污规划方案未充分重视污水处理厂提标举措

(1)分析“三湖”多个综合治理规划或方案,相当的治理目标欠科学或采用的综合集成技术方案难以达到治理目标。如“三湖”2010年的水质目标绝大部分基本未能实现;巢湖南淝河2015年的NH_3-N目标仅为6.5 mg/L,过低了。

(2)“三湖”流域以往编制治理规划方案的不足之一在于未重视污水处理厂提标。一般仅要求达到一定的污水处理能力及一级A或一级B的标准,而未提及进一步提高污水处理厂标准的措施,也未核算污水处理厂排放的污染负荷对流域水环境的影响。所以,普遍存在完成了污染负荷的削减量而不能达到河湖水体的水质目标。

3.3　2030年流域区域污水处理厂排放污染负荷量将超过其环境容量

如太湖流域、巢湖流域和滇池流域,至2030年的污水处理能力按一级A标准排放的污染负荷均将超其湖泊的环境容量。具体见本书第三部分的第一篇文章“综述|污染防治·控源截污·基本措施”的4.1.2的(1)。同时,上海、北京、广州等特大或大中城市河道或河网的环境容量小,2030年污水处理厂排放尾水的污染负荷均大于其环境容量。

4　人口稠密、社会经济发达流域区域削减污水处理厂入河湖污染负荷措施

国务院提出:强化城镇污染源治理,集中治理工业水污染,力争2030年全国水环境质量总体改善。为此编制流域区域的控污规划、方案时,要抓住提高污水处理标准和大幅削减污水处理厂入河湖污染负荷这一关键措施。

4.1　建设足够的污水处理能力和配套管网

分阶段建设足够处理能力的污水处理厂,且铺设全覆盖的污水收集管网系统,把污水排放户应处理的污水全部经由管网收集进入污水处理厂处理。合理布局管网和注意管网防渗和养护。

4.2　各地政府地方立法下决心提高污水处理厂排放标准

提高污水处理厂排放标准在技术上应该无问题,关键是地方政府目前没有制定更严格的污水处理厂污染物排放标准和相应规定,所以作为企业的污水处理厂不好执行也不愿意执行,因要增加部分投资和费用。许多污水处理厂的领导或其上级往往说我们已达到了国家最高的污水处理标准一级A。为此迟缓了污水处理厂减排污染负荷的进程。所以,地方政府应为提高污水处理标准立法及制定相应法规,投入相应资金。

4.3　制定比现行国家标准更严格的标准

全国各地的人口密度、社会经济发展程度各异，国家难以制定统一标准，各流域可根据具体情况制定比现行国家标准更严格的地方标准，提高标准可分为两个阶段。

4.3.1　第一阶段标准

人口稠密或社会经济发达地区的太湖、滇池流域的全部和珠三角、巢湖流域大部分区域，以及北京、广州等特大或大城市，2020 年起 TN 先提高至 5 mg/L，TP 提高至 0.05~0.1 mg/L。其他地区适当提高。

4.3.2　第二阶段标准

人口稠密或社会经济发达地区，2030 年起提高至 TN 1~2 mg/L，TP 0.02~0.05 mg/L；巢湖流域的其余部分如上游杭埠河、丰乐河流域，因河道水量大、水质好，可根据河道环境容量确定略低一点标准；其他地区根据环境容量确定不低于一级 A 的污水处理厂标准。

4.3.3　近期第一阶段标准完全可达到

根据目前我国技术水平和污水处理工艺，第一阶段标准完全可以达到。其关键：选择高效的复合微生物；采用先进的膜生物反应器（MBR）处理工艺等；适当延长污水处理时间。

无锡和深圳多座污水处理厂实际排放标准均可大幅度优于一级 A。其中，无锡城区的芦村污水处理厂、城北污水处理厂和太湖新城污水处理厂，近年其排放尾水可达到 COD 20~35 mg/L、TN 7~13 mg/L、TP 0.06~0.26 mg/L、NH_3-N 0.52~1.2 mg/L，处理生活污水的效果好于处理工业污水的。又如深圳清源宝公司 2008 年调试运行的深圳固戍污水处理厂、龙华污水处理厂，在基本未增加投资情况下采用特效复合微生物及其工艺技术，TN 可达 6~7 mg/L。第二阶段标准也可达，国外有成熟经验，我国也在研究和创造新技术、新工艺。

4.3.4　近期选择典型污水处理厂进行提标试验

《太湖流域水环境综合治理总体方案》提出，要制定更为严格的污水处理和排放标准；2015 年《水污染防治行动计划》提出，地方可制定严于国家标准的排放标准；中共中央、国务院《关于加快推进生态文明建设的意见》鼓励各地区依法制定更加严格的地方标准。所以，人口稠密、社会经济发达流域区域的污水处理厂在达到一级 A 基础上，各选择 1~2 个较大的典型污水处理厂进行提高排放标准第一、二阶段的试验，成功后全面推广。

4.3.5　提高标准的投资和费用增加不多

经调查，不论是新建或改造，第一阶段较大幅度提高排放标准的污水处理厂，因仅调整生化工艺、选择高效复合微生物，其工程投资较一级 A 标准增加不多；运行费用也仅少量增加。如深圳固戍污水处理厂和龙华污水处理厂运行费用较原来一级 B 增加很少，其处理污水的微生物费用仅 0.08～0.16 元/m^3；若新建污水处理厂采用特效复合微生物制剂及相关工艺，其投资一般与一级 A 标准相同。而第二阶段提高标准则投资和运行费用要相应增加较多。

4.4 提高工业污水处理标准及进污水处理厂处理

工业污染治理应源头治理和末端治理密切结合，调整企业结构，重污染企业关停并转，提高清洁生产水平。工业污水今后均应处理，大中型企业污水一般自行建污水处理厂处理，达到本区域污水处理厂同期标准排放；中小企业污水进工业园区进行分类联合处理，达标排放或达到接管标准后进污水处理厂处理。

工业污水处理的关键是降低成本。如深圳海量存储设备有限公司年排放高浓度特种污水 1.28 万 m^3，原处理设施落后，后利用先进特效微生物制剂生化处理和膜反应器工艺相结合进行改建，污水深度处理后全部回用，污水处理运行费用 8 元/m^3，仅为原成本的 10%。

4.5 再生水回用和污染物“零排放”

建设合理规模的再生水处理利用系统。凡有条件区域均应对可再生利用的各类污水进行处理后再生处理，甚至达到污染物“零排放”。此类例子很多，如深圳海量存储设备有限公司和无锡海力士-意法半导体有限公司的工业污水进行深度处理后全部回用，实现污染“零排放”；无锡中瑞低碳居住小区生活污水全部再生回用；北京的污水处理后大量作为河湖补水水源；滇池草海区域污水处理厂尾水相当部分不排入草海而进行再生水利用。实际上，再生水处理利用系统是污水继续处理或另一种污水处理方式，是污染源的源头治理与末端治理的结合。

4.6 其他污水处理

有相当规模湿地的区域可进行污水处理设施与湿地联合处理，处理后达到较高标准。另外，全面推广农村简易污水处理，处理设备设施应便于管理、节能；规模集中养殖源在资源化利用基础上全面进行污水处理；大力推进节水减排；建设鱼池污水处理系统。

4.7 控制其他污染源

人口稠密、社会经济发达地区在控污时，除了实施提高污水处理厂排放标准和削减其污染负荷等关键措施，同时应抓紧其他点源和面源污染的控制与治理。

5 科学规划，加强执法和保障措施

科学制定流域、区域控污规划、方案，特别要注重提高污水处理标准，满足本地环境容量要求；加大执法力度，加强对排污企业（含污水处理厂）的监督，对污水超标排放和偷排、弄虚作假，加大处罚力度，直至追究刑事责任，使违法成本高于守法成本；建立领导目标责任制和问责制；建立生态补偿机制，减排补偿、超排处罚，不封顶；科技支撑，研究和推广低成本、节能、高效的污水处理新技术、新工艺和进行技术集成创新。

参考文献

[1]中华人民共和国环境保护部，国家统计局，农业部.全国第一次污染源普查公报[OL].2010.

[2]王鸿涌，张海泉，朱喜，等.太湖蓝藻治理创新与实践[M].北京：中国水利水电出版社，2012.

[3]朱喜，胡明明，孙扬，等.中国淡水湖泊蓝藻暴发治理与预防[M].北京：中国水利水电出版社，2014.

[4]张耀华，朱金华，朱喜.太湖水环境演变及继续治理思路[J].人民珠江，2015(4)：84-86.

[5]中华人民共和国国家统计局.中国统计年鉴 2013[OL].2014.

[6]城镇污水处理厂污染物排放标准：GB 18918—2002[S].

[7]中国科学院南京地理与湖泊研究所，安徽省巢湖管理局.2013 巢湖健康状况报告[R].2014.

[8]无锡市水利局.2014 无锡市水资源公报[R].2015.

[9]上海市水务局.2014 上海市水资源公报[R].2015.

[10]国务院关于重点流域水污染防治规划(2011—2015)批复附件二：重点流域水污染防治规划.2012.

[11]国家发展改革委，环境保护部，住房城乡建设部，等.太湖流域水环境综合治理总体方案(2013 年修编)[OL].2013.

[12]地表水环境质量标准：GB 3838—2002[S].

[13]国务院关于印发水污染防治行动计划的通知.国发(2015)17 号.附件《水污染防治行动计划》.2015.

[14]中共中央国务院.关于加快推进生态文明建设的意见.2015.

[15]王鸿涌，张海泉，朱喜，等.太湖无锡地区水资源保护和水污染防治[M].北京：中国水利水电出版社，2009.

清淤除藻　削减内源[①]

河湖的内源主要是污染的底泥和水体中死亡的生物残体、有害生物蓝藻等,均应清除才能大幅减少内源的释放,减少二次污染。特别对于大中型蓝藻爆发的浅水湖泊是一个非常艰巨的任务。

1　清淤

1.1　清淤内涵与目的、作用

(1)清淤内涵。顾名思义,清淤就是清除淤积在河湖底部受污染的淤泥。底泥污染主要是氮磷和有机物及重金属、酚等有害或有毒物质。其来源主要是污水及固体污染物等外源污染物的直接或间接进入,也包括水体中动植物等生物的残体及如蓝藻等有害生物的沉积,也包括河湖原底质中所含的污染物质。

(2)清淤的主要目的是减少污染物的释放。清淤是为减少氮磷、有机物及有害有毒物质的释放及削减蓝藻种源,以改善河道湖泊的水质。所以,一般情况没有必要清除河湖全部的底泥,仅需要清除污染比较严重的一层底泥,故也称为生态清淤;清淤在一定程度上影响底泥中生态的原有平衡,但在实施清淤一段时间后,由于其有自我修复能力,底泥可建立新的生态平衡。

(3)清淤效果的显示快慢不等。① 黑臭河道清淤一般阶段性改善水质的效果特别明显,但在污染源没有得到彻底控制以前,在清淤后一段时间后,根据不同情况,有的半年至一年就需要进行再次清淤,在人口稠密、社会经济发达地区,此类现象比较多;若污染源得到良好控制或水体自净能力得到大幅度提高,则 3~5 年甚至 10 年以上才需要进行再次清淤,如上海的曹杨环浜由于污染源得到良好控制和全面修复生态系统,水体自净能力得到大幅度提高,从 2007 年治理完成,至 2019 年才再次进行清淤;黑臭河道一般需要实施彻底清淤,非黑臭河道的清淤深度是否需要彻底清淤至底部,则根据实际情况和必要性确定。② 湖泊清淤一般均有一定效果。如太湖供水危机后,2008~2018 年实施生态清淤 3 000 万 m^3,以太湖底泥平均含量 TN 0.077%、TP 0.049%测算,

① 此文作者为朱喜(原工作于无锡市水利局),2020 年 5 月编写。

共清除底泥中 TN 2.31 万 t、TP 1.47 万 t、有机质 43.8 万 t，相应减少底泥 N P 释放及去除了产生“湖泛”的有机质，使清淤区域的水质有一定程度的改善和蓝藻种源有所减少。如五里湖 2002 年 8 月进行了底泥清淤，从短期结果看，清淤对磷释放控制效果明显，清淤后原来释放状态被控制为接近零或负值，铵态氮释放表现为增加。据中国科学院地理与湖泊研究所范成新教授对五里湖清淤后底泥较长时间的跟踪研究，磷的释放速率由清淤前的 2.3 $mg/(m^2 \cdot d)$ 下降到清淤后 11 个月的 -0.6 $mg/(m^2 \cdot d)$，而 NH_3-N 的释放由刚清淤结束初期的 -202.0 $mg/(m^2 \cdot d)$ 上升到 11 个月后的 49.6 $mg/(m^2 \cdot d)$。综上所述，清淤对五里湖的底泥磷释放有一定的控制作用，可削减相应污染物的内源负荷，减低污染物含量。而对氨氮释放则控制效果较弱。③ 清淤不当也可能无良好效果。产生不良效果有：污染物释放没有得到控制，水质没有得到改善；生态系统难以恢复；清淤后 3~5 个月水体又发生黑臭或水质变差，说明此次清淤有问题：清淤的方法或采用的技术、机械设备欠妥；施工方案设计不妥或施工时操作不当，清淤过深直至硬底致使植物无法扎根生长；实施全面清淤而清除了全部生物，使生态系统恢复缓慢；清淤设备容易搅浑水，不利于改善水质；河道治理的整体配套方案设计不当；等等。

1.2　清淤方案

河湖清淤要有一个良好的方案，清淤后才能有良好的效果。

(1) 小河道或小水体的生态清淤方案的设计比较简单，一般只需要确定清淤的长度、宽度、深度等范围和施工机械、设备，完工后验收即可。

(2) 污染不严重的大中型湖库、水域则大部分不需清淤，或仅局部水域进行清淤；蓝藻爆发水域，特别适合冬天分水域清淤，能够起很好的除藻作用；一般湖泊清淤仅需要清除表层污染比较严重的泥层，不需要彻底清淤。对于湖泊等比较大的水域的生态清淤必须要有一个科学、完善的规划、方案，包括计划清淤处底泥成分的监测，清淤的范围、深度、方法、机械设备、监测、验收、效果与风险评估，招投标等。

(3) 一般小型有机污染和严重的黑臭河道的底泥应该全部清除，普通河道若需要清淤，则根据实际情况确定清淤的深度。

(4) 在城市村镇清淤，因土地资源紧缺，需充分考虑淤泥堆放场地，可考虑分段施工。

(5) 大水域的生态清淤同时要注意施工中的环境保护：① 采用合适的机械设备减少对水体的扰动；② 清淤泥水的远距离输送中防滴、漏、跑、冒；③ 清淤堆放地排泥场安全设计和泄水口要达标排放；④ 方案设计中要考虑生物多样性和物种的保留或其后的恢复；⑤ 进行清淤方式和回淤对底泥清淤效果的影响的评估；⑥ 应进行清淤后环境的效应监测和评估；⑦ 一般只需要考虑清除表层污染物较多或蓝藻种源较多的 10~30 cm 深度的淤泥；⑧ 生态清淤可以分片施工，分片大小合适，减少回淤，但生态清淤应一次性清到底，不宜分层施工。

1.3 清淤机械设备

1.3.1 抽干水彻底清淤

河湖清淤因情况不同而应采用不同的机械设备或技术。平原地区非通航的小河道、断头浜，其最佳清淤方式是抽干水彻底清淤，因其没有回淤。但对于平原地区河道沿岸有老房子且河道驳岸不结实的，在进行是否采用抽干水彻底清淤的决策时，需要慎重，因为抽干水后，河道驳岸失去了水对其的压力，老房子和河道老驳岸有可能开裂、塌陷或倒塌。河道抽干水后，可采用水力冲塘设备清淤，排走泥水；使用挖掘机械运走淤泥；个别施工条件较差的，辅以人工清淤。

1.3.2 水下清淤及要求

大部分清淤工程是采用机械设备进行水下清淤。选择设备原则：清淤后的回淤量小和尽量不搅浑水；优选采用设备依次为泵吸式、绞吸式、链斗式清淤设备，尽量少用抓斗式挖泥船；大河道清淤，也可用大型精确定位的环保清淤设备，但要进行预清理，即解决河中大体积、大件杂物的堵塞问题；若河道底泥中基本无杂物，可采用自动化清淤设备。

1.3.3 水下清淤设备

(1) 泵吸式清淤设备。此设备是用大功率泵直接吸走底部淤泥，不能清除硬质底泥。如气动吸泥泵生态清淤船为一体化设备，整个吸泥、排泥、运泥过程均为封闭式作业，不会扰动清淤泥层以下的底泥和水体，具有环保的优越性，清淤所得淤土的含水率比较低，但必须先清除大的杂物才能正常运转。

(2) 绞吸式清淤设备。此设备是使用旋转式绞刀头切削底泥并与水混合后经由泵吸走的清淤设备。软质与硬质底泥均可清除，吹送距离长短均可，清淤能力大小不等的设备型号齐全。分为两类：一是绞刀头配有环保罩的，在清淤时不搅浑上方水体的清淤设备。如太湖在 2007 年“5 · 29”供水危机后 2 000多万 m^3的清淤量均使用此设备。二是绞刀头不配有环保罩的，在清淤时要搅浑水的清淤设备。

(3) 链斗式清淤设备。此设备是在船只前进时与循环旋转链斗的同时作用下完成对水底淤泥的连续清除过程。一般只能清除软质淤泥，清除硬质底泥的效果比较差；清淤后需要运输船运走淤泥；清淤时，容易搅浑底泥上方水体，不环保,清淤后,改善水质的效果比较差,一般仅用于航道清除淤积的底泥。

(4)抓斗式挖泥船。抓斗式挖泥船是利用抓斗本身重量下坠插入底泥中再提升而清除底泥;软质与硬质底泥均可清除;清淤后需要运输船运走淤泥;因其投资少,技术要求比较低、容易操作,成本低,有大小不等的各种型号的清淤设备可满足各类清淤需求。清淤容易搅浑水、不彻底、回淤多,清淤后改善水质的效果很差,一般主要用于航道疏浚或取土,或用于改善水质要求不高的水域。

(5)自动清淤设备(机器人)。操作人员在岸上指挥清淤设备在水体底部进行清淤作业,清出的底泥由管道送至岸上或船上,底泥中含有大的杂物则不利于清淤作业的进行。

(6)混凝气浮法清淤。采用混凝气浮法使水底的有机半悬浮淤泥及蓝藻等全部浮于水面,然后将其打捞、处置,或可设计混凝气浮、打捞和淤泥藻水分离一体化的工作船。此类技术现有雷克环境科技有限公司的底泥洗脱船等,其他的有些尚在试验之中。

1.3.4　淤泥运输

清淤后大量的淤泥需要外运,所以需要运输设备。

(1)船运。因其价格低,凡能用船的均用船运,但要注意运输安全和控制运输期间的污染。

(2)管道运输。采用水力冲塘设备、泵吸式设备、绞吸式设备清淤的,可用管道直接将淤泥输送至堆泥场或直接进行就近处置。距离比较远的,可采用多级输送。

(3)汽车运。城市河道边有道路的可直接用汽车运往目的地,但成本比较高。

(4)人工运。个别可辅之人工外运,或与汽车运相衔接。

1.4　长效清淤技术

小型河湖一般需要 1~2 年或更长一点时间清淤 1 次;大中型湖泊则可10~20年清淤一次;淤积多的小河道甚至每年均要清淤 1 次。所以,长效清淤技术对于中小河道因其不需要年年清淤而具有相当的优势。此技术即是能够长期有效去除底泥中有机污染物的技术、设备,使底质中仅剩下无机物质。

(1)固化微生物。在河道或允许使用微生物的湖泊水域,可以使用有些高效复合微生物,其可直接、长期有效去除污染的有机底泥。如采用固载(固化)高效复合微生物设备则可直接清除河道有机底泥和净化水体,设备放置于河道中可长期(如 8~10 年)有效清除底泥和净化水体。需接电、电机功率小。

(2)金刚石碳纳米电子清淤技术。该技术为物理的电子技术,装置在通电后释放电子,在阳光下产生光电效应、光催化作用,数月可消除底泥中的有机质、氮磷,同时消除底泥表层的蓝藻。此类设备可直接清除有机底泥和净化水体,此设备适合放置于大水体清除有机底泥,设备使用1~2年后经维修保养仍可继续使用。需接电、电机功率小。与此类似的有复合式区域活水提质技术。

(3)光量子载体清淤技术。可直接清除有机底泥和净化水体,适合放置于中小水体中清除有机底泥,有效期1年。不需要接电,施工管理方便。此载体技术为光量子波物理除藻技术,其原理是将光量子的能量植入载体,放入水体后载体释放能量、产生氧气,经若干时间就能消除底泥中的有机物和氮磷等污染物及净化水体,该技术施工和管理方便、简单,不需要电源、阳光。

1.5 淤泥无害化处置、资源化利用

淤泥资源化利用,大部分是进行固化后作为土资源使用等。其中,大中型浅水湖泊清出的淤泥可与修复芦苇湿地抬高基底结合使用。

1.5.1 排(堆)泥场管理和淤泥无害化处置

有相当多的清淤设备、技术,需要堆泥场,所以需要选择和管理好堆泥场。

(1)选择和管理好排(堆)泥场地。场地一般选用废弃的河道、鱼池、荒地、滩地,并根据排(堆)泥场蓄泥能力与占地、地形、施工强度、促淤促沉技术,进行设计布局。泥场要筑好围堤,以防多余泥水流出。

(2)减少泥水污染二次释放。采用促淤促沉技术,设置数道物理栏栅和沉淀池或泥水径流沉降槽,其中阻水材料宜采用透水性好又能挡泥沙的材料;添加絮凝剂,效果好,但成本高。

(3)排泥场余水处理和达标排放。水质要求基本同农田灌溉标准要求。

(4)排泥结束后的工作。淤泥堆土区统一规划,加强泥场管理,泥场面层植被覆盖、绿化或复垦,减少雨水淋溶。

1.5.2 淤泥资源化综合利用

(1)回垫土。淤泥降低含水率后用于筑路、筑堤的回填土、绿化基土等。

(2)肥料。淤泥直接农用或进行堆肥后农用;进行微生物处理,用淤泥制作复合肥料、颗粒肥;有毒有害物质超标的淤泥应实行环保填埋。

(3)能源。利用淤泥中有机质资源燃烧产生热能,如有机质较多的淤泥经脱水至一定程度作为制砖和工业材料的掺合料,起到节约燃料的作用等。或与其他燃料混合作为混合燃料。

1.5.3 资源化利用的技术设备

(1)降低含水率的脱水固化技术或设备。如采用真空预压、脱水固结、添

加固化剂，以减少淤土占地面积和占地时间，提高占用土地使用率。

（2）采用清淤和淤泥固化一体化设备。清淤后将淤泥用管道送至岸上进行固化，后运走；清淤固化采用一体化设备，再用船或车运走。

1.5.4　大中型湖泊清淤的最佳利用是作为修复湿地回填土

如太湖、巢湖以后将大规模恢复湿地，需要大量土方，所以清淤后的淤泥可直接堆放于准备修复芦苇湿地处。并使用真空预压、脱水固结、添加固化剂或井点排水等技术降低淤泥含水率至规定标准，并在堆土处外围设置挡泥的设施或坝体。

2　除藻

除藻主要是采用各类有效的技术削减湖泊水面、水体和水底的蓝藻数量，也即同时削减了蓝藻所含的N P，特别是可以有效削减P元素、有效减少底泥释放P。蓝藻治理技术在本书第四部分打捞削减蓝藻技术中叙述。

参考文献

[1]朱喜，吴煜昌，徐道清.无锡市区水资源保护规划[R].无锡市农机水利局，1995.

[2]朱喜，张春，陈荷生，等.无锡市水资源保护和水污染防治规划[R].无锡市水资源保护和水污染防治规划编制工作领导小组，无锡市水利局，2005.

[3]朱喜，张春，陈荷生，等.无锡市水生态系统保护和修复规划[R].无锡市人民政府，江苏省水利厅，2006.

[4]朱喜，张春，陈荷生，等.无锡市水资源综合规划[R].无锡市人民政府，无锡市水利局，2007.

[5]王鸿涌，张海泉，朱喜，等.太湖无锡地区水资源保护和水污染防治[M].北京：中国水利水电出版社，2012.

[6]王鸿涌，张海泉，朱喜，等.太湖蓝藻治理创新与实践[M].北京：中国水利水电出版社，2012.

[7]朱喜，胡明明，孙阳，等.中国淡水湖泊蓝藻暴发治理和预防[M].北京：中国水利水电出版社，2014.

[8]朱喜，胡明明，孙阳，等.河湖生态环境治理调研与案例[M].郑州：黄河水利出版社，2018.

[9]太湖流域管理局，江苏省水利厅，浙江省水利厅，等.2008-2017太湖健康报告[R].上海：太湖流域管理局，2018.

[10]朱喜.太湖蓝藻大爆发的警示和启发[J].上海企业，2007(7).

[11]太湖流域管理局.太湖流域水（环境）功能区划[R].上海：太湖流域管理局，2010.

直接净化河湖水体技术[①]

河湖治理基本要求是控制点源、面源和内源的污染负荷,以及采取调水和生态修复等措施。但有时候仅依靠上述措施,不能在较短或相对较短的时间内使水体变清,此时就需要采用直接净化河湖水体技术。

1　直接净化河湖水体必要性

有时候需要比较快的净化河湖水体,但控源截污的措施跟不上,如城市的黑臭河道由于污水不能够全部接入管网进污水厂进行处理;排污口一时间难以全部封闭,特别是大城市有相当多的暗河(涵管),难以全部封闭排污口;有时候老城区的污水管与雨水管错接;有时候厨房生活污水或洗衣机污水排入了雨水管道;进入雨水管的初期雨水是污水,特别是大规模的城市区域此现象十分严重,一般下大雨、暴雨的初期半小时,从雨水管里排出的水是黑的,其污染物的来源:一是雨水中的污染物,二是雨水管(包括窨井)中相当长时间沉积的污染物。这些情况难以使河湖水体尽快变清,如上海在大暴雨后的1~2小时,苏州河两岸排污口排放的水均是黑臭水,以致苏州河在大暴雨后的数天都难以使河水变清。所以,有时候采用直接净化河湖水体的技术是很必要的。

2　直接净化河湖水体技术总体要求

总体要求:效率相对较高;成本相对较低;实施管理相对较方便;安全性相对较高;有利于生态修复;有效改善水质的时间相对较长;能够与其他治理河湖的技术相融合;百姓能够接受、专家不反对,或通过做思想工作使专家同意。

3　净化河湖水体技术种类

以技术本身分类,分为微生物、(微)电子、混凝气浮(沉淀)、曝气、生态修复等;以治理效果长短分类,分为短效治理技术和长效治理技术。

① 此文作者为朱喜(原工作于无锡市水利局),编写于2020年5月。

4　微生物治理河湖水体

世界上微生物有千万种。其中有益微生物有上万种。一般使用单一微生物净化水体的效果不佳，应选用高效复合微生物作为治理水环境的首选技术，其潜力巨大。

4.1　治理水污染微生物种类

微生物种类：好氧菌、厌氧菌、兼氧菌、制氧菌，也即包括氨氧化、亚硝酸氧化细菌、反硝化细菌等有益菌，其主要有光合菌、乳酸菌、酵母菌、放线菌、益生菌、硫还原菌、各类杆菌（芽孢、产气、乙酸、产碱等杆菌）等。人工投入微生物后，相当多可同时激活、催化土著微生物。其中，制氧菌在治理黑臭水体中有特殊的用途，可减少曝气增氧量甚至可不需曝气增氧。

4.2　微生物作用

微生物在水环境治理中的总体作用是净化水体（处理污水）、底泥和除藻。一般治理水体的微生物菌群中由 10 多种甚至几十种有益菌组成，能共同发挥作用。

（1）微生物净化水体。通过微生物的好氧、厌氧反应，分解、降解或转化水体或底泥中的脂肪、有机物、碳水化合物、植物纤维素等污染物，将污染物转化成 CO_2 和水，使 N 元素成为 N_2 进入大气，其中通过硝化（氨氧化、亚硝酸氧化）作用和反硝化细菌作用能较快降解 NH_3-N，而降解 TN 较慢、较难；此反应过程中也使 P 元素沉入水底成为不溶性 P；可在一定程度上削减其他污染物；吸收 N、P、C 等物质成为微生物机体的组成部分。微生物净化水体的同时一般也提高了透明度，高效复合微生物一般可同时消除黑臭。当然，净化水体的得力帮手还有植物和动物。

（2）微生物削减净化底泥。基本原理与净化水体相仿。

（3）微生物除藻和处理工业污水（略）。微生物治理河湖水体，与其他有关措施合理配合使用，则能起到更好作用。

4.3　微生物载体

微生物具有合适的载体才能发挥高效和持久作用。载体一般分为以下两类。

（1）自然载体。如河底和边坡的构造物质、植物水中部分、悬浮物质和水生动物等。

（2）人工载体。包括人工生成或放置的各种形状的物质，一般具有巨大表面积或多孔。① 巨大表面积载体如碳素纤维或塑料纤维等，其作用主要是使土著微生物或人工投入微生物能够在其表面形成生物膜,成为微生物栖息场所,利于微生物繁殖和固定。② 多孔物质如固载(固化)微生物,即固定在载体内的微生物。把微生物固定在载体内后成为微生物的母体、繁殖微生物的机器,固载微生物设备能抵御较强水流的干扰、冲击,使微生物能持久繁殖、存在,解决了水流冲走微生物的难题。

4.4 固载微生物具有稳定持久性

(1)人工加入固定化载体的微生物。具有优良复合微生物菌,能显著激活、催化土著微生物,若能给微生物合适的生境(水体、底泥、水动力、其他生物、种间竞争等),在一般情况下可长期有效发挥作用。但遇水流冲击或菌群衰退,则需适当或定时补充微生物。而固载微生物则无此缺点。微生物治理河道均需要解决微生物在冬季低温状态下提高活性和加强作用的问题。

(2)自然进入固定化载体的微生物。由于固定化载体有良好的栖息和营养生境,所以当载体放入水中之后,土著微生物就被吸引进入固定化载体,生长繁殖,发挥微生物的作用。土著微生物进入固定化载体有一个预备阶段,才能正常发挥作用。其后可以起到与人工加入微生物的固载微生物同样的功能。今后固载土著微生物是一个很有发展潜力的技术。

4.5 消除对微生物的误解

微生物对于环境、人类有好有坏,相当多微生物是有益的。实际上人们正在广泛利用微生物,如污水厂采用生化工艺(微生物)处理污水,利用微生物除藻、消除水体黑臭和有机污泥、净化水体,正在得到越来越广泛的应用。使用微生物要确保其安全性。但有些专家对使用微生物存在以下误解和偏见:

(1)有些湖泊不允许使用微生物。现在的潜规则是微生物不能在"三湖"中使用,但一般无明文规定。在水源地禁止使用微生物可以理解,但非水源地的湖泊或水域应该可以使用,应充分研究其安全性。

(2)河道治理禁止撒微生物。原因是使用微生物有一定的副作用,如在水流较急河道中使用微生物,因其未生成生物膜前就可能被水流冲走,或在平原河道虽一般情况下水流不急,但在下大雨以后水流急了就会冲走微生物;有可能下一次雨就需要撒一次微生物,这样成本太高。但这样笼统的规定不合实际,也不科学。① 微生物在全国广泛使用是不争的事实。② 平原水流静止或缓流的河道应该可以使用。③ 平原河道作为应急措施使用或一次性(或一轮)使用,如作为消除黑臭的先行技术,或作为净化水体和修复生态系统的先行技术,使水体清洁和提高透明度后可以种植沉水植物等均是可行的。

5　微粒子(电子)技术净化水体

(1)金刚石碳纳米电子净化水体技术。该技术为物理技术,其装置在通电后释放电子,在阳光下产生光电效应、光催化作用,能较快消除水体中的氮磷、悬浮物,起到净化水体和底泥的作用。比较适合大中型水体使用。该技术实施和管理比较方便、简单。类似的还有复合式区域活水提质技术。

(2)光量子载体净化水体技术。该技术为光量子波物理技术,是将光量子的能量植入载体,放入水体后的载体释放能量、产生氧气,经数天就能消除水体的氮磷、悬浮物,起到净化水体和底泥的作用。比较适合中小型水体使用。该技术实施方便、简单,不需要电源、阳光,管理方便。

(3)光催化净化水体技术。石墨烯光催化生态网,利用石墨烯的光催化作用,消除水体污染。作用过程:太阳光照→产生电能→生产氧气→净化水体。效果:有效提高透明度和消除 NH_3-N 等污染物;光照两周后,可明显改善水质,使污水变清;适宜在静水或慢流速的小水体中使用。

6　混凝技术净化水体

混凝技术即使用混凝剂(絮凝剂)使水体中的悬浮物依附于混凝剂(絮凝剂),使其上浮或沉淀,达到清除悬浮物的目的。或使用气流喷射技术使水体和水底的悬浮物(有机物)悬浮于水面,再去除。如采用雷克公司的底泥洗脱船可使水底的有机悬浮物质和蓝藻上浮、去除。

7　曝气技术净化水体

曝气技术是将空气中的氧气(或直接用纯氧)强制向水体中转移,使水和空气充分接触以去除水体中的有毒有害物质或氮磷、有机物等污染物质的技术。曝气技术一般需要曝气装置和配套管路系统,也可配以喷泉、多阶跌水等曝气设施。此技术一般在河道治理特别是黑臭河道的后续治理中得到广泛引用。

8　添加剂技术净化水体

添加剂技术是在治理水体的过程中添加某一种物质,以达到消除或削减某一种或多种污染物的技术。可消除或削减的污染物质包括氮磷、有机质、有毒有害物质及蓝藻、藻类等。选用的添加剂必须是安全的、符合安全标准的物质。

添加剂可以是粉剂、颗粒状或水剂。如可利用某类食品级的添加剂净化水体；向水体喷洒锁磷剂，使水体中P颗粒沉入水底，降低P浓度，减慢蓝藻生长繁殖速度或消除蓝藻，净化水体；天然矿物质净水剂可以使水体中的悬浮物、蓝藻等沉于水底，从而净化水体等。

9 常规净化水体技术

（1）控源截污。是净化水体的基本技术，包括采用各类技术控制和削减点源和面源产生的污染负荷和阻止其进入水体，以及封闭城市村镇的排污口等。也包括控制雨水排放口污染的技术或控制初期雨水污染的合流溢流制技术。

（2）调水。采用调好水进入受水区域或调差水出水域外，能够起到增加环境容量和自净能力，带走蓝藻和污染物质，改善水质等作用。

（3）清除内源。包括清除污染的底泥、有毒有害物质及蓝藻等，也可起到净化水体的作用。

（4）生态修复。在适当的能够满足一定生境条件的水域中，修复、恢复或重建与之相适应的生态系统。生态系统的生物主要包括沉水、挺水植物，浮叶、漂浮或湿生植物，也包括鱼类、底栖动物和微生物等生物。大面积的生态修复一般也称之为修复、恢复湿地。如芦苇湿地、沉水植物湿地和混合类植物湿地均可吸取N P，净化水体或同时固定底泥、减少底泥悬浮物和释放污染物、抑制蓝藻生长；鲢鳙鱼、贝类、浮游动物滤食清洁水体等。

10 技术搭配

众多的净化水体技术可以单独使用，也适合搭配集成使用：常规类净化水体技术与（微）电子技术、混凝技术、曝气技术、添加剂技术中的二项或多项技术可搭配使用；净化水体和净化底泥技术可搭配使用；使用净化水体技术使水体变清后，可种植沉水植物；等等。

净化水体技术的搭配方式：可把净化水体的一项或多项技术在河道上设置为一级或多级河段净化池，在大水体中设置为一片或多片水域，在河道旁设置一个或多个旁侧净化池、氧化沟，在河道流入湖泊时设置入湖的前置库、净化池等，可根据具体情况确定。

11 净化河湖水体的单项长效治理技术

11.1 长效治理净化河湖水体的概念

长效治理技术即是能长期有效治理河湖，使水体长期保持清洁的技术。长效治理技术应包括两部分：长效治理河湖水体及长效治理其底部淤泥。只有把这两部分同时长期治理好,才能称为长效治理技术。

治理河湖污染需要消耗大量氧气,而所消耗的氧气中,治理底泥污染所消耗的氧气一般明显多于治理水体污染所消耗的氧气。所以,所谓长效治理技术,就必须是能同时消除水体和底泥污染的技术。也只有同时净化水体和消除污染的底泥,大幅度减少底泥释放污染物,才能确保净化后水体的持久稳定。若不能同时净化和消除底泥,则其作用较小或不能持久。

在净化底泥过程中,可能存在一种现象,即在削减、净化底泥的初期,可能已变清的水体又变浑、水质略微变差;但过一段时间,底泥表面的有机质得到削减净化后,水体即可恢复清澈及水质好转,这是正常的过程。若底泥已基本得到消除,又基本无外源(不含降雨降尘)进入,则水体可保持持久清澈与水质良好。一般消除有机底泥的时间,3 个月至半年可消除 10~20 cm,0.5~1 年或更长时间能消除 20~50 cm,若使用的技术好或底泥污染物比较单一,可以消除更多有机底泥。

单独治理河湖水体或底泥的技术比较多,但同时能够长期有效治理水体及其底部淤泥的技术、设备就比较少。

11.2　微生物和固化微生物技术

许多微生物具有一次性的或短期的同时净化水体和底泥的作用,但下一场大雨或暴雨就失效。相当多高效复合微生物是长效技术,能够同时有效净化水体和有机底泥,去除底泥中的氮磷、有机污染。但由于底泥污染物的种类和数量不同,投放微生物菌种不同,即利用微生物消除河道底泥需要的时间就不同。若采用固载(固化)高效复合微生物,则可长期有效直接净化水体和含有氮磷、有机污染的底泥。该设备放置于河道中,可长期(如 8~10 年)发挥使用。该设备施工、管理均比较方便,需要接电、电机功率小。

11.3　金刚石碳纳米电子技术

该技术为物理电子技术,装置在通电加电压后释放电子,在阳光下产生光电效应、光催化作用,在较短时间内就能净化水体,一定时间内消除底泥中氮磷、有机质等污染,同时削减蓝藻。此类设备适合于大水体河湖使用,每套设备的有效期为 1~2 年,需要接电,施工、管理均比较方便。类似的还有复合式区域活水提质技术。

11.4　光量子载体技术

该技术为物理技术,原理是将光量子的能量植入载体,当光量子载体放置于水体后,其释放出能量、氧气,可直接净化水体及清除含有氮磷、有机质的底泥。适用于治理河湖中的小水体,光量子载体的有效期为 1 年。技术的治理过程不需要接电、不一定需要阳光,施工、管理均方便。

11.5 曝气技术

曝气是将空气中的氧强制向水体中转移,使水和空气(氧气)充分接触以去除水体中有毒有害物质或氮磷、有机物,以及同时去除水体底部的有机底泥污染物。使用气体分为两类:天然空气和纯氧气(一般用工业制氧法从空气中制取氧气),采用纯氧曝气较单纯空气曝气的作用为强,因正常情况下空气中氧气的比例仅为21%。曝气技术在河湖治理特别是黑臭河道治理中得到了广泛使用。

12 净化河湖水体的多项长效治理技术综合集成

多项长效治理技术综合集成即是把前述的控制外污染源、削减内污染源和净化水体的技术进行综合集成,得到长期良好的治理效果。

常规的最好的长效治理技术综合集成:①彻底的控源截污+②长期有效清除内源+③长期有效净化水体+④良好的生态修复。

若真正做到上述式中的①+②,则可使大部分水体得到有效净化、水质达标;

上述式中的①+②,总有些不理想的地方或不理想的时候,主要是黑臭的小河道和下大雨或暴雨后的一段时间使水体质量变差,所以必须①+②+③才能使全部河湖水体得到有效净化、水质达标;

上述式中的①+②+③+④全部做好,就能够使河湖水体持久变清,水质达标。把全部河湖建设成为良性循环的、健康的生态系统的任务很艰巨,需要全国人民、各级政府和众多专家学者共同努力、想方设法,发挥我国特色社会主义体制能够集中力量办大事体制的优越性,持之以恒,达到目的。

参考文献

[1]朱喜,吴煜昌,徐道清.无锡市区水资源保护规划[R].无锡市农机水利局,1995.

[2]朱喜,张春,陈荷生,等.无锡市水资源保护和水污染防治规划[R].无锡市水资源保护和水污染防治规划编制工作领导小组,无锡市水利局主持,2005.

[3]朱喜,张春,陈荷生,等.无锡市水生态系统保护和修复规划[R].无锡市人民政府,江苏省水利厅,2006.

[4]朱喜,张春,陈荷生,等.无锡市水资源综合规划[R].无锡市人民政府,无锡市水利局,2007.

[5]王鸿涌,张海泉,朱喜,等.太湖无锡地区水资源保护和水污染防治[M].北京:中国水利水电出版社,2012.

[6]王鸿涌,张海泉,朱喜,等.太湖蓝藻治理创新与实践[M].北京:中国水利水电出版

社,2012.
[7]朱喜,胡明明,孙阳,等.中国淡水湖泊蓝藻暴发治理和预防[M].北京:中国水利水电出版社,2014.
[8]朱喜,胡明明,孙阳,等.河湖生态环境治理调研与案例[M].郑州:黄河水利出版社,2018.
[9]太湖流域管理局,江苏省水利厅,浙江省水利厅,等.2008-2017 太湖健康报告[R].上海:太湖流域管理局,2018.
[10]朱喜.太湖蓝藻大爆发的警示和启发[J].上海企业,2007(7).
[11]太湖流域管理局.太湖流域水(环境)功能区划[R].上海:太湖流域管理局,2010.

光量子载体技术(一)治理水体和底泥及案例①

1　光量子载体技术

1.1　光量子概念

光量子,简称光子(photon),是传递电磁相互作用的基本粒子。

1.2　能量加载技术

光量子能量波载体技术(简称光量子载体技术)是依据能量守恒原理,将特定的光波能量以极速放射方式植入环保物质载体内,使载体内部的分子与宽频光波产生持续共振作用,从而使载体内部的分子瞬间运动而吸收光波能量,使能量凝聚在介质载体中,其载体由多孔的矿物质组成。

1.3　光量子载体能量释放

当把能量加载过的光量子载体(附图 5.1)投入水体时,载体即会激发发射能量,产生 H、O、OH 等活性自由基,达到治理水污染、净化水体的作用。

2　光量子载体技术治理水污染机制

(1)载体投放入水,本身的缓释光波群及水体内自然存在波群之间实现概率性共振,从而剥离水分子,持续不断地释放氢、氧、羟自由基,提高水体自净能力。

① 此文作者丁少锋,姜国盛,苏州正奥水生态技术研究有限公司,电话 13776289989,编写于 2020 年 5 月。统稿:朱喜。

(2)·O、·OH 自由基为好氧代谢过程提供源动力,促进原生好氧有益菌生长,快速提高水体溶氧量;抑制、杀灭水体内厌氧有害菌,加速降解、削减水体内有机污染物。

(3)光量子载体能够干扰、抑制单细胞藻类生长。

(4)·H 自由基为植物光合过程提供源动力,促进好氧菌的生长,促进水生植物、动物健康生长;辅以人工修复植物、动物等,建成良性循环的水生态系统。

3 光量子载体技术优势

(1)纯物理方法,环保安全。其载体为天然材料,无二次污染,无须任何化学与生物药剂。

(2)见效快。投放光量子产品后,一般 7 天黑臭水体感官明显有效改善,7~15 天能消除水体黑臭,有效提高透明度,有关污染指标明显下降,溶解氧显著提升。

(3)性价比高。是治理污染水体新模式,一次施工长期有效,管理、维护成本低,在治理水体的同时可消除底泥污染,省去清淤费用,无其他能源消耗,能有效降低治理水体的总成本。

(4)施工简单、快速方便。可以直接原位治理,不需抽换水,不需清理水底淤泥,无需外接电源,采用网格化均匀布置,根据污染情况,每 20~100 m^2 投放一个载体即可,治理污染、无死角。

(5)能同时有效清除底泥中的有机污染。在净化水体的同时,根据底泥污染程度的轻重可在 2~6 个月内清除 10~20 cm 底泥的有机污染,以后相当长时间不需进行人工清淤,实现水体和底泥共治。

(6)环境适应性好。光量子技术广泛适用于河湖水污染治理、黑臭水体治理、蓝藻治理、水源地水质保护等,不受地域的影响。

(7)管理、养护方便。施工后日常基本不需人工维护。

(8)有效期长。一次施工,有效期为 1 年。载体入水后,其能量有一个衰减过程,若水体基本无外源进入及无内源释放,有效的使用时间还可以长一点。

(9)外部影响、限制因素少。基本不受阳光、温度、氧气等的限制,在低温、缺氧和缺阳光条件下也能发挥作用。

(10)有利于自然修复生态系统。经光量子载体技术治理的浅水河湖,一般 1 个月内水体可变清,其后促进沉水植物、鱼类和底栖生物自然生长,有利于抑制蓝藻生长,使水生态系统逐步进入良性循环。

4 案例 1 秦皇岛护城河治理项目

4.1 河道概况

本项目位于秦皇岛市海港区,护城河为相连的三段河道:上游一段长 400

m,宽 15 m,深 0.5~0.9 m;下游一段长 400 m,宽 15 m,深 0.5~0.9 m,河道两边是住宅区,其中农贸市场建在河道上,形成暗河;中间一段长 700 m,宽 7 m,水深 0.5~0.6 m,含两座桥。河道冬季水较浅、结冰,治理区域两端已拦坝。

4.2 污染源

点源:上游一段河道旁边为水产、禽畜交易的农贸市场,有排污口 1 个。

面源:无雨水收集管路,农贸市场及周围污染负荷较多的地表污水或初期雨水随地表径流直排河道。

内源:河底有大量发黑的底泥,向上覆水体释放污染物。

4.3 水质

护城河上游及宽度为 7 m 的河道段浑浊,有臭味;暗河水发黑,有刺鼻臭味。下游 15 m 宽的河水浑浊,NH_3-N 3.6 mg/L,TN 11.8 mg/L,COD 66 mg/L,为黑臭水体。下游河道在秦皇岛人民医院前,人员流动大,环境卫生要求高,黑臭河水已引起市民投诉。

4.4 治理目标

消除黑臭、提升水质至Ⅴ类标准。

4.5 治理措施

(1)控源截污,收集农贸市场排出的污水,并接入市政污水处理厂管网。

(2)治理方案。由于河水浅不宜采用传统曝气增氧设备,且暗河缺少氧气和阳光,不宜采用传统微生物技术,所以采用原位治理的光量子载体技术进行治理。在中游 300 m 暗河段共定位投置 60 块光量子载体,清除水体污染及底泥的污染;在上下两段 400 m 长的河道各定位投置 40 块光量子载体,共投置 140 块光量子载体。

(3)治理时间,从 2019 年 11 月 24 日起。

4.6 治理效果

经 1 个月治理,效果良好,完全消除黑臭、达到Ⅲ类水(评价不含 TN),水体清澈,超额完成Ⅴ类的目标(附图 5.2)。治理后较治理前削减:NH_3-N 86.2%;TP 31%;COD 85.3%;TN 88%(见表 1)。

表 1 秦皇岛护城河水质变化

项目	单位	NH_3-N	TN	TP	COD
治理前	mg/L	3.607	11.87	0.242	65.97
治理 1 个月后	mg/L	0.496	1.462	0.167	9.67
河道水质类别	类	Ⅱ	Ⅳ(湖泊)	Ⅲ	Ⅱ
削减比例	%	86.2	88	31	85.3

4.7 项目分析

(1)项目采用光量子载体技术进行治理,在未完全控源截污前提下,经过

1个月的治理,已消除黑臭水体、使水清澈见底,河道中出现水草、螺类等动植物;水质达到Ⅲ类,超额完成Ⅴ类的目标。同时,消除相当部分底泥污染。周边居民对治理效果很满意。

(2)治理过程有反复曲折:由于期间排污管道渗漏,污染物进入河道;修复底泥一段时间后污染物释放量增大,致12月上旬的总磷、氨氮、总氮上升。后经修补管道、截污,光量子载体技术清除相当部分底泥污染,其后使水质明显改善,达到很好的治理效果。

5 案例2 黎里新开河支流治理项目

5.1 河道概况

项目位于苏州吴江区黎里镇,毗邻黎里古镇景区,河道长300 m,宽10 m,平均深1.5 m。河道南部为苏州著名园林端本园。河道流经居民聚集区域,生态系统遭到破坏。

5.2 污染源

(1)点源:河道临近居民区,有10个污水排污口,生活污水间歇性排放入河,有两个饭店的污水直接排放到河里,河面有明显油脂漂浮;污水难以纳入市政污水厂管网。

(2)面源:初期雨水直接入河;河道边有两大片菜地,化肥、农药等随雨水入河。

(3)内源:河底淤泥污染严重。

5.3 治理前水质

NH_3-N 2.23 mg/L,TN 12.13 mg/L,透明度0.3 m,夏秋季有蓝藻爆发现象。

5.4 治理目标

提升水质至Ⅳ类,透明度达到0.5 m以上,无蓝藻爆发。

5.5 治理措施

为避免产生噪声影响居民生活,不采用大型增氧曝气以及清淤设备治理水污染。在2019年4月27日开始,采用原位治理的光量子载体技术进行治理,投置普通光量子载体和治理蓝藻光量子载体合计60个,交叉投放。

5.6 治理效果

通过8个月的治理,取得良好效果,消除蓝藻爆发、达到Ⅲ类水,水体清澈(附图5.3)。

治理后的2019年12月21日较治理前:NH_3-N从2.34 mg/L(劣Ⅴ类)削减为0.187 mg/L(Ⅱ类),削减92%;TP和COD保持Ⅲ类;TN从3.89 mg/L(劣Ⅴ类)削减为0.4 mg/L,削减89.7%(见表2)。

表 2　黎里新开河支流治理项目水质变化

项目	单位	NH_3-N	TN	TP	COD
治理前	mg/L	2.34	3.89	Ⅲ类	Ⅲ类
治理 8 个月后	mg/L	0.187	0.40	Ⅲ类	Ⅲ类
削减比例	%	92	89.7	持平	持平

5.7　项目分析

(1)于 2019 年 4 月开始治理,以后夏秋季节水体表面均无蓝藻,水体清澈,透明度已提升到 0.7~1.0 m 左右。同时,消除了相当部分的底泥污染。

(2)由于原来河道底泥有机污染严重,有多个小排污口,治理初期由于光量子载体技术在消除底泥污染过程中,底泥释放污染物量增大,导致水质有所波动,且由于多个小排污口的污水直接排入,所以治理比较困难,水质有反复,治理时间比较长,TP、COD 基本保持Ⅲ类。若能够及时封闭排污口,水质则可以进一步改善。

6　案例 3　东海观音庙放生池项目

6.1　项目概况

项目位于上海市东海观音庙内,面积 300 m^2,水深 0.65 m。放生池为直立硬质护岸,池底为水泥底。

6.2　污染源

(1)点源:无。

(2)面源:污染物浓度较高的初期雨水入池。

(3)内源:池中放生饲养大量鱼类、龟鳖类,每天投放饲料,造成饲料及动物排泄物的二次污染;池中存在已腐烂的莲花等植物,增加氮磷污染;底泥污染严重。

6.3　治理前水质

TN 12.6 mg/L,COD 62.13 mg/L,透明度 0.3 m,水体暗黄色,属严重劣Ⅴ类水。

6.4　治理目标

透明度≥0.5 m,不发生蓝藻水华;提高水体自净能力,维护池内动物正常生长。

6.5　治理

池内有大量鱼类和龟鳖,不能投放化学药剂治理;观音庙池水浅,不宜采用传统曝气增氧及其他大型设备等产生噪声的治理方式。

治理措施：确定采用原位治理的光量子载体技术，投置普通光量子载体，采用网状定位方式共投置15块光量子载体。在2019年11月19日开始治理。

6.6 治理效果

放生池经光量子载体技术38天的治理，取得良好效果。水质明显改善，总评水质达到Ⅴ类（湖泊标准）。第二年5~6月均无蓝藻爆发，达到治理目标。

治理后的2019年12月27日较治理前：TP从0.393 mg/L削减为0.142 mg/L，削减63.9%；TN 12.6 mg/L削减为1.64 mg/L，削减87%；NH_3-N保持Ⅲ类；DO上升54%，达到11.8 mg/L，满足池内生物正常生长的要求（见表3）。

表3　东海观音庙放生池水质变化

项目	透明度（m）	DO（mg/L）	TN（mg/L）	TP（mg/L）
治理前	0.3		12.6	0.393
治理38天后	0.6		1.64	0.142
削减比例（%）	100	−54	87	63.9

6.7 项目分析

项目采用光量子技术治理1个多月，达到提升水质目标的同时，消除了相当部分的底泥污染，满足池内生物正常生长的要求。由于放生池底泥污染比较严重，若治理更长时间，可进一步削减底泥的有机污染。

7 案例4　圆通寺放生池项目

7.1 项目概述

苏州市吴江圆通寺是一座具有千年历史的江南名刹。放生池位于圆通寺内，面积170 m^2，水深1 m，为硬质护岸、池底。

7.2 污染源

（1）点源：无。

（2）面源：污染物浓度较高的初期雨水直接流入。

（3）内源：池中放生的大量鱼类、龟鳖，过剩的饲料及其排泄物成为主要污染源；底泥污染严重，易造成夏季缺氧。

7.3 治理前水质

TN 2.86 mg/L，COD 57.86 mg/L；水体发绿，透明度0.3 m，为劣Ⅴ类水，夏天有臭味。

7.4　治理目标

水体透明度≥0.5 m；增强水体自净能力，维护池内动物正常生长，消除臭味。

7.5　治理措施

圆通寺不宜采用会产生噪声的曝气增氧及其他大型设备治理；不宜采用化学药剂和生物制剂治理，以免影响水生动物的生存。

2019 年 11 月 23 日开始，采用原位治理的光量子载体技术，进行网状定位投置，共投置 15 块光量子载体。

7.6　治理效果

治理 38 天后，水体透明度由 0.5 m 提升到 0.95 m（附图 5.4）；水质改善效果明显，总体评价由劣Ⅴ类提升为Ⅳ类（湖泊标准）。其中，DO 上升 46.7%，达到Ⅰ类；COD 由 57.86 mg/L（劣Ⅴ类）削减为 15.25 mg/L（Ⅲ类）；满足了提升水体自净能力的要求，也使池内动物正常生长（见表 4）。

表 4　圆通寺放生池水质变化

项目	透明度（m）	DO（mg/L）	TN（mg/L）	TP（mg/L）	COD（mg/L）
治理前	0.5		2.86	0.077	57.86
治理 38 天后	0.95		0.48	0.072	15.25
削减比例（%）	90	−46.7	83.2	6.4	73.64

7.7　项目分析

圆通寺放生池采用光量子载体技术经 1 个多月治理，达到治理目标，同时消除了相当部分底泥污染。

8　案例 5　安徽临泉县十字河治理项目

8.1　河道概况

项目位于安徽省阜阳市临泉县，该县为全国第一人口大县，总人口 229.5 万；治理河道长 550 m，宽 5 m，水深 1.5 m，护岸为硬质直立挡墙。河道较窄，大雨过后，上游来水量较大，流速较快，河道水位升高较快。

8.2　污染源

（1）点源：河道有较大排污口，生活污水直排入河。

（2）面源：① 道旁有块菜地，生产中使用农药、化肥，其污染随雨水一起入河；② 污染较重的雨水、地表径流直接入河；③ 河旁住宅区和泉河医院的生活垃圾随意丢弃入河。

(3)内源:河底堆积的黑臭淤泥污染严重。

8.3 治理前水质

河水重度黑臭,全年有刺鼻臭味,水面漂浮油污、生活垃圾、树叶等。TN 为 43.83 mg/L,NH_3-N 为 25.12 mg/L, COD 为 68.97 mg/L,透明度不足 0.2 m。

8.4 治理目标

消除黑臭;水体透明度提至 0.5 m 以上;居民感觉良好。

8.5 治理措施

河道流经人口密集区,有一段在泉河医院前,对环境卫生要求高,水体黑臭引发市民投诉;大雨后,流速较快,不宜采用多次撒微生物治理等措施。

2019 年 11 月 12 日开始,采用原位治理的光量子载体技术。定位放置,共投入光量子载体 20 个。

8.6 治理效果

治理 1 个月,透明度明显上升,消除水体重度黑臭;NH_3-N 由 25.12 mg/L 削减为 4.82 mg/L、削减 81%,TP 削减 78.5%,COD 削减 73.3%,TN 削减 62.4%,水质明显改善(附图 5.5)。周边居民非常认可治理效果,表示很满意。临泉县十字河水质变化(见表 5)。

表 5 临泉县十字河水质变化

项目	透明度(m)	NH_3-N(mg/L)	TN(mg/L)	TP(mg/L)	COD(mg/L)
治理前	0.2	25.12	43.83	2.36	68.97
治理 1 个月后	0.55	4.82	15.24	0.51	18.38
削减比例(%)	175	81	62.4	78.5	73.3

8.7 项目分析

(1)项目治理 1 个月,消除水体重度黑臭,明显提升水质,削减相当部分底泥。

(2)由于河道底泥较多、污染严重,在现阶段治理成效基础上,若能进一步控制排污口及再治理3~5个月,可清除更多底泥污染,水质可进一步提升。

9 案例 6 无锡摇车条河治理项目

9.1 项目概况

位于无锡市锡山区,治理河长 950 m,宽 15 m,深 1.2~1.5 m,面积 1.4 万 m^2。河道两端有坝,河两旁主要是工厂区。

9.2　污染源

(1)点源:有 12 个间歇性排污口排放工业污水和部分生活污水。

(2)面源:两岸地表径流污染。

(3)内源:污染严重的底泥释放大量污染负荷。

9.3　治理前水质

治理前水质为劣Ⅴ类,黑臭水体,NH_3-N 为 8.5 mg/L。河道 DO 较高,可能是此类工业污水黑臭的一种特殊情况,其原理有待研究。

9.4　治理目标

半年内消除黑臭;水质达到Ⅳ类。

9.5　治理措施

尽量封闭排污口。从 2019 年 12 月 10 日开始,采用原位治理的光量子载体技术治理,光量子载体进行网状定位,投置共 180 块载体。

9.6　治理效果

至 2020 年 5 月 17 日进行第 5 次监测,经 6 个多月的治理,水体透明度提高,水质总评达到Ⅱ类,超额完成计划半年达到Ⅳ类的治理目标。

水质改善:NH_3-N 由 8.512 mg/L(劣Ⅴ类)削减为 0.17 mg/L(Ⅱ类),削减 98%;TP 由 0.34 mg/L(Ⅴ类)削减为 0.045 mg/L(Ⅱ类),削减 86.8%;COD 由39.48 mg/L(Ⅴ类)削减为 4.13 mg/L(Ⅰ类),削减 89.5%。无锡摇车条河水质(见表 6)。

表 6　无锡摇车条河水质

项目	Ⅳ类标准	2019-12-10	2019-12-23	2020-01-06	2020-02-24	2020-05-17	2020-12-10/2020-05-17 削减比例(%)
pH	6~9	7.6	7.64	8.32	8.32	—	—
NH_3-N(mg/L)	≤1.5	8.51	4.69	9.08	0.59	0.17	98
TP(mg/L)	≤0.3	0.34	0.37	0.54	0.23	0.045	86.8
TN(mg/L)	≤1.5	15.6	5.64	11.19	4.86	1.96	87.5
COD(mg/L)	≤30	39.48	14.21	23.07	23.09	4.13	89.5

9.7　项目分析

(1)TN(河道评价一般不含 TN),由 15.62 mg/L 削减为 1.96 mg/L,削减 87.5%。说明投置光量子载体 6 个月后,净化了水体的同时,也消除了大部分的底泥污染。但在治理 2 个月时,才削减至 4.86 mg/L,说明当时剩余底泥的污染仍然较重、有相当的释放强度，1 月 6 日时，水质有相当程度的反复，TN 曾经升高至 11.2 mg/L。经 6 个月治理后使水质明显提升，由治理 2 个月时的Ⅳ类提升至Ⅱ类。

（2）该河道两旁为计划整治、拆迁地块，所以近期难以全面封闭排污口，因此采用光量子载体技术是治理此类河道快捷而效果良好的措施。

10　光量子载体技术治理河湖案例总结

（1）光量子载体技术净化水体速度比较快，黑臭水体 5～15 天即可明显改善；一般 0.5～1 个月可消除污染，提高透明度，水质可达到较理想程度。

（2）此技术可同时清除有机底泥，一般 2～3 个月可清除 10～20 cm 有机底泥，若污染底泥较深，则需要 3～6 个月或更长一些时间。

（3）清除有机底泥的过程中，一般在治理一段时间后水质有一个反复过程，表现为 NH_3-N、TP、TN、COD 等指标或其中部分指标有升高的现象，水质变差的时间长短不等，一般为 0.5～1.5 个月，具体视底泥中污染物的多少决定。

（4）光量子载体技术若与其他技术配合治理河湖水体，则效果更好、更持久，若此技术净化水体达到目标后，在基本没有外源的情况下，相当多的水体可以自然修复水生植物，若人工种植水生植物则可加快水体生态的自然修复，持续保持水体清澈，建成良性循环的水生态系统。

光量子载体技术（二）治理河湖及应用案例[①]

1　技术研发简介

光量子治理河湖水体技术是以量子力学、量子材料学、生物电磁学、电化学、微生物学、卫星通信工程学、计算科学等学科顶级专家为核心骨干，通过逾

① 此文作者为杨俊，现就职于苏州光谷子量子科技有限公司，手机号：18551535233，编写于 2020 年 6 月；统稿：朱喜。

十八年高效协同、联合攻关，多学科跨界融合取得重大突破，在黑臭、蓝藻水域生态修复领域，以高效、速效、长效及低成本而著名。

2　光量子载体技术净化水体改善生态作用机制

光量子能量波是依据能量守恒原理，将特定的光波能量加载到所选定的环保材料载体上，使载体内部的分子与宽频光波产生概率性的持续共振作用，使能量凝聚在介质载体中。当把光量子载体投入到水中时，载体持续释放光量子能量波，与水的波频产生共振，改变水分子理化特性。一方面，降低水分子键角，造成氢键弯曲甚至断链，使大的水分子团变成小的水分子团，同时单个水分子数量增多，提高水体的溶解度；另一方面，激活水分子，生成 O、H、·OH，产生强氧化能力，氧化分解水中大分子污染物。与此同时，水中溶解氧迅速升高，强化本土好氧微生物活性，促进水生植物生长及根系吸收，从而实现水生态系统的自然修复。

3　光量子载体技术净化水体反应过程

(1) 水分子通常会电离为 H^+ 和 OH^-：

$$H_2O = H^+ + OH^- \tag{1}$$

(2) 水分子在电子-空穴对的作用下发生电离，生成 O_2 和 H_2：

$$H_2O + 2h\nu^+ = O_2 + H_2 \tag{2}$$

(3) 氧气又会被光生电子还原为超氧阴离子自由基 $\cdot O_2^-$：

$$O_2 + e^- \longrightarrow \cdot O_2^- \tag{3}$$

(4) 水中的 OH^- 和电子-空穴对反应生成 $\cdot OH$：

$$OH^- + h\nu^+ \longrightarrow \cdot OH \tag{4}$$

(5) 水中 H^+ 同时会和电子结合，生成 H_2：

$$2H^+ + 2e^- \longrightarrow H_2 \tag{5}$$

(6) 水分子相互联系运动，因此经光量子能量波“改造”后的水分子会在一定范围内持续同化相邻水分子，使区域内水体均得到“改造”。尤其是流动水体，光量子能量波会随着缓慢流水向更远距离传播，形成链式作用，扩大作用范围。

4　光量子载体技术净化水体技术路线

4.1　提升溶解氧

将光量子载体投放到治理水域中，释放光量子振动波，激发水体振动，水体吸收氧气，从而达到提升水体溶解氧的目的。光量子能量波从光量子及原子、分子层面与水体产生共振，激发水体活性，提升水体溶解氧，且通过光量子能量波的波动性，能够全方位传送水中的氧气分子，包括底泥。而溶解氧是维持水生微生物、动植物生存和水体净化能力的基本条件。

4.2　促进微生物生长繁殖

水体中的生物种类和数量与水体自净关系密切，尤其是有益微生物的种类、数量及活跃程度是水体自净的基础要素。溶解氧提升后，充足的氧气促进有益微生物生长繁殖，使水体有了净化的基础要素。

4.3　污染物分解

（1）O、H、·OH 强氧化能力对污染物的分解。光量子载体投放到水体后激活水分子，生成 O、H、·OH，产生强氧化能力，氧化分解水中大多数污染物。同时，光量子波与水分子产生的共振打断大分子化学键，使其转化为小分子。

（2）微生物对大分子有机污染物的分解。大分子的有机污染物通过微生物的吸附、吸收及分解，变成小分子的有机物，其中氮可变成氮气从水体中溢出，有效降低了总氮。部分 NO_2^-、NO_3^-和 P 及有机酸等作为营养物质被水生动植物吸收。同时，水体中悬浮物（SS）减少，水体透明度提升。

（3）微生物对无机污染物的分解。以无机磷化合物为例，在微生物作用下，无机磷被转化为 ATP 和 ADP 进入生物体，ATP 和 ADP 是生物体中生物化学反应的能源，能促进水生动植物的繁殖与生长（见图 1）。

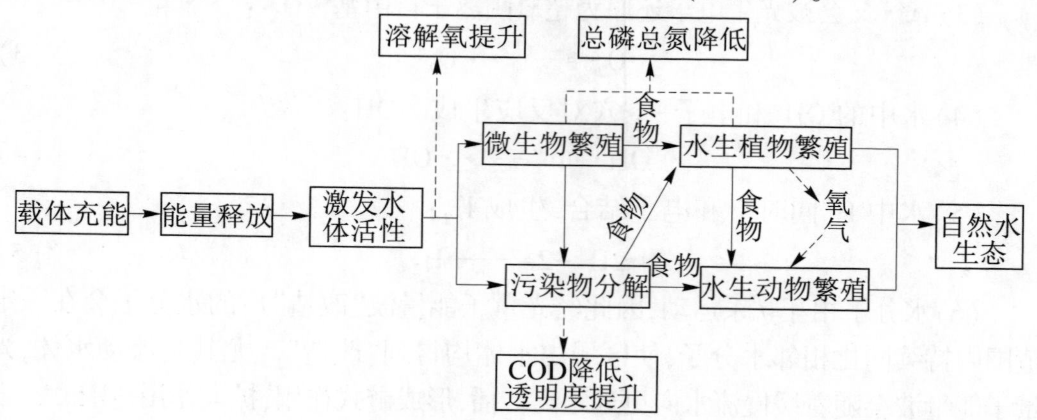

图 1　光量子技术净化水体和修复水生态技术路线

5　案例 1　武汉墨水湖蓝藻治理项目

（1）项目概况。墨水湖位于武汉市归元寺以西，汉阳大道以南，治理区域面积 7 000 m^2,水深 2~3 m。治理前蓝藻泛滥,为劣Ⅴ类水体。

(2)污染源。主要是地表径流、污水直排、垃圾等外源污染,以及污染严重的淤泥等内源污染。

(3)治理目标。达到地表水河道Ⅳ类标准,水面上见不到蓝藻聚集。

(4)治理。从 2019 年 9 月 20 日开始,采用光量子技术治理,放置光量子载体 70 个,并且进行生态修复。光量子载体治理范围为墨水湖的一半。

(5)治理效果。经 40 天治理,主要指标 NH_3-N、TN、TP、COD 分别削减 72.1%、71.2%、80.9%、60.5%,指标均达到河道标准的Ⅳ类水(见表 1,附图 5.6);水面上已见不到蓝藻聚集、爆发现象。截至 2020 年 5 月也没有蓝藻爆发现象。

表 1　武汉墨水湖水质变化

项目	单位	DO	NH_3-N	TN	TP	COD
治理前	mg/L	2.14	3.35	3.83	1.11	38
治理 40 天后	mg/L	8.13	0.935	1.103	0.212	15
削减比例	%	增加 279.9	72.1	71.2	80.9	60.5

(6)分析。此项目由于底泥较深、污染较重,又有蓝藻爆发,TP 削减速度比较慢,所以在治理 40 天后监测的 TP 下降速度不够理想,估计需要 0.5~1 年的时间才能把底泥的污染消解完和消除蓝藻所含的 TP,或增加光量子载体的放置量也可加快提升水质的效果。

6　案例 2　苏州园林畅园池塘治理试验项目

(1)项目概况。畅园位于苏州市城西庙堂巷,治理面积 100 m^2,水深 1~1.5 m。

(2)污染源。主要是地表径流、居民生活污水直排、生活垃圾等外源污染,以及为污染比较重的淤泥等内源污染。治理前水体浑浊,有刺鼻气味,透明度为 10 cm,属黑臭水体。

(3)治理目标。达到地表水河道Ⅳ类标准,消除黑臭现象。

(4)治理措施。从 2019 年 9 月 11 日开始,采用光量子技术治理,放置光量子载体 2 个。

(5)治理效果。经 30 天治理,主要指标 NH_3-N、TN、TP、COD 分别削减 42.1%、59.3%、70.8%、55.3%,达到Ⅳ类水标准(见表 2,附图 5.7);已消除臭味。

表 2　苏州畅园水质变化

项目	单位	DO	NH_3-N	TN	TP	COD
治理前	mg/L	2.52	1.903	2.53	0.89	38
治理 35 天后	mg/L	6.89	1.03	1.101	0.26	17
削减比例	%	173.4	42.1	59.3	70.8	55.3

(6)分析。该试验项目由于淤泥较深、污染较重,放置 2 个光量子载体比较少,估计需要更长时间或增加光量子载体的放置量才能把底泥污染比较快地消解完,使 TP 达到比较理想的效果。

7　案例 3　大连深矿坑黑臭水体治理项目

(1)项目概况。项目位于大连某郊区。水体面积 15 000 m^2,矿坑水深超过 13 m,最深达 172 m,水底淤泥深度超过 3 m,水体浑浊,透明度几乎为 0,水质恶臭,各项污染物指标严重超标。

(2)污染源。该矿坑之前为一猪场的粪便、尿液收集池,加之周边居民的生活污水排入,使氮磷指标严重超标,TN 达到 643 mg/L,TP 达到 6.22 mg/L,属重度黑臭水体。

(3)治理目标。消除恶臭,大幅度降低 TN、TP、COD 指标。

(4)治理措施。2019 年 12 月 10 日开始,采用光量子载体治理,共配置光量子载体 300 块。因水深超过 10 m,所以载体分两层布置,其中 150 块放置在水底,另外 150 块采用浮球悬挂,放置在水深 7~8 m 处。

(5)治理效果。通过 15 天治理,效果良好,消除水体重度黑臭,指标削减率为:TN 96.9%,TP 53.7%,NH_3-N 96.5%,COD 28.7%(见表 3,附图 5.8)。满足甲方的要求。

表 3　大连污水治理项目水质表

项目	TN	TP	NH_3-N	COD
治理前(mg/L)	643.0	6.22	418.0	188.0
治理后(mg/L)	19.8	2.88	14.7	134.0
削减比例(%)	96.9	53.7	96.5	28.7

(6)分析。此深矿坑为特别严重的黑臭水体,内有长期累积的深度超过 3 m的重污染底泥。所以,其治理速度比较慢,通过 15 天治理已大幅度削减污

染物,已满足甲方的要求。治理继续,则可进一步削减水体和底泥的污染物,达到更好的治理效果。

8　案例4　六盘水卡达凯斯人工湖黑臭水体治理项目

(1)项目概况。卡达凯斯人工湖位于六盘水市水城县,治理区域面积16 000 m^2,水深1~1.5 m。

(2)污染源。污染源外源主要是地表径流、居民生活污水直排,内源主要是污染严重的淤泥。治理前水体浑浊,有轻微刺鼻气味,透明度为20 cm,属黑臭水体。

(3)治理目标。达到地表水湖泊标准Ⅴ类,消除黑臭现象。

(4)治理措施。从2020年1月24日开始,采用光量子技术治理,放置光量子载体160个。

(5)治理效果。经50天治理,水清澈见底,无刺鼻气味,水质达到Ⅴ类。水底淤泥从黑色变为黄色,且有大量水生植物自然生长(见表4,附图5.9)。

表4　六盘水卡达凯斯人工湖治理水质变化

项目	单位	NH_3-N	TN	TP	COD
治理前	mg/L	5.64	7.14	0.227	19
治理50天后	mg/L	0.982	1.333	0.153	8.7
削减比例	%	82.6	81.3	32.6	54.2

(6)分析。

此项目由于底泥污染比较重,所以治理50天水质达到Ⅴ类。若继续治理数月,可消除更多的底泥污染,水质可以达到Ⅲ~Ⅳ类。

编者说明:

(1)光量子载体技术特点、优势等,在光量子载体技术(一)中已进行叙述,所以在光量子载体技术(二)中不再赘述。

(2)光量子载体技术(一)(二)的两个公司是合作单位,光量子载体技术(一)的案例中有部分是共同完成的。

固载微生物技术(一)及治理河道除藻案例①

摘要:湖泊富营养化和蓝藻爆发的主要因素是大量含有氮、磷元素营养物质不断排入河湖,使水体营养物质负荷量不断增加,超出湖泊自身的净化修复能力。微生物是食物链的开始端也是大自然的最终分解者,其作为水生态系统中的分解者,对污染物的去除和养分的循环起到十分重要的作用。因此,利用微生物技术来治理湖泊的富营养化和蓝藻水华也被普遍认可。固定化载体微生物技术则通过离子吸附、包埋、交联、共价结合等生物工程手段,将多种不同类型的、具有组合正相关效应的、具有降解污水中有机污染物的特殊功能的微生物菌群固定在一个多酶体系的载体上;通过曝气激活,使其源源不断地在水体中释放有效复合微生物菌群并繁殖生长,从而使其能够持续地降解污染物、净化水体和消除蓝藻;固载微生物设备是微生物发生器,在流水中仍能充分有效地发挥作用,是其他微生物所不能比拟的。

关键词:微生物;固定化载体;湖泊富营养化;蓝藻;治理

近几十年来,随着我国经济的迅速发展,排污量日益增加,加上长期以来人们对湖泊资源的不合理开发,大量含有氮、磷营养物质的污染物不断排入河湖,使水体营养物质负荷量不断增加,造成水体富营养化,随之爆发的蓝藻水华,严重破坏生态平衡,严重影响人们的健康生活和经济发展。湖泊富营养化和蓝藻水华爆发问题已成为我国乃至世界各国环境治理的难题。

国务院和各级政府加大投入,积极治理湖泊水环境,取得了阶段性成果。专家、学者、水环境工作者们也在积极地研究、探索,希望能够找到一种更有效、更合理的治理方法或措施。而微生物是食物链的最开始端,也是大自然的最终分解者,其作为水生态系统中的分解者,对污染物的去除和养分的循环起到十分重要的作用。因此,选择安全、高效的微生物,利用微生物技术来治理河湖富营养化和蓝藻水华爆发,被专家学者、水环境工作者们重点研究。本文主要通过我国湖泊富营养化和蓝藻治理现状、固定化载体微生物技术及案例来探讨其在我国河湖富营养化和蓝藻治理中的应用。

---

① 此文作者朱扣,现供职于 BioCleaner 载体固化微生物公司,中国区,电话:13092246898,2020 年 5 月撰写;统稿:朱喜。

1　我国湖泊富营养化和蓝藻治理现状

我国湖泊众多,绝大部分已富营养化。由于城市化进程加快、工业农业迅速发展以及人们的不合理开发利用,大量含有氮磷等营养物质的污染物进入湖泊,造成富营养化。在人为干预下,湖泊富营养化可在较短时间内形成。湖泊从贫营养化到富营养化甚至重富营养化,至蓝藻大爆发的非自然过程,一般仅需 10~20 年时间或更短。据 2009 年武汉第十三届世界湖泊大会资料,中国湖泊富营养化程度在 40 年内增加了 60 倍。1991 年调查 122 个湖泊有 51%富营养化,2005 年调查 133 个湖泊有 88.6%富营养化。

富营养化的结果是相当部分湖泊蓝藻爆发。如“三湖”(太湖、巢湖、滇池)是蓝藻年年严重爆发的浅水型湖泊,爆发面积大、叶绿素 a 多和藻密度高。2007 年,太湖因蓝藻大爆发而引发供水危机。其他一些湖泊有间隔性蓝藻爆发或轻度爆发,鄱阳湖和洞庭湖等大型湖泊虽已富营养化但因换水次数多而在主水流通过的水域没有蓝藻爆发;洪泽湖虽换水次数多但也有数次蓝藻爆发;杭州西湖、武汉东湖、南京玄武湖、云南洱海、星云湖等均有过蓝藻爆发。

国务院和各级政府非常重视湖泊水环境的治理,特别是 2007 年太湖蓝藻爆发引起严重“湖泛”而造成影响无锡总人口 300 万的供水危机后,政府增加投入,加大水环境治理力度。采取综合性的工程技术措施和相应的保障措施,取得了明显的阶段性成效,大部分湖泊富营养化程度有所减轻或得到控制;蓝藻爆发湖泊得到了一定程度的控制,有些湖泊如西湖、东湖、玄武湖等蓝藻爆发得到基本消除。

治理水体富营养化和蓝藻爆发的基本措施是解决水体中的氮磷污染问题。通常可采取以下措施:首先对湖泊的外源和面源进行控制,主要任务是控制人为污染源,减少或截断外部输入的营养物质;其次是对内源污染负荷进行去除,主要有工程措施、化学方法和生物措施等。微生物法是生物措施的一种。

微生物作为生态系统中的分解者,对污染物的去除和养分的循环起着很重要的作用。通过对氮的氨化、硝化、反硝化作用,微生物驱动着水体中氮的生化循环;微生物还参与有机磷的分解作用。利用微生物时,必须注意这些微生物对当地土著微生物的影响。因此,选择安全、高效的微生物尤为重要。CMIC 复合微生物固定化载体产品是其中的佼佼者。

2 固载微生物技术

CMIC 复合微生物固定化载体(简称固载微生物)产品是一种微生物活菌固定载体颗粒(附图 6.1)。它是利用微生物自然资源,经过多年的微生物分离、筛选及组合研究,将光合菌、硝化细菌、反硝化细菌、乳酸菌、放线菌、酵母菌等多种不同类型的、具有组合正相关效应的、具有降解污水中有机污染物的特殊功能的微生物菌群集合在一起,并在特定环境条件下培养,通过多年研究的特殊载体材料固定复合微生物群落,形成 CMIC 复合微生物固定化载体产品。它们即是自然界中可为人类利用且无害的微生物菌群,通过相互之间的共生繁殖关系,在其自身繁殖和新陈代谢过程中产生各种各样的活性物质。微生物具有氧化还原、脱羧、脱氨、水解、脱水等各种化学能力及捕食作用,对能量的利用比其他任何高等生物更有效,微生物高速的繁殖和遗传变异性使它的酶体系能够以最快的速度适应外界环境的变化。同时,微生物还具有代谢的多样性,环境中的各种天然物质,特别是有机化合物,几乎都可以找到能使其生物降解或转化的相应微生物。微生物降解或转化有机污染物的巨大潜能,被 BeiJerink 概括为"微生物的绝对可靠性"和"微生物降解的必然性"理论。CMIC 复合固载微生物产品经相关检测部门检测,结果表明:产品不含致病菌,不含重金属和有毒有害化学物质。卫生毒理检验结果:该产品无毒、无刺激性。

固载微生物技术是指通过离子吸附、包埋、交联、共价结合等生物工程手段,将多种特定污染物选配的优势组合微生物菌群固定于一个多酶体系的载体上,在满足微生物生长的生境条件下,通过植入载体,迅速产生出高密度微生物菌群,能够快速有效地降解有机污染物,满足改善水质的要求,去除臭味,并削减淤泥污染。

载体内的优势微生物是从自然界中(污水、底泥、土壤等)分离出来的正常的多种优势菌种,经过驯化后大量培养获得。这些从自然界中筛选出来的具有特殊功能的菌种,利用生物工程技术大规模生产,再加入吸附剂、活化剂、固化酶和微量元素等而形成;它能同时去除有机物、氨氮、磷,且同化少,传代稳定,耐盐度较高,并具有多种酶体系,可以在不同底物溶度的情况下,在一定时间内表现出不同的酶体系,利用水体中有机物及各种形态的氮、磷进行同化和异化作用,达到净化水体有机物的目的。

3　载体中主要功能性微生物

① 分解氨氮的微生物；② 防止硫化氢合成、去除臭味的微生物；③ 分解污泥的微生物；④ 在水中聚集氧气的微生物；⑤ 分解高分子碳氢化合物的微生物；⑥ 其他 10 多种微生物。⑦ 释放微生物浓度是普通菌种的 100~1 000 倍，最高可达到 2 万 UAF 数量级。

4　固载微生物新陈代谢作用

固载微生物技术能够充分利用微生物的新陈代谢作用，快速分解转化水体中的有机污染物。该技术能将污染物分解成二氧化碳、水、硫酸盐、硝酸盐、磷酸盐，其中的一部分成为微生物生长的养分，从而达到去除臭味、清理削减淤泥、除磷脱氮和净化修复水体的目的。

CMIC 复合微生物固定化载体产品含有高效除磷脱氮微生物群落、氧化分解有机污染物的微生物菌群及极端耐盐菌等，有其特定的生长周期。

5　固载微生物的特点

相比于其他微生物治理技术，固载微生物有许多特点：

(1) 细胞密度高，在单位体积下拥有更加强劲的除污能力。

(2) 长期有效，载体内微生物可持续释放微生物，多年内密度基本不会衰减。

(3) 反应速度快，不需要经过适应工况调试，微生物可直接工作。

(4) 耐毒能力强，能够有效抵御各种有机冲击负荷的变化，受到毒性物质攻击时仅仅使其休眠，而不使其失去活性。

(5) 在不能清淤、不能截污的地方，可以用于强化处理污水和污染底泥。

(6) 在流动水体中，微生物发生器一直在原位释放微生物，不会因为水流而消失。

6　固载微生物设备是持续不断生产微生物的设备

固载微生物技术是在生物强化技术和生物酶技术基础之上发展起来的最新的革命性技术，它是将活性污泥中的微生物优势菌种进行驯化、选配、组合，并用专利技术使其“睡眠”于载体中，从而达到长期自生、不受有毒物质的侵害、不会衰减的目的，固载微生物被称为可移动的微生物发生器（附图 6.2）。特别是可以应用于有一定流速的河湖，水流在带走部分微生物后，设备马上就能制造微生物，以补充带走的微生物，所以也称为冲不走的微生物。

7 案例1 昆明治理小清河除藻工程

7.1 工程概况

2018 年 8~10 月,美国 BioCleaner 公司在昆明小清河入滇池口段进行为期近 2 个月的固载微生物技术治理蓝藻、有机污染物及净化水体试验。试验段在河道滇池入口处,拦截河道 600 m,总计 5 000 m^2水面。水面覆盖蓝藻,其厚度为 0.9 cm。

7.2 治理技术

布置 1 台固载微生物发生器。其原理是通过大量释放有益微生物消耗水体中的 C、N、P 等元素,采用有益菌与蓝藻争夺食物链营养来源来消灭蓝藻。

7.3 治理效果

固载微生物技术在除磷脱氮方面有着不错的效能,试验中削减 COD 60%、NH_3-N 72.6%、TP 22.2%。其中,TP 在中间阶段有升高的趋势,其原因是蓝藻死亡后释放 TP,清除底泥污染的过程中释放 TP。后经微生物作用 TP 成为不可溶性磷沉于河底,降低其浓度。此次试验中,固载微生物技术同时消除微囊藻毒素-LR,即表示消除了蓝藻爆发。说明固载微生物技术在治理蓝藻和净化水体方面均有很好效果(附图 6.3)。

这种利用食物链争夺水体中 C、N、P 使得蓝藻彻底消灭,是 BioCleaner 载体固化微生物的独特之处,它相比于其他药剂类或菌液类,不用定期重复投加,一次性解决水体富营养化和蓝藻问题,且长期不复发(见表 1、表 2)。

表 1 小清河固载微生物试验段水质

项目	COD(mg/L)	NH_3-N(mg/L)	TP(mg/L)
9 月 21 日	50	2.37	0.09
9 月 24 日	31	1.95	0.14
9 月 26 日	39	1.45	0.11
9 月 28 日	26	1.17	0.12
10 月 8 日	24	1.02	0.15
10 月 10 日	30	0.78	0.04
10 月 12 日	22	0.91	0.07
10 月 16 日	20	0.65	0.07
削减比例(%)	60	72.6	22.2

表 2　小清河入滇池口微囊藻毒素检测结果

检测类别	检测项目	检测点位置	治理前	治理后
地表水	微囊藻毒素-LR(mg/L)	后端检测点	9.52	ND
		前端检测点	3.83	ND

注:ND 表示未检测出。

8　案例 2　广东佛山大沥镇溪头涌综合生态整治工程

8.1　工程概况

大沥镇九村支涌之一的溪头涌,位于大沥镇溪头村,西靠联河路、南依穗盐西路,河涌两岸居民密集,夹杂一定数量的工业企业,溪头涌总长为 950 m,工程段河涌长 750 m,宽 8~13 m,水域面积10 000 m^2;河道较为整齐,河涌两岸为大理石硬化护岸;河床基底标高:珠基-2.0~-1.0 m,河堤标高:珠基+1.5 m;水面高度:汛期珠基+1.0 m,枯水期珠基-1.0 m;该河道采用水泵换水。河道流速 0.06 m/s,如果水闸开启,则流速较快。

溪头涌以生活污水为主要污染源,少量的重金属切削液为次级污染源,水体黑臭、有机质污染严重,夹杂机械粉尘污染,河道流速缓慢,复氧效率不高,属于典型的轻工业区域内河型污染。存在排污口,每日河道进污水量约为 1 500 t,其中工业废水污染较为严重(见表 3)。垃圾污染严重;淤泥深度为 1 m,淤泥污染严重,为黑臭河道。

表 3　溪头涌主要污染指标

项目	COD_{Cr}	BOD_5	DO	NH_3-N	TP
河涌污染物质浓度(mg/L)	112.6	45.5	1.5	12.3	0.88

8.2　治理技术及方案

采取截污措施,但仍有部分企业偷排大量工业污水进入河道内。采用 CMIC 复合微生物载体污水净化技术,投入 10 台处理设备及 4 套曝气系统。

8.3　治理目标

8.3.1　污染因子验收标准

(1)第一阶段,2014 年 10 月 31 日前,主要污染物指标明显下降:COD 下降 20%;NH_3-N≤8 mg/L;TP≤0.8 mg/L。

(2)第二阶段,2015 年 4 月 30 日前,“消除黑臭”:COD≤40 mg/L;NH_3-N≤6 mg/L;TP≤0.6 mg/L;DO≥2 mg/L。

(3)第三阶段,2016 年 4 月 30 日前,达到Ⅴ类水质标准:COD≤40 mg/L;NH_3-N≤2 mg/L;TP≤0.4 mg/L;DO≥2 mg/L。

8.3.2 底泥有机质指标目标

(1)第一阶段,2014 年 10 月 31 日,底泥有机质下降 20%。

(2)第二阶段,2015 年 4 月 30 日,底泥有机质下降 30%。

8.3.3 感官性目标

两个月内消除黑臭,半年内达到地表水Ⅴ类标准。

8.4 治理效果

(1)设备运行 1 周,岸边不再闻到臭味(附图 6.4)。

(2)运行1个多月,水体得到明显改善,不再黑臭,淤泥大量减少,透明度增加。

(3)运行 3 个月,达到阶段验收各项指标标准。

(4)运行6个月,水体指标稳定达到地表Ⅴ类水,底泥得到相当程度的清除。

小结　对于黑臭水体,尤其是淤泥较厚,不方便清淤的地方,Biocleaner 载体固化微生物技术可以通过不断地在水体中释放微生物,从而削减有机淤泥中的污染物质。

9 案例 3　南京幸福河治理工程

9.1 工程概况

南京河西区幸福河示范段长 300 m,位于河西奥体中心北部,河宽 5 m,水深 1.4 m,为河道两侧小区生活污水的主要排放地,治理前水体恶臭,河面漂浮黑苔,DO 为 0.1 mg/L,河中多处淤泥上翻,透明度几乎为零。河道污染源主要为生活污水,每日均有一定量的生活污水入河。

9.2 治理技术及方案

运用 CMIC 复合微生物载体污水净化技术、生态浮岛下挂碳素纤维生态草等工艺相结合,对黑臭河道进行综合治理。首先,使用 CMIC 生物处理设备进行污染物削减,增加水体的 DO,使得有益微生物的含量大量增长,从而降低水中 TN、COD 的浓度;其次,在满足生态浮岛繁殖的水质条件下,于河道内布置 20 个生态浮岛,再结合碳素纤维生态草吸附水中微生物形成生物膜,从而降低水中 TN、COD 浓度。

9.3 治理目标

治理 2 个月,消除黑臭,淤泥大量减少;治理 4 个月,恢复水体生态系统。

9.4　治理效果

(1)设备运行 4 天,颜色开始转黄、异味消除、DO>5 mg/L、透明度 20 cm。

(2)设备运行 7 天,消除黑臭、DO 达到 10 mg/L,透明度达到 50 cm(附图 6.5)。

(3)设备运行 4 个月,同时加上生物浮岛治理,水质达Ⅳ类标准。

总结　通过上面 3 个案例可以说明,无论对于富营养化造成的蓝藻,还是受到污染的黑臭水体;无论是截流的静止水面,还是有一定流速的黑臭水体;无论是否清淤或截污是否彻底,BioCleaner 研发的 CMIC 载体固化微生物技术都能通过在水体中释放大量有益微生物,从而削减污染物质,达到事半功倍的效果。

固载微生物技术(二)治理河道及污水案例[①]

1　案例 1　北京顺义区小中河治理项目

河道概况:河长 10 km,宽 30 m,水深 2 m,以行洪为主,上游每天排入河道污染水量 6 000 m^3,主要是工业园区尾水和生活污水直排,是北京潮白河主要污染支流,属于劣Ⅴ类水。

治理目标:4 个月达到Ⅳ类水。

治理时间及技术:2017 年 9 月开始治理,采用 25 台固载微生物一体机,其他型式曝气机 4 台。

治理效果:4 个月后,考核段面达到Ⅳ类水:COD≤30 mg/L,NH_3-N≤1.5 mg/L,无臭味,无黑臭底泥。

2　案例 2　北京顺义区方氏渠治理项目

河道概况:河长 6 km,宽 30 m,水深 3 m,以行洪为主,上游每天排入河道污染水量,包括污水处理厂排放的一级 A 尾水 2 万 t/d 和直排的 300 m^3 生活

① 该文作者韩亚林,现就职于北京信诺华公司,电话 13801391802,撰写日期:2020 年 6 月;统稿:朱喜。

污水,河道水质为 COD 38 mg/L,NH_3-N 6 mg/L,属于劣Ⅴ类水。

治理目标:4 个月达到Ⅳ类水。

治理时间及技术:2019 年 6 月开始治理,采用 16 台固载微生物一体机设备。

治理效果:4 个月后,考核段面达到Ⅳ类水:COD≤30 mg/L,NH_3-N≤1.5 mg/L,无臭味,无黑臭底泥。

3 案例 3 云南省瑞丽市姐告河治理项目

河道概况:河长 25 km,宽 10 m,水深 0.5 m,上游为从缅甸直排生活污水,每天 6 000 m^3,COD 200 mg/L,NH_3-N 25 mg/L,流速比较快,臭味大,为黑臭水体。

治理目标:河道 2 个月达到Ⅳ类水。

采用时间及技术:自 2019 年 12 月开始治理,每天 6 000 m^3污水全部抽入边境口 1 个池内,配置一个大型固载微生物发生器,内产生 200 kg/d 固载微生物菌液,对池内污水进行处理,污水在池内停留 2 h,处理后池水及其含有的有效微生物菌液均排入姐告河里。

治理效果:自 2019 年 12 月开始治理,进行了 2 个月,河道考核段面达到Ⅳ类水,河道全程无臭味。

4 案例 4 贵州铜仁市郊养猪场污水处理改造项目

养猪场污水属于高氨氮污水,臭味大,全国处理养猪场污水能稳定达标的项目不多,管理复杂。

项目概况:每天有 200 m^3污水排入污水池,此项目为养猪场污水处理的改造项目。养猪场污水池水质:COD 2 600 mg/L,NH_3-N 1 500 mg/L。

治理目标:达到污水处理排放的一级 B 标准。

治理时间及技术:2017 年 6 月开始治理,两个养猪场各使用 2 台固载微生物一体化发生器,另有其他辅助设备。

治理效果:已运行 3 年,水质长期稳定达到一级 B 的标准:COD 60 mg/L,NH_3-N 15 mg/L;基本无臭味,同时日常无需人员看守、管理。

5 案例 5 宁夏银川市郊养猪场新建污水处理项目

项目概况:每天有 150 m^3污水排入污水池。

治理目标:COD 200 mg/L,NH_3-N 40 mg/L,TP 5.0 mg/L。

治理时间及技术：2018 年 4 月开始治理，两个养猪场共使用 3 台固载微生物一体化发生器，另有其他辅助设备。

治理效果：已运行 2 年多，水质长期稳定达到农田灌溉水标准，基本无臭味，同时日常无需人员看守、管理。处理后的污水直接用于农田灌溉，实现养猪场污水的资源化利用。

启示　现在全国大力发展规模养猪事业，其环境保护的关键是消除养猪场污水的污染，固载微生物发生器是目前治理规模养猪场污水的最佳设备之一。其具有省电、不需要人员日夜值班管理、可长期运行、效果良好的特点。

6　案例 6　呼和浩特污水处理厂提标中试项目

项目概况：污水厂处理的为混合污水。中试规模为 100 t/d。

提标中试要求：TN 达到 10 mg/L。

试验时间及技术：2019 年 2 月开始试验，采用固载微生物污水处理器。

中试效果：设备调试 7 天，NH_3-N 达到 2 mg/L，TN 达到 3 mg/L，已优于要求的 TN 10 mg/L。

说明：该固载微生物污水处理器技术具有去 TN 能力强的特点，已在全国 7 个污水处理厂完成提高处理标准的中试项目，平均出水达到 NH_3-N 0.1～2.5 mg/L，TN 1～3.3 mg/L，停留时间一般为 45 min，不需要再加吨水 0.8 元的碳源，同时具有不需要曝气增氧，处理成本低，平均吨水只需 0.2 元运营费，管理简单，占地少等优点，可用于国内大多数污水厂的改造。

7　案例 7　河南郑州市污水厂提标中试项目

项目概况：原污水厂是生活污水处理厂，总规模 3 万 t/d，提标中试水量：15 00 t/d。

进水水质：为原污水厂排放的尾水，COD 28.4 mg/L，NH_3-N 0.85 mg/L，TN 11.28 mg/L。

试验运行时间：2018 年 5 月开始，100 天。

停留时间：设计污水停留时间 1.5 h，实际停留时间 1 h。

提标试验效果：出水水质 TN 1 mg/L，NH_3-N 0.2 mg/L；TN 脱除率为 91.1%。

8　案例 8　杭州余杭污水处理厂提标中试项目

项目概况：原污水厂是工业和生活混合污水处理厂，总规模 3 万 t/d，提标中试水量 100 t/d。

水源特点:进入原污水厂的污水中 50%为生活污水,50%为工业污水(印染、机械、化工)。

进水水质:为原污水厂排放的尾水,COD 28 mg/L,NH_3-N 8 mg/L,TN 16 mg/L。

试验运行时间:2018 年 9 月开始,100 d。

停留时间:设计停留时间为 1.5 h,实际停留时间为 45 min。

提标试验效果:出水水质 COD 30 mg/L、NH_3-N 2.5 mg/L,TN 2.7 mg/L,TN 去除率为 83%。

9　案例 9　石家庄污水处理厂提标中试项目

项目概况:项目是位于石家庄经济开发区制药产业园的污水厂,是工业污水处理厂,总规模为 2 万 t/d,提标中试项目水量为 100 t/d。

水源特点:原污水厂全部处理工业污水,包括典型医药化工难降解混合废水,主要有抗生素医药及中间体废水、少量轧钢分厂等污水。

进水水质:为原污水厂排放的尾水,COD 50~87 mg/L,NH_3-N 平均 0.27 mg/L、最高 0.4 mg/L,TN 平均 9.34 mg/L、最高 10.6 mg/L。

试验运行时间:2018 年 11 月。

停留时间:设计停留时间 1.5 h,实际停留时间为 45 min。

提标试验效果:出水水质平均 COD 65 mg/L、NH_3-N 0.1 mg/L,TN 2.5 mg/L,TN 脱除率为 55%。

10　案例 10　河南渑池第一污水处理厂提标改造项目

项目概况:该项目为渑池第一污水厂提标改造项目,是对原污水厂排放的基本达到一级 A 标准的尾水进行提标再处理。项目规模为 3.3 万 t/d。

水源特点:原污水厂有两个处理系统,第一个是工业、生活污水混合处理系统,其 7 月排放尾水 TN 的平均值为 17.43 mg/L。第二个是生活污水处理系统。

提标改造时间:2018 年 2 月开始,设备安装 1 个月,调试运行后至 7 月测试。

停留时间:第一、第二个污水处理系统的停留时间分别是 1.5 h、1 h。

提标改造效果:工业与生活混合污水处理系统提标改造 7 月 TN 的出水平均值为 3.32 mg/L,削减率 81%(见图 1,数据由污水厂自测),效果良好。提标改造生活污水处理系统的 TN 很低,仪器已经测不出。

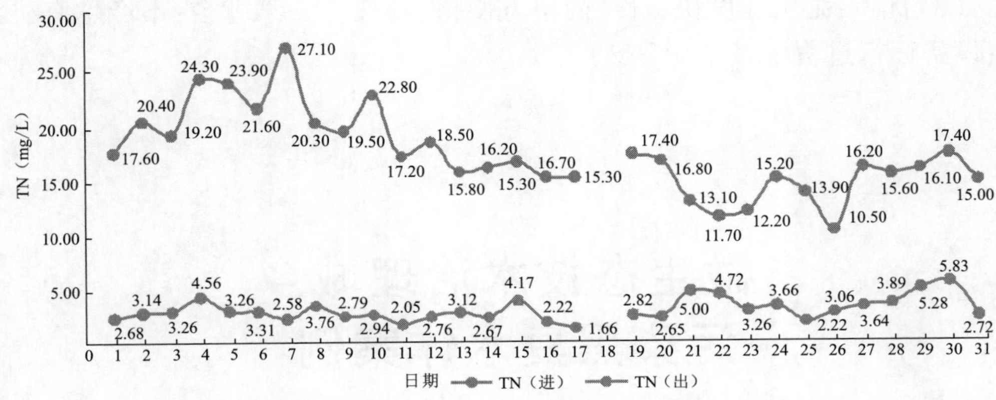

图 1　渑池污水厂 7 月进出水 TN 变化趋势

11　案例 11　邯郸东污水处理厂提标中试项目

邯郸东污水处理厂为生活污水处理厂，原处理标准为一级 A，试验项目规模为处理污水厂尾水 200 t/d，为反硝化深度脱氮中试项目，采用固载微生物处理罐形式处理，处理罐的容积为 15 m^3，处理周期(停留时间)为 1 h。

该提标中试项目 2020 年 1 月开始试验，至 2020 年 8 月，连续稳定运行 7 个月，出水指标 TN 平均 0.4 mg/L，相当于地表水的Ⅱ类标准，效果很好。为此与“邯郸建投”签署了 14 个污水处理厂提标项目合同。

12　固载微生物污水处理提标项目技术总结

上述案例 6 至案例 11 为污水处理提标试验项目，均获得了成功，现总结如下：

(1)出水标准：生活污水处理厂提标改造项目，NH_3-N、TN 可以达到地表水Ⅱ~Ⅳ类或更好；若是生活与工业污水的混合处理厂的提标改造项目，其中 TN 达到 2~4 mg/L。

(2)固载微生物反应罐容积：为日处理污水能力的 1/20。

(3)反应时间：反应罐中微生物反应时间一般为 45~60 min。

(4)运行费用：平地上为 0.1 元/t 水，主要为水泵用电，其次为固载微生物设备用电等；若污水厂为有一定高差的坡地，巧妙利用，则运行费用可省去水泵用电，运行费用仅 0.02 元/t 水。

(5)污水处理提标期间不用加 C 源。

(6)固载微生物使用周期：8~10 年，其间只需要稍加维护及适量补充硫源。

(7)设备连接：将污水厂二沉池上清液出水连接固载微生物反应罐。

（8）优点：施工速度快；管理简单方便，管理技术一学就会；不产生有机污泥；设备运行过程中基本无臭味。

微生态技术治理城乡污染黑臭水体案例①

1　背景与需求

过量排入水体的有机污染物被厌氧分解产生不同类型的物质；有些物质微量即可产生强烈黑臭。根据住房和城乡建设部、生态环境部统计数据（截至 2020 年 5 月底，http://www.hcstzz.com/），全国共排查出黑臭水体 2 869 个；从分布情况看，黑臭水体主要分布在经济相对发达地区。城市黑臭水体给群众带来极差的感官体验，严重影响城市形象，人民群众反映强烈。

近年来，政府高度重视城市黑臭水体治理工作。2015 年，国务院《水污染防治行动计划》（"水十条"）明确提出"2017 年年底前，地级及以上城市实现河面无大面积漂浮物，河岸无垃圾，无违法排污口，直辖市、省会城市、计划单列市建成区基本消除黑臭水体；2020 年年底前，地级以上城市建成区黑臭水体均控制在 10%以内；到 2030 年，全国城市建成区黑臭水体总体得到消除"的控制性目标。

城市黑臭水体整治技术大体包括以下几种：① 控源截污，包括控制污染源头和污染物输送全过程污染，截止污染物不进入水体。其中，主要措施之一是铺设污水管道收集污水，进污水厂处理，以防止污染物直接或随雨水排入城市水体，该方法是基本措施，需城市规划建设整体统筹考虑。② 内源控制，即通过清淤和打捞等措施清除水中的底泥、垃圾、生物残体等固态污染物。③ 活水循环，通过补入清洁水，促进污染物的稀释、扩散与分解；④ 生物治理技术，利用特定微生物，降解水体中的污染物，消除黑臭现象，可用作截污、清

① 此文作者为张梁，现就职于江南大学，电话 13861707271，编写时间为 2020 年 5 月；统稿：朱喜。

淤、引水的辅助手段。

因为历史原因,老居民区、早期拆迁安置房等一些基础设施相对落后的区域未能配套雨污分流、污水收集等系统,生活污水直排河道。这部分地区具有人口密集、情况复杂的特点,雨污分流、污水收集等扩建改造工程难度和政府财政资金压力很大。现行做法一般是定期打捞杂物、河道清淤、定期换水。即使这样,水质依然不稳定,黑臭现象时有反复,居民意见大、投诉频繁。

在建设基础设施的同时,采用合适的技术方案,实现水体长效治理、避免黑臭现象反复。这对于创建良好的区域水环境、延长治理工程使用寿命、节约政府投资具有现实意义。

2　技术原理

采用高效复合微生态制剂治理城市黑臭水体,3~5 天即可消除黑臭现象,逐步净化水体,恢复河道健康状态。

微生态制剂包括微生物净水剂和微生物底改片剂。净水剂主要作用于水体,将水中的大分子化合物分解成小分子化合物,而这些简单化合物又很容易被微生物所利用;在微生物代谢作用下,水体中碳、氮、磷等物质含量明显下降,藻类生长受到明显抑制;水体中的 COD、NH_3-N 等污染指标迅速下降,水体的黑臭异味现象得以快速消除(见图 1)。底改片剂(底改即是底质改良)作用于底泥,可快速沉降于水体底部发挥作用,提高底泥微生物的活性,强化底泥中有机污染物的分解,降低有机物浓度和底泥对上覆水体溶解氧的消耗,提高底泥的氧化还原电位,实现底泥的"有氧化"和"无机化"。经过微生态治理后,水体微生态系统逐步完善,河道自净能力大大提高。

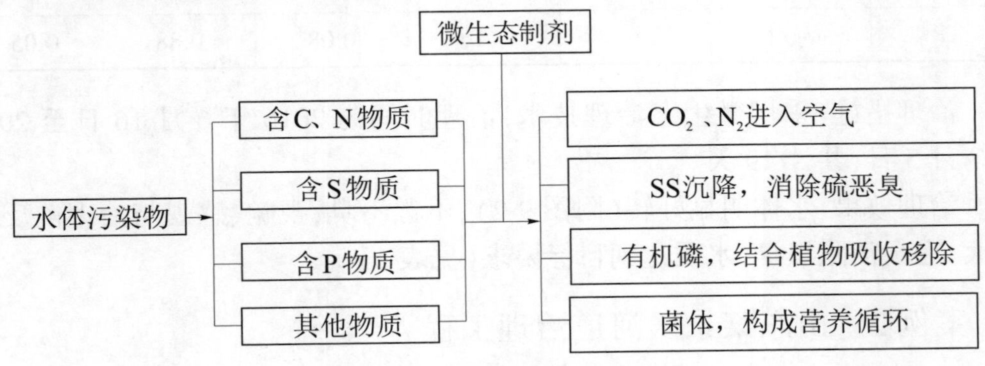

图 1　微生态制剂治理水污染过程图

治理时,只需向黑臭水体直接泼洒微生态制剂即可。如果配合水生动植物等辅助手段,水体可达到Ⅴ类或更好。

采用微生态技术治理城镇黑臭水体，对消除城市河道黑臭、改善城市水环境质量，实现河道清洁、河水清澈、河岸美丽，保障城市人居健康、促进城市生态文明建设、提升城市品质、促进社会和谐与经济持续发展具有极其重要的意义。

3　案例1　福建某排洪沟治理工程

福建省某排洪沟，水体上游连接防洪闸出口、下游位于某内湖末端入口处。水体主要由海水、生活污水、雨水构成，全长610 m，平均宽20 m，平均深度1.5 m（含淤泥层），蓄水量约18 000 m^3。雨季上游防洪闸随机排放雨污、下游桥下有少量生活污水常态排放。18号排洪沟，COD高达947～1 390 mg/L、DO 0.81～0.85 mg/L，为黑臭水体，透明度极差、感观非常恶劣；大量沼气、黑臭淤泥从水下冒出，被列入全国重点黑臭水体名单，属重度黑臭级别（编号：35000021）。

治理目标：消除黑臭，水质改善标准（见表1）。

表1　排洪沟水质监测数据

检测项目	单位	治理标准	下游		中游	
			治理前	治理后	治理前	治理后
DO	mg/L	>2.0	0.81	2.23	0.85	4.35
透明度	cm	>25	18	72	17	93
NH_3-N	mg/L	<8.0	4.19	0.23	7.88	0.145
COD	mg/L	—	1 390	72	947	43
TP	mg/L	—	1.16	0.08	0.88	0.05

治理措施：采用微生态治理技术，治理时间为2016年6月16日至2016年7月5日，共计19天。

治理效果：水体明显好转（附图9.2），不黑不臭，视觉、感观与治理前反差极大，完全消除黑臭，水质达到目标要求（见表1）。

4　案例2　山东某景区河道治理工程

该河段位于山东某旅游度假区内，往南距万平口生态公园仅3 km，往北距城市国家森林公园5 km。发源于某一街道后滩西村汇入黄海，干流总长约2 km，途径后滩西村、前滩西村等三个村。该河为汛期暴雨季节泄洪设计的全混凝土泄洪通道，平时流动性较差，水中溶解氧含量低，水体富营养化、水质差、河道自净能力低、水体景观差。水质为劣Ⅴ类。

治理目标：水质达到Ⅴ类。

治理：采用生物-生态修复技术的综合治理方案，降低水体中的 NH_3-N、COD 等污染物浓度、减少藻类泛滥、提高水体含氧量和透明度；通过建立河塘稳定生态系统，逐步恢复水体生态链，实现水体自净，从而达到维护水体、水质、水环境治理的目标。

主要措施：设置生态水生植物浮岛、景观喷泉、微生物平台装置及扰动式曝气，激活水体交换及增加含氧量。治理时间为 2019 年 9~12 月。

治理效果：各项水质指标均达到Ⅴ类水标准（见表 2，附图 9.3）。

表 2　景区河段水质监测数据

检测项目	单位	要求	治理前	治理后
COD_{Mn}	mg/L	<15	26	12
透明度	cm	>30	15	105
NH_3-N	mg/L	<2.0	23	1.4
DO	mg/L	>2.0	2	16
COD	mg/L	<40	156	33

第四部分 打捞削减蓝藻技术

序

本部分共有5篇文章，为打捞、削减蓝藻的技术及其案例。第一篇为概述，总体分析湖泊蓝藻爆发及消除技术。“三湖”除藻必须分水域进行，除藻应一年四季实施，冬季除藻效果优于夏季。汇集了一些收集到的，如削减蓝藻的微粒子(电子)、添加剂、混凝气浮、蓝藻与底泥协同清除、改变生境、生物种间竞争、治理富营养化、常规打捞清除等除藻技术，其中有些是试验成功并在一些小水域推广的或正在试验中暂未推广的，但相当多技术均未能在“三湖”(太湖、巢湖、滇池)蓝藻爆发的大水域正式使用过。故这些技术须进一步试验以取得实质性效果或进一步提高效率，再进入“三湖”示范和推广，推广则必须分水域进行，以期能在小水域使用的除藻技术能在分水域的“三湖”等大水体中得到实质性的应用，分水域除藻一般应实施技术组合型除藻，以取得最佳的除藻效果。第二篇是“德林海蓝藻治理技术的起源与创新”，德林海在大力推广除藻及藻水分离技术外，还开发了推流曝气增氧控藻设备、深井加压控藻设备、加压控藻船，以及实现了设计、设备制造、基建施工一体化，正在向更高层次前进。第三篇是新技术“金刚石薄膜纳米电子河湖治理技术及案例”，该技术可以在大水面范围抑制蓝藻生长繁殖，同时可以净化水体和污染的底泥。第四篇是鄂正农微生物治理湖泊消除蓝藻爆发案例”，鄂正农微生物在武汉的多个小型湖泊进行了消除多种蓝藻爆发的实践，很有说服力。第五篇是“复合式区域蓝藻和水土共治技术及案例”，采用碳纳米核磁、高级氧化、能量释放、固化载体土著微生物、纳米透析、电催化、微纳米气泡、活水循环等综合技术,实现除藻及治理水体和底泥的污染。若专家、读者有更多的技术或案例,可及时沟通、交流。

第三～五篇文章所述技术均是能够同时有效治理河湖的蓝藻、水体和底泥污染的新技术,但从总结的案例资料看,技术起步较晚。故希望能在大量推广技术、实施治理项目的基础上,对各项目进行较长期的跟踪监测和总结分析,使人们能更全面地了解这些技术对削减蓝藻和各类污染物质的功能、效率、成本和长期效果。

概述|湖泊·蓝藻爆发·消除技术①

1　消除蓝藻爆发应治理富营养化与削减蓝藻相结合

大中型湖泊仅依靠防治水污染和治理富营养化难以消除蓝藻爆发,应治理富营养化与削减蓝藻相结合。

2　N/P 比学说和消除蓝藻爆发关键是控 P 或控 N 的争论

(1)N/P 比学说。N/P 比学说是研究营养物质中氮磷含量比例对湖库蓝藻爆发影响的学说。一些专家认为 N/P 比大于 12(或 10)时,TP 是控制因子;N/P 比小于 10(或 7)时,TN 是控制因子;N/P 比在 7～12 时,则二者均是控制因子。近 30 年中,太湖富营养化的 N/P 比均在 19～45,所以认为最小因子 P 是影响蓝藻爆发的控制因子。

(2)理论上控制蓝藻爆发的关键因子可能是 TP。众多专家认同加拿大安大略实验湖区开展的历时 37 年的施肥实验结果,实验期间磷肥施入量保持不变,氮肥施入量持续下降直至 0,整个过程中湖泊始终保持高度富营养化,蓝藻水华爆发持续发生,所以认为控磷是关键。试验中的蓝藻是鱼腥藻和束丝藻等固氮蓝藻,可从空气中获取氮,故认为难以控制 TN,依此认为只能控制 TP。

① 此文作者为朱喜(原工作于无锡市水利局),2020 年 5 月编写。

(3)磷是控制因子的理论难以在“三湖”中得到验证。使蓝藻不爆发一般认为 NP 分别要小于 0.1~0.2 mg/L、0.01~0.02 mg/L。

① 至少到目前为止我国尚未发现仅通过控制 TP 能消除大中型湖泊蓝藻爆发的记录。② 根据目前的情况,蓝藻年年严重爆发的“三湖”位于我国人口稠密、社会经济持续发展和入湖污染负荷量大的区域,今后难以达到此标准。③ 自有记录以来,“三湖”无 P≤0.01~0.02 mg/L 的记录。④ 磷本底值高。如巢湖、滇池 P 本底值高,且较太湖高 1 倍,无法降低磷至 0.01~0.02 mg/L 的水平。⑤ 低 P 也可能爆发蓝藻。如广东茂名高州水库,TP 已到较低水平,2009 年、2010 年已达 TP 0.014 mg/L、TN 0.67 mg/L,但此时仍有鱼腥藻爆发。⑥ 底泥中不溶性 P 有时可转化为可溶性 P。有时水体虽 P 低,但蓝藻能发挥其所含磷酸酶的作用使底泥中的不溶性 P 转化为可溶性 P,或蓝藻多年大量死亡沉入水底发生厌氧反应使 P 转化为可溶性 P,供蓝藻吸收。

(4)没有达到 TN 0.2 mg/L、TP 0.02 mg/L,也可消除蓝藻爆发。如东湖、西湖、玄武湖、五里湖等在地表水Ⅳ~Ⅴ类甚至劣Ⅴ类时,就可基本消除蓝藻爆发。

(5)削减 N P 的同时大量削减蓝藻种源。此举可加快消除蓝藻爆发和达到消除蓝藻爆发的目的。如采用深度彻底打捞水面,水中及水底蓝藻、植物动物微生物除藻或综合措施分区域除藻,使藻密度降低到不爆发程度。

(6)影响蓝藻爆发因子除富营养化及 N/P 比外,还有其他许多因素。不必过多研究控 N 还是控 P 及 N/P 比的理论、学说,只要是能消除蓝藻爆发的措施、技术集成就是好的。

3　蓝藻爆发水域应大量削减蓝藻数量

河湖蓝藻爆发是水体存在蓝藻种源在合适生境下快速繁殖及缺乏种间竞争情况下达到一定藻密度而爆发的。治理富营养化是抑制蓝藻生长的基本措施,须与其他措施结合才能完全消除蓝藻爆发。

同时,应妥善区分“水华”和蓝藻爆发,“水华”是在 20 世纪五六十年代或更早的时候许多非营养湖泊如太湖、巢湖就存在的自然生态现象。所以,蓝藻爆发应消除,少量“水华”不必消除,一般也难以彻底消除。应该采用综合措施持续削减蓝藻数量和直至消除蓝藻爆发。

3.1　把治理“三湖”蓝藻爆发列入治理目标

治理蓝藻爆发列入治理目标,有利于提高“三湖”各湖长的积极性和主动性。没有治理目标,难以消除“三湖”等水域的蓝藻爆发。

3.2　蓝藻年年爆发的“三湖”等水域要增加打捞·消除蓝藻的数量

大规模打捞·消除蓝藻是治理蓝藻爆发的一项长期和必要措施。打捞蓝藻系列工作包括打捞、藻水分离和资源化利用三部分的技术集成。据统计，太湖周边城市 2007~2019 年共打捞藻水 1 450 万 m^3（含藻率 0.5%计），相当于清除蓝藻干物质 7.25 万 t，太湖蓝藻含 N、P、有机质分别为 6.7%、0.68%、76.7%，相应分别清除 4 857 t、493 t、5.56 万 t。巢湖打捞蓝藻于 2013 年开始，滇池打捞蓝藻已有 10 多年时间，但打捞量较小，“三湖”均应增加蓝藻的打捞能力和处理能力。以往主要打捞水面聚集的蓝藻，今后应打捞·消除包括水面、水中和水底的蓝藻。

3.3　改变打捞·消除蓝藻的策略

年年蓝藻爆发的大中型浅水湖泊“三湖”已经打捞蓝藻多年，但蓝藻爆发程度未得到减轻，应该深入思考此问题及分析其原因。应该将以往仅打捞水面积聚蓝藻的方法，改变为全年深入彻底打捞·消除蓝藻的策略：一是分水域打捞·消除蓝藻分水域时应设置可阻挡蓝藻和风浪的竹木桩、混凝土桩（外加滤布）的组合隔断，或设置透水坝，或设置围隔等设施；二是深度彻底打捞·消除水面、水中和水底的蓝藻；三是一年四季打捞·消除蓝藻。最后，把已经消除蓝藻爆发的各水域连成一整片没有蓝藻爆发的大水面。

3.4　打捞·消除蓝藻应一年四季实施

应该改变打捞·消除蓝藻的时间段。如太湖蓝藻密度在冬季仅有 500 万~5 000 万cells/L，太湖西部夏季则有 2 亿~20 亿 cells/L，所以说冬季打捞·消除蓝藻能更有效地降低蓝藻的生长繁殖能力。事实上，在“削减蓝藻技术汇总”部分介绍的许多打捞消除蓝藻的技术在一年四季均能使用，因此应改变目前仅在蓝藻爆发季节打捞水面蓝藻的习惯，实施全年打捞·消除蓝藻的新举措，打捞·消除蓝藻应从冬季开始。

4　削减蓝藻技术汇总

削减蓝藻包括抑藻和除藻两类。抑藻一般理解为通过改变生境或进行种间竞争减慢蓝藻的生长繁殖能力。除藻一般理解为消除蓝藻，一是通过打捞、鱼类滤食等措施直接消除蓝藻；二是通过物理、化学、生物等手段直接损毁蓝藻的一种或多种功能，如浮力、吸磷、储磷、光合作用、叶绿素等，使其死亡。抑藻、除藻两者有不同，但无绝对界限，有时候是共同进行的，两者削减蓝藻的速度快慢不等，但两者的作用均是降低藻密度，最终达到消除蓝藻爆发的目的。削减蓝藻技术有多类多种。

4.1 微粒子(电子)技术除藻

(1)金刚石碳纳米电子技术除藻。此技术的电极装置在加电压后释放电子,在阳光下产生光电效应、光催化作用,破坏蓝藻的细胞壁和细胞内部物质、消除蓝藻。此技术可在分水域圈定的范围内相当程度地削减藻密度,特别适合于冬季开始进行,一年四季都可运行,削减蓝藻,减少蓝藻种源,有效减轻、消除蓝藻爆发程度。此技术具有能源省、不添加化学物质、易管理、成本低,一年四季运行,同时可长期有效削减水体和底泥的 N P 等污染物、净化水体和底泥等特点。此类除藻技术还有复合式区域活水提质除藻技术。

(2)超声波除藻。此技术是利用适当频率的声波在水体中产生一系列强烈的冲击波和射流,破坏、杀死蓝藻或抑制蓝藻的生长。已在国内外试验成功并得到广泛使用。

(3)电催化技术除藻。此技术是电催化高级氧化技术,利用高性能催化功能材料在强大的低压电流形成的电场作用下,电击催化某些贵金属,与水体中物质反应,生成新生态的多类强氧化剂,有效杀死水体中的蓝藻,并且将其分解,使其生成 CO_2、H_2O 和 N_2,其中相当部分含 N 气体逸出水面。此技术在 2007 年太湖供水危机后已经由浩森科技股份有限公司在梅梁湖、贡湖进行了电催化技术除藻试验,取得了成功。主要设备为移动装配式蓝藻处理工作平台。效果:该技术和设备能快速杀死蓝藻,直接使水体变得清澈,而不伤害高等植物及动物,叶绿素去除率为 79.98%~99.29%。适宜在数十万平方米水域内使用。可作为大规模常规打捞设备的辅助设备,在封闭或半封闭水域内使用。

(4)光催化控藻。如石墨烯光催化生态网,利用石墨烯的光催化作用可在一定范围内控制蓝藻的生长速度。

4.2 安全添加剂除藻

(1)改性黏土除藻。该技术较为成熟,即使用机械设备快速喷洒改性黏土水溶液,使水面、水中的蓝藻均快速沉于水底,继而实施生态修复如种植沉水植物,固定底泥和吸收蓝藻所含的营养物质,达到消除蓝藻的目的。

(2)天然矿物质净水剂。将净水剂喷洒入水中,使蓝藻附着沉入水底,作为应急措施,或随后种植沉水植物。

(3)食品级的添加剂。此类添加剂撒入水中,影响蓝藻的多种功能,可以抑制蓝藻或直接消除蓝藻。

(4)植物(中草药)化感物质制剂。化感物质通过对藻细胞光合和呼吸作用的影响,对藻细胞膜和细胞壁的影响,对藻细胞酶活性的影响,对藻细胞多种功能的影响,从而抑制藻细胞生长繁殖,或致藻细胞死亡。此类制剂撒入水中可直接除藻。

(5)大麦秆等植物除藻。大麦秆是目前实际用于水体抑制藻类生长最为成功的植物,大麦秆浸出液能对微囊藻等起作用,而浸出液中木质素成分(占10%~33%)通过氧化分解得到酚类化合物是起作用的主要物质成分,具有长期的抑藻作用,这是一种已经普遍在鱼池中得以应用的除藻技术;一枝黄花能显著抑制铜绿微囊藻的生长,使其大量死亡;木本植物广玉兰、龙爪槐和黄杨对铜绿微囊藻具有明显的抑制作用;水生植物芦苇、水葫芦、紫根水葫芦及相当多的沉水植物均具有一定的化感作用,化感物质对蓝藻细胞结构有一定的或相当的影响,可有效抑制蓝藻生长繁殖。

4.3　混凝气浮除藻

(1)混凝气浮除藻技术。把目前广泛使用的类似于德林海固定式混凝气浮的藻水分离除藻技术(或其他类似技术)直接用于除藻水域。即用混凝气浮法使水面、水中和水底的蓝藻及水底的有机物、悬浮物全部浮于水面,然后将其打捞、处置,或可设计混凝气浮、打捞和藻水分离一体化的工作船,设备可一年四季运行。此技术在除藻的同时可直接清除湖底表层的有机底泥、悬浮物。此技术尚在试验之中。

(2)德林海混凝气浮藻水分离技术。目前,全国普遍使用的是德林海陆地固定式藻水分离技术,其原理是在藻水中添加混凝剂和微纳米气泡使蓝藻上浮,后进行分离和离心脱水,产生含水率85%的藻泥,其清洁的尾水排入水体。以往七零二所曾经制造压滤式藻水分离船,2008年曾经使用过一段时间,因其排放的尾水清洁程度不高而后停止使用。

德林海混凝气浮藻水分离技术可将藻水体积缩减为1/30~1/60、降低含水率,以减小堆放场地或便于进行资源化利用。也可设计为水面、水中、水底的蓝藻、悬浮物和底泥的混凝气浮、打捞、分离的一体化处置船。

(3)藻水磁分离技术。蓝藻水磁分离技术作为目前常用的陆地固定式藻水分离技术,其原理是使用混凝气浮技术使蓝藻水中的蓝藻、悬浮物上浮于水面,并加入铁粉,经磁分离设备,蓝藻、悬浮物与铁粉就被吸除成为藻泥,剩下清洁的尾水排入水体。目前,无锡市分离太湖藻水的技术中,磁分离规模是处于第二位的技术。

(4)蓝藻打捞与分离一体化处置船。此一体化处置船即是蓝藻打捞与藻水分离放置于同一条船上。在 2010 年锦礼科技有限公司和七零二所合作制造了 5 条小型蓝藻打捞与藻水磁分离一体化处置船(日处理藻水 1 500 t/船);雷克环境科技有限公司于 2016 年研制了较大型一体化处置船(日处理藻水 10 000 t)。其间,绿清波科技有限公司研制了蓝藻打捞与藻水压滤分离一体化船,中国科学院南京地理与湖泊研究所研制了蓝藻打捞与藻水过滤分离一体化船等,此多种蓝藻打捞与分离一体化处置船的削减蓝藻比例、效果,蓝藻处理后的运输方式,尾水排放清洁程度,设备投资、运行成本,能耗等,各项指标各不相同,推广程度不一,有待进一步研究总结。

4.4 蓝藻底泥协同清除设备

(1)雷克蓝藻底泥一体化打捞处置船(也称底泥洗脱船)。2017 年雷克公司成功制造底泥洗脱船,在太湖施工时可把底泥污染物质及其面层的蓝藻清除掉,所以雷克公司原来定名的底泥洗脱船实际上可称为底泥蓝藻清除船。其原理是通过扰动、混凝气浮使水底的有机质、半悬浮物、蓝藻均上浮至设备的一个倒扣于底泥表面的敞口箱体内,后经分离,去除有机质、悬浮物、N P 营养物质、蓝藻,留下较粗的颗粒返回水底。可用于河道清除底泥,可用于“三湖”清除底泥与蓝藻污染。其设计规模为日清除面积为 1 000 m^2,用于清除中小河道底泥污染是够了,若用于“三湖”清除底泥与蓝藻污染,则应扩大其规模和能力,是否可改进设计,使能清除水面、水中、水底的蓝藻、底泥和悬浮物。

(2)气动泵吸泥除藻设备。尔速科技生产的气动吸泥泵整套设备可用于浅水型湖泊清除底泥。其核心设备为气动活塞吸泥泵,采用空气的充与排,使设备连续进行吸泥与排泥,进泥依靠水深产生的负压差,排泥以压缩空气为动力,吸取的底泥经管道输送,另行处置。此设备工作时不扰动水体;吸取底泥的含水率很低,淤泥浓度可达到 1.2~1.4 t/m^3,吸泥量可达 450 m^3/h。若在太湖等浅水湖型泊使用,可同时清除底泥上部的蓝藻,可谓气动泵吸泥除藻设备。最好能够设计为吸泥除藻、脱水干化的一体化设备。

(3)环保型绞吸式挖泥船吸泥除藻。该类型挖泥船在工作时不搅浑水,同时可吸泥除藻。每小时排泥水量可达到上千立方米。

(4)蓝藻底泥协同清除设备使用条件。① 使蓝藻沉于水底。在准备实施清淤除藻区域,首先喷洒改性黏土溶液,使蓝藻很快沉于水底,再行作业,就能够同时清淤及更多地除藻。② 一般应该分水域作业。有利于分区域清淤除藻,否则在蓝藻爆发期间清淤除藻施工已经结束的水域,仍有大量蓝藻进入,使清除蓝藻效果大为减弱。分水域时,必须设置软围隔等隔断。③ 控制清淤深度。

清淤除藻的目的主要是控制底泥和蓝藻污染,所以清淤深度控制在10~20 cm是最经济的。④ 清淤除藻操作时,进行条形间隔作业,以利于作业后底栖生物的恢复。⑤ 设计规模较大的设备。在"三湖"等大水面作业,小设备施工进度较慢,只有规模大、效率高的设备才是最经济、高效的。

4.5　安全高效微生物抑藻杀藻

(1) 一般微生物。自然界中有很多微生物可以抑藻除藻,主要包括蓝藻病毒(噬藻体)、溶藻细菌、真菌、放线菌等;除藻微生物可分为厌氧、好氧和兼氧微生物。微生物抑藻除藻作用十分明显,具有巨大潜力。如紫根水葫芦除有净化水体作用外,同时依靠其庞大根系上附着的大量微生物可直接吸附并消除蓝藻。目前,能够抑制蓝藻生长繁殖或直接除藻的高效微生物及制剂很多。如四川大学已研究出能专门杀灭蓝藻的微生物制剂;武汉鄂正农科技有限公司与中国科学院水生生物研究所共同研究出具有溶藻和破坏微囊藻蓝藻气囊功能的微生物制剂,其对鱼腥藻、拟柱孢藻和微囊藻等蓝藻水华具有良好的清除效果,其在武汉的梁子湖、都司湖、晒湖、菱角湖等小型湖泊(试验区)消除了拟柱胞藻、铜绿微囊藻、鱼腥藻等蓝藻的爆发(见本部分"鄂正农微生物治理湖泊消除蓝藻爆发案例"篇),效果良好。一般在小水体推广微生物除藻可以被接受,但在太湖等大水体推广的困难是其存在限制使用微生物的潜规则。所以必须证明微生物的安全性。

(2)固载微生物。即是固定在载体内的高效复合微生物,能够向水体不断释放微生物、长期有效杀灭蓝藻,其不怕水冲,能够使用 8~10 年。是一种特殊形式的微生物除藻技术。固载微生物包括人工加入固定化载体的微生物和自然进入固定化载体的微生物两类。这两类固载微生物基本能够起到同样的功能。

(3)微生物除藻作用和限制使用分析。① 除藻微生物产品分类。微生物除藻产品一般有两类:活菌剂、微生物菌制剂(提取微生物菌的有效成分,如生物酶等);以菌剂形状分类,可以是固体或液体;以作用分类,有直接杀死蓝藻和抑制蓝藻生长繁殖两类:其一是通过破坏蓝藻细胞壁等细胞结构、物质或损毁蓝藻的各种功能因子(包括光合作用、吸收储存 P 功能因子等)使其不能正常生长繁殖,以至死亡或直接杀死蓝藻;其二是通过抑制吸收营养源等方法抑制蓝藻生长繁殖。② 人工筛选培养微生物。应尽量采用本地水体或土壤的微生物种源,即主要对本地本水域原有微生物进行筛选培养,谨慎引进外来品种。或结合紫根水葫芦等植物的根系、植枝的活体或死亡体培养微生物,或利用碳素纤维生态草自然培养微生物，使产生有利生境以培养出高效安全的有益微生物。③应消除说起微生物就害怕的观念。现在有些专家、决策者认为微生物不可控，数十年后会变异，对人类有害。这个问题是需要引起重视的，对微生物抑藻除藻应进行较长时间的试验和严格而慎重的监测及安全审查。但也不必草木皆兵，有许多微生物及其制剂经若干年使用证明是安全的，如污水厂中广泛使用微生物，在本地水体、土壤中提取的微生物。也可先在河道中使用，在无水源地的湖泊使用，经数年试验、驯养和鉴定，证明是安全的再推广。一律不允许微生物杀藻除藻试验，是不利于其发挥杀藻除藻的潜力，应适度解禁。④加强微生物除藻研究。微生物除藻控藻是很有前景的方法，但目前研究较少，应长期投入和稳妥研究、实施，把研究高效、低成本微生物抑藻除藻作为治理水环境的重要课题。⑤“三湖”使用微生物除藻和净化水体的限制及建议。一般在蓝藻年年大爆发“三湖”禁止使用微生物除藻。所以，在大中型湖泊大规模推广微生物除藻及净化水体还有相当长的路要走：一是研究高效安全的微生物；二是对微生物的安全性进行权威鉴定。所以，全国诸多微生物的研究、生产和使用单位、企业应大量尝试在多个中小型湖泊使用微生物安全除藻和净水的试验，大力推广成功经验，在中国建立权威的微生物安全监测机构，鉴定除藻微生物是安全的。以科学态度合理使用有益微生物，或为微生物技术进行安全性指导，才能使有关部门逐步取消对“三湖”及有关河湖水域使用微生物除藻的限制。在抑藻除藻和水生态系统修复中最大限度地发挥微生物良好的作用和巨大的潜力。

4.6 改变生境除藻

改变生境，如改变水的深度、压力、水温、阳光、营养物质等生境，使不利于蓝藻生长繁殖，或有利于消除蓝藻的有益微生物生长。

(1)高压除藻。高压除藻是在一定的时间段内改变原来蓝藻生长水体的深度、压力、温度等生境，使蓝藻在相当程度上失去生长繁殖能力，甚至逐步死亡，大幅度减慢蓝藻生长繁殖速度。此技术不添加任何添加剂，操作简便，自动化控制，运行高效、费用低、能耗低、可四季昼夜运行，除藻效果较好。此技术有竖井式和移动式除藻两类设备。德林海公司已经在太湖、巢湖、星云湖、洱海建设了多口除藻深井或配置了高压除藻船。

(2)推流曝气增氧除藻。推流(射流)可使水体上下循环流动，使蓝藻有一定时间生活在水较深、水温较低的区域，减慢蓝藻生长繁殖速度；曝气可使水体增加氧气，减低水体 N P 含量，有效减慢蓝藻生长繁殖速度；在夏季高温时节，水体中高浓度溶解氧与强烈的光照配合会发生光氧化作用，具有杀灭及抑制蓝藻的作用。推流曝气增氧设备有固定式、移动式或自动遥控式等多种形式。

(3)遮阳除藻。在水面上覆盖一层透明度比较低的物质，遮挡阳光进入水体，使蓝藻难以进行光合作用，减慢生长繁殖速度或至逐步死亡。此方法可适用于较小范围。

(4)降低水温除藻。采取措施使藻类进入深水区，在深水区藻类难以繁殖。若水深达到10多m，水温有可能降低至9~12 ℃以下(见表1)，专家一般认为，蓝藻在此温度就难以繁殖。如长江三峡水库的某条支流回水区的水深有20~40 m，回水区藻类爆发的区域就可使用增加藻类生存所在水体的深度、降低水温的办法去降低藻类生长繁殖速度或甚至使部分藻类进入休眠状态。其方法是设置一道或多道适宜深度的围隔，使支流的长江回水从围隔下深层通过或直接将部分回水阻挡在外，长江中存在的藻类就难以进入支流的回水区，也即难以造成支流回水区段的藻类爆发。

表1　湖泊水深与温度的关系

水深(m)	0	1	3	5	7	9	10	11	13	21
水温(℃)	23	22	21	20	15	10	8	6	5	4

4.7　生物种间竞争除藻

(1) 植物除藻。如采用芦苇湿地、紫根水葫芦、岸伞草、沉水植物除藻。相当多植物在吸取水体和底泥N P的同时，可产生化感物质抑藻除藻，太湖、巢湖以前有大规模的芦苇滩地，能大量削减蓝藻、延缓蓝藻爆发；紫根水葫芦除藻在滇池和太湖试验均很成功，存在的问题是冬季打捞水葫芦数量比较大，处置比较麻烦。

(2)水生动物除藻。包括鲢鳙鱼、银鱼，贝类、浮游动物或其他动物滤食蓝藻。如鲢鳙鱼每长1 kg肉，可以滤食30 kg蓝藻。武汉东湖高密度放养鲢鳙鱼(密度达到40 g/m^3水体)后于1985年就基本消除蓝藻爆发。

4.8　治理富营养化抑制蓝藻

治理富营养化可以减慢蓝藻生长繁殖速度，但在太湖、巢湖、滇池等蓝藻爆发严重的湖泊，需要降低富营养化至一定程度，如TN 0.6 mg/L、TP 0.05 mg/L，才能减慢蓝藻生长繁殖速度，如若水质提升至Ⅰ~Ⅱ类，可直接消除蓝藻爆发。

4.8.1 控源截污

通过有效的控源截污技术大量减少外源进入水体的氮磷等营养物质，为减慢蓝藻生长繁殖速度创造条件。但需注意，控源截污的速度须超过人口增长、社会经济发展和其他因素致使污染负荷增长的速度，而且超过的幅度应该比较大，能够满足水体环境容量的要求。否则，进入水体的污染负荷得不到削减或削减程度不够。如太湖 2007 年“5·29”供水危机 10 多年来，加大了治理污染的力度，但 2017 年的入湖总磷反而较 2007 年增加 5%；同样，2018 年水质 TP(0.079 mg/L)较 2007 年的 TP(0.074 mg/L)反而升高 7.9%。所以，控源截污要加大力度、加快速度、改变策略和创新技术，有效地削减入水污染负荷，达到有效改善水质，满足湖泊环境容量的要求。

4.8.2 调水

利用调水带走蓝藻，如太湖，据统计 2007~2019 年望虞河“引江济太”调水入湖 98.6 亿 m^3，梅梁湖调水出湖 95.4 亿 m^3，此两者合计带走蓝藻干物质 3.8 万 t 及其所含 N P。

4.8.3 常规清淤

适度清淤清除蓝藻种源，如 2007 年太湖供水危机以来至 2018 年，清除太湖受蓝藻爆发严重污染的淤泥 3 500 万 m^3，以蓝藻平均含量 0.3 kg/m^3 计(蓝藻爆发严重处的蓝藻含量达到 0.6 kg/m^3)，则减少蓝藻 0.726 万 t 及所含的 N P。

4.8.4 锁磷剂等除藻

锁磷剂水溶液直接向水体喷洒，使水体含磷颗粒沉入水底，降低磷浓度，大幅度减慢蓝藻生长繁殖速度，而沉入水底的磷可被沉水植物吸收。若锁磷剂直接净化水体或与其他技术配合降低磷浓度使水体达到Ⅰ~Ⅱ类水，则可直接消除蓝藻爆发；如与光量子技术配合将水体的 N P 降低至Ⅰ~Ⅱ类，可消除蓝藻爆发。

4.9 常规打捞蓝藻

目前大量使用的是直接打捞水面蓝藻技术。如 2007 年以来，太湖合计打捞蓝藻水 1 490 万 m^3，相当于从水体中清除了 3 976.4 t 的氮和 993.4 t 的磷，并进行无害化处置、资源化利用。巢湖和滇池也打捞了数百万立方米的蓝藻水。

5 综合除藻

综合除藻即在分水域治理的基础上选用上述若干除藻技术进行试验，并合理搭配和集成创新，取得降低藻密度的最佳效果，直至消除蓝藻爆发。上述各类除藻技术在目前或今后均具有一定的可推广性，但在抑制蓝藻生长繁殖，消除蓝藻爆发的效果、速度、彻底性等方面有差异，应根据实际情况试验后选择使用。应在全面总结全国大中小型湖泊治理蓝藻爆发的诸多经验教训的基础上，对各类治理技术进行综合集成并加以创新，使“三湖”由藻型湖泊逐步转变为草型湖泊的同时，消除其蓝藻爆发现象。

6　小微型湖泊治理蓝藻爆发比较简单

微型浅水湖泊除藻措施相对较单一、修复时间相对较短：如抽干湖水采用干式清淤清除全部蓝藻种源，或湖泊干涸一段时间使蓝藻干死或冻死；采取建闸挡污、控源截污、清淤、调水、生态修复、养殖鲢鳙鱼滤食蓝藻等措施进行治理，或采用前述的其他除藻技术综合处理就能够比较快地消除蓝藻爆发。

参考文献

[1]太湖流域管理局，江苏省水利厅，浙江省水利厅，等. 2008-2017 太湖健康报告[R].上海：太湖流域管理局，2018.

[2]朱喜，张春，陈荷生，等.无锡市水资源保护和水污染防治规划[R]. 无锡市水资源保护和水污染防治规划编制工作领导小组，无锡市水利局主持，2005.

[3]朱喜，张春，陈荷生，等.无锡市水生态系统保护和修复规划[R].无锡市人民政府，江苏省水利厅，2006.

[4]朱喜，张春，陈荷生，等.无锡市水资源综合规划[R].无锡市人民政府，无锡市水利局，2007.

[5]王鸿涌，张海泉，朱喜，等.太湖无锡地区水资源保护和水污染防治[M].北京：中国水利水电出版社，2012.

[6]王鸿涌，张海泉，朱喜，等.太湖蓝藻治理创新与实践[M].北京：中国水利水电出版社，2012.

[7]朱喜，胡明明，孙阳，等.中国淡水湖泊蓝藻暴发治理和预防[M].北京：中国水利水电出版社，2014.

[8]朱喜，胡明明，孙阳，等.河湖生态环境治理调研与案例[M].郑州：黄河水利出版社，2018.

[9]朱喜.太湖蓝藻大爆发的警示和启发[J].上海企业，2007(7).

[10]太湖流域管理局.太湖流域水(环境)功能区划[R]. 上海：太湖流域管理局，2010.

[11]袁晓岚.太湖无锡水域放流 150 万尾花白鲢[N].无锡日报 A03.[2020-06-11].

[12]谢平.鲢鳙与藻类水华控制[M].北京：科学出版社，2003.

德林海蓝藻治理技术的起源与创新[①]

1 治理蓝藻技术起源与推广

德林海蓝藻治理技术至今已有22年,从无到有,经历了萌发、诞生、推广应用与快速发展的历程。

1.1 起源于“三湖”蓝藻爆发

在20世纪80年代的中后期,“三湖”(太湖、巢湖、滇池)先后开始富营养化,随即小规模蓝藻爆发,进入90年代,“三湖”普遍蓝藻爆发,且爆发程度越来越严重,直至发生太湖供水危机。

其间,1999年我国首次在昆明举办世界园艺博览会,滇池蓝藻爆发严重影响了城市形象。昆明市紧急采取了蓝藻爆发临时处置措施,使用生物、物理和化学灭藻方法,对蓝藻进行处理,取得了临时性效果。

在2007年太湖的“5·29”供水危机中,蓝藻爆发产生的藻毒素严重影响供水、影响人民的身体健康,引起全社会关切和各级政府高度重视。带动了蓝藻爆发机制和治理的研究、蓝藻治理技术的探索和蓝藻治理装备的开发。德林海公司是在上述1999年和2007年的事件中萌发了治理蓝藻的念头,并开发出了可以推广使用的蓝藻水分离技术,在众多研究者中最早取得实际成效。

1.2 治理蓝藻技术的开端(1999~2008)

滇池蓝藻爆发后,采用打捞的方法清除水面大量集聚的蓝藻,但打捞的大量蓝藻水存放困难。于是,德林海创造了藻水分离技术,以减低蓝藻存储所需容积。2007年10月,德林海公司在滇池建立了全国第一座海埂藻水分离站,运行良好,处理后蓝藻容积可较蓝藻水减少40~60倍,大量削减藻水存储所需土地,这是德林海公司在治理蓝藻方面的良好开端。作者于2008年、2009年曾两次去昆明参加德林海滇池藻水分离站的评审会、推广会。

2008年5月,无锡市政府引进昆明海埂藻水分离站的成套技术设备,在无锡锦园建成太湖第一座藻水分离站。此后在无锡、宜兴、常州及湖州等太湖沿线城市陆续开展了蓝藻打捞—藻水分离的太湖蓝藻治理行动。昆明和无锡

① 该文作者为朱喜,2020年6月撰写。

两座藻水分离站的建成和投运标志着我国蓝藻治理行业的正式诞生。

1.3　治理蓝藻技术的应用推广(2009~2016)

藻水分离技术在无锡市扎下了根,随着打捞蓝藻水越来越多,藻水分离站也越建越多。此时,其他企业也积极参与,催生了磁分离、压滤、过滤等多种藻水分离技术。自2007年至今环太湖建成17座(套)固定式或移动式藻水分离设备,其中采用德林海技术的占65%。无锡市近年每年打捞藻水超过150万 m^3,藻水分离后得到藻泥2.5万t;至2019年无锡市共打捞藻水1 450万 m^3,经藻水分离后减少占用土地284万 m^2(以蓄存深4 m、减少容积比例为50倍,利用率0.8计)、相当于4 260亩(666.7 m^2/亩)土地,解决了无处蓄存藻水的难题。这13年中,共生产藻泥23.2万t(含水率85%计),相当于去除N 2 332 t、P 237 t、有机质2.67万t(太湖蓝藻含N 6.7%、P 0.68%、有机质76.7%计)。德林海藻水分离技术为连续多年确保饮用水安全提供了基本保障。

德林海藻水分离技术不仅在无锡推广,凡是蓝藻爆发湖库的管理者绝大多数找其建设藻水分离站,于是德林海在全国建设起了藻水分离网,包括常州、湖州、湖北大清江、巢湖、洱海、星云湖、洱源西湖,滇池后来又建设了1座,全国合计建设了德林海技术的藻水分离站27座(套)。其中,合肥市从2013年起开始了巢湖生态环境保护和治理工程,建成了塘西河、派河、长临河及中庙等4座藻水分离站,构筑了20多km的蓝藻治理防线,初步具备了蓝藻爆发灾害应急处置手段。

与此同时,德林海组建了综合队伍发展多种蓝藻治理技术。德林海治理蓝藻从藻水分离起家,不断创新治理技术,目前已成为蓝藻治理领军型龙头企业,已顺利在科创板上市。其企业名称也从无锡德林海藻水分离技术发展有限公司改称无锡德林海环保科技股份有限公司,表明其业务的扩展,从单纯的藻水分离扩展为治理蓝藻和治理水环境的综合型公司。

德林海现已发展成为集蓝藻治理关键技术开发、解决方案、系统设计、整装集成、运行维护、监测预警于一体的蓝藻治理综合服务公司,在国内蓝藻治理技术占据优先地位。

(1)自2007年在国内首先提出"打捞上岸、藻水分离"蓝藻治理的技术路线以来,先后在一体化二级气浮、蓝藻囊团破壁、高效可调式涡井取藻等多项关键技术上取得重大突破,逐步开发出多适应性、多样化先进环保技术装备,形成专业化、规模化、工厂化、无害化蓝藻灾害应急处置能力;又于2016年提出"加压灭活、原位控藻"的蓝藻爆发预防、控制技术路线,并相继开发出蓝藻加压控藻船、水动力控(灭)藻器、深井加压控藻平台等蓝藻爆发防控及灾害应急处置一体化新型技术装备，大幅提升蓝藻治理专业能力和应用前景。加压控藻技术装备在滇池、太湖、巢湖、洱海、星云湖、洱源西湖等国内大中小型淡水湖泊蓝藻爆发灾害应急处置中发挥了重大作用。

(2)组建了蓝藻治理、藻水打捞和分离的勘测设计、设备设计制造、基建施工企业的联合体，使蓝藻治理工程实现方案规划、勘测设计、施工建设、管理运行的一条龙服务。

(3)实施蓝藻资源化利用，德林海联合中科院、农科院、科研所、养殖场等企业、单位进行多种科学试验，试验使用蓝藻制取生物柴油、叶绿素、藻蓝蛋白等，试验制造有机肥、生产沼气、发电，都获得成功。

1.4 治理蓝藻技术的快速推进(2017—)

此阶段，更多的蓝藻爆发湖泊开始实施蓝藻治理，打捞蓝藻、藻水分离技术进一步推广应用，同时加压控藻新技术新装备也陆续投入应用，开发研发监测预警船，为治理湖泊蓝藻的信息化建设迈出新的一步。但蓝藻爆发的情势尚未得到明显缓解，有的地区甚至加重，蓝藻治理面临新的挑战。

(1)洱海流域蓝藻治理的发展。从 2017 年至今，作为洱海保护七大行动的组成部分之一，大理白族自治州启动了防控蓝藻项目，建成 7 座藻水分离站，购置了数套车载藻水分离装置、加压控藻船等蓝藻治理装备。

(2)滇池流域蓝藻治理的发展。从 2018 年至今，昆明市改造升级龙门藻水分离站，购置数套车载式藻水分离装置、加压控藻船及水动力控藻器等蓝藻治理设施。

(3)星云湖蓝藻治理的发展。从 2019 年开始，星云湖流域的玉溪市江川区开始蓝藻治理，建成星云湖藻水分离站和多套深井加压控藻平台。

(4)三峡库区等地蓝藻治理的发展。近年，三峡库区部分支流回水段出现蓝藻爆发，不同程度影响饮用水水源安全和环境质量，重庆石柱县购置了藻水分离船，开展了蓝藻治理工作；上海地区的淀山湖、安徽铜陵西湖也开展了蓝藻治理工作。

(5)加压控藻技术装备的应用推广。目前，已经有 20 余艘高压控藻船投入太湖、巢湖、滇池、洱海、洱源西湖、铜陵西湖富春江、九龙江、金鸡湖等水域使用。同时，2017 年，金砖国家峰会在厦门召开期间，德林海公司应邀调派高压控藻船去漳平九龙江控制蓝藻，取得圆满成功；深井加压控藻平台在太湖、巢湖、星云上湖应用；已建立岸上、水下多方位、立体化、规模化湖库蓝藻治理基本设施网，进一步提高了蓝藻治理效果。

因为德林海在蓝藻治理工作中的显著成绩，获得了诸多荣誉：2008 年，先后被无锡市太湖蓝藻打捞工作协调小组办公室、无锡市水利局授予“治藻尖兵”称号；参与“太湖湖泛成因及防控关键技术与工程示范”项目，被江苏省人民政府授予“江苏省科学技术奖（二等）”（2013 年）；昆明市官渡区水务（滇管）局授予“治藻尖兵、誉满三湖”称号（2018 年）；湖州太湖度假区治水办授予“治藻尖兵、誉满太湖”称号（2019 年）；上海市青浦区淀山湖养护单位授予“服务保障好、共护淀山湖”称号（2019 年）；德林海公司同时先后成功处置富春江、九龙江蓝藻爆发，保障了杭州 G20 峰会、厦门金砖国家峰会等具有国际影响力的会议的用水安全，受到当地政府的表彰。

2　蓝藻治理核心技术

2.1　一体化二级气浮技术

德林海公司研发的一体化二级强化气浮的关键技术，藻水分离技术设备在处理工艺、处理水量、处理含藻水类型、处理效率等方面的技术水平大幅提升，可满足多种应用需求。

同时，进一步研发了“沉淀式藻水分离+一体化二级强化气浮分离法”。此技术通过加入絮凝剂经混凝反应，蓝藻囊团形成较大絮团后重力下沉，上层含有少量未下沉蓝藻的清水通过二级强化气浮，添加絮凝剂絮凝后将剩余蓝藻分离。该工艺处理量大幅增加，且能处理高浓度新鲜蓝藻，也能处理陈藻，出水水质较好，处理效果佳。以无锡杨湾藻水分离站为例，德林海原应用一体化二级强化气浮分离法日处理藻浆 2 000 m^3，经技术装备升级改造后，在保证出水水质的情况下，应用此工艺技术后日处理藻浆达到 3 900 m^3。但这两种工艺技术具有不同的优势，可适用于不同的水域环境，满足多层次的应用需求。

2.2　高效可调式涡井取藻技术

对漂浮蓝藻，通常采用人工打捞和泵吸法取藻。人工打捞蓝藻效率低，浪费人力和物力，泵吸法因其抽吸口位置较为固定，调节高度比较困难，难以精准打捞表层蓝藻，造成含水率高（藻浆浓度多低于 0.02%）、效率低、能耗高，同时影响后续藻水分离的效率。后研发的高效可调式涡井取藻技术，利用蓝藻爆发时大量集中浮于水面的特性，根据水位变化和蓝藻聚集厚度调节抽吸装置，适应不同水位高度，提升蓝藻水打捞量、节约人力和物力。

2.3　蓝藻囊团破壁技术

传统水处理技术中常用的絮凝沉淀技术和设备未能在蓝藻治理环节中充分发挥作用，因蓝藻中危害最大的微囊藻是多细胞体，具有囊团胶被，单细胞内有伪空泡，其形成的浮力对抗沉降、影响絮凝沉淀技术的效果。

德林海研发的蓝藻囊团破壁技术利用强烈的液力剪切和湍流，使得高浓度蓝藻悬浮液中的蓝藻细胞群不断被粉碎分散，藻体细胞游离，细胞中的伪空泡受压破裂，增加蓝藻细胞与絮凝剂的有效接触面积，减小蓝藻浮力，达到絮凝沉淀的理想效果。该蓝藻沉降技术可处理浓藻水，提高出水水质和蓝藻去除率，并可处理陈藻。

2.4 加压控藻技术

蓝藻单细胞聚集形成多细胞体，细胞内的伪空泡（气囊）为蓝藻上浮提供浮力。德林海研发的加压控藻技术通过对水中蓝藻施加 0.5 MPa 以上压力，致包裹多细胞的囊膜破裂，分散形成单细胞碎粒，单细胞内气囊中气体被压出，细胞失去上浮功能，在水中缓慢沉降，利于滤食蓝藻的水生动物摄食及微生物分解。而且受压后的蓝藻细胞添加絮凝剂后容易沉淀，实现藻水分离。

应用加压控藻技术使打捞的蓝藻在加压后失去浮力而沉降，与气浮分离技术结合达到更容易实现藻水分离的目的。同时，对蓝藻浆进行后续处理时，可减少化学药剂投放量，缩短处理时间，提高处理效率，节约处理成本。加压控藻技术设备包括加压控藻船和深井加压控藻平台。

3 主要成套技术装备

根据湖库蓝藻爆发程度、聚集和分布情况，湖库地形地貌，并根据政府蓝藻爆发应急处置、预防控制的目标要求，德林海公司提出“打捞上岸、藻水分离”及“加压灭活、原位控藻”两条蓝藻治理技术路线，通过多年的不断创新，研发出适应性广、多样化的整装成套技术装备。同时，将治藻技术拓展应用到黑臭水体治理领域。

3.1 藻水分离整装成套技术装备

（1）固定式藻水分离集成系统。固定式藻水分离集成系统一般称为藻水分离站，是蓝藻打捞—藻水分离的整装成套技术装备，包括蓝藻导流系统、藻浆调节与输送系统、蓝藻沉降系统、气浮系统、藻渣调节与输送系统、藻渣脱水系统、藻泥输送系统、溶气系统、絮凝剂投加系统、工艺用水系统、电气与自动控制系统、通风除臭系统等。其中，大部分是德林海公司自主研发的核心技术开发而成的（附图 4.2）。

藻水分离站在国内首次实现蓝藻治理的工厂化、规模化应用，对大中小型湖库蓝藻爆发治理均有广泛适用性，是目前蓝藻爆发应急处置的主要手段。其除藻率大于 95%，对于高浓度藻浆，去藻率可高达 99.99%，同时可清除水体中大量的氮磷。

（2）车载式藻水分离装置。车载式藻水分离装置（附图 4.4）是在固定式藻水分离站基础上的高度集约化，实现机动藻水分离。装置最终出水蓝藻去除率≥95%，出水水质好于进水水质，脱水后的藻泥含水率 90%，其配套车辆既可运载设备,又可拉运藻泥。此装置利用随车配置的蓝藻围网将浮于水面的蓝藻进行导流围聚,打捞表层富藻水后经管道送入装置处理,工艺流程如图1所示。

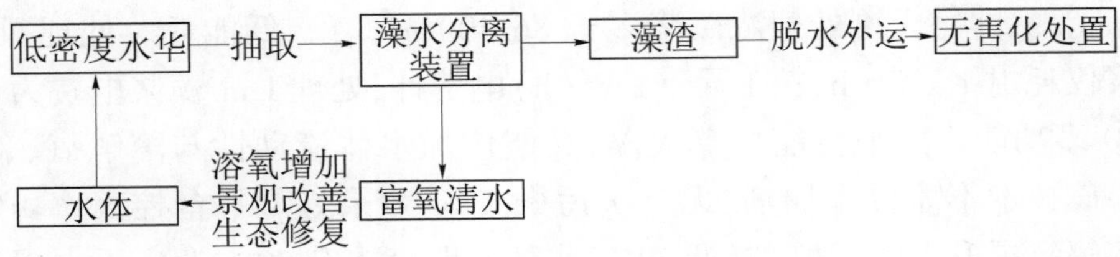

图1　车载式藻水分离工艺流程

(3)组合式藻水分离装置。组合式藻水分离装置(附图4.5)的工作原理与车载式藻水分离装置类似,标准的组合式装置包括蓝藻打捞、藻水分离和脱水三个单元部分。处理后可获得含水率90%的藻泥,尾水合格排放入水体。装置的处理能力为2 000 m^3/d。装置的处理单元可根据场地条件和处理量需求,进行灵活搭配组装,通过多单元联接的方式提升处理效果。适用于蓝藻爆发严重又无条件建设规模型岸上固定式藻水分离站的湖库。其工艺流程如图2所示。

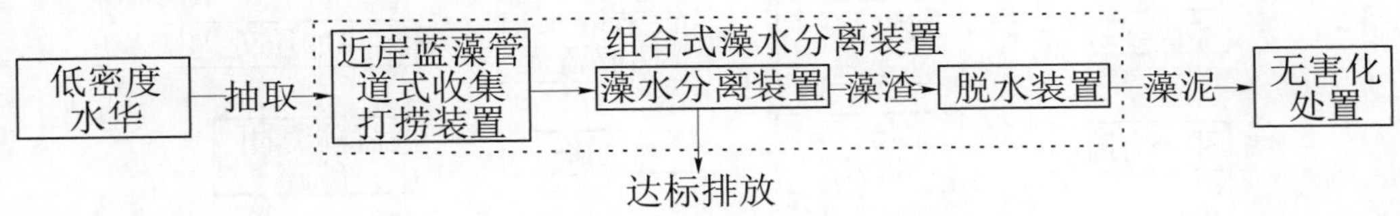

图2　组合式藻水分离工艺流程

3.2　加压控藻整装成套技术装备

(1)加压控藻船。加压控藻船(附图4.3)主要利用配备的加压装置对藻水进行加压处理,使蓝藻细胞活性降低、藻细胞囊团破裂并沉至水底、消亡,控制蓝藻爆发。此船机动性强、抑藻能力强。加压处理后的蓝藻,易被鱼类等浮游动物滤食。其工艺流程如图3所示。

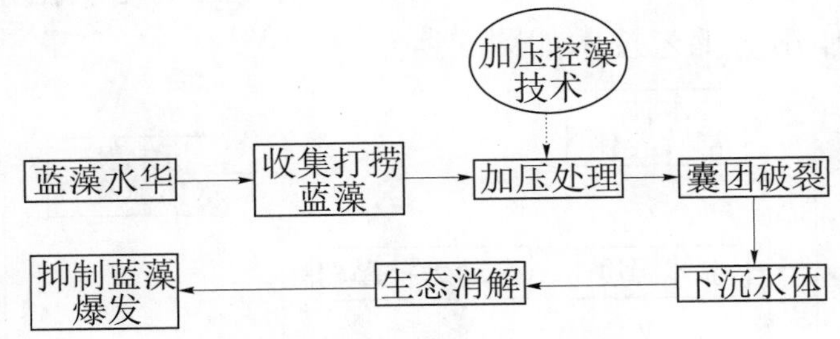

图3　加压控藻船除藻工艺流程

(2)深井加压控藻平台(附图4.6)技术。此技术工作流程是汇集水体中蓝藻,将藻水导入70 m深井,利用深井产生的0.7 MPa自然压力和降低水温,改变蓝藻生境,使蓝藻细胞活性降低、囊团破裂,失去上浮能力,下沉至水底,大部分蓝藻自然消亡,起到抑藻和控制蓝藻爆发的作用。

此平台具有以下优势:① 高通量、除藻效率高。可处理藻水流量为1~1.1 m^3/s,即每天可处理浓藻浆多于86 400 m^3。② 低能耗。处理500 m^3浓藻浆仅耗电1 kW·h,按1元/(kW·h)电费计,处理1 m^3藻浆电费为0.002元。③ 多功能。此平台能控藻灭藻,又能增加水体流动性与溶解氧。④ 无污染。该技术不需要添加剂、无二次污染。⑤ 效果好。平台控藻率≥95%,水体溶解氧提升10%,浊度降低60%,水体透明度提升50%。⑥ 不占用土地。⑦ 操作简便,可自动化控制。⑧ 一年四季可昼夜运行。高压除藻深井技术首先在无锡太湖边的锦园水域试验成功,现已在太湖、巢湖、星云湖建设7口除藻深井,效果良好,另正在筹建多口除藻深井。其工艺流程如图4所示。

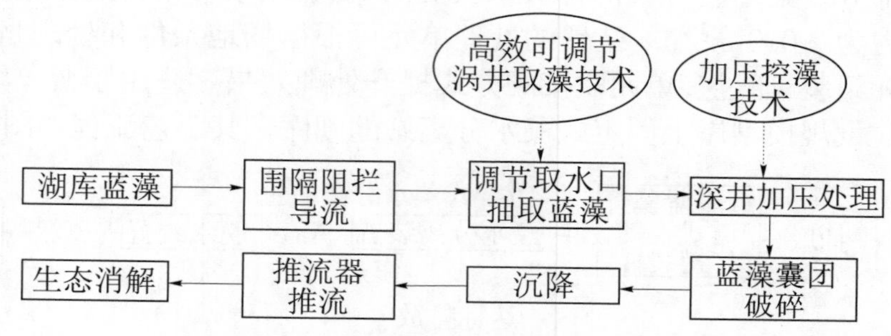

图4 深压加压控藻平台除藻工艺流程

(3)水动力控(灭)藻器。水动力控(灭)藻器(附图4.8)主要通过推流装置带动水体的横向及纵向流动,改变蓝藻生长的水温、流速等条件,增加氧气,达到控(灭)藻效果。此设备对于低密度的蓝藻聚集现象具有很好的适用性,能有效抑制蓝藻生长,显著增加水体溶氧量、控制蓝藻爆发。在夏季高温时节,提高水中溶解氧浓度与强烈光照相配合,则可发生光氧化作用,具有杀灭及抑制蓝藻的作用。工艺技术如图5所示。

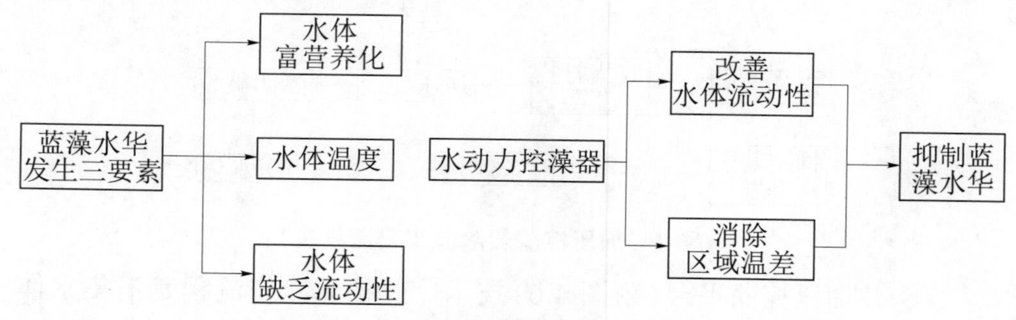

图5 水动力控(灭)藻器工艺技术

3.3　黑臭水体治理技术装备

(1)高效水体增氧器。高效水体增氧器通过增加含有微纳米气泡的超饱和溶解氧的溶气水,使进入推流桶,再经推流装置将富氧气泡推动扩散,快速补充水体溶解氧含量,使水中溶解氧水平达到 6 mg/L 以上,为微生物生存提供有利条件,增加水体自净能力,消除水污染。增氧器的工艺流程如图 6 所示。

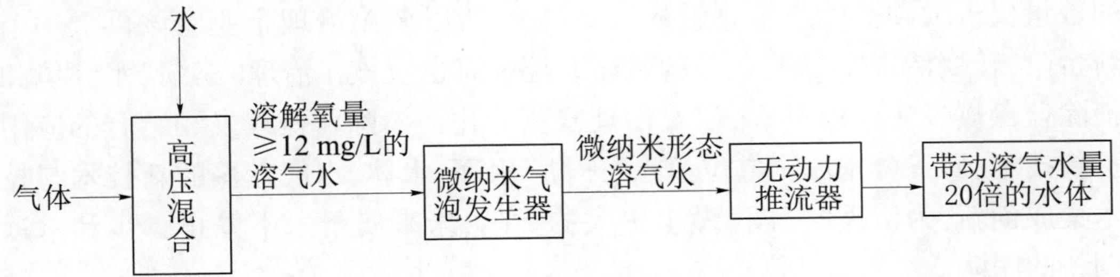

图 6　高效水体增氧器工艺流程

(2)清水车。清水车(附图 4.10)即是清洁净化水体的可移动车辆。其原理是抽取黑臭水体,并加入净化剂与超微细气泡,通过高效气浮使致黑致臭物质从水中分离,形成浮渣,浮渣脱水,使黑臭水体迅速变清,同时增加水体溶解氧。工艺流程如图 7 所示。

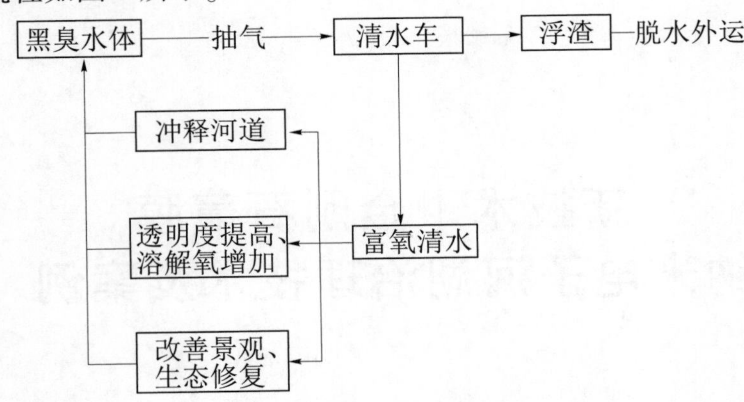

图 7　清水车工艺流程

(3)固定式快速透析净化水体装置。固定式快速透析净化水体装置的工作原理同清水车,但处理水量较大。另外,类似的还有水体快速净化船。

4　在治理"三湖"消除蓝藻爆发中再上新台阶

2007 年太湖供水危机后,国家投入巨资,推进治理"三湖"水环境工作,取得了较好治理富营养化的阶段性成果。但根据有关统计资料,治理"三湖"蓝藻爆发的成效不显著,蓝藻爆发面积总体没有减少,如 2017 年太湖最大爆发面积 1 403 km^2，超过太湖供水危机 2007 年最大爆发面积 979 km^2 的 43%；同年太湖藻密度普遍大幅度增加，如太湖全湖、梅梁湖（太湖北部的一个湖湾）年均藻密度分别为 1.17 亿个细胞/L 和 2.4 亿个细胞/L，分别为 2009 年的 5.05倍和 3.43 倍。全国治理"三湖"蓝藻的研究机构和有关企业，应该改变以往仅在蓝藻爆发期间打捞水面蓝藻的习惯思路。因为目前打捞太湖水面蓝藻的数量仅占太湖蓝藻产生总量的 2%～5%，所以蓝藻治理企业应该再上一个新台阶，转变治理"三湖"蓝藻的策略。德林海也应该在治理"三湖"水环境和消除蓝藻爆发中继续领军，研发治理富营养化与消除蓝藻爆发相结合的应用型新技术，研发分水域全方位消除"三湖"水面、水体、水底蓝藻的新技术与技术集成创新，为治理"三湖"做出更大的贡献，未来属于永不停止脚步和永远创新的团队。

参考文献

无锡德林海环保科技股份有限公司（无锡德林海藻水分离技术发展有限公司）. 2010-2019公司历年工作总结[R].2010-2019.

新技术｜金刚石薄膜纳米电子河湖治理技术及案例①

1　金刚石薄膜纳米电子技术

金刚石薄膜纳米电子技术也称金刚石薄膜碳纳米协同超净化水土蓝藻共治一体化技术。其技术的核心装置是金刚石薄膜碳纳米材料电极系统（附图 7.1）具有负电子亲和势，以大地为正极、装置核心模块为负极，实现水中低电压弱电场下集群发射大量电子，形成大量的以碳为主骨架的离散结构，与水

① 此文作者为黄玉峰，现就职于上海金铎禹辰水环境工程有限公司，电话：13564810887，2020 年 6 月编写；统稿：朱喜。

中有机络合物发生微观电感应、光催化效应，释放出高能电子；同时在光照下，发生高效光子吸收和相互作用，及光催化氧化反应，快速提高活性溶解氧浓度，逐渐离散、分解、氧化还原污染物，抑制、消除蓝藻。其中一部分成为微生物饵料，促进有益生物生长，另一部分降解为 H_2O、CO_2，还有一部分生成氮气进入大气等。

2　技术原理

技术原理：通过装置发射电子，在光照条件下，水体中发生高效光催化氧化还原反应，消除污染物质。

(1)增加水体溶解氧，消除黑臭：装置发射电子后将水分子分解为氢气和氧气，氢气离开水面，水中的活性氧浓度快速增加达到 15~20 mg/L 的超饱和状态，水体中氨氮、硫化氢等污染物质迅速被氧化，消除恶臭。其后溶解氧恢复至正常状态的 5~10 mg/L。

(2)去除氨氮、总氮：通过氧化、还原反应，氨氮、总氮最终被氧化还原为氮气。

(3)去除 COD 有机物：水体中发生高效的光催化氧化还原反应，氧化基团迅速增加，可以将有机物氧化为二氧化碳和水，对于化肥、农药残留或抗生素等有机物质同样可实现彻底降解。

(4)去除总磷。形成不可溶性磷(磷酸盐或多聚磷酸盐)沉于水底。

(5)削减蓝藻。主要是通过光催化氧化还原反应，破坏蓝藻细胞外壁、氧化细胞内质，导致其生理功能丧失，细胞失活或被分解，藻毒素被降解为无毒的酸或者醛类氧化物；其次是削减营养盐，减慢蓝藻生长繁殖速度。

(6)削减有机淤泥。与削减水体中的有机物、总磷、总氮的原理相似。

(7)治理重金属。水体中发生氧化还原反应，离子态的重金属会转化为氧化态而脱毒。

3　技术特点

(1)具有立体作用，治理河湖水体有效半径为 300~500 m，影响半径可达到 1 000 m；对此范围内不连通的水域也能有一定程度的治理作用；多组装置协同配合可治理数百平方千米的大水体。

(2)对温度无要求，0 ℃以下也能工作。

(3)可同时治理水体、底泥、蓝藻、重金属污染，省去清除污染底泥费用。

(4)可治理生活污水、黑臭水体、劣Ⅴ类水体、微污染水和部分高浓度污水。

(5)对于水生动植物无害，在恢复环境自净能力的同时，有利于激活水体和底泥中的土著微生物，使其恢复生长，能促进植物生长、生物链重建，恢复良性生态系统。

(6)能治理有一定流速的水体,无需添加药剂或菌种,装置的安装、维护简便。

(7)若遇连续阴雨、台风等天气,治理水体的水质有一定的波动。

(8)治理费用低。本技术可实现大流域大水面、水体、底泥与蓝藻同时治理的技术,且其治理费用通常为传统技术的10%~30%。

4 其他

(1)装置能耗和尺寸:外接220 V交流电,功率300 W;无电区域,装置可自备太阳能发电装置;装置尺寸为1.4 m×1.2 m×1.0 m。

(2)装置寿命:一般为1~3年,一般不需要值班人员进行日常看护,其维护主要是定期对芯片进行保养。

(3)治理达标时间:静态水体一般需1~3个月;流速较快、外部污染持续排入的水体一般需要3~6个月。

(4)治理后长期有效:外部入水污染负荷未超过水体自净能力,项目完成后水体可长期保持良好状态。

(5)在消除底泥污染时,水质可能有反复。反复期一般在装置运行0.5~1.5月期间,也有可能更长一点,水质反复时,涉及的水质指标和时间长度均有其不确定性,要根据底泥的深度、污染物质的种类和含量决定。若底泥中的污染物基本消除干净,又无大量的污染负荷进入,则水质会一直向好的方向发展。

5 案例1 上海园西小河项目

5.1 项目概况

项目位于上海浦东区惠南镇,河长度1 000 m,宽30 m,水深1~2 m,为半封闭河道。

5.2 污染源

河道西侧为农田,有农田径流污染;东侧和南侧为居民生活区,生活污水和餐饮污水通过排污管道直排河道;河道前期未进行清淤,底泥释放大量污染物。河道为黑臭水体,颜色发黄,透明度10 cm,岸边臭味明显。

5.3 治理目标

消除黑臭。

5.4 治理措施

治理从2019年5月30日起,共1.5个月,安装1台装置。

5.5 治理效果

经1.5个月的治理,完全消除水体黑臭,水体透明度提高(附图7.2)。水质:DO 由 0.11 mg/L 提升到 5.7 mg/L;COD 由 172.9 mg/L 降低至 15 mg/L;NH_3-N 由 25.77 mg/L 降低至 6.21 mg/L;TP 由 1.5 mg/L 降低至 0.66 mg/L;TN 由 27.70 mg/L 降低至 8.48 mg/L(见图 1);水质改善后河道植物自然修复、生长良好。

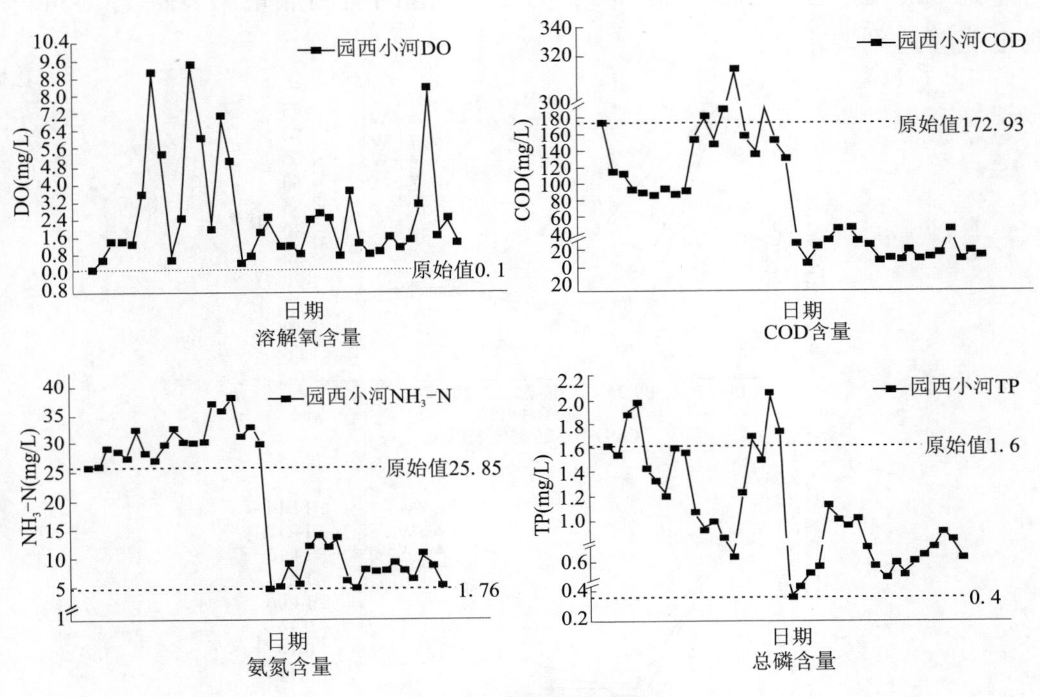

图 1　水质指标曲线

6　案例 2　雄安新区大清河尾水渠项目

6.1　项目概况

大清河为进入白洋淀河道,白洋淀水系由坑、塘、淀和河等组合而成,其中治理河道为大清河尾水渠,长 3 000 m,宽 20~30 m,水深 3~5 m。

6.2　污染源

主要污染源是工业、农业及城镇居民生活污水及垃圾污染;水质为劣Ⅴ类:DO 2.8 mg/L、COD 74 mg/L、NH_3-N 14.1 mg/L、TP 1.43 mg/L、TN 19.2 mg/L,为黑臭河道。

6.3　治理目标

消除黑臭,水质达到Ⅲ类。

6.4　治理措施

治理时间为 2018 年 9 月 3 日至 10 月 13 日,共 40 天。安装装置 5 台。

6.5 效果

装置半径 1 km 范围内的水体，均由劣 V 类提升至Ⅲ类，消除黑臭，达到目标(附图 7.3)。水质：COD 平均达到 16.3 mg/L、去除率 78%；NH_3-N 平均达到 0.05 mg/L、去除率 99.6%；TN 平均达到 0.65 mg/L、去除率 96.6%；TP 平均达到 0.05 mg/L、去除率 96.5%，见图 2。最远的监测点距离装置 2.2 km，一般也能够达到要求。

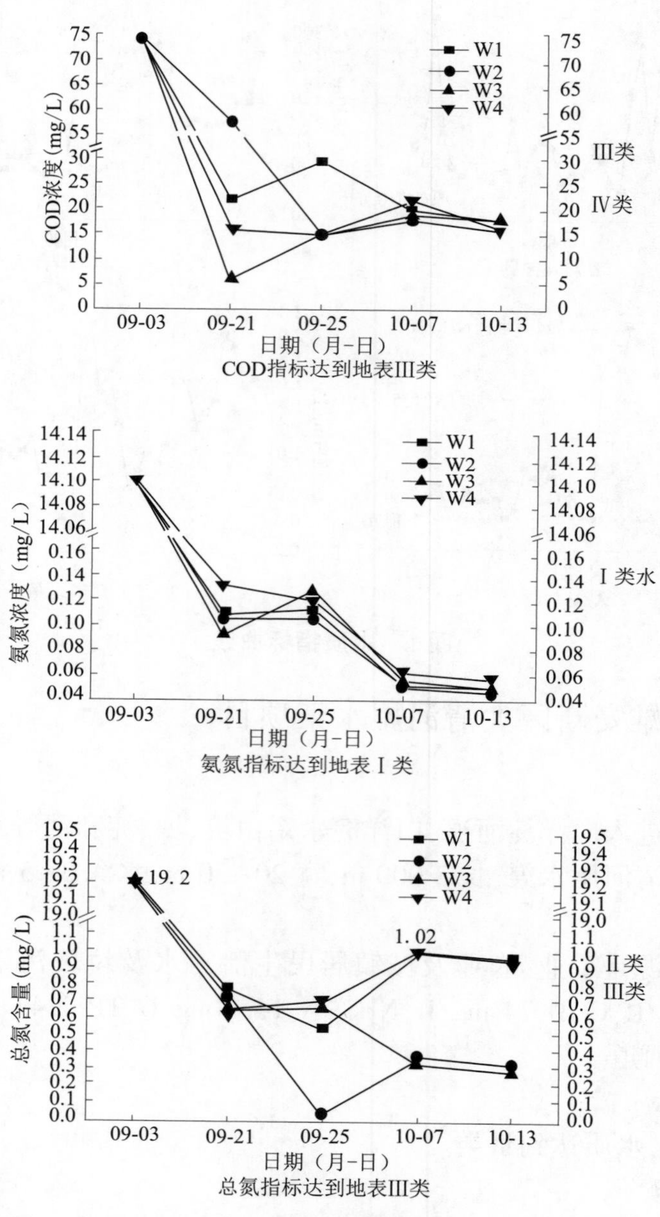

图 2 水质指标曲线

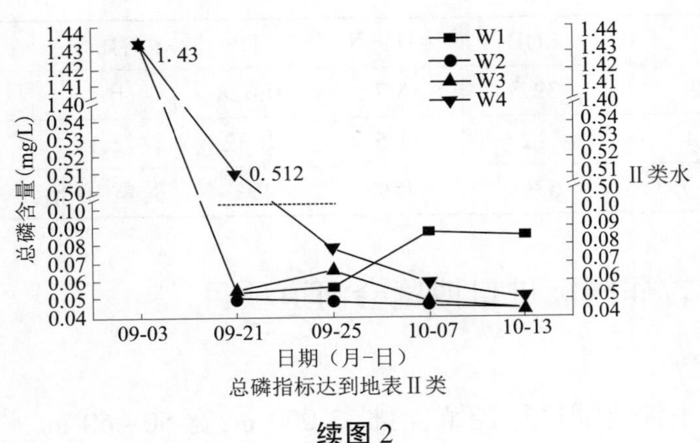

总磷指标达到地表Ⅱ类

续图 2

7　案例 3　上海一灶港河道项目

7.1　项目概况

河道位于上海浦东区惠南镇，治理河段长 800 m，宽 20～30 m，水深 1.5 m，为潮汐河道。

7.2　污染源

2017 年实施过底泥清淤，大雨或暴雨天有大量初期地表径流污染进入河道。水体水质透明度 15 cm，水体浑浊，河岸边有异味。晴天时水质尚可，雨天受地表径流污染、溢流污水排入，以及河道潮汐、闸门控制等影响，水体水质相当差。河岸为刚性护坡，时有黑臭现象发生。

7.3　治理目标

消除黑臭。水质达到Ⅴ类。

7.4　治理措施

治理时间为 2019 年 5 月 29 日至 7 月 13 日，共 45 天。安装装置 1 台。

7.5　效果

水质明显改善，消除黑臭，达到Ⅴ类水(附图 7.4)。溶解氧由 0.2 mg/L 提升到 2.1 mg/L；COD 由 32.5 mg/L 降至 12 mg/L，去除率 63%；NH_3-N 由 5.7 mg/L 降至 1.5 mg/L，去除率 73%；TP 由 0.628 mg/L 降至 0.32 mg/L，去除率 49%，见表 1。另外，TN 由 5.9 mg/L 降至 3.85 mg/L，去除率 34%(河道评价一般不含 TN)。

表 1　一灶港河道治理水质　（单位:mg/L）

项目	COD	NH_3-N	TP	溶解氧	TN
2019-05-28	32.5	5.7	0.628	0.2	5.9
2019-06-14	12	1.5	0.32	2.1	3.85
削减率(%)	63%	73%	49%	提高 10 倍	34

8　案例 4　首届国际进口博览会河道项目

8.1　项目概况

河道位于上海青浦区徐泾镇,河长 3 000 m,宽 50~60 m,水深 1.5 m。因 2018 年 11 月中国国际进口博览会于上海国家会展中心举办,所以当时需马上提升河道水质。

8.2　污染源

由于城市快速发展,老城区改造困难,上海部分城区环境基础设施不到位,导致污水未经处理直排河中,同时存在垃圾入河现象。水体表面有大量漂浮物,伴有鱼类死亡,导致河道底泥、水体污染严重,水体有臭味。治理前水质为劣Ⅴ类,COD 58 mg/L,TP 0.233 mg/L,NH_3-N 1.243 mg/L,TN 4.74 mg/L。

8.3　治理目标

消除臭味,水质达到Ⅳ类。

8.4　治理措施

治理时间从 2018 年 10 月 14 日开始,共 1 个月。安装装置 2 台。

8.5　效果

水体消除臭味,水质达到Ⅳ类,透明度提高,完成目标任务(附图 7.5)。水质达到:COD 12 mg/L,TP 0.04 mg/L,NH_3-N 0.8 mg/L,见图 3。另外,TN 达到 2.0 mg/L(河道评价一般不含 TN)。

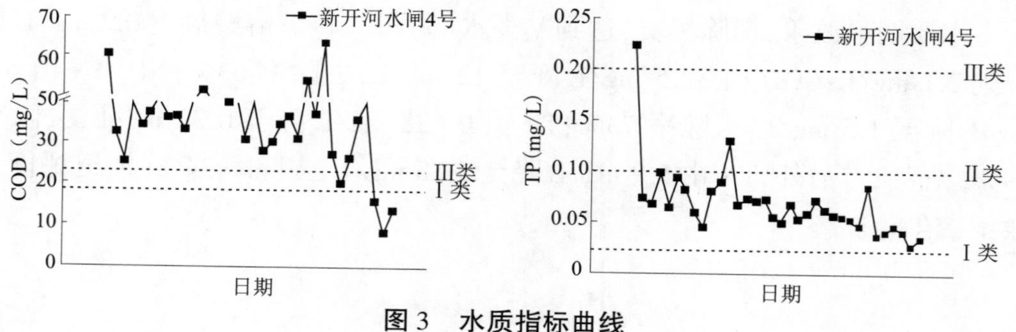

图 3　水质指标曲线

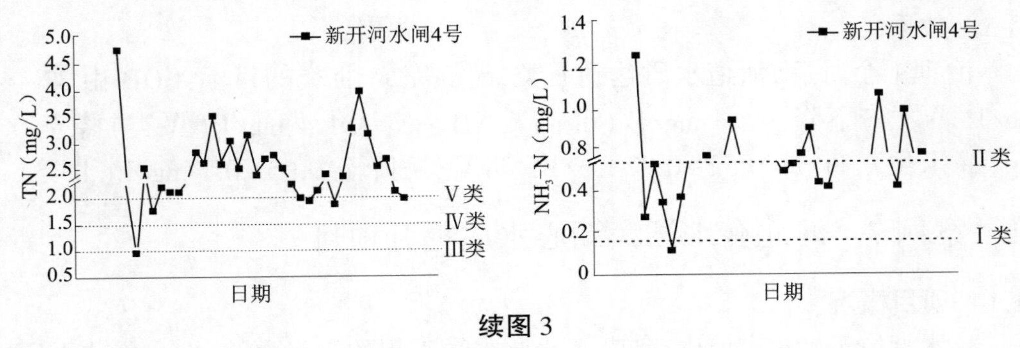

续图 3

9 案例 5 云南滇池除藻试验项目

9.1 概况

滇池是国家级风景名胜区，是昆明生产、生活用水的重要水源，是昆明市城市备用饮用水水源。由于近年水污染较严重，水体富营养化日趋严重，生物种群结构产生不良演变，蓝藻年年爆发。

9.2 治理位置

滇池下风口马村湾蓝藻富集区，治理面积 3~5 km^2。

9.3 治理目标

消除蓝藻爆发。

9.4 治理措施

治理时间从 2018 年 7 月 28 日至 9 月 28 日，共 2 个月。放置设备 1 台。

9.5 效果

消除蓝藻爆发，水面上看不到蓝藻（附图 7.6）。

10 案例 6 深圳双界河污水厂尾水治理项目

10.1 项目概况

双界河位于深圳市境内。项目治理河道长度 5 km，宽 30~35 m，水深 1~2 m。

10.2 污染源

该河道由城市污水厂补水，其污染源主要是污水厂尾水，污水厂排放标准基本为一级 A。

10.3 治理目标

达到地表水Ⅲ类。

10.4 治理措施

治理时间为 2018 年 10 月 11 日至 11 月 11 日，共 1 个月。安装装置 1 台，最远监测点距离装置 750 m。

10.5 效果

治理1个月后,河道水质达到Ⅱ类,超额完成 Ⅲ类的目标:COD 由 32~40 mg/L(Ⅳ类)下降至 10 mg/L(Ⅱ类),NH_3-N 从 1.4 mg/L(Ⅳ类)降至 0.1 mg/L(Ⅰ类),TP 从 0.52~0.87 mg/L(劣Ⅴ类)降至 0.05~0.1 mg/L(Ⅱ类)。

11 案例7 河北衡水湖大湖心水质提升项目

11.1 项目概况

衡水湖位于衡水市境内,是南水北调中线工程的必经之路,也是华北平原唯一保持沼泽、水域、滩涂、草甸及森林等完整湿地生态系统的自然保护区。湖面积 75 km^2,水深 3~4 m。本项目治理范围,是以大湖心为中心的,周边 3 km^2水域。

11.2 污染源

由于水流速度缓慢,水体更新历时长,水体富营养化及污染问题严重。水质整体较好,但随着大量面源污染和冬季补水排入,水体存在一定的污染问题。衡水湖大湖心断面的高锰酸盐指数、总磷等指标超标。

11.3 治理目标

TP、COD_{Mn}均达到地表水Ⅲ类标准,即分别达到 0.05 mg/L、6 mg/L。

11.4 治理措施

治理时间为 2019 年 12 月 15 日至 2020 年 3 月 15 日,共 3 个月。安装装置 2 台。

11.5 效果

治理效果良好(附图 7.7)。水质指标 TP、COD_{Mn}均达到地表水Ⅲ类(湖、库)标准,分别从 2019 年 9 月 21 日的 0.06 mg/L、7.8 mg/L 降至 2020 年 3 月 16 日的 0.044 mg/L、4.5 mg/L,见图 4。

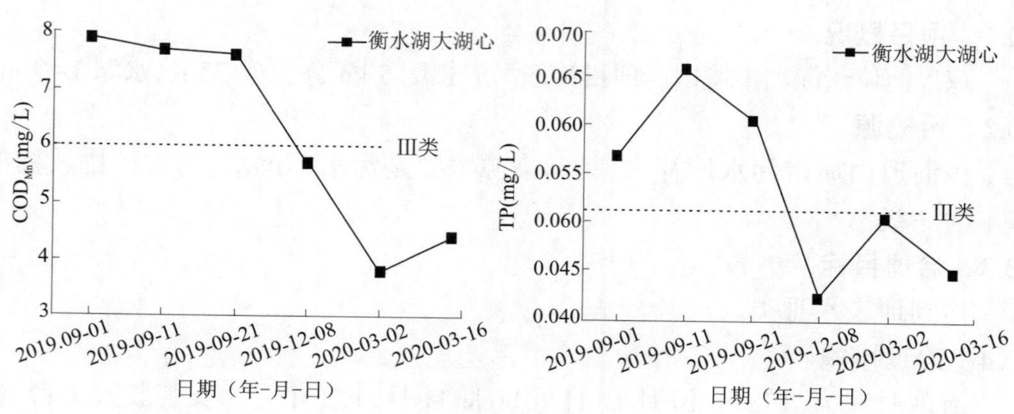

图4 水质指标曲线图

12　案例 8　梅梁湖北部除藻试验项目

12.1　项目概况

除藻试验项目位于太湖北部湖湾梅梁湖的北部水域的十八湾处。太湖自1990 年起年年蓝藻爆发，蓝藻爆发问题一直得不到解决。为此，无锡市蓝藻治理办公室与上海金铎禹辰水环境工程有限公司合作进行除藻试验。由于蓝藻爆发期间主要是偏南风，把大量蓝藻吹向试验水域，所以梅梁湖向来是蓝藻爆发严重水域。在除藻试验项目的南侧设置了一条围隔，可以阻挡部分蓝藻。

12.2　污染源

外源：项目水域附近虽有梁溪河、直湖港、武进港 3 条入湖河道，但一般均实行关闸控制，河道污水均不能进入湖内；其余方向湖岸有堤坝，地表径流基本不能进入湖内；有降雨降尘污染。内源：主要是蓝藻污染，由于蓝藻爆发期盛吹偏南风，平常大量梅梁湖湾的蓝藻吹进试验水域，故在试验水域南部设置了一条东西向的围隔（留有通航口子），阻挡大部分蓝藻使其不进入试验水域；尚有一定的底泥释放污染负荷。由于正值蓝藻爆发期，水体内蓝藻含量比较高。

12.3　试验目标

在试验水域鉴定该除藻装置对于治理蓝藻的效果，为太湖及国内类似的大水面蓝藻治理提供可行的借鉴。

12.4　试验过程

除藻试验项目自 5 月 22 日开始安装除藻设备，5 月 23 日安装完毕。监测点位，以除藻设备为中心的半径 400 m、800 m 的圆弧上各设 2 个、3 个测点。主要监测指标：藻细胞密度、叶绿素 a、TN、TP。每个星期或半个月监测 1 次。

12.5　试验结果评价

该项目的有效试验期为 5 月 23 日至 7 月 9 日，计 47 天。试验结果评价说明如下：

（1）该设备除藻效果良好，作用显著。

①藻细胞密度总体呈降低趋势，降幅很大，7 月 9 日较治理前削减93.8%，说明抑制、消除蓝藻有相当效果；②叶绿素 a 总体呈降低趋势，降幅较大，7 月 9 日较治理前削减 75.3%，说明抑制、消除蓝藻有较好效果（见表 2）。

表 2　2020 年梅梁湖十八湾除藻试验项目水质表

项目	藻细胞密度		叶绿素 a		TN		TP	
日期（月-日）	数值（mg/L）	削减率（%）	（万 cells/L）数值	削减率（%）	数值（mg/L）	削减率（%）	数值（mg/L）	削减率（%）
05-23	1 380	—	0.0250	—	2.70	—	0.124	—
06-02	966	30.0	0.0233	6.9	1.95	27.7	0.056	54.8
06-09	339	75.4	0.0234	6.6	1.19	55.9	0.071	42.4
06-24	283	79.5	0.0278	−11	—	—	—	—
07-09	85	93.8	0.0062	75.3	2.74	−1.7	0.148	−19

注:1.指标值均为 5 个测点的平均值;2.削减率均为与 5 月 23 日比较。

（2）TN TP 在此试验期效果不理想。

TN TP 在 47 天试验期,开始均有相当幅度的降低,后有不同程度的升高。① TN 在 6 月 9 日较治理前削减 55.9%,后由于蓝藻死亡的分解释放引起 1.7%的升高;② TP 在 6 月 9 日较治理前削减 42.4%,后由于蓝藻死亡的分解释放引起 19%的升高,升高幅度较大。

（3）说明。在此 47 天试验取得较好的除藻效果后,由于试验水域多次进入大量蓝藻,其藻密度相当高。相当于试验要重新开始。所以,此案例仅评价 47 天除藻效果。

12.6　TN TP 在此试验期效果不理想原因

（1）蓝藻死亡分解增加 TN TP。设备在此试验期清除了大量蓝藻,而死亡蓝藻分解释放出大量营养物质,升高了 TN TP 指标。

（2）设备具有消除底泥污染的作用,根据以往经验,设备在消除底泥污染的初期,底泥释放污染的力度一般会加大,致使底泥上部水体的 TN TP 升高。

（3）由于上述两个原因,TN TP 这两项指标在此试验期均是先降后升,若要得到明显改善,必须在基本不再有外水域爆发的蓝藻进入后,再经过 1～3 个月时间。若需要全面消除底泥污染,则时间还需要长一点。所以,认为此次的有效试验时间比较短。

12.7　外水域蓝藻大量进入试验水域的原因

试验水域外侧虽设置了 1 道围隔,但围隔阻挡偏南风吹来蓝藻的作用没有达到预期效果。试验水域多次吹进蓝藻,吹来的大量蓝藻升高了藻密度和叶绿素 a,同时升高了 TN TP,也增加了底泥的有机污染。

12.8　设备除藻试验效果的展望

(1)若试验水域以后无蓝藻进入,则设备削减藻密度的效果可以达到95%以上;届时,叶绿素 a 也能随着藻密度得到大幅度削减,但削减速度略慢一步。

(2)若试验水域基本消除了蓝藻和底泥污染,水域的水质可达到Ⅲ类(湖泊标准)。

(3)今后继续在太湖进行试验时,应提高试验水域周边阻挡蓝藻和风浪能力,如设置多道性能良好的围隔或隔断,提高阻挡蓝藻和风浪的能力,将能取得更好效果。

(4)今后应进行较大规模和较长时间的除藻试验。试验时间要 1~2 年,规模要 5~10 km^2,除藻试验就可得出更科学的结论。此将有利于全面推进太湖、巢湖和滇池消除蓝藻爆发工作。

鄂正农微生物
治理湖泊消除蓝藻爆发案例①

1　鄂正农微生物

1.1　功能特点

鄂正农微生物为武汉市鄂正农科技发展有限公司发明并自行生产的高效复合微生物菌剂,专门用于湖泊、河道的污染治理和黑臭治理,其独到之处是适合于治理湖泊、河道的各类蓝藻爆发。具有治理河湖水体的以下四大特点:

(1)快速消除水体污染、恶臭和异味(消除氨氮)。

(2)较快消除水底的淤泥和有机杂物,彻底清除内污染源。

(3)微生物具有溶藻和破坏微囊藻蓝藻气囊的功能,对鱼腥藻、拟柱孢藻和微囊藻等蓝藻水华具有良好的清除效果,可以抑制和杀灭水面、水中和水底

① 此文作者为王红兵,现就职于武汉市鄂正农科技发展有限公司,电话:18986244638,2020 年 5 月编写;统稿:朱喜。

的蓝藻。

（4）含有大量聚磷菌，配合生物膜可以有效削减水体中的总磷。

1.2 注意点

（1）鄂正农微生物，在静水或流速缓慢的河湖中，效果良好，但在流速比较快的河湖中效果相对较差。

（2）在静水或流速缓慢的河湖中，相对而言为长效治理微生物。因为其在消除水体污染、净化水体的时候，可以同时清除底泥的有机污染，在基本清除底泥的污染后，可以长期保持水体的清洁，一般不会反复。

（3）在此类微生物清除污染底泥的时候，水质一般会有一定的反复、波动，此为治理过程的正常现象。原因是污染底泥在微生物的作用下，有相当长的一段时间底泥是处于释放污染负荷状态，若其释放污染负荷量大，微生物来不及消化、削减，水质就要产生波动。此波动时间的长短，根据底泥的污染程度、深度来确定，少则1~2个月，多则0.5~1年，若同时存在排污口，则波动时间可能更长。

1.3 微生物治理河湖污染和蓝藻的路径

微生物治理河湖污染和蓝藻的路径如图1所示。

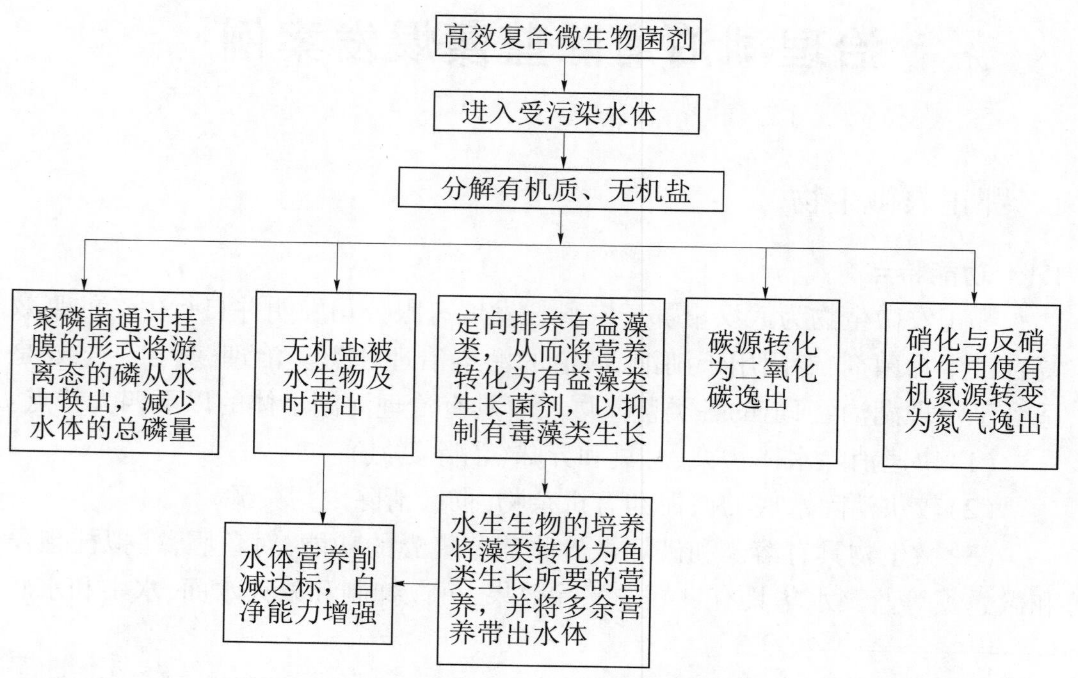

图1 微生物治理河湖污染和蓝藻的路径

2　案例

2.1　案例1　武汉江岸区鲩子湖蓝藻爆发治理

鲩子湖水面面积150亩(约10万m^2),平均水深1.3 m。2013年2月,鲩子湖蓝藻全面爆发,此蓝藻经中国科学院水生生物所李仁辉研究员鉴定为新亚种,蓝藻属低温束丝藻,爆发时湖面发黄并伴有一定的恶臭味。

治理目标:消除蓝藻爆发。

治理措施:武汉鄂正农科技发展有限公司接受此湖泊的治理任务,经实地考察后确定采用喷撒鄂正农高效复合微生物的治理方案,治理自2013年3月2日开始,经4天时间,彻底消除蓝藻爆发,其后无复发,水质改善。

2.2　案例2　武汉武昌区紫阳湖治理

紫阳湖湖面220亩(约14.67万m^2)、平均水深2 m。2013年水体发黑,透明度30 cm,磷严重超标,环保局检测为劣Ⅴ类。

治理目标:消除黑臭,水质达到Ⅴ类。

治理措施:采用喷撒鄂正农高效复合微生物菌剂进行治理,2013年3月开始治理,至2013年10月结束。

治理效果显著,水质改善,透明度提高,底泥得到净化。其中,透明度达到80 cm以上,TP达到Ⅳ~Ⅴ类水,其他指标都达到Ⅳ类或优于Ⅳ类,底泥有机污染基本得到消除。

2.3　案例3　武汉江汉区菱角湖蓝藻治理

菱角湖水面面积137亩(约9.1万m^2),水深1.5 m。2015年5月初,菱角湖蓝藻爆发,经中国科学院水生生物研究所的蓝藻专家李仁辉鉴定为鱼腥藻。

治理目标:消除蓝藻爆发。

治理措施:采用喷撒鄂正农高效复合微生物菌剂进行治理,2013年5月29日开始治理,至2013年6月5日结束。

治理效果良好:治理1周后即杀灭了鱼腥藻,后经1个多月观察,再未看见蓝藻爆发。

2.4　案例4　武汉武昌区晒湖蓝藻治理

晒湖水面面积190亩(约12.7万m^2),平均水深2 m。2015年5月15日,晒湖蓝藻爆发,经中国科学院水生生物研究所蓝藻专家李仁辉鉴定为鱼腥藻。

治理目标:消除蓝藻爆发。

治理措施:采用喷撒鄂正农高效复合微生物菌剂进行治理,2015年5月16日开始治理,治理时间为3天。

治理效果良好:治理 3 天后就能杀灭水体中蓝藻,以后再未看见蓝藻爆发。

2.5　案例 5　武汉武昌区都司湖蓝藻治理

都司湖水面面积 10.5 亩(约 0.7 万 m^2),平均水深 2 m。2015 年 6 月 6 日,都司湖蓝藻爆发,经中国科学院水生生物研究所的蓝藻专家李仁辉鉴定为铜绿微囊藻爆发;水质为严重劣Ⅴ类,水体发出阵阵臭味。其中,TN 为 8.2 mg/L、TP 为 1.45 mg/L,相当于黑臭水体。

治理目标:消除蓝藻爆发,消除水体黑臭。

治理措施:采用喷撒鄂正农高效复合微生物菌剂进行治理,共进行 40 天治理。

治理效果良好:一是彻底消除了水体中的铜绿微囊藻,再未发现蓝藻爆发;二是水质从原来的劣Ⅴ类改善为Ⅴ类水,清澈透明。其中,TP 从 1.45 mg/L削减为 0.098 mg/L(Ⅳ类),削减 93.2%;TN 从 8.2 mg/L 削减为1.87 mg/L(Ⅴ类),削减 77.2%,具体见图 2。

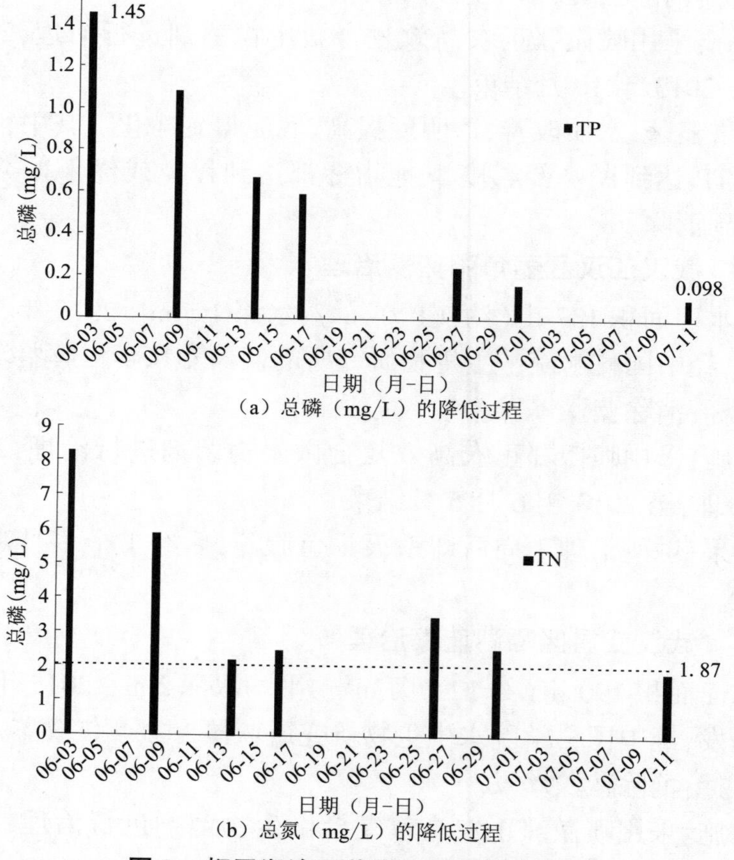

(a) 总磷(mg/L)的降低过程

(b) 总氮(mg/L)的降低过程

图 2　都司湖治理前后水质指标变化图

2.6　案例6　武汉汉阳莲花湖蓝藻爆发治理

莲花湖水面面积184亩(约12.3万 m^2),平均水深2 m。2016年6月25日,蓝藻严重爆发,水质为劣Ⅴ类,治理前水质TN、TP分别为3.46 mg/L、0.181 mg/L,叶绿素a为202.5 μg/L。莲花湖岸边有两个排污口持续向湖中排放,主要污染物为周边居民的生活污水通过暗管排入。同时,由于地处城市,地表径流污染严重。经数年观测统计,每天平均有200~350 m^3的地表径流和污水经管道入湖,多次检测磷浓度一般为0.5~0.7 mg/L,个别时候超过1.0 mg/L;特别是每次大暴雨期间有4 000~5 000 m^3的污水进入,造成湖中富营养化严重;湖中底泥淤积比较深、有机污染严重。2016年8月6日检测,2个排污口的TN分别为3.09 mg/L、2.67 mg/L,TP分别为0.32 mg/L、1.75 mg/L。

治理目标:第一期为消除蓝藻爆发,初步改善水质;第二期在不清淤的情况下改善水质至Ⅳ类。

治理措施:武汉市鄂正农科技发展有限公司接受了这个颇具难度的治理项目。采用喷撒鄂正农高效复合微生物菌剂进行治理。

第一期治理从2016年6月26日开始,9月25日治理基本结束。治理效果:经3个多月数次喷撒微生物菌剂的治理,效果良好。其中,叶绿素a由202.5 μg/L降低为87.6 μg/L,削减56.7%,消除了蓝藻爆发,达到了目标;TN由3.46 mg/L(劣Ⅴ类)改善为1.48 mg/L(Ⅳ类),削减57.2%,但TP有明显波动、不理想。达到了水质初步改善的目标。2016年莲花湖水样水质检测结果见表1。

表1　2016年莲花湖水样水质检测结果

日期 (年-月-日)	TN (mg/L)	TP (mg/L)	NH_3-N (mg/L)	NO_3-N (mg/L)	叶绿素a (μg/L)
2016-06-15	3.458	0.181	0.722	0.472	202.5
2016-07-10	1.641	0.029	0.014	1.131	71.5
2016-07-21	1.031	0.056	0.488	0.565	47.5
2016-07-31	2.003	0.237	0.091	0.249	188.1
2016-08-04	2.322	0.211	0.581	1.371	38.5
2016-08-12	1.513	0.089	0.211	0.609	118.7
2016-08-19	2.001	0.162	0.271	0.261	139.1
2016-08-28	1.706	0.148	0.125	0.397	85.7
2016-09-29	1.481	0.231	0.397	0.241	87.6

第二期第一阶段治理:吸取第一期治理的经验教训,研究了如何进一步在未

封闭排污口和污染底泥比较多的情况下继续进行治理,以进一步提升水质。改变操作方法,除了喷撒微生物菌剂,增加了聚磷菌挂膜的形式,将游离态的磷从水中提出、减少水体中的TP。治理的第一阶段从2018年6月20日至年底。提升水质的效果进一步显现:经6个多月治理,其中TN由2.38 mg/L(劣Ⅴ类)改善为1.34 mg/L(Ⅳ类),削减43.7%;TP由0.5 mg/L(劣Ⅴ类)改善为0.16 mg/L(Ⅴ类),削减69.2%。2018年6~12月莲花湖大湖有水样水质检测结果(见表2)。

表2 2018年6~12月莲花湖大湖水样水质检测结果 (单位:mg/L)

日期	TN	TP	NH_3-N
6月20日	2.38	0.52	0.77
6月27日	3.06	0.64	0.39
7月3日	2.73	0.71	0.82
8月平均	1.95	0.44	0.63
9月平均	1.91	0.31	0.25
10月平均	1.52	0.23	0.10
11月平均	1.86	0.16	0.80
12月4日	1.34	0.16	0.29

第二期第二阶段治理:在2018年治理的基础上继续进行治理,采用与2018年同样的治理措施。经过1年努力,终于取得比较满意的效果。2019年1月至2020年1月,TN由1.93 mg/L(Ⅴ类)改善为1.29 mg/L(Ⅳ类),削减33.2%;TP由0.11 mg/L(Ⅴ类)改善为0.04 mg/L(Ⅲ类),削减63.6%。水质改善达到Ⅳ类的目标。2019年1月至2020年1月莲花湖水样水质检测结果(见表3)。

表3 2019年1月至2020年1月莲花湖水样水质检测结果 (单位:mg/L)

日期	TN	TP	NH_3-N
2019年1月4日	1.93	0.11	0.47
2019年1月8日	2.04	0.05	0.38
1月平均	1.77	0.06	0.53
2月平均	1.57	0.05	0.10
3月平均	1.09	0.09	0.38
4月平均	1.27	0.20	0.24
5月平均	0.87	0.22	0.11
6月平均	1.40	0.21	0.25

续表 3

日期	TN	TP	NH_3-N
7 月平均	1.10	0.22	0.08
8 月平均	1.25	0.20	0.08
9 月平均	1.10	0.19	0.10
11 月 13 日	1.03	0.13	0.03
12 月平均	1.23	0.11	0.19
2020 年 1 月 7 日	1.05	0.03	0.26
2020 年 1 月 14 日	1.29	0.04	0.27

注:均由中国科学院水生生物研究所藻类生物学与应用研究中心检测,审核人为李仁辉。

经验教训:① 莲花湖由于排污口未封闭,仍有污水排入,城市区域降暴雨时地表径流多,污染负荷入湖量大,所以水质反复,治理时间比较长。虽第一年治理就消除了蓝藻爆发,但经 3 年治理,改善水质才取得明显效果,基本稳定在Ⅳ类。② 河湖治理污染应首先控制外源,封闭排污口,否则治理很困难,需要较长时间。故只有在暂时无法封闭排污口的情况下才使用直接净化水体的手段。③ 说明使用高效复合微生物清除河湖底泥的有机污染是可行的、有效的。④ 说明治理河湖、改善水质,需要同时控制外源进入、消除水体和底泥的污染,才能保持水体良好的生态状态,才是长期有效的治理技术,鄂正农高效复合微生物是长效治理水体技术之一。

2.7　案例 7　武汉梁子湖蓝藻水华爆发试验示范治理

梁子湖水面面积 304 km^2,平均水深 2.7 m。梁子湖存在大量蓝藻,2019 年 9 月测定为拟柱胞藻、固氮型蓝藻,细胞密度超过 9 亿 cells/L,出现蓝藻水华爆发现象。由武汉市鄂正农科技发展有限公司负责进行试验示范治理。

治理目标:消除蓝藻爆发,藻细胞密度低于 1 亿 cells/L,水体清澈透明。

治理措施:由于梁子湖比较大,治理试验示范区选择 700 亩(约 46.7 万 m^2)。在治理前,先用围隔把需要治理水域从梁子湖中隔离出来,围隔内水深 2 m,其水质为Ⅳ~Ⅴ类;采用高效复合微生物等综合措施治理。治理时间为 10 月 12~28 日。

治理效果良好:经 16 天治理,消除了蓝藻爆发,藻细胞密度削减 98.9%,叶绿素 a 削减 99.8%。3 个监测点均达到削减蓝藻细胞密度低于 1 亿 cells/L 的目标。其中 1 号监测点,藻细胞密度由 84 700 万 cells/L 削减至 50 万

cells/L,减少 99.9%;叶绿素 a 由 66.8 μg/L 削减至 0.055 μg/L,减少 99.9%。2 号监测点,藻细胞密度削减 99.7%;叶绿素 a 削减 99.99%。3 号监测点,藻细胞密度削减 97.1%;叶绿素 a 削减 99.5%(见表 4)。水质也有较大幅度的提高,达到了清澈透明的目标要求。

表 4　武汉梁子湖消除蓝藻水华爆发试验

监测点	藻细胞密度			叶绿素 a		
	治理前(万 cells/L)	治理后(万 cells/L)	削减率(%)	治理前(μg/L)	治理后(μg/L)	削减率(%)
1 号	84 700	50	99.9	66.8	0.055	99.9
2 号	81 100	219	99.7	72.1	0.033	99.99
3 号	61 100	1 760	97.1	68.1	0.31	99.5
平均削减			98.9			99.8

注:均由中国科学院水生生物研究所藻类生物学与应用研究中心检测,审核人为李仁辉。

新技术|复合式区域蓝藻和水土共治技术及案例[①]

——复合式区域活水提质除藻技术与装备

1　引言

国家推出了水十条、河长制、湖长制、长江大保护和黄河大保护等一系列政策,推进治理河湖黑臭水体,推进治理水污染、水环境和修复水生态;同时,根据“三湖”(太湖、巢湖和滇池)30 年蓝藻爆发的情况,治理直至消除“三湖”蓝藻爆发尤为急迫。

复合式区域蓝藻和水土共治技术,也称复合式区域活水提质除藻技术(或简称活水提质技术),是研究团队在常年从事蓝藻治理基础理论研究、应

① 此文作者为孙爱权,水利部交通运输部国家能源局南京水利科学研究院、南京瑞迪建设科技有限公司,电话:13901806166,2020 年 6 月编写;统稿:朱喜。

用技术开发的过程中，勇于创新、承担蓝藻治理领域中最具前瞻性、基础性、关键性的科学研究任务的成果。此技术与装备是以南京水利科学研究院的“活水是灵魂”系统治水理念为核心导向，以构建生物多样性、恢复水体自我修复能力、促进绿色持续发展为基本目标，运用新型复合材料和五大功能模块，根据河、湖、库及湿地现场工况和治理目标，进行复合叠加，能够解决流域水体污染（去除率达到80%以上），控制水华、消除蓝藻爆发，快速进行水质提升、满足达标考核，并能原位构建草型生境的系统技术与装备。

2　主要技术（功能模块）组成

复合式区域蓝藻和水土共治技术，根据河、湖、库及湿地现场工况和治理目标，由以下诸多技术（功能模块）复合叠加、组成装备（附图 8.1）。

2.1　活水循环装置

（1）技术参数。

· 常规型号：RDHS-Ⅰ。

· 总交换流量：2 000~4 000 m^3/h。

· 服务面积：5 万~20 万 m^2或宽阔水面。

· 工作方式：≥1 m 水深，提水造浪扩散。

· 设备功率：≤1 500 W。

· 产品尺寸：3.5×3.5×（0.5-1.8）（m）。

· 设备质量：≤1 800 kg。

· 设备材质：优质 FRP SS304。

（2）设备功能。① 液压马达驱动大型组合叶轮实现低能耗、大流量提升底层水，其逆向涡流通过负压核心区的碳纳米核磁、能量释放等功能模块反应区。② 在造浪叶轮及分水盘的作用下，提升到水面的底层水以浪高约 4 cm 均质扩散至约 150 m 工作半径外，形成高溶氧的表面流，在水体自重作用下，立体交换物理活水。

2.2　能量释放模块

（1）技术参数。

· 常规型号：RDHS-Ⅱ。

· 总交换流量：2 000~4 000 m^3/h。

· 服务面积：5 万~20 万 m^2。

· 工作方式：逆向循环接触。

· 设备功率：≤10 W。

· 产品尺寸：Φ0.7 m×0.5 m。

· 设备质量：≤100 kg。

· 设备材质：纳米铜锌铁 SP3 结构、水晶。

（2）设备功能。① 借由超导材料 SP3 结构及压电水晶的特性，可从环境中吸收高能射线、可见光等能量，同时在电磁频率的控制下，源源不断、周而复始地为原土著微生物、水生动植物赋能。② 就地把污染物转化为微生物及其他生物的“食物”，由传统的“转移对抗”变成“和谐利用”，通过微生物、浮游动物、植物、藻类的快速繁殖来加速“食物链”的重新构建。

2.3 载体固化微生物设备

（1）技术参数。

· 常规型号：RDHS-Ⅲ。

· 总交换流量：2 000~4 000 m^3/h。

· 服务面积：5 万~20 万 m^2。

· 工作方式：逆向循环立体交换布洒。

· 设备功率：≤300 W。

· 产品尺寸：Φ0.15 m×2 m。

· 设备质量：≤50 kg。

· 设备材质：优质 SS304 纳米沸石、电气石。

（2）设备功能。① 柱状复合型生物载体特点：解决传统投撒微生物菌剂容易流失的问题，抗冲击能力强，一旦遇到有毒有害物质，载体能够有效保护精心筛选的微生物，功能丰富、能力强、能耗低及持久长效，能反复使用数年，大幅降低维护成本。② 球状复合型生物载体特点：内由两种载体复合而成，用于整合不同溶氧体系下各种菌群的协同合作，并能发挥最大功效，应用于同步自养硝化、好氧反硝化菌群的固定化。

2.4 碳纳米核磁模块

（1）技术参数。

· 常规型号：RDHS-Ⅳ。

· 总交换流量：2 000~4 000 m^3/h。

· 服务面积：5 万~20 万 m^2。

· 工作方式：逆向循环立体交换布洒。

· 设备功率：≤300 W。

· 产品尺寸：Φ0.15 m×2 m。

· 设备质量：≤50 kg。

· 设备材质:优质 SS304、沸石、碳纳米材料。

(2)设备功能。① 通过电场极化、声波空化、波频共振作用,破解流经水体的缔合水分子结构,使水小分子化、深度活化水体、裂解污染物、提高生化比,同时杀灭单细胞藻类、抑制水华产生。② 有机络合物分解,生成大量碳点,高效利用光能,并立体化作用于治理水域,对水体、底泥中的污染物进行光降解,持续提高治理区域水体的垂直溶解氧和生化比,实现光电化学活水;能有效将有机农药残留、抗生素、激素矿化为二氧化碳和水;能使重金属离子钝化、富集。

2.5　高级氧化发生器

(1)技术参数。

· 常规型号:RDHS-Ⅴ。

· 服务面积:≥20 万 m^2。

· 工作方式:逆向循环接触。

· 设备功率:≤300 W。

· 产品尺寸:0.8 m×0.5 m。

· 设备质量:≤150 kg。

· 设备材质:优质 FRP、镍、钛、碳纳米材料。

(2)设备功能。① 通过太阳能供电的碳纳米复合材料活水协同装置对水中的有机络合物进行分解离散并生成大量碳点。碳点高效利用了光的巨大辐射能量(标准照射下,产生 1 kW · h/m^2)与高级氧化模块持续链式循环共同作用于治理水体。在如此大功率能量作用下,水分子被持续分解,产生氧气、氢气、超氧阴离子自由基(· O_2^-) 和羟基自由基(· OH)等活性氧。② 生成大量碳点,发生链式反应,能高效利用光能,立体化作用于治理水域,在大工作半径内通过光电化学作用净化水体。

3　核心原理

复合式活水提质除藻技术装备遵循"区域灭藻增氧释氢+催化激活原土著微生物+营造草型生境+自然生态修复"的技术路线,从而达到构建流域生态系统,泥水共治、快速提升水质的目的。其技术关键是采用多种复合碳纳米材料集成的多功能生态修复模块,在太阳能微电场的作用下,实现电子跃迁,立体作用于工作半径内(200~2 500 m)水体,促使水体底泥中蓝藻细胞壁发生破坏,老化、死亡、上浮或氧化、下沉,使其被微生物、浮游水生动物削减。同时,将辐射半径内水体中的有机络合物氧化还原、离散并生成大量碳点,碳点能高效利用可见光的能量，立体链式光催化，循环解构水分子，产生氢、氧、羟基自由基、超氧阴离子自由基等活性氧，持续为垂直生态的自我构建提供充分且必要的生境条件。

4 技术特点

(1)该技术是组合式技术。

(2)适合于大水体治理，一般 1 套装备的有效治理半径为 500 m，影响半径可达 2 500 m，多套装备配合使用适合大中型湖泊、水库的治理。

(3)可同时治理蓝藻、水体、底泥污染，也可治理黑臭水体、微污染水体。

(4)其间的固定化载体微生物不需人工外加，可引诱土著微生物直接进入固定化载体并使其快速生长繁殖。

(5)大水体治理蓝藻需分水域进行，才能确保全面消除蓝藻爆发；小水体则可以一次性消除蓝藻爆发。

(6)采用此技术可省去清除污染底泥的费用。

(7)能治理有一定流速的水体。

(8)此技术装备不受天气影响，在任何天气下均能够工作。

(9)经此技术装备治理后的水体能够自然生长水草，逐步恢复健康的生态系统。

(10)装备的安装、维护简便、快捷，使用时间长。此技术治理费用低于传统技术的 30%~50%。

5 工艺路线

工艺路线如图 1 所示。

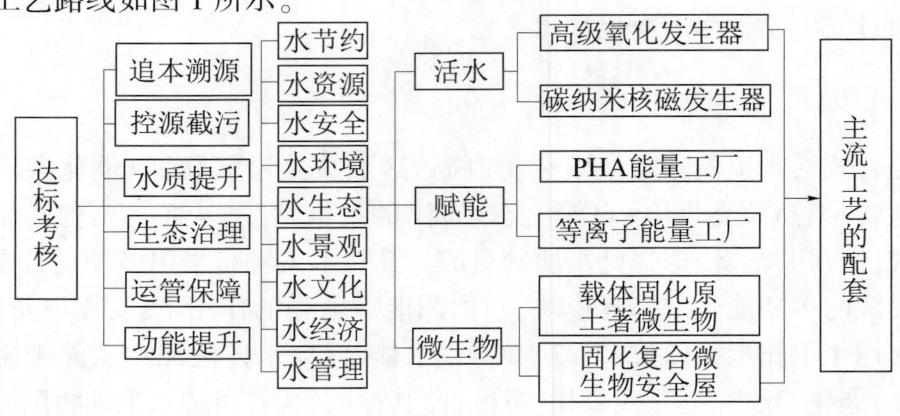

图 1 工艺路线

6 案例1 云南星云湖除藻试验项目

6.1 项目概况

星云湖位于云南玉溪市江川区,为高原断陷构造湖泊,位于抚仙湖以南,容积1.84亿m^3,面积34.71 km^2,平均水深5.3 m,南北长10.5 km、东西宽5.8 km;除藻试验项目位于星云湖西南方向的沿岸水域,面积1.59 km^2。其中,工程试验核心区展示水域,面积4万m^2。

6.2 污染源及水质

有多条河道入星云湖,劣Ⅴ类。治理前蓝藻年年爆发,蓝藻黏稠呈油漆状,蓝藻爆发期间的透明度为0,看不到水面。

6.3 治理目标

工程试验水域消除蓝藻爆发,生长出植物群落。

6.4 治理措施

除藻工程试验治理从2019年1月16日起,共2个月。采用一套活水循环、能量释放、碳纳米核磁、高级氧化发生器的技术(模块)组合的主设备及8台辅助设备。另外,与光催化网除藻工程治理进行对比。工程试验水域周围均用围隔圈住。

6.5 治理效果

治理后:25天蓝藻消失(附图8.2),44天清晰地看到新长的水草,水体中出现大量食藻虫, 60天透明度提升至1.5 m ,看到红嘴鸥觅食、水草复苏生长,生态逐渐恢复。

治理2个月后,治理工程试验区2号点的叶绿素a从治理前的0.557 μg/L下降至0.062 μg/L,削减88.9%;3月20日治理区内的叶绿素0.177 μg/L,与治理区外的0.062 μg/L比较,削减65%。另外,与光催化网除藻工程的3号点对比,光催化网除藻的效果很差。

7 案例2 雄安白洋淀提升水质项目

7.1 项目概况

项目位于雄安白洋淀、总面积25.78 km^2,平均水深4 m;治理水域在白洋淀中间位置的圈头、光淀张庄、采蒲台的3个监测点附近,水深3~4 m。

7.2 污染源及水质

有河道入湖污染,有水生植物腐烂、底泥释放污染。但TP、NH_3-N等水质指标均较好,DO较差,有死鱼现象,透明度较低。测点光淀张庄的DO指标呈现轻度黑臭,测点采蒲台的 DO 指标呈现重度黑臭。

7.3 治理目标

提升 DO,消除黑臭现象。

7.4 治理措施

治理从 2019 年 9 月 11 日起。治理措施:在河道入湖口采用能量释放和载体固化土著微生物两种设备各 1 组;在湖中心水域设置两套由高级氧化发生器、碳纳米核磁、能量释放、载体固化土著微生物组成的复合式活水提质装备,同时设置相应的漂浮式复合分解繁殖平台、潜水式复合分解繁殖平台和景观式复合分解繁殖平台,以在有效治理污染后构建生物多样性,促进绿色发展,符合长效治理维护需求,同时可以满足应急达标考核。工程治理水域周围不设置围隔,为敞开水域。

7.5 治理效果

开始至 9 月 28 日共 17 天的治理,提升了 DO,消除了黑臭,指标均达到Ⅰ~Ⅳ类,满足目标要求(见表 1);安装设备的治理水域 500 m 半径范围内的水质均得到较好改善;底泥污染物也得到较好的削减,底泥的颜色已经由原来的富含有机质的黑色改善为基本无有机质的黄色。同时,至 2020 年 5 月,已经自然生长出茂盛的沉水植物(附图 8.3)。另外,NH_3-N 指标也削减了一定比例,TP 指标也削减了一定比例。

表 1　2019 年白洋淀提升水质比较

位置	日期(月-日)	DO		NH_3-N		TP	
		指标值(mg/L)	效果比例(%)	指标值(mg/L)	效果比例(%)	指标值(mg/L)	效果比例(%)
圈头	09-11	3.01		0.063		0.056	
	09-28	10.58	+2.51 倍	0.025	−60.3	0.056	0
光淀张庄	09-11	0.79		0.059		0.051	
	09-28	6.19	+6.84 倍	0.025	−57.6	0.045	−11.8
采蒲台	09-11	0.11		0.18		0.088	
	09-28	3.91	+34.54 倍	0.029	−838.8	0.081	−7.9
平均比例			+14.64 倍		−318.9		−6.6

8　案例3　福建山美水库降低藻密度和提升透明度项目

8.1　项目概况

项目位于福建南安市，山美水库总面积 20.29 km^2，容积 6.56 亿 m^3，平均水深 32.3 m，为重要水源地，有坝后电站；试验项目在水库大坝附近水域，平均水深 20 m。

8.2　污染源及水质

有河道入湖污染，有底泥释放污染；藻类密度较高，但并未发生藻类爆发现象；藻类以蓝藻、硅甲藻、绿藻为主；水质一般为Ⅴ类。

8.3　治理目标

有效治理范围内较大幅度降低藻类密度。

8.4　治理措施

在发电站出水处及大坝附近的湾内，放置高级氧化等模块组合的两套装备，两套装备间距离 1.389 km，使其间水域均能得到有效治理（附图 8.4）。

8.5　治理效果

经过 1 个月的治理，水库大坝附近测点叶绿素 a 削减 94.04%，藻密度削减 97.66%；全水库藻密度平均削减 64.0%（见表 2）。

表 2　福建山美水库水质改善比较

日期（年-月-日）	透明度（m）	叶绿素 a（μg/L）	藻密度（cells/L）	
	水库大坝附近			全库平均
2019-04-24	1.5	662	1 665 万	1 665 万
2019-05-23	2.8	39.4	38.9 万	600 万
削减比例（%）	增加 86.7	94.04	97.66	64.0

9　案例4　竺山湖除藻试验项目

9.1　项目概况

竺山湖，总面积 56.7km^2，为太湖西北部的湖湾，除藻试验项目位于竺山湖西部沿岸的周铁镇附近水域，试验水域面积 15 万 m^2，水深 2 m。

9.2　污染源及水质

竺山湖有污染比较严重的河道入湖；该水域藻密度较高，年年在夏秋季节有蓝藻爆发现象;藻类以蓝藻为主;除藻试验水域无河道入湖,底泥污染比较严重。

9.3 治理目标

在试验水域内降低藻密度、消除蓝藻爆发。

9.4 治理措施

在工程试验水域中间放置活水循环、能量释放、碳纳米核磁等技术组成的组合装备两套;同时,放置光催化生态网进行对比;工程测试水域的四周设置了木桩、围隔等2~4道隔断,阻止外部蓝藻进入;在工程试验水域南北两端,各设置1个对比水域。工程试验从2019年11月正式启动,工程准备2年。

9.5 治理效果

启动能量释放模块45天,水体透明度大幅度增加,出现水绵、刚毛藻、沉水植物,生态有相当程度的恢复;后启动全部装备,治理效果更好,特别是在2020年5月26日竺山湖出现大规模蓝藻时,工程试验区域的水面看不见蓝藻,而工程试验区域外部的对比区则是布满蓝藻(附图8.5)。

第五部分
生态修复 恢复湿地

序

国家大力推进河湖生态修复,努力恢复湿地,但生态退化、湿地锐减、生物多样性减少是目前河湖仍然普遍存在的现象。据中国湿地报告,中国拥有各类湿地面积 66 万 km^2,约占世界湿地面积的 10%,居亚洲第一位,世界第四位;改革开放以后,由于不合理利用和破坏,湿地的面积急剧缩减,到 20 世纪 90 年代中期,已有 50%的滨海滩涂不复存在,近 1 000 个天然湖泊消亡,黑龙江三江平原 78%的天然沼泽湿地丧失;2017 年湿地总面积为 53.6 万 km^2,减少 18.8%;又如太湖目前湿地较 20 世纪五六十年代减少 200 km^2多,巢湖减少 150 km^2。1992 年中国加入湿地公约,湿地减少的速度开始减慢,进入 21 世纪中国人工湿地开始持续增加。大水面生态修复、人工恢复湿地任务艰巨繁重,需人们加倍努力。必须对现有湿地在实施保护的基础上,进行生态修复、恢复湿地。其中,“三湖”(太湖、巢湖、滇池)应乘长江大保护之东风,克服畏难情绪,创新技术在大水面中大规模修复湿地至 20 世纪五六十年代的规模。

本部分仅 1 篇文章,主要论述水生态系统、湿地的类型、特点、保护和治理的现状成效和存在问题,生态修复和恢复湿地的必要性、思路和对策等。写作时还未推行河长制、湖长制,但如今河湖的生态修复应纳入河长制、湖长制的管理范围。

中国河湖湿地水生态系统保护修复现状及对策①

大河大湖沿岸往往形成社会经济发达的城市或城市群,小河小湖就在城市或城镇中。社会经济快速发展和现代人类活动对河湖水资源的不合理开发利用造成水污染、水体黑臭、富营养化、“湖泛”,生态退化或蓝藻爆发等生态问题,也造成洪涝干旱问题,故河湖湿地生态保护修复刻不容缓。

1 河湖湿地水生态系统保护修复概念

1.1 河湖湿地

湿地定义有多种,其中广为接受的为1971年2月《湿地公约》确定的湿地定义,即天然的或人工的、长久的或暂时的沼泽地、泥炭地及水域地带,带有静止或流动的淡水、半咸水及咸水水体,包括低潮时水深不超过6 m的海域。

广义上的湿地一般指河流湖泊全部水域(包含水位变幅部分),包括永久性或季节性的浅水型淡水或咸水湖泊。狭义上的湿地一般仅指河湖生长有植物或其他生物的水域。

1.2 河湖水生态系统

水生态系统是指在涉水范围内各种生物及其载体或环境相互作用、相互依赖所形成的一个综合性系统,其范围包括永久水域和水位变幅部分,以及对地表或地下水有一定影响的范围。也可以说,水生态系统是指由生物群落及其周围环境所组成的具有一定结构和功能,并有一定自我调节能力的相对稳定的综合性系统。

河湖水生态系统有生态系统的多样性,每个水生态系统有其生物多样性。河湖水生态系统主要包括水体、底质、边坡及其所含的营养物质和生物,生态系统包括生物群体和生境两部分。

1.2.1 生物

(1)生产者,包括原核生物蓝藻和真核生物藻类及大型水生植物,其中藻

① 此文为作者朱喜(原工作于无锡市水利局)于2016年6月21日在深圳市水务培训班的讲课文稿。

类有浮游藻类与固着藻类之分。

（2）消费者，包括初级消费者和消费者。其中，初级消费者有浮游动物、底栖动物；消费者，指一般鱼类或凶猛性鱼类。其中鲤、鲫为底栖鱼类，以底栖无脊椎动物、水草为食；鳊鱼等以水草及绿藻为主食；青鱼以食螺类为主；鲢、鳙则分别摄食藻类和浮游动物。

（3）分解者，分解、利用动植物残骸的细菌、真菌、病毒之类的好氧或厌氧微生物。

1.2.2　生境

① 水、基质、介质、岩土、空气等。其中，水包括水体、地表径流、水面蒸发，湖泊也包括入湖出湖河道。② 天气，降雨、光照、气温、风等气候因素。③ 物质代谢原料如无机盐、腐殖质、氧气、氮气等。

1.3　水生态系统保护修复

水生态系统保护（简称生态保护），简单地说，就是对现有良好的水生态系统实行保护，包括保护湿地面积、生物多样性、良好水质和底泥等。

水生态系统修复（简称生态修复），简单地说，即是修复生态系统存在的水污染、富营养化、生态退化、蓝藻爆发和“湖泛”等诸多生态环境问题，恢复生态系统良性循环。客观地说一般河湖基本恢复至20世纪70年代末的生态水平就很好，个别区域也许能恢复得更好。

生态修复主要内容：治理水污染、消除富营养化、改善水质和底质；消除蓝藻爆发；修复退化的以植物为主的生物系统，包括恢复湿地面积和修复生物多样性。

2　中国河湖湿地生态保护修复类型及现状

中国河湖众多，共有湿地53.6万km^2，其中陆域天然湿地40.87万km^2，人工湿地6.75万km^2；属于湿地保护区的共553块，其中国家级的87块。本文将河湖湿地生态保护修复，按批准、实施或管理，分为以下6类。

2.1　自然保护区

自然保护区是依法划出的对有代表性的自然生态系统、珍稀濒危野生动植物物种的天然集中分布的陆地、水域予以特殊保护和管理的区域。一般分为国家级和省、市、县地方级自然保护区。

（1）数量。至今有国家级自然保护区336个，面积9 315万hm^2；另有省级773个、地市级421个、县级912个。到2006年年底，各级自然保护区面积约占国土面积的15%。

（2）水生态状况。自然保护区大部分地处人口低密度区域，其河湖水域一般水环境很好或较好，生物多样性较丰富。此类湿地生态系统总体以保护为主，人口密度较高和城市附近区域需进行修复，一般与科学研究、教育、生产和旅游等活动结合，使其生态、社会和经济效益都得到充分展示。

2.2 水利风景区

水利风景区是以水域或水工程为依托，具有一定规模和质量的风景资源与环境条件的风景区。其中水工程主要为水库、河道、枢纽工程、坝堤和水闸等。

（1）数量。至2014年9月，共有水利风景区658处。主要包括水利部及其直属流域机构管理的黄河小浪底等30处，省（区、市）管理的十三陵水库、江都水利枢纽等628处。

（2）水生态状况。水利风景区内大多数以水库、大中型河道、枢纽工程等为依托。一般河湖可有效控制水流和换水次数，有较好水环境，大部分的水生态系统较好。主要对湿地生态保护，辅以修复；少部分河湖湿地在社会经济发达或城市周围区域，水质相对较差，湿地生态系统兼顾保护及修复，以修复为主，如“三湖”所在的诸多水利风景区。

2.3 城市湿地公园

城市湿地公园是指在城市或邻近城市的以良好生态环境和多样化湿地景观资源为基础的公园。

（1）数量。2004~2013年共11批次批准北京翠湖等49个国家级城市湿地公园。另有15个正式授牌的苏州太湖、无锡梁鸿、杭州西溪等国家级城市湿地公园。还有众多省级城市湿地公园。

（2）水生态状况。此类湿地大部分在城市或郊区，人口密度高或较高，社会经济发达或较发达，所以其所在河湖的水污染一般较严重、水生态受损较严重，需进行修复及保护，以修复为主。其中，大部分实施生态修复后效果较好，也有部分修复效果不甚理想。

2.4 各类基金项目

基金项目是指国家或有关单位、企业、个人出资资助的生态修复、改善水环境项目（简称基金项目）。包括：国家的高技术研究发展计划“863”项目、重点基础研究发展计划“973”项目、水体污染控制与治理科技重大专项项目、自然科学基金项目、科技支撑项目等。全国的基金类型有千百种，每年实施数千个基金项目。基金项目验收后，一般交由地方政府管理，其所在水域的生态系统一般受损较严重，需进行修复或重建。

2.5 地方政府项目

地方政府项目是各级地方政府有关部门批准的项目，由政府委托有关机构管理。此类项目所在水域一般处于较重要位置或对城市环境有较大影响，其生态系统一般受损较严重，需进行修复或重建。

2.6 街道村镇项目

街道村镇项目是社会经济发达地区的街道村镇凭自己的财力实施和管理的生态修复项目。此类项目所在水域一般对居民环境和民生有较大影响，其生态系统一般受损较严重，需进行修复或重建，效果一般较好。以后此类项目将是大量的。

3 湿地生态保护修复的特点

(1)总体取得较好成绩。上述前3类一般保护较好，修复也取得较好效果；后3类主要是人工修复，取得较好效果，但存在较多问题。

(2)水生态保护修复深入发展。各级政府及市民对生态修复和改善水环境的认识逐步提高，投入资金越来越多，实施项目越来越多，生态保护修复的面积越来越大，其显示的效果越来越好。

(3)基金项目由试验示范向试验示范与推广相结合转变。全国每年实施千百个生态修复基金项目，以其对区域生态修复产生指导意义和积累经验，现由试验示范向试验示范与推广相结合转变，逐步向以推广为主转变，带动了后两类项目的发展。

(4)陆上修复效果优于水上效果。大多数项目均有良好的修复效果，如人口稠密区或风景名胜的河湖、公园水体、高端小区水体的生态修复均较好。其中相当多请有名气的国内外单位或专家设计，实施后效果良好，老百姓看得到。由于水质改善较困难，所以河湖水体修复效果往往不如陆上的。

(5)人工修复短期效果优于长期效果。大部分河湖修复项目完成时的效果良好，但时间久了显示的效果就减弱或消失了，如有些基金项目、地方政府项目。

(6)一般在静水状态下实施人工修复。上述的后4类项目一般在平静水面或流速很慢的状态下实施，而风浪大或流速快的水域实施的很少。原因是后者生态修复难度、风险大，经济效益较低。

4 目前水生态修复存在的一些问题

4.1 河湖水质改善速度较慢或常现反复

目前“三湖”虽多次实施生态修复，但水质仍为Ⅳ～劣Ⅴ类。2015年，太湖为Ⅴ类，巢湖Ⅴ类、滇池劣Ⅴ类[《地表水环境质量标准》(GB 3838—2002)]。鄱阳湖、洞庭湖自20世纪八九十年代起至2012年水质持续变差，水质分别为Ⅴ类、劣Ⅴ类。相当多人口稠密的城市河湖水质有所改善但改善速度较慢,如昆明主城区入滇池的宝像河、滇池北部的草海,合肥入巢湖的环城河、南淝河、派河、十五里河等河道和巢湖的西半部,无锡的城市控制圈内的河道,常州和宜兴入太湖诸多河道,太湖西部沿岸及竺山湖水域等,水质大部分为劣Ⅴ类(其中评价河道水质不含TN)。

4.2 部分河湖蓝藻爆发程度较严重

蓝藻年年严重爆发的主要是“三湖”和云南星云湖;洪泽湖有数次蓝藻爆发;杭州西湖、武汉东湖、南京玄武湖、云南洱海等曾经发生间隔性爆发;长江三峡水库部分支流回水区域和其他部分水库也存在蓝藻爆发现象。如广东茂名的高州水库在2009~2010年也曾有蓝藻爆发。鄱阳湖、洞庭湖在个别水体比较静止的水域也有数次轻度蓝藻爆发。

4.3 有些湖泊存在“湖泛”的潜在危险

如太湖在20世纪90年代梅梁湖水源地发生多次供水危机和在2007年贡湖水源地发生供水危机,其后经治理消除水源地的“湖泛”,但还有部分湖区存在发生“湖泛”的潜在危险。

4.4 相当多水域修复后生物系统有效恢复程度有限

如“三湖”由于围垦、水污染、蓝藻爆发、水位上升等原因,致使生态系统退化,包括植被覆盖率减少和生物多样性减少。其中,太湖植被覆盖面积由650 km^2减少至450 km^2;巢湖植被覆盖率由20%~25%减少至2%~5%;滇池植被覆盖率原较高,其北部的草海长满水草,后滇池覆盖率仅2%、面积6.2 km^2。

近几年,“三湖”多次实施生态修复试验示范。其中,滇池:大量放养水葫芦15~20 km^2/a,实行“四退三还”,拆除环湖大堤50 km^2,恢复水面10 km^2;太湖:东太湖退鱼池还湖37 km^2,苏州三山修复芦苇湿地3 km^2,五里湖退鱼池还湖2 km^2,贡湖和梅梁湖修复部分湿地;巢湖修复少许湿地。除退鱼池(田)还湖及上述修复面积外,湖中有效保留的人工修复面积一般很有限。全国每年有众多生态修复试验示范项目,但长期良好保持下来的很有限。

4.5 生态修复项目短期效果优于长期效果

如部分的基金项目、地方政府的自办项目验收合格后,由于缺乏资金和长效管护机制而逐步废弃。如“863”项目太湖的西五里湖1 km^2的生态修复项目,其沉水植物在2005年结束1~2年后则几乎全部死亡;“863”项目太湖的梅梁湖7 km^2的生态修复水域,其植物在2005年结束1~2年后几乎全部消亡。项目的建设、设计、实施及管理单位缺乏建设健康生态系统的认识,仅满足于验收时的短期效果,未在机制上把人工水生态修复纳入陆地绿化一样的管护。

4.6　整治河道改善水质效果欠佳

全国大部分的城市河道均经过整治了，但相当多河道整治主要注重边坡生态修复、清淤和岸上景观绿化，水质短期有改善效果，但相当部分河道在整治结束一段时间后水质就恢复原样或仍有黑臭。原因是决策人、责任人及设计单位目标不明确、措施不当、心中无数或应付差事，在实际操作中，由于没有能封闭全部排污口和控制初期雨水的地表径流污染，或有污水厂排污口（一般污水厂排污口不在封闭之列）且污水处理排放标准过低，不能满足环境容量的要求。

4.7　混淆评价水质的标准

在一些政府报告或媒体报道中一般仅称水质为几类而无实际数值。其原因有：一是未明确评价标准，如采用国标还是地方标准未作说明，或未明确评价指标；二是虚报。如有些报道说太湖已达到Ⅲ类水，实际上大多数水域为Ⅳ～Ⅴ类，少数劣Ⅴ类。有部门称2013年全国集中饮用水水源地水质达标率有97.3%，实际达标率小于此数，也许是评价因子不同，但未见相关说明。

4.8　生态修复价格高

生态修复的价格一般均比较多，高单价无法实施大面积推广，使千百万次宝贵的生态修复经验大多只能停留在试验示范或小范围上。

4.9　总结经验教训和技术集成不够

如北京鸟巢龙形水系、上海的曹杨环浜、世博会的后滩、杭州西溪湿地的洪园大池子湿地等都已修复6～10年或更长时间，管护良好，水体清澈见底、水草茂盛。又如浅水湖泊微山湖、白洋淀、南四湖、太湖的东太湖和五里湖、洪泽湖的成子湖等湿地生态修复水域均保持良好。但也有竣工验收后不久就消失的项目。应认真总结全国生态保护修复经验教训，认真总结技术集成的经验。

4.10　存在思想认识问题

有些人满足于现有治理富营养化和生态修复取得的成绩，认为治好湖泊蓝藻爆发和恢复以往植被覆盖率难以做到，如"三湖"的多个水环境综合治理规划或方案中均无此类目标，缺乏深入修复河湖生态的信心，致使目前相当多的河道仍存在黑臭现象或水功能区不达标。

5　水生态修复思路

水生态修复存在诸多问题，是缺钱吗？但生态修复仅试验就花了数百亿元，问题是有部分钱是白花了；是没有技术吗？现有技术完全能够搞好生态修复，关键是缺乏有效的技术集成；是没有规划吗？每个大中型湖泊和流域均有规划,只是有些规划目标不明确或措施不到位;等等。

5.1 河湖生态修复须有一个能达到目标的规划方案

5.1.1 科学合理的目标

(1)水质目标。水源地应达到Ⅲ类[《地表水环境质量标准》(GB 3838—2002),下同]或更好;河湖景观水体(淡水)应水体清澈、透明度较高,水质Ⅲ~Ⅳ类均可,如西湖目前Ⅴ类,但水体清澈,也基本满足市民对景观的要求,以后改善到Ⅲ类更好;"三湖"远期Ⅲ类较合理,不必要全面达到Ⅱ类;自然(湿地)保护区一般应有较高的标准为Ⅰ~Ⅱ类,其他水域根据实际情况确定。客观地说,一般河湖最终恢复至20世纪70年代末的生态水平就行。

(2)生态目标。以植物为主的生物系统良好,一是植物覆盖率达到20世纪六七十年代水平;二是生物多样性。其中,水体平静、水较浅的水域植物覆盖率应高一点,并确保水体清澈,如太湖的五里湖、云南滇池的草海等;其他可少一点;城市河道流速快或为硬底的不必强求种植物。

(3)治理蓝藻爆发目标。蓝藻爆发水域最终均须消除蓝藻爆发,只有建立消除蓝藻爆发目标后才能消除蓝藻爆发。如"三湖"可在2030~2049年分水域消除蓝藻爆发,小微型湖库和河道可较快消除蓝藻爆发。

5.1.2 统一解决生态修复中的若干问题

生态修复中的问题如水污染、黑臭、富营养化、蓝藻爆发、生态退化、"湖泛"等均相互影响,密不可分,须统一综合考虑。流域区域生态保护修复要有一个科学合理的顶层设计和能达到目标的综合性实施方案。要有达到目标的具体措施,特别要根据实际情况、认真调查,科学计算污染物入水量、环境容量、污染物应削减量和应恢复的植被覆盖率等。不应发生完成了污染物应削减量但水质达不到目标或水体仍然黑臭的现象。

全国相当多河湖如"三湖"均有1~2个治理规划或总体方案,但大多数由于规划目标不十分明确及没有能达到目标的相应措施,如没有明确的削减污染物数量、污水厂处理排放应达到的标准、生态修复面积和消除蓝藻爆发要求,所以在实施后,相当多达不到目标。要反思目标、技术、技术集成是否妥当。

5.2 流域统一规划

区域生态修复在总体上要流域统一规划,不能各自为政,流域规划也必须满足各区域生态修复方案的要求。

5.3 改善水质是生态修复首要解决的问题之一

离开水质去讨论水生态修复不太科学,要注重河湖水陆景观的整体性。要消除陆上景观很美但水体黑臭的现象。

5.4　全面考虑能大面积推广的低成本的生态修复技术和管护方法

如太湖的五里湖正在试验 5 000~8 000 元/亩的生态修复费用及再加一定的管理费。只有比较低的成本才能大规模推广成熟的生态修复集成技术和大面积实施河湖生态修复。

5.5　治理蓝藻爆发必须削减蓝藻数量和治理富营养化两者密切结合

传统观点一般认为,治理蓝藻爆发即是治理富营养化,忽略了削减蓝藻数量的必要性。如蓝藻年年持续爆发的"三湖"流域人口稠密、社会经济发达,入湖 N P 负荷多,难以恢复至 20 世纪五六十年代 N P 水平。仅依靠治理富营养化不能达到消除蓝藻爆发的目的。

5.6　工程技术措施集成及创新和相应保障措施

目前有诸多生态修复好技术,总体上不缺生态修复的单项技术,但缺少技术集成和技术集成创新。应对千万个试验示范项目已取得的"普通和可行的技术"进行总结、推广和技术集成及创新,并与保障措施结合。

6　生态修复对策措施

河湖生态修复的工程技术措施包括控源截污、调水、清淤、生态修复、河道整治和节水减污(减排)等,蓝藻爆发水域还需要采用除藻措施,同时要有相应保障措施。

河湖生态修复的总体要求:改善水质和提高透明度;增加植被覆盖率和提高生物多样性;控制或预防河湖蓝藻爆发;长效管护。

6.1　基本措施

生态修复的基本措施主要是控源、清淤,调水、削减蓝藻等。其中,控源、清淤,是为减少进入水体的污染负荷,清除部分蓝藻种源,也可在改善富营养化至一定程度时减慢蓝藻的生长繁殖速度;调水可增加环境容量、相对降低富营养化程度、带走一部分蓝藻;削减蓝藻可减少水域中富营养化程度、增加生物多样性,同时降低富营养化程度及降低藻密度至一定程度可消除爆发。

6.2　大中型浅水湖库应大规模修复生物系统

6.2.1　水生植物种类

生物一般分为界、门、纲、目、科、属、种 7 个层次。其中,生物三界系统分类学说中,生物分为植物、动物、微生物三类。而植物界中的水生植物,主要包括挺水、湿生、沉水、浮叶、漂浮 5 类植物,其中也有把浮叶、漂浮称为浮水植物或水面植物的;水生植物也可包括浮游植物藻类。湿生植物与挺水植物有相似之处,也有不同之处,湿生植物在水中或潮湿陆地均能生存,而大部分挺水植物不能持久生存在陆地;至于蓝藻,在生物三界学说中归为植物界水生植物中的浮游植物,而在生物六界学说中把其归为蓝藻界,作为单独一界生物,不归入浮游植物。

6.2.2 水生植物的作用

① 总体上,植物具有净化水体和抑制、消除蓝藻作用。② 吸收 N P。③ 减小风浪、促进悬浮物沉淀、固定底泥、减少底泥释放污染物。④ 绿色植物均有光合作用增加氧气,特别是维管束植物具有很强的输氧功能,利于净化水体。⑤ 大片的芦苇湿地在能一定程度上有效抑制蓝藻生长繁殖。⑥ 相当多植物能产生化感物质抑制蓝藻生长;⑦ 以水生植物为主的大片湿地也是各类水生或非水生动物的生长繁殖栖息地。⑧ 植物是微生物附着的载体,有助于净化水体和抑制蓝藻生长繁殖。如东太湖由于水生植物覆盖率高和生长良好,其底泥 OM(有机质)、TN 虽高,但释放 N P 少,水质明显好于底泥 OM、TN 含量低的梅梁湖。又如 2014 年东太湖 TN、TP 分别为 0.91 mg/L、0.037 mg/L,均大幅度优于梅梁湖的 2.07 mg/L、0.086 mg/L;太湖由于人工围垦、冬季抬高水位、水污染等因素使以芦苇为主的湿地较 20 世纪五六十年代减少 150~200 km^2,沉水植物也减少 100 多 km^2,致使蓝藻爆发提前到来,而如今消除蓝藻爆发进程缓慢。目前,蓝藻年年严重爆发的巢湖、滇池也均存在此类现象。

6.2.3 植物湿地受损严重水域应根据具体情况进行修复

此类水域应各类植物合理搭配,大力修复以植物为主的生物系统,而藻类大量增殖特别是蓝藻严重爆发水域的修复,则是采用各类有效的方法大量削减藻密度使其达到不爆发的程度,总之使湖库和河道具有健康的、良好的生态系统。

6.2.4 在"三湖"沿岸水域大规模修复芦苇湿地

太湖以芦苇为主的湖滨湿地带(简称芦苇湿地)面积应增加 150 km^2 以上,恢复至 20 世纪 70 年代面积;巢湖植物覆盖率应由近年的 3%~5%恢复至以往的 25%~30%;滇池,北部草海应基本长满水草,南部外海沿岸 100~300 m 水域应长满植物。

(1)芦苇湿地可大量削减蓝藻原理。蓝藻在爆发后期大量吹进芦苇带,由于芦苇的阻滞作用不易再出来,冬春季芦苇湿地无水或水很浅时,则蓝藻绝大部分冻死或干死,次年成为芦苇等植物的营养,大幅度降低蓝藻在次年的萌发率。如此年复一年地大量削减蓝藻,加上其他如改性黏土除藻、电子除藻等若干措施的配合,可使蓝藻爆发程度越来越轻直至消除。要注意适时收割芦苇和资源化利用,以及解决芦苇与蓝藻共生现象。

(2)滨湖水域新增芦苇带。在"三湖"等水域沿岸 300~1 000 m 或更宽水域(包括高程在常水位以下的岛屿)修复芦苇湿地。《太湖总体方案》中提出了重点恢复环太湖的湖滨湿地植物带,近年进行恢复芦苇湿地试验,今后增加芦苇湿地面积。修复芦苇湿地需有适当生境和加强长期管理:① 适当抬高新增芦苇湿地基底高程至冬天基本无水。② 若用清出淤泥作为回填土,应在回填土区域外围,做形状和材料合适的护堤、潜堤(土质、石质,钢丝石笼、生态袋等),并在堤上设置挡风浪设施。③ 改善底质,若回填淤土太软,应与硬土混合,或用井点排水等方法降低其含水率,或在回填土表层覆盖硬土,满足种植要求。④ 在阻挡风浪、提高透明度改善生境后可修复沉水植物湿地。⑤ 人工修复芦苇湿地需 3~4 年保护期,当芦苇带根深叶茂、不怕风吹浪打后,才能拆除挡风浪设施。

(3)适当恢复原有芦苇湖滩地。在确保防洪安全前提下,拆除不影响防洪的环湖大堤,恢复原有芦苇湖滩地,或在环湖大堤上建设若干个(座)有适当过水断面的涵洞或桥梁,使环湖大堤两侧的水体在夏天可保持双向流动,并使原陆地侧的地面高程满足种植芦苇等植物的要求。如滇池外海已经实施的 10 km^2四退三还区域,但不应仅满足于退还水面,应大部分种植芦苇湿地;巢湖西部的派河口至杭埠河口间数十平方千米区域恢复原有芦苇湿地;太湖西部恢复数十平方千米的原有芦苇湿地。

(4)适当降低水位,增加湖滩地。如在不影响用水和航行情况下,适当降低太湖冬末春初水位 50 cm 左右,利于春天种植芦苇及其发芽生长,利于扩大沿岸水域湖滩芦苇地 14 km^2左右。巢湖也可适当降低冬末春初水位。太湖、巢湖在非冬末春初时期如汛期也可采取自流或动力抽排等方式适当降低水位,以增加湖底光照、恢复沉水植物的生长。

6.2.5　清淤与抬高生态修复区基底结合

此举既可抬高基底高程,利于种植芦苇等湿地,又能节省投资或减少淤泥堆场。如目前太湖清淤后实施淤泥固化的单价是 110 元/m^3,而清淤结合抬高基底仅需 40 元/m^2,减少一半多;太湖周围均是高地价,难以再寻觅清淤固化需要的大规模临时堆泥场。2013 年的《太湖总体方案》中提出利用清出的底泥实施滨水区生态湿地建设工程。巢湖也可试验推广。

6.2.6　“三湖”等其他水域生态保护修复

太湖东半部有较好的生态系统,以生态保护为主,辅以人工修复;太湖北部湖湾的中间水域,待水污染改善及达到一定生境后,以人工修复带动自然修复。巢湖东半部待生境恢复至一定程度,可用人工修复推进自然修复,恢复湿地。洞庭湖、鄱阳湖等大型深水湖泊在保护的基础上以修复消落区域的植物为主；微山湖、洪泽湖、南四湖等在保护的基础上以修复浅水区植物为主。

6.2.7 生态修复应以扩大面积为主

水生态修复应以扩大面积和试验示范项目相结合，并以扩大面积为主。

6.2.8 大型水面应分水域进行生态修复

分水域生态修复后，经一定时间的稳定，再连成一片，增强生态修复区对湖泊等大水面净化水体和抑藻的作用。

6.3 城镇河道黑臭治理和生态修复

6.3.1 城镇中小河道特点

入河污染负荷多；土地资源紧缺，两侧护岸大多为直立式硬质护岸（坡）；降雨初期，地表经流污染物大量入河；底泥释放 N P 和黑臭物质多等。大部分城镇河道水污染严重或有黑臭现象。

6.3.2 河道黑臭成因原理

控源截污不到位，使污染物入水量大幅度超过环境容量，水体及底泥中存在较多的有机质和一定数量的 N、S、Fe、Mn 等污染物，在缺氧条件下发生厌氧反应而产生黑臭现象。其中，黑臭河道的底泥有专家估计要消耗掉水中 60% 的氧气。

6.3.3 河道黑臭主要原因

① 封闭排污口和控源工作未到位，排入大量污染物，须彻底查明排污口和黑臭原因。② 污水厂排放标准较低或不能满足环境容量要求。③ 城镇建设时，把明河改为箱涵式的暗河，难以清淤、投放微生物或难以使用其他治理措施，污染物入河积聚后产生黑臭，这是社会经济发达、缺少土地资源的城市普遍存在的问题。④ 人口稠密的老住宅区的断头浜（支浜）尚有一定数量较隐蔽的排污口未封闭。⑤ 老居民区计划拆迁而尚未拆迁区域，未及时完成污水接管。⑥ 雨污合流排污口未进行处置或“三产”等污水混入雨水管道排入河道。⑦ 污水收集管道有破损或渗漏而进入河道。⑧ 垃圾入河多或水草腐烂造成二次污染。⑨ 河道内施工，较长时间筑坝断流影响水质，造成黑臭。

6.3.4 大中型、骨干黑臭河道治理的主要措施

① 封闭全部排污口（污水厂排污口除外）。其中，第三产业污水进入雨水管道的排水口也应作为排污口封闭。② 根据环境容量，适当提高污水厂排放标准和建设满足要求的污水处理能力。如北京北运河，长 300 km，需有 350 万 m^3/d 的污水处理能力明显不足，且目前还有 100 万 m^3/d 污水直排河道，就是污水全部进入污水厂处理，达到污水处理一级 A（NH_3-N 5 mg/L）或地表水Ⅴ类（NH_3-N 2 mg/L）标准，排放的 NH_3-N 相当于均超过北运河Ⅲ类水的

环境容量 1 800 t，NH_3-N 须提高至Ⅰ～Ⅱ类（0.2～0.5 mg/L）时才能满足环境容量的要求。再如，合肥南淝河流域的 100 万 m^3/d 污水厂的 NH_3-N 标准应提高至地表水的Ⅰ～Ⅱ类才能满足其环境容量的要求。又如无锡市的全部大中型、骨干河道（京杭运河、古运河等）均已消除黑臭，但为使水功能区达到Ⅲ～Ⅳ类的目标，也需提高污水厂排放标准，如 NH_3-N 达到Ⅰ～Ⅱ类。③ 控制各类污染点源和面源。④ 水质资料公开和共享，提高目标责任人的积极性和广大群众的监督力度。⑤ 认真执行“水十条”和各级政府有关法规，严格执法，使违法成本大于守法成本。⑥ 根据具体情况采用一河一策的治理措施。

6.3.5　小型河道黑臭治理

根据河道黑臭的原因，可采用大中型、骨干河道黑臭治理的部分措施，还应该采取以下措施：① 清除垃圾、漂浮物、死亡水草。② 认真检查修理污水收集管道，确保管道完整、不破损和不渗漏。③ 控制初期雨水污染。建设海绵城市和采取相应控污措施，大幅度减少或消除初期雨水污染。④ 将黑臭小河道内的污水直接接入污水收集管网。其中，下大雨的 30 min 或更长时间后，河道污水得到大幅度稀释，可直接排入河道。其间，应设置人工或自动转换设施。⑤ 简易分离法治理黑臭。利用磁分离或过滤等技术直接净化黑臭水体。⑥ 调水和清淤。这是综合治理黑臭河道的措施之一，能在相当程度上消除河道黑臭现象，所以凡有条件的应尽量采用调水措施。封闭的箱涵式暗河可进行源头调水结合干式清淤或水力清淤后再采用其他技术治理。⑦ 采用曝气增氧技术，特别是采用可直接提纯空气中氧气的技术设备，这是我国已经成熟的工业制氧技术，纯氧气的曝气增氧技术可加快水体 NH_3-N 的治理速度和利于底泥有机质的消除。⑧ 充分发挥微生物在黑臭河道治理中的作用。污水处理厂广泛使用生化工艺微生物处理污水，所以可把黑臭小河道或其某一段的黑臭水体作为污水，如污水厂一样处理，或采用小型污水生化（或物理）处理设施进行处理，也可采用高效复合微生物加上合适的载体进行处理。各类微生物合理配置组成高效复合微生物菌群，直接分解、降解或转化水体或底泥中的脂肪、有机物、碳水化合物等。特别是采用固定在载体内的高效复合微生物菌群进行处理（称为固载微生物），更可收到良好效果。⑨ 河道内施工结束后应尽快拆除所筑的坝，恢复水体流通。黑臭河道治理应组织科研攻关，研究出效率高、成本低、管理简便和水质不反弹的成套集成技术。

6.3.6　中小河道生态修复

一是控源截污；二是清除污染淤泥等内源；三是直接净化水体，消除黑臭，提高透明度；四是有条件的水域修复以水生植物为主的生物系统；五是长效管护。具体如下。

(1)严格控制外源入水。大幅度减少污水厂、工业、生活和畜禽规模养殖业四类点源的入水污染负荷;严格控制面源污染和清除垃圾污染;节水减排,全面整治河道,建立河长制、加强管理。使入水污染负荷不超过环境容量。

(2)控制雨水污染。控制雨水管道污染;净化初期雨水径流;建设海绵城市,蓄存雨水,综合利用;采用雨污合流分流(溢流)技术,将不下雨或下雨初期时合流系统中的污水和雨水进行处理。

(3)清淤减少河道内源污染。采用环保型机械清淤,也可用高效复合微生物制剂或微粒子技术等直接降解有机淤泥、消除黑臭。若底泥污染不严重,则可不必清淤。

(4)直接净化河道水体。① 以高效复合微生物制剂和微粒子技术净化水体为首选。② 物理或理化技术,如采用混凝过滤、磁分离、造流曝气和增氧(特别是利用纯氧曝气增氧)等技术净化水体和除藻,利用光催化(光触媒)、紫外线、臭氧、超声波、改性黏土等技术净化水体。③ 生物技术净化水体:利用轮虫等低等原生动物,种植水葫芦,放养菱,种植芦苇、荷花等挺水植物。④ 上述技术搭配实施。

(5)人工修复和自然修复相结合,人工修复促进自然修复。种植植物品种一般以本地常见品种为主,外地品种经试验驯化后适量种植。修复成功后,可适量养殖小型非底栖鱼类、观赏鱼类等。硬质护底(坡)、流速较快河道可不种植沉水植物,主要消除黑臭和保持河水清洁。

(6)尽量创造较平静水面。坡度略陡的河道建设滚水坝、溢流坝,分段治理;较大水面河湖分片建设挡风浪设施;不应妨碍行洪排涝和航行。

(7)水较深的可采用立体多层浮床(浮岛)。立体多层浮床(浮岛)可为固定式或可移动式,顶层为挺水植物,中下层为沉水植物,上中层同时可挂人工生态纤维草,立体多元净化水体。

(8)设计时,考虑有一定地表径流污染入河。任何控源截污措施均难以控制全部污染负荷不进入河道,其中地表径流是难以完全控制的污染负荷之一,必须注意大暴雨初期径流污染对河流生态修复区的冲击,一般生态系统良好的河道在暴雨后4~10天能恢复水体清澈。或考虑用治理初期雨水污染的技术处理地表径流污染入河。

6.3.7 农村河道和其他河道生态修复

乡村土地资源较宽裕,可用土质护坡或各类边坡较缓的生态程度较高的护坡,以利于植物、微生物、动物的生长、栖息。有条件的,可在河道外设置旁侧净化池(氧化塘),引导河水进入经净化处理后再进入河道下游。通航河道主要控制船舶的生活和石油污染,适度控制船行波起浮底泥。其他治理措施基本类似城镇河道。

6.4　建设生态边坡和适时调整生物结构

6.4.1　建设生态边坡

在保证防洪安全的情况下,建设适合多样植物、动物和微生物良好生长、栖息和繁殖的生态边坡(护坡)。包括:原生态土质草坡;木桩或木结构护坡;多孔或高孔隙率的硬质材料护坡,如干砌硬质材料、无砂混凝土、多孔混凝土、空心混凝土、钢丝石笼、连锁式混凝土块等;新材料新形式护坡,如盖莱德(KLD)环保草毯、土工管袋、三维植被网、土工袋、生物砌块、生态袋、生态格网、生态混凝土等生态程度较高的护坡或综合型护坡。边坡的坡度和材质根据土地资源、水力、材料、造价和功能等因素决定。

6.4.2　根据生境变化适时调整生物结构

人工修复植物初期,要考虑挺水、沉水、浮叶、漂浮、湿生等植物和浮床的合理结构和多种植物、生物科学搭配,不能单一种植。生长期间,随水环境变化优化调整植物群落、动物种群,有时也应优化蓝藻和微生物结构,同时须控制某些植物如菹草、水葫芦的疯长。

6.4.3　满足观景要求

河湖滨水区相当多位于城市、村镇或其附近,应组成水体、水生动植物和谐的水景观,同时配套景观建筑或设施。

6.5　水生态修复的保障措施

(1)做好一河(湖)一策的规划,有适宜的目标及其能达到目标的措施。

(2)如公园草地一样管理水生态修复区。生态修复区建设一块、管好一块、留住一块,若干年后将众多的生态修复区连成整体。

(3)长效管理。签订长效管理合同,并且有相应的投入、管理责任、生态补偿、奖罚机制,严格执法,使违法成本大于守法成本。

(4)水质评价要写明采用何种标准,如河道水质评价说明评价指标不含TP TN等,实事求是评价,不作假。

(5)监测资料公开共享。河湖和排污口水质及水体的生物、蓝藻指标应与PM2.5、天气预报一样正常发布,利于公众知情、参与和提出合理化方案,提高公众监督能力。其中,污染指标和污染事件的公开,可给有关单位、企业或人员以警示、促进。

第六部分
调水与洪涝防治

序

近年,全国各地经常遭受洪涝灾害,尤其珠三角、武汉为甚,每年损失严重。年年抗洪排涝,但仍然年年灾难不断。究其原因:一是全球温度升高、降雨增加,原本降雨稀少的东北、西北等区域的雨量也有所增加而成灾;二是缺少洪涝防治工程及标准偏低等。

当今,我国大型调水工程接二连三建成,南水北调东线和中线工程、三峡水库工程、西部干旱区调水工程、“三湖”(太湖、巢湖、滇池)调水工程等,均发挥了洪涝防治、保证供水安全、合理调配水资源、改善水环境等重要作用。另外,还有许多诸如云南的滇中调水工程、珠三角引西江济东江调水工程等正在建设之中。以后若干年,中国西部包括红旗河工程等的大调水工程,根据扩大内需、增加就业等的形势和水资源的需求,可能会在一定时间内选择其中1~2个工程上马。尽管如此,调水仍面临许多质疑,有人认为,调水是污染物的转移、调水得不偿失、破坏生态平衡等。为此应实事求宣传调水的好处、效益和存在的一些问题,在调水工程的建设期间,尽可能解决此类问题,弥补不足,以更好地发挥调水工程的作用。

调水与洪涝防治二者是水事业的重要任务,且显示出日益重要的作用。二者均是水安全的必要举措,密切相连、相辅相成,缺一不可。其中调水也是目前生态环保事业中不能或缺的重要举措。中国平原城市几乎均为人口稠密、社会经济发达区域,应提高防治洪涝标准,就是对住房和城乡建设部在2017年颁布的提高了的《地级及以上城市排水防涝标准及对应降雨量》文件,也应科学地理解为此是必须遵守的国家制定的防治洪涝的最低要求，在现实的自然条件、工程状况变化后，不能刻舟求剑，而须与时俱进，采用符合本地实际情况的高标准。

本部分有2篇文章。第一篇为“推进科学调水加强水安全——国内调水综述”，主要论述古今调水，调水的种类、作用和总体要求，纠正对调水的一些片面认知，分类分析全国主要调水工程的效益、存在问题和解决方法。启示：正确认识大中型调水工程的得与失、努力发挥其长处和克服其短处；调水应调尽调；社会经济日益发展的现代社会应该注重发挥调水的公益性；调水是保护尊重自然人水和谐的重要举措。第二篇为“中国平原城市调水　防治洪涝海绵城市”，主要论述平原城市中的调水、防治洪涝、海绵城市三者的关系，三者缺一不可、相辅相成。

推进科学调水　加强水安全

——国内调水综述[①]

摘要：对国内调水情况调查：古代早就有调水，现代更注重加强水安全的大规模调水。广义的水安全应包括消除洪涝灾害及饮用水、灌溉、生产用水、水生态环境安全。调水与水安全二者密切相关，调水是保证水安全的关键措施或主要措施之一。纠正调水是污染物转移的不正确观点，明确“流水不腐”有一定的限制。调查分析平原地区无锡主城区控制圈、黑臭河道及暗河等调水，引江济太、江湖连通等调水，北方干旱少雨区域社会经济发展型缺水的南水北调，水资源丰富区域社会经济发展型缺水的滇中调水和珠江流域引西济东调水等大规模调水，西北部干旱缺水区的塔里木河和黑河的生态调水等各类调水的必要性及其效果、存在问题和解决方法，赞同鄱阳湖建闸不断流控制低水位、提出洞庭湖建设大流量泵站解决其冬春季枯水的设想。

关键词：调水；水安全；作用；要求；案例；问题对策；启示

---

① 此文完成于2019年8月，2019年12月发表于《无锡水利》(2019年第2期)。作者：朱喜(原工作于无锡市水利局)，朱云(无锡市城市防洪管理处)。

我国古代早就开始河湖调水、打井取水，以解决水多水少问题。现社会经济发展具有相当经济实力和技术，实施众多大规模调水工程，取得了良好效果：控制、消除洪涝，确保供水安全，解决局部区域的干旱或水资源不足，协助解决水质、水污染等一系列生态环境问题；调水也存在一些问题，应认真总结经验教训，进一步推进科学调水，发挥其加强水安全的作用。

1 古代调水

我国古代调水：春秋时期开凿邗沟（公元前486~前484年），是联结长江和淮河的中国古运河；秦修建四川都江堰（公元前256~前251年），是全世界迄今为止年代最久、唯一留存、无坝引水的宏大水工程；开凿郑国渠（公元前237年），是我国古代最大灌溉渠道；开凿广西兴安灵渠（公元前219~前214年），沟通湘江和漓江；隋朝开凿京杭运河（公元581~618年），沟通五大水系。这些工程对中国历代社会经济发展和繁荣起到了很大作用。

2 水安全和调水

2.1 水安全

广义的水安全包括洪涝安全（消除洪涝灾害）、饮用水安全、粮食安全（保证农业用水，确保粮食和农产品安全）、经济安全（保证社会生产活动用水）和水生态环境安全（包括消除或减轻干旱和保证生态基流）。其中，供用水安全包括充足水量和良好水质两方面；我国已建设、利用诸多的江河湖库工程蓄滞和排泄洪水，消除城乡洪涝灾害。本文主要论述调水增加水资源和改善生态环境，少部分论述洪涝安全。

2.2 调水

简单的说，调水即是通过人工手段改变自然水流的路径、水量、流速、水位等水文水动力因素，使其到达受水区，达到人们所希望的水安全的目的，实现人水和谐。

其中，生态环境调水包括生态、环境调水两部分，环境调水是为改善人类居住区域环境系统，生态调水是为改善河湖生态系统。二者概念上有些不同，但无明确区分，是有机结合体。

2.3 调水与水安全

调水与水安全二者密切相连，调水是保证水安全的主要或重要措施，其功能包括：① 减轻或直至消除洪涝灾害（其中泥石流等灾害只能减轻）：一是利用众多湖库、河道及建设海绵城市等蓄滞洪涝水，消除或减轻洪涝灾害；二是加大河湖排泄能力；三是阻挡洪水进入城市各类保护区域。② 增加水资源：

一是满足生活、生产和生态基流的需水要求；二是解决干旱地区缺水、消除干旱灾害和恢复生态。③ 配合其他技术改善河湖水质、保护修复湿地、改善生态环境。④ 其他功能：保护地下水、改善水文化水景观、航行发电等。

2.4　水源类型

① 调好水进入受水体，满足供水量需求和改善水质、水生态环境，如南水北调、"引江济太"等工程；② 调差水出被治理水体，如梅梁湖泵站把较差的梅梁湖（太湖北部湖湾）水调离；③ 阻挡差水进入被治理水体，如直湖港和武进港在入太湖口建闸阻挡差水入梅梁湖；④ 差水、污水进行处理后作为调水水源；⑤ 调略差一点的水，经处理后进入受水区也能改善其水质。事实上，"引江济太"的水源水质可分为两部分，其中一部分是长江水优于太湖水，另一部分是长江水略差于太湖水。后者在输水途中经沉淀、流动、混合、增氧等物理、理化作用，结果同样改善了受水区贡湖（太湖北部的湖湾）水质，并且优于其邻近的太湖其他水域的水质。

2.5　调水改善水质原理

① 调好水可稀释水体污染物及增加水体环境容量；② 通过水体流动增氧减少污染、净化水体或通过改善生境促进有益微生物生长繁殖而起到净化水体作用，如太湖通过从上游至东部下游的 30～60 km 的水体流动，可使 TN、TP 平均分别削减 61%、74%；③ 调水直接带走蓝藻、污染物，如"引江济太"工程。

3　调水要求

3.1　总体要求

（1）调水与排泄洪涝等各类功能相协调。

（2）在本区域、流域实施节水、水平衡的基础上，若缺水再考虑区域或流域间调水。

（3）大规模调水应统一规划，进行数模试验确定方案，小河道调水估算即可。

（4）大规模调水需根据必要性、财力、需水急迫性和技术难度等因素分期分批实施。

（5）小规模调水在必要时可净化污水或削减源水污染物后作为调水水源。

（6）调水应尽量利用原有水工程及新建必要配套工程。

（7）以改善水质为目的的调水首先要控制污染，包括水源地、输水线路沿线和受水区域均要严格控源截污。如 2017 年滇池北部草海的调水水源为Ⅰ类（湖库标准），但控污力度不够，入湖时已为劣Ⅴ类。所以，调水前应先实施封闭排污口、建设高标准污水厂等控源措施才能发挥调水的最佳效果。

(8)制定科学调度方案,不断完善,与时俱进,以取得最佳效果。

(9)采取必要的预防或补救措施克服调水过程中已发生或可能发生的问题。

3.2 纠正对调水的不正确认识

3.2.1 调水不是污染物转移

部分专家反对调水改善河湖生态环境:一是认为调水是污染物转移,破坏原水体自然平衡,使水从低处往高处流;二是认为调水是应急措施而非长期措施。实践证明,如“引江济太”调水不是污染物转移,能起到一定程度的改善水质作用,调水进入贡湖后,贡湖水质明显优于相邻的太湖湖心水质,且藻密度也明显低于相邻的梅里湖,并能有效降低或消除太湖“湖泛”造成的供水危机的概率;调水要实施相当长时间,非短期应急措施;当今使用动力使水从低处往高处流不能认为是违反自然规律、破坏水体自然平衡。

3.2.2 “流水不腐”有一定限度

流水不腐道理众所周知,但若入水污染负荷超过其环境容量,流水也要被污染甚至黑臭。长三角、珠三角相当多流水河道已受严重污染,如20世纪90年代至21世纪初,京杭运河江南段污染严重而成为“流水已腐”,有明显臭味,后经治理才改善。所以,实施调水、增加水量后仍必须严格控制污染。

全封闭自然水体也有“不流水也不腐”的情况。原因是风力作用下形成一定的风生流;水体内有若干生物具有一定的净化水体的能力。如水量206亿m^3的云南抚仙湖换水周期长达百年,有一定污染负荷进入,但至今仍保持Ⅰ类水。

4 水资源丰富的平原城市的调水

水资源丰富的平原城市主要包括长三角、珠三角、东南沿海和长江中下游平原地区,水资源比较丰富,年降水量一般在1 100~1 500 mm,虽有相当多防治洪涝和改善水环境工程,但仍然经常发生洪涝灾害及河湖水污染,甚至发生黑臭现象,如武汉、广州和无锡等城市。此类城市根据洪涝和水污染的特点,创建了控制圈等工程和管理的新模式,有效防治了洪涝和改善了生态环境;采取江河(湖)连通改善水生态环境,如“引江济太”调水的实施取得了良好效果和成功经验;小微型黑臭河道或暗河更是目前治理的重点,调水是其治理的重要措施之一。特别是目前为顺应河(湖)长制、改善河湖水环境的需求,正在推进科学调水,保证水安全。

4.1 建设控制圈防治洪涝和改善生态环境

4.1.1 控制圈(区)概念

控制圈(区)是在城镇河网区或河道的一定范围建设能有效防治洪涝的

系列水工程。其目的是堵住外来洪水不入圈、及时排出圈内涝水及有效改善水环境。控制圈是由水闸、堤坝、高地、泵站等组成的系列控制工程；控制圈范围较大，控制区则较小，但无绝对区别；控制圈可分全封闭型、半封闭型及根据运行分为全年或季节性运行等。

4.1.2　控制标准

防洪以国家的城市、农村的防洪标准为基础，即以此为执行的最低标准，不能误解为不能高于此标准，根据本区域的实际情况确定高标准；排涝最适宜以本区域以往实际最大降雨量为标准，这样直接明了、利于群众理解和对实施效果进行监督。

4.1.3　无锡建设高标准主城区控制圈调水

无锡，临近长江太湖，水资源丰富、人口稠密、社会经济发达；2018 年 GDP 1.14 万亿元，常住人口 650 万；属平原河网区，多年平均降水量为 1 204 mm，多次日降雨量达到 100～200 mm 或更多，每 1～2 年就发生 1 次洪涝灾害，如 1990 年 8 月 31 日的日降雨量 221 mm，1991 年 7 月 1 日的日降雨量为 227 mm，损失严重。无锡在建立河长制、实施控源截污的基础上，设置控制圈调水、河湖连通，取得水安全和改善水环境的良好效果。

主城区控制圈见附图 1.6。主城区是无锡人口最密集和社会经济最发达的区域之一，20 世纪 90 年代的两次洪涝灾害给地势低洼的主城区各造成 20 亿多元的经济损失。为此无锡市创新了防治洪涝、改善水环境相结合的工程、管理模式，即控制圈。主城区控制圈的控制面积为 136 km^2，为常年运行的全封闭型控制圈，当初总投资 20 亿元。

控制圈的防洪标准为 200 年一遇，校核标准 250 年一遇；防涝降雨标准为以往发生的最大日降雨量加上安全系数，确定防涝降雨标准为 250 mm/d（其中，小时雨量 83 mm/h、145 mm/6 h），以降雨 350 mm/d 校核，以此确定控制圈排涝能力 415 m^3/s。控制圈 2007 年初步建成，2008 年全面建成运行，即无锡市此时就已经达到住房和城乡建设部在 2017 年 3 月 29 日颁布的《地级及以上城市排水防涝标准及对应降雨量》中无锡防涝雨量为 50 年一遇的 231 mm/d 的标准。

控制圈建成运行后效果良好。至今多次成功抵御 100～200 mm 或以上的日降雨量，消除洪涝灾害；每年调相对好水入圈 2 亿 m^3 改善水质，2013 年 TN、TP、NH_3-N 分别较 2003 年均值削减 31.9%、40.2%、63.2%；骨干河道全面消除黑臭，河道水质普遍改善。

今后在进一步改善水质方面，可改进调水线路，从白屈港泵站（100 m^3/s）

调进长江水,冬春季调进无蓝藻爆发的太湖水,同时设置消除蓝藻设施;更严格控源。使圈内河道全面达到Ⅲ~Ⅳ类的水质目标。

在防治洪涝方面,全流域统一高标准规划,与太湖流域各城市的高标准防治洪涝相协调,特别要建设畅通的流域排水通道,使各城市控制圈能够充分发挥其防治洪涝的功能;城市的水利、城建、市政、交通等部门应该统一考虑控制圈内的街道、道路、商业区、工业区和居民区的高标准的防治洪涝的工程和调度管理,包括控制圈内各区域的下水道、窨井、窨井盖、道路两侧透水孔的孔隙率、地下通道、蓄储和滞水及排水工程,建设海绵城市和充分发挥其"蓄、渗、滞、净、用、排"的作用,统一调度和加强管理,以使各区域均能够做到不受淹。同时,应考虑城市的每个区域不受淹。

4.1.4 建设锡南片控制圈调水

锡南片位于无锡市南部,贡湖(太湖北部湖湾)以北,与主城区一样,受到较严重的洪涝威胁和河道水质较差。总结主城区的经验,设置了锡南片控制圈,控制面积 128 km^2。该控制圈为全封闭型、季节性运行。其防治洪涝标准类似于主城区控制圈,因其地势相对于主城区略高,设计泵站总能力为 155 m^3/s(小部分泵站待建)。控制圈北边泵站向京杭运河排水防治洪涝,南边 36 m^3/s 的泵站调贡湖水进圈改善水环境。目前,控制圈已基本建成,能发挥调水改善水质的作用;由于江南运河排水能力不足,目前控制圈北排江南运河的泵站在汛期尚不能全部开机,今后需增加江南运河排泄能力,同时需进一步控制污染以更好地改善河道水质。

4.1.5 相当多平原城市吸取无锡经验建设控制圈

2008 年后,无锡市控制圈成为全国同类城市的典范。此后,常州、苏州、常熟、南京、上海、杭州、宁波、余姚及江苏北部等城市,吸取无锡的经验,已建或在建多个全封闭、半封闭的规模型控制圈。今后条件类似的城市将建更多高标准控制圈。

4.1.6 加强控制圈周围河道的排泄能力

今后由于太湖流域社会经济持续发展,控制圈将逐步增加、圩区的排涝标准将进一步提高,控制圈外骨干河道排泄洪涝的负担更重,所以太湖流域应全面统一考虑增加江南运河和连通长江骨干河道的排泄洪涝能力,包括增加常州、无锡、苏州、嘉兴及上海的洪涝排泄出路。其中,无锡应增建锡澄运河流量的 150 m^3/s 的双向泵站,扩大走马塘排水流量至 150 m^3/s,增建长江边流量为 45 m^3/s 的大河港双向泵站等。

4.2　江河(湖)连通调水

我国七大水系有众多江河湖库,但由于城市乡镇的发展、农村和农业生产的发展,填河造田或建设房屋、基础设施,使江湖河之间完全阻隔或部分堵塞。为此,需实施江河湖连通(简称江湖连通)工程,消除阻隔江湖的因素,增加受水区域水资源量和水体流动性,改善生态环境,兼防治洪涝。全国特别是长江中下游建设了相当多江湖连通工程,案例很多,绝大部分项目是成功的,取得了相当好的效果。

4.2.1　"引江济太"与梅梁湖泵站联合调水

长江与太湖原来有多条河道相通,由于防洪要求在河道入江口设置控制水闸,以及由于河道淤塞等原因阻滞或减弱了输水能力,对流域防治洪涝和改善太湖生态环境很不利。因此,为有效恢复江湖连通而建设了望虞河"引江济太"工程。

(1)望虞河"引江济太"工程。因为1991年、1999年两次近代最大的太湖洪水,使太湖最高水位达到创纪录的4.98 m,给流域造成了很大的损失。于是建设望虞河"引江济太"引排工程,线路总长62.3 km,当时投资13亿元,总排水能力500 m^3/s,其中长江口双向泵站180 m^3/s。1999年,太湖大水时即发挥泄洪作用。2002年起实施"引江济太"调水改善太湖生态环境试验,2007~2017年累计调水入湖92.9亿 m^3,使太湖和望虞河两侧河网区水质同时得到改善。

(2)梅梁湖泵站调水。由于望虞河"引江济太"调水改善不了太湖西部梅梁湖水质,所以从2007年起,投资2亿元,先后建设梅梁湖泵站(50 m^3/s)、大渲泵站(30 m^3/s)轮流调太湖水出梅梁湖,2007~2017年共调水出湖89.4亿 m^3。

(3)二者联合调水作用。望虞河"引江济太"除了起到有效防治太湖流域洪涝的作用,同时其和梅梁湖泵站联合调水起到了改善水环境的良好效果,有效化解了2007年"5·29"太湖供水危机和确保贡湖至今不发生"湖泛"、保证了供水安全;带走太湖TN 3.23万t、TP 0.118万t、蓝藻干物质3.48万t,增加了水体自净能力,以及由于采取控源挡污等综合治理,使太湖水质明显改善,太湖2017年水质TN(1.60 mg/L)较2007年的2.35 mg/L削减31.9%,水质由劣Ⅴ类改善为Ⅳ~Ⅴ类。太湖调水改善生态环境成为全国大中型湖泊调水的典范。

4.2.2　实施"引江济太"新沟河新孟河线路调水

由于望虞河"引江济太"的排泄洪涝能力仍满足不了流域社会经济持续发展需要进一步防治洪涝和改善水环境的要求,需要建设太湖第二条"引江济太"新沟河线路,长97 km,排水、引水能力各为180 m^3/s、90 m^3/s,投资48.8

亿元,已基本完成;第三条"引江济太"新孟河线路,长 116.7 km,排水、引水能力各为 300 m^3/s、100 m^3/s,投资 105 亿元,已开始实施。此两线路以后可进一步改善梅梁湖、竺山湖、太湖西部沿岸和"引江济太"沿线河网水质,同时减轻太湖和沿线河网洪涝灾害。

4.2.3 澄东江湖连通调水

澄东为江阴市(无锡市所属县级市)的白屈港以东河网区,面积 400 多 km^2、河道近 500 条。江阴数次获得全国百强县之首称号,社会经济发达、入水污染负荷量较大,当初仅依靠控源难以立即解决河道水污染问题,根据临近长江优势,在控制污染基础上实施江湖连通调水工程。1995 年,白屈港枢纽(抽水能力 100 m^3/s)建成开始调水,闸涵等配套工程于 2005 年全部建成,此工程相当于常年运行的半封闭控制圈,同时具有排泄洪涝作用。白屈港枢纽年引水入澄东河网区 10 亿 m^3,结合控源截污,使骨干河道全部消除黑臭,河道水质全面改善、达到Ⅲ~Ⅴ类。澄东是全国最早实行大面积江湖连通河网区调水的典范。今后区域继续加强控制污染工作和提高污水厂处理标准,使河道全面达到Ⅲ~Ⅳ类水。

4.2.4 走马塘排水工程

走马塘排水工程南起京杭运河,经无锡、苏州的走马塘、锡北运河,北入长江,全长 66.5 km,投资 28 亿元,2012 年完工,原设计功能主要为排泄河道污水及涝水。但该工程建成后实际排污水效果不佳,相关河道水质改善效果有限,汛期排泄洪涝效果也不佳。所以,应改变工程功能,改扩建成为排水工程,作为江南运河向长江排泄洪涝的主通道之一。

4.2.5 武汉江湖连通

武汉为长江中游大城市,社会经济发达,入水污染负荷多,城内河湖水质欠佳且常暴雨成灾;由于防洪和城建需求,河道入江口门均建闸控制,阻滞了江湖连通。为解决上述难题,武汉市利用临近长江优势,实施江湖连通工程。2002 年,已实施龙阳湖、三角湖、墨水湖、南太子湖、北太子湖、后官湖及长江、汉江的汉阳六湖二江连通调水,现正在实施武昌东湖、沙湖、杨春湖、严西湖、严东湖、北湖等六湖的江湖连通调水,这两个工程均有改善生态环境的良好效果和一定的防治洪涝的效果。此类工程可进一步考虑增强防治洪涝能力。

4.2.6 "引江济巢、济淮"调水

淮河流域水资源量欠丰富,多年平均降水量 750~1 000 mm,仅为长江流域中下游的 60%~70%。巢湖水质不理想,为Ⅳ~Ⅴ类,所以为增加淮河流域水资源量和改善巢湖水质,建设"引江济巢、济淮"调水工程,其中"引江济巢"

可增加引江水量 12 亿 m^3，能改善巢湖水质和生态环境；“引江济淮”工程目前采取经巢湖西部沿岸区域直接北上淮河，引水量 21 亿 m^3，正在建设。

4.2.7　其他调水

（1）南京玄武湖调水工程。由于玄武湖原水质为劣Ⅴ类，有过数次蓝藻爆发，仅依靠控制污染源难以解决此类问题，于是实施调水，调引长江水，经供水厂初步处理后输送至玄武湖及其下游河道。实际调水量 20 万 m^3/d。同时，采取控源、清淤和生态修复等措施，使玄武湖水质得到较好改善，达到Ⅳ～Ⅴ类，基本消除蓝藻爆发。

（2）西湖调水工程。由于西湖原水质为劣Ⅴ类，曾有过两次规模较大的蓝藻爆发，仅依靠控制污染源难以解决此类问题，于是建设调水工程，调钱塘江水入西湖，工程在 1986 年 9 月建成，现总引水能力 40 万 m^3/d，后在调水过程中增加削减 TP TN 的处理工艺，同时采取控源、清淤和生态修复等措施，使西湖水质由劣Ⅴ类改善为Ⅳ类，再未有蓝藻爆发现象。

（3）滇池调水工程。由于滇池流域水资源不丰富，滇池仅有 36% 的年份有出湖水流，且流域人口密度增幅较大，社会经济发展较迅速，成为严重缺水区域；滇池水质为劣Ⅴ类，蓝藻年年严重爆发，仅依靠控制污染源难以解决此类问题，于是实施牛栏江“引江济滇”高扬程调水工程，2014 年建成运行，流量 23 m^3/s，实际年调水 6 亿 m^3，同时采用控源、打捞蓝藻、退田（鱼、堤）还湖和生态修复等措施，使滇池水质有所改善，缺水问题得到较好解决，蓝藻爆发问题略有改善。

4.3　小微型河道和黑臭暗河调水

平原地区特别是太湖流域还有很多小微型河道和黑臭暗河，可利用调水改善其水生态环境。

4.3.1　推进小微型河道调水

小微型河道在控源截污基础上，就近利用较好水体进行调水，改善其生态环境。

（1）正常小河道实行由上游往下游的自流或水泵调水。

（2）接通两条或多条断头浜，由上往下调水。

（3）断头浜浜顶调水。用管道把水质较好的水送至断头浜顶后再回流，可多级调水。

（4）断头浜往复循环调水。操控断头浜的控制水闸及泵站，对断头浜实施进进出出的往复循环调水，但效果较慢。

（5）断头浜纵向围隔单向调水。在断头浜横断面中间设置纵向围隔（不到尽头)，使水(自流或泵引)从断头浜纵向围隔的上游一侧进，流至浜顶，再从另一侧排出。

4.3.2 黑臭河道治理与调水

目前实施河长制，消除黑臭河道是重要任务，一般地级城市要在2020年基本消除黑臭河道。平原地区实施调水消除黑臭是可行的配套措施，见效快、效果好、管理方便。

(1)调水前严控污染。黑臭河道是由于水污染严重，在缺氧条件下发生厌氧反应所致。须同时消除水体、底泥或水面的污染，才能持久消除黑臭、保持水体清洁。因此，一般应在控制污染源、封闭排污口及严控水体、底泥和垃圾污染后再调水。

(2)小微型黑臭河道调水。① 将黑臭河道的水接入污水收集管道。② 简易集中处理。若黑臭河水暂时无法全面控污又无法接入污水收集管道，则可将河道污水(也含排污口或雨污合流污水)直接进行简易集中处理。一是将污水集中在一个池中用固载微生物等技术处理；二是用成套简易污水处理设备(设施)对各排污口分别进行处理。③ 控制初期雨水污染和实施雨污合流溢流制。初期雨水的地表径流污染及雨水管道污染在长三角、珠三角区域等人口稠密、社会经济发达的城市是主要污染源，是造成相当多河道黑臭原因之一甚至是主因。所以，应对暴雨初期雨水的地表径流采取雨污合流溢流制等治理措施，并建设海绵城市，以大幅度减少初期雨水污染。④ 淤积严重河道实施清淤后再调水。其间，若河道底泥淤积不多，可直接使用高效复合微生物净化水体和清除有机底泥，其后有必要再实行调水。若小河道调水效果不理想，可采取一次处理或二次处理技术实行浜顶调水。

4.3.3 黑臭暗河治理与调水

暗河即是在城建过程中，在开敞河道上加盖板，使其成为暗河(暗涵)。暗河几乎均是黑臭河道，治理难度极大。如无锡梁溪河北的河埒口地区断头浜的黑臭暗河比例达到40%~50%；上海有些区域暗河的比例达到30%~60%，在大暴雨初期黑臭暗河甚至造成苏州河严重黑臭。黑臭暗河成为治理河道黑臭的老大难，一般暗河上已建楼房或道路，很难全面封闭暗河排污口和实施全面清淤。可采用以下综合措施进行治理：

(1)控源截污。加大暗河控源截污力度，因暗河无法全面改为开敞式河道，所以尽量分段掀开暗河的局部盖板，抽干水清淤、封闭排污口，或用其他方法清除暗河的淤泥。

(2)暗河污水处理。将暗河黑臭水接入污水收集管道或进行简易集中处理。

(3)一次处理暗河顶端调水。将黑臭河水直接用磁分离、混凝气浮、膜、高效复合微生物进行处理,处理后作为调水水源,用管道输送至暗河顶端后往下流。

(4)二次处理暗河顶部调水。即在一次处理调水基础上,若水质还不理想,则在调水过程中,对水源进行继续处理,如进行充氧(直接补充氧气或制氧物质)、加入微生物、采用天然矿物质净化剂或光量子载体等技术继续净化水体,至达到水质目标要求。

4.4　调水水量可连续使用

如梅梁湖泵站调水出湖,在改善梅梁湖水质的同时,可改善梁溪河、京杭运河水质;玄武湖调水改善玄武湖水质后,可随之改善内秦淮河等下游河道水质;众多的各类污水或黑臭河道经高标准处理后,可作为水源调水改善河道水质;北京建设了许多中水厂,即是将污水高标准处理后进行回用,以补充水源不足等。

5　缺水城市调水

缺水型调水主要包括社会经济发展型缺水、干旱型缺水和二者兼有型缺水等三类调水。我国大多数实行江河湖库联合运行的大规模跨流域调水,其工程具有流量大、工程大、距离长、难度大等特点。

5.1　概况

目前我国相当多大中城市(地区),由于社会经济持续发展,生活、生产、生态环境需水量增加或降雨量较少等原因而缺水。例如,北方京津冀地区,原来水资源不丰富、社会经济持续发展和生态环境需水量增加而缺水;珠三角地区,水资源丰富,但由于社会经济持续发展而缺水;云南的相当多城市(地区),水资源总量相当丰富,但由于水资源利用率偏低及社会经济持续发展而缺水。据水利部2006年5月统计,全国669座城市中有400座供水不足,有136个缺水情况严重,城市缺水总量60亿 m^3,分析其缺水的主因是社会经济持续发展需水量增加,部分城市因为水污染而减少可用水资源量。全国相当多城市、区域陆续建设调水工程,解决城市缺水问题。建设调水工程,首先要节水优先、水资源优化调度和在严控污染的基础上统一进行调水规划,并分期实施。

5.2　引黄济津和引滦入津

海河流域多年平均降雨量535 mm,不足长江中下游1 250 mm的一半。为解决天津缺水问题,从20世纪70年代起多次实施引黄济津调水,1983年9

月起实施引滦入津工程，输水总距离为 234 km，年输水量 10 亿 m^3，最大输水能力 60～100 m^3/s；2000 年天津又遇大旱，6 月引滦入津的源头潘家口水库已达死库容 3.33 亿 m^3，不能再引水，于是 2000 年 10 月 13 日又恢复实施引黄济津调水，线路总长 392 km，这次共引黄河水 8.66 亿 m^3；2013 年起实施南水北调向天津送水，引黄济津和引滦入津工程作为辅助调水工程，如 2014 年引滦入津向天津市供水 4 亿 m^3。

5.3 南水北调

京津冀城市群水资源不足，由于社会经济持续发展加重缺水程度。南水北调工程（附图 10.1）是解决我国北方城市缺水的典型案例。如北京市少雨，一般年降雨 500 mm 左右，人均水资源仅 100～140 m^3；社会经济持续发展，需水量持续增加，如常住人口由 2000 年的 1 633 万增加至 2018 年的 2 154.2 万，为 132%；城市化率从原不足 50%发展到 2018 年的 78%；GDP 从 2000 年的 2 171 亿元增加至 2018 年的超 3 万亿元，为 13.9 倍；同期生态环境用水量增加 10 亿 m^3多；实际生活用水量由 2001 年的 12.05 亿 m^3增加至 2017 年的 18.3 亿 m^3，为 152%。北京由于以上各方面因素使需水量大增，虽然采取了节约农业、工业用水措施，如农业用水从 2001 年的 17.4 亿 m^3减少至 2017 年的 5.1 亿 m^3，但水资源仍满足不了首都社会经济持续发展的需求，故实施南水北调工程解决缺水问题。

南水北调工程，2013 年完成东线第一期，抽长江水 89 亿 m^3，为多级抽水，沟通长江、淮河、黄河、海河，连通洪泽湖、骆马湖、南四湖和东平湖作为调蓄水库，其山东支线 2016 年完成；第二、三期计划 2050 年完成，调水量达到 148 亿 m^3；中线工程，由丹江口水库自流输水，一期引水 95 亿 m^3，2014 年 12 月通水，远期引水 130 亿 m^3。南水北调工程实施后效果良好：增加北方的水资源量，初步缓解了京津冀的缺水状况；减采地下水、升高地下水位，如北京地下水位升高 0.91 m。

5.4 滇中引水工程

云南降雨较多、水资源丰富，年平均降水量为 1 350 mm，但仍然缺水。其原因：一是由于自然地理条件限制，其地形多高山峡谷，造成水资源利用不均、利用率不高；二是社会经济持续发展，如人口从 2006 年的 4 483 万增加至 2017 年的 4 800 万，为 107%，且城镇化率不断提高；GDP 从 2006 年的 4 002 亿元增加至 2017 年的 16 531 亿元，为 4.13 倍；三是环境用水量增加，如滇池缺水，有 36%的年份滇池下游无出流。其结果是用水需求量不断增加，使可利用水资源量满足不了社会经济发展的需求，造成云南特别是中部地区缺水。计划实施滇中引水工程，引金沙江水，取水口流量 145 m^3/s，年调水量 34 亿

m^3。滇中引水工程是我国西南地区迄今为止规模最大、施工难度最大、投资最多的水工程，受水区包括丽江、昆明等30个地区，并向滇池、杞麓湖等补水。2017年开工。

5.5　“引西济东”地下河调水工程

珠三角是水资源丰富区域，珠江流域多年平均降水量1 470 mm，但仍然缺水。其原因：一是珠三角城市群高速崛起、社会经济快速发展。如广州市常住人口由2000年的994万增加至2018年的1 491万，为1.5倍；同期的GDP由0.25万亿元增加至2.29万亿元，为9.16倍。珠三角各城市情况类似，水资源需求量均大幅度增加；二是向香港、澳门供水量增加及粤港澳大湾区的开拓发展需增加用水量。因此，须建设“引西济东”调水工程，该工程是调西江水至东江，主要解决珠三角东部广州深圳东莞城市群的缺水问题，并为香港等提供应急备用水源，为粤港澳大湾区发展提供战略支撑。工程将是世界上流量最大的长距离有压管道输水工程，主干线为深入地下40~60 m的隧洞，设计引水流量为80 m^3/s，年平均引水量为17.87亿 m^3，2019年正式开始实施。

5.6　其他调水工程

全国缺水型城市很多，均希望实施调水解决缺水问题。如水资源并不丰富的西安计划实施八水绕长安，八水指西安城周围属于黄河水系的渭、泾、沣、涝、潏、滈、浐、灞八河。十三朝古都西安本身缺水，社会经济发展致生活生产和生态环境需水量增加等因素而提出增加水量，再现盛唐“八水绕长安”的计划，正在实施；又如“引汉济渭”工程是引汉江济渭河，流量70 m^3/s，年调水15亿 m^3。解决西安市、关中地区等渭河流域社会经济发展的缺水问题，输水线路穿越秦岭难度很大，目前正在实施。

6　干旱缺水地区调水

6.1　概况

我国的新疆、甘肃、宁夏、内蒙古等西北地区干旱少雨缺水，如新疆的塔里木平原内流区多年平均降水量是20~80 mm，在有水就有绿洲的新疆，需实施调水增加水资源，才能增加干旱区植被覆盖率和生物多样性。西北地区建设调水工程，首先应秉持节水优先原则，充分利用和合理调度本地水资源，如适度增建水库增加蓄水量、采用节水灌溉技术，蓄水输水工程合理推进防渗漏措施，如新疆可统一合理调用南北疆水资源，优先实施新疆范围内调水，若水资源仍不足，再根据实际需要、可能性和紧迫性考虑区域外调水。

6.2 新疆调水

(1)塔里木河调水(附图 10.2)。此为我国第一个大规模生态调水工程,主要解决南疆塔里木河下游地区干旱缺水的严重生态问题,具有世界性意义。塔里木河上中游地区,由于农业用水量大增,城市用水量增加,及输用水过程中水量渗漏损耗大,造成塔里木河下游缺水断流,胡杨大面积死亡,绿洲减小。塔里木河调水工程是合理调度南疆地区水资源解决部分干旱沙漠区生态问题。调水主水源为博斯腾湖,目前调水终点为台特玛湖。自 2000 年 4 月 3 日开始历时 81 天的第一次应急调水,从博斯腾湖进入塔里木河,距离 600 km,调水 1 亿 m^3。以后则从博斯腾湖经大西海子向塔里木河下游调水,至 2018 年共实施 19 次应急调水,累计调水量 60 多亿 m^3,现仅用 10 天时间调水水流就可到达台特玛湖。调水使大西海子水库以下的塔里木河下游数百千米沙漠植被得到有效恢复、绿洲扩大,使塔里木河下游绿色走廊周边的地下水位回升 1~2 m,矿化度下降。

(2)额尔齐斯河北水南调。为解决克拉玛依生活、生产的缺水问题和扩大准格尔盆地西部绿洲,在新疆北部实施了额尔齐斯河北水南调工程,2008 年已开始运行,调水量 30 亿 m^3/年,调引额尔齐斯河夏季洪水。调水效果良好,解决了克拉玛依缺水和推进了准格尔盆地西部大面积植树、扩大了绿洲。

6.3 甘肃黑河调水

甘肃黑河流域总体是干旱少雨区域,其中部走廊平原区降水量由东部的 250 mm 递减至西部的 50 mm,相应蒸发量则由 2 000 mm 增至 4 000 mm,位于黑河源头的南部祁连山区年降水量仅为 200~700 mm。同时,由于黑河流域社会经济的持续发展,使黑河上游的用水量持续增加,导致下泄水量大幅度减少,造成黑河下游断流、绿洲大幅度减少、居延海干涸。所以,黑河调水主要是解决其下游的生态缺水问题。2000 年,开始黑河调水(附图 10.2),年输水量 10 亿 m^3。使干旱少雨缺水的额济纳绿洲重新焕发生机,沙尘暴发生次数由原来每年 5.85 次减至 3.5 次;东居延海地下水平均回升 0.48 m;1961 年已干涸的西居延海至 2017 年连续 13 年不干涸,水面积保持在 40 km^2。

6.4 西北其他调水工程

为全面解决我国西北缺水问题,众多关心此问题的专家和人士献计献策,提出诸多调水方案:红旗河调水工程(附图 10.3)、已批准但未实施的南水北调西线工程、利用空气中水汽的“天河工程”,民间研究提出的大西线雅鲁藏布江调水、引渤入疆海水西调、蒙古国库苏古尔湖北水南调、贝加尔湖北水南调等调水工程方案。我国西北是干旱少雨缺水区,有调水必要性,上述调水工程方案在技术上大多是可行的，以后国家将根据西北和北部地区社会经济发展增加水资源需求量的迫切性、扩大内需和增加就业的必要性、实施调水工程条件的综合成熟程度及平衡其社会效益和经济效益，选择实施其中的一项或多项工程。

7　解决鄱阳湖、洞庭湖冬春季枯水问题

鄱阳湖、洞庭湖冬春季枯水影响中国两个大型湖泊正常功能的发挥，建议采用如下方法解决此问题：

(1)鄱阳湖入江水道建闸。鄱阳湖区近年冬春季枯水位降低，对供水、灌溉、渔业、湿地生态系统产生严重影响。纵观国内外水工程，均无解决鄱阳湖此类枯水问题的先例。至目前为止，在鄱阳湖入江水道建设全年不断流、分期控制、保护鄱阳湖的低水闸枢纽调枯应是最佳综合方案(附图 10.2)，此对鄱阳湖枯水期的生态环境保护利远大于弊，其产生的一些负面影响则可通过一定的补救措施得以降低或减轻。

(2)洞庭湖控枯可建泵站。有人担心若鄱阳湖建闸，洞庭湖必然会建闸控枯，使中国最后一个自然出流的大型湖泊洞庭湖成为人工控制湖泊。但其与鄱阳湖的地理环境和入湖水系不同，建议洞庭湖可利用原长江分流形成的松滋河(松滋口)、虎渡河(太平口)、藕池河(藕池口)和华容河(调弦口)的“四口”水系中的“四口”或部分口子，在长江口建大于 1 000 m^3/s 流量的大型泵站抽水入湖解决洞庭湖枯水问题(附图 10.4)，故可不必建闸控枯。(注：长江“四口”中的调弦口现弃用)

8　启示

8.1　正确认识评价大中型调水工程

我国已建成众多大中型调水工程，且还将继续建设，故应对其正确认识和科学评价，进一步有序推进大中型调水工程的建设与管理。

一是正确认识。如有人认为南水北调工程现没有达到设计的供水目标就是失败的工程。一般大规模调水工程不可能建成运行就达到设计目标(效果)，相当多工程可能要建成运行 5~10 年后才能达到设计目标。如南水北调工程的输水量有一个从少至多的过程，根据用水需求、认识、管理和价格等因素逐步达到设计目标，从通水起至调水量累计达到百亿立方米用了 3 年，而第二个调水量累计达到百亿立方米仅用了 1 年；三峡水库蓄水从 2003 年水位 135 m 至 2009 年达到设计标准 175 m，用了 6 年；望虞河“引江济太”调水已运

行17年，其调水量根据太湖水位、防汛要求、富营养化程度等决定，一般年调水入湖8~20亿m^3不等，大部分年份不必达到设计标准的年调水20亿m^3。

二是正确评价。如有些人认为三峡工程有缺陷就否定它。三峡水库消除武汉等长江中游城市的洪灾效益非常明显，是其他任何措施都不可比拟的；增加清洁能源、净化空气效益显著：发电装机2 240万kW、年发电882亿kW·h，2003~2017年累计发电相当于节约标准煤3.6亿t，减排CO_2 9亿t、SO_2 420万t，大量减少大气污染。

8.2 适宜调水的应尽量调水

经评估，有建设大中型调水工程需求且有条件实施的区域，应尽量实施调水。我国建设大中型调水工程具备成熟的技术，一般也不缺资金。所以，有调水需求的城市、区域，其调水工程实施时间的先后主要取决于工程的紧迫性和综合实施条件的成熟程度。

我国七大水系江河湖库众多，应在流域总体规划下实施江湖连通和控制圈防治洪涝等工程防治洪涝与改善生态环境。特别是水资源丰富和社会经济发达的长三角、珠三角，东南沿海平原区，具备建设条件的应尽量建设调水工程，暂时缺乏条件的应创造条件实施。中国第一个大型调水工程南水北调（东中线）已建成运行，“滇中引水”大工程、“引江济渭”高难度工程、“引西济东”地下河大调水工程等正在实施或将建成，说明我国目前有能力和实力实施大规模调水。大西北调水有其必要性，但需根据其紧迫性、拉动内需的必要性、资金来源、实施条件的综合成熟程度及社会经济效益的综合评估来确定工程的实施时间。

8.3 调水需克服不足之处

对于已建调水工程，在发挥其最大效益的同时，应进行长期监测和评估，凡对生态产生不利影响的工程，应根据实情采取补救措施恢复生态功能，包括防治水污染、调整调水比例，维持最低环境流量，进行栖息地修复等，消除问题或尽量减轻问题。

（1）水源水质不理想。如玄武湖、西湖调水时，对源水实施沉淀或生化处理去除N P后再调水；塘西河净水厂对巢湖源水去磷处理后再调水入河；社会经济发达地区的大量城市暗河治理，可对其黑臭水体实施一次处理或二次处理后调水。凡是应考虑到的问题均应在调水工程规划设计时就应考虑到，如调水水源、输水途中和受水区域的污染控制问题。若工程运行一段时间后发现对调水有影响的问题，则须采取控污及调整运行方案等措施予以解决。

（2）水量不足。一是水源地水量不足，如南水北调中线，丹江口水库水量不足，则加高大坝从 162 m 至 176.6 m，扩大库容至 290 亿 m^3；南水北调中线的实施，使汉江水量不足，就建"引江济汉"工程，年自流输水 37 亿 m^3 补充汉江，后将在引水口建 200 m^3/s 提水泵站以满足水环境和春灌期用水需求。二是调水量不足，如望虞河"引江济太"运行多年不能满足太湖调水要求，又建第二条新沟河"引江济太"和第三条新孟河线路，增加双向输水能力；南京玄武湖现调水能力不足 5 m^3/s，可适度增加流量，以及武汉大东湖调水网可适度增加调水量。若调水运行一段时间后，水源地水量有较大变化，则可减少调水量、调整调水运行方案。

(3) 为调水工程补缺。如望虞河"引江济太"不能改善太湖西部梅梁湖水质，后即建梅梁湖泵站调水解决此问题；太湖、巢湖等浅水湖泊建闸筑堤提高水位减少了芦苇湿地，而有利于蓝藻生长繁殖，以后应设法解决此问题；三峡工程存在一些问题：在一定程度上妨碍生物上下游之间迁移，造成支流蓝藻爆发等，以后应逐步解决这些问题。

8.4　调水工程具有相当的公益性

我国是社会主义国家，基建工程为全民服务，调水工程应兼顾经济效益和社会效益。其中的一类项目具有完全的公益性，如黑河、塔里木河调水以及无锡等平原城市建设的控制圈工程等；另一类具有部分公益性，如南水北调工程经济效益兼顾公益性，如对沿线现代农业等实行水价倾斜、促其发展，实施深井免费回灌或补贴，减少直至停止地下水开采，控制与减轻地面沉降、改善沿途生态环境；在建的"滇中引水"工程和将来可能建设的西南大调水工程均具有公益性。

8.5　调水是保护、尊重自然，人水和谐的重要举措

自然界是地球生态系统的总和，人类要保护、尊重自然。自然与人类息息相关。人类活动对自然的不合理干预造成严重水污染和生态损害，需采取有效措施自行纠错。"人定胜天"，高估自己，危及自然环境。人类虽然无法控制暴雨或全面消除干旱，但当遇洪涝、干旱等灾难使人类生存困难或危及生命财产安全的，可因势利导减轻自然灾害，如利用调水，消除或减轻洪涝干旱，一定程度上减轻水污染、修复水生态，最终实现人与自然和谐共生。

落实习总书记绿水青山就是金山银山的指示。充分利用水资源，推进科学调水，为建设我国绿水青山、保证水安全，发挥作用。

参考文献

[1]徐乾清.中国水利百科全书(第 1~3 卷)[M].2 版.北京：中国水利水电出版社，2006.

[2]王鸿涌,张海泉,朱喜,等.太湖蓝藻治理创新与实践[M].北京:中国水利水电出版社,2012.
[3]朱喜,胡明明,孙阳,等.河湖生态环境治理调研与案例[M].郑州:黄河水利出版社,2018.
[4]朱喜,胡明明,孙阳,等.中国淡水湖泊蓝藻暴发治理和预防[M].北京:中国水利水电出版社,2014.
[5]百度百科.抚仙湖[OL].百度网 2018-07-28.
[6]《中国河湖大典》专家组.《中国河湖大典综合卷》[M].北京:中国水利水电出版社,2014.
[7]朱喜.无锡市水资源综合规划报告[R].2007.
[8]朱喜.建设高标准控制圈防治平原城市洪涝和改善水环境[J].华北水利水电大学学报(自然科学版),2018,39(4):29-34.
[9]朱喜.综合治理　创建平原城市优良水环境思路[C]//2018 第五届中国(国际)水生态安全战略论坛大会论文集,2018.
[10]无锡市水量勘测设计研究院.无锡市锡南片洪涝防治设计方案[R].2018.
[11]王同生.太湖流域防洪与水资源[M].北京:中国水利水电出版社,2006.
[12]太湖流域管理局.太湖流域水资源公报[OL].2007-2017.
[13]无锡市犊山水利工程管理处.梅梁湖泵站调水纪录汇总[G].2007-2017.
[14]太湖流域管理局,江苏省水利厅,浙江省水利厅,等.2010-2017 太湖健康报告[R].2011-2018.
[15]上海勘测设计研究院.新沟河延伸拓浚工程[R].2010.
[16]上海勘测设计研究院.新孟河延伸拓浚工程[OL].2010.
[17]江阴市水利局.江阴市白屈港以东区域河湖连通调水改善水环境工作汇报[R].2017.
[18]淮河流域水资源保护局淮河水资源保护科学研究所.走马塘拓浚延伸工程竣工环境保护调查验收报告[R].2015.
[19]百度文库.六湖连通汉阳未来[OL].2016-12-04　百度网　2018-09-08.
[20]百度百科.武汉六湖连通[OL].百度网　2018-08-08.
[21]百度百科.引江济淮工程[OL].2018-11-07　百度网　2018-12-08.
[22]南京日报.南京每天从长江引 20 万 t 水改善玄武湖和秦淮河水质[N].2015-10-08.
[23]百度百科.牛栏江滇池补水工程[OL].2018-07-02 百度网　2018-11-08.
[24]360 百科.引黄济津调水实践[OL].2019-06-10.
[25]360 百科.引滦入津工程[OL].2019-06-10.
[26]北京市统计局.2010 年、2018 年北京市国民经济和社会发展统计公报[R].2019.
[27]北京市水务局.2000 年、2017 年北京市水资源公报[R].2019.
[28]百度百科.南水北调东线工程[OL].百度网　2018-11-08.
[29]百度百科.南水北调中线工程[OL].百度网　2018-11-08.

[30]吴涛.南水北调东中线全面通水四周年综合效益显著[N].中国水利报.2018-12-11.
[31]云南省水利厅.2011年、2017年云南省水资源公报[OL].2019-06-10.
[32]云南省统计局.2006年、2017年云南省国民经济和社会发展统计公报[OL].2019-06-10.
[33]云南省水利厅信息网滇中引水工程可行性研究报告获国家批复[OL].2017-04-28.
[34]孙黎明,黄璐翎.广东最大水利工程获批将建地下河引西江水入广深莞[OL].南方网 2018-08-09.
[35]百度百科.八水绕长安[OL].百度网 2018-08-08.
[36]百度百科."引江济渭"调水[OL].百度网 2018-08-08.
[37]西部梦想的博客.北水南调:额尔齐斯河和635引水工程[OL].http://blog.sina.com.cn/westdream0905 2010-05-30,2018-08-08.
[38]"红旗河"西部调水课题组.红旗河西部调水工程[R].2018-08-08.
[39]百度百科.天河工程[OL].百度网 2018-12-26.
[40]百度百科.朔天运河大西线调水工程[OL].百度网 2018-12-26.
[41]百度百科.引渤入疆[OL].百度网 2018-12-01.
[42]百度百科.蒙古国"北水南调"工程[OL].百度网 2018-12-26.
[43]百家号.中国再兴建一调水工程,贝加尔湖水将流向中国[OL].米尔军事网 2018-05-19.
[44]冯雷,刘春兰,冯正祥.炸开喜马拉雅山修筑青藏大运河[J].决策与信息,1999(8).
[45]百度百科.三峡水库蓄水[OL].百度网 2018-10-08.
[46]王仁贵.中国超级水利工程发挥了哪些效益?[J].瞭望 2018-08-09.
[47]百度百科."引江济汉"调水[OL].百度网 2018-08-08.

中国平原城市调水 | 防治洪涝 | 海绵城市①

中国大江大河的防汛工程及防汛预报、预案是成功的。目前,全国城市洪涝防治已有相当水平,可就是年年要发生多次城市洪涝。如2016年5月12日腾讯新闻报道,5月9日下午4时至10日上午8时半,广州全市普降大到暴

① 该文发表于无锡水利2019年2期(2019年12月),作者朱喜(原工作于无锡市水利局)。

雨,局部大暴雨,全市平均降雨仅 47.6 mm,其中番禺沙头街最大雨量 186.6 mm。广州几乎全城水淹,多路段交通瘫痪。何因?不是没有技术、资金、技术人员,而是城市、区域缺乏高标准规划、方案。因此,建议从规划设计、实施方案着手,建设高标准洪涝防治工程及相应预报、预案,使我国城市免遭洪涝灾害或至少不会遭受大灾。

1 调水作用

调水主要作用,一是改善水质和增加环境容量;二是防治洪涝、干旱(本文主要叙述防治洪涝)。调水早就有,以往调水大多是为解决生产、生活缺水,为解决干旱、灌溉等问题而实行,也为发电和解决航运而实行。国内外早就有许多成功的例子。后由于社会经济的持续发展,入水污染负荷增加,河湖水污染逐渐严重,才开始研究和实施调水改善水环境。如数学模型,是先有水量数学模型,逐渐推广使用,在此基础上建立水质数学模型。

2 调水不是污染物转移

(1)有些人反对长期调水。有些人认为调水一是污染物转移,二是应急措施;三是破坏了原来水体的自然平衡,使水从低处往高处流。实践证明,调水既不能认为是污染物转移,也非短期的应急措施,如太湖调水要实施 20~30 年或更长时间。当今社会,使用动力设备使水从低处往高处流是无可非议的。当然调水会有一些负面作用,如调水路径不合理造成改善水质效果不好,调度不合理可能影响防洪。但调水好处明显多于坏处。

(2)应尽量发挥调水长处,克服短处。全国只要水源好或合适、水量多和有调水需求的区域,均可实施调水,且相当多区域均已实施了调水。特别是好多城市为改善水环境而实施了调水。

调水能给水体增氧,提高流速,提高水体净化能力、增加水体环境容量(允许纳污能力)。根据 10 多年的调查与统计分析结果,太湖水从西部流向东部(其中也包括调水的水流),其净化了大约超过 60%的 N 和 70%的 P 及其他污染负荷。

太湖通过持续调水,带走了相当多的蓝藻和污染物,有效消除了 2007 年太湖供水危机;一定程度上持续改善了太湖水质和出湖河道水质,如太湖调水东出太浦河改善了太湖下游河网水质,梅梁湖泵站调太湖水北出,改善了梁溪河、京杭运河及其相关河网的水质。

(3)调水会给受水体增加部分污染负荷。调水会给受水体(如太湖湖体和调水路径经过的有关河道)增加水量的同时,也增加部分污染负荷。由于调水的水源一般水质较好,所以受水体水质会得到改善。同理,调水出太湖时,给下游河道增加部分污染负荷,但由于太湖水质明显好于相关出流河道(河网),所以下游河道水质也得到改善。当然,仅依靠调水措施是不能完全治好太湖及流域河网的水污染的,需采用综合性措施才能全面治好太湖及流域河网。

3 "流水不腐"与水体自净能力

流水不腐是众所周知的道理,但有其限制条件。

(1)入水污染负荷不超过环境容量是流水不腐的基本条件。即水体受污染程度应控制在一定范围内,若进入水体的污染负荷超过其自净能力太多,水体流速很快也要受污染,甚至要腐败、变黑变臭。目前,长三角和珠三角地区相当多流水河道已受严重污染,如 20 世纪 90 年代和 21 世纪初的一段时间,川流不息的京杭大运河苏南段(苏南运河)受到严重污染,"流水已腐",有明显的臭味,NH_3-N 含量相当高,后经治理才逐步改善。进入运河的污染负荷主要包括上游流入、污水厂排放、排污口放入、船舶污染、地表径流进入、底泥释放等。

若入水污染负荷稍微超过其净化能力,则流水水质会慢慢变差,若入水污染负荷远超其净化能力,则在短时间内水质就会变差、腐败。所以,流水也须严格控制污染物入水。

(2)自然水体大部分存在程度不等的"流水不腐"情况。如万里长江,虽有较多的污染负荷进入,大部分水域存在轻度污染,但因为"流水而不腐",可以说是"流水不腐"的典型。人们也常用"流水不腐"此道理,希望采用人工调水,增加水量和流速,以期在一定程度上改善水质。如太湖大规模实施望虞河"引江济太"和梅梁湖泵站联合调水,有效改善太湖水质和带走蓝藻,消除了 2007 年供水危机。有较好水源或较合适水源的城市和乡镇地区,相当多实施了人工调水,在相当程度上改善了其水环境。这也是"流水不腐"的体现和人们的认同。

(3)自然水体也有"不流水也不腐"的情况。

① 有相当面积的全封闭水体在风力作用下可产生水流,俗称风生流,有一定的净化水体的作用,只要净化水体能力大于进入水体的污染负荷,此类水体就可能不腐。

② 水体内有一定的微生物、植物和动物等生物,具有一定的净化水体的

能力,特别是其中有大量的有益微生物存在于水体,附着于底泥、边坡、水生动植物及悬浮物上,有相当净化水的能力,使水体的总净化能力超过进入的污染负荷,则“不流水也不腐”。即使是受风力作用较小的封闭小水域,只要其水体有一定的自净能力,即水体有健康的水生态系统,则封闭水域也可保持清洁、不腐。

如太湖北部的小湖湾五里湖就是如此,如上述情况①、②,进出五里湖的全部河道均已建闸控制,为全封闭水域,由于水生态系统保护和修复得比较好,水体自净能力强,水质好,保持在Ⅳ类。

③ 环境容量大的湖泊,只要入水污染负荷未超过其水体自净能力,也可“不流水也不腐”,如云南抚仙湖,水面面积 212 km^2,水量百亿立方米,虽换水周期数百年,有一定污染负荷进入,但至今仍保持Ⅰ类水。

4 城市高标准的洪涝防治

4.1 高标准

高标准就是要能抵御城市有记录以来能遇到的最大的外来洪水和本地降雨量。若资金有限,可一次规划分期实施。如长江三峡水库,容积 393 亿 m^3,1994~2009 年建设,千年一遇设计和万年一遇洪水校核,这是中国最高标准。各地政府及决策部门应根据本区域具体条件决定最高标准值,决不能低于国家标准,但可高于国家标准。如广东地区、武汉地区,报道的洪涝灾害特别多,更应该提高标准。

提高防治洪涝标准。国家制定的防治洪涝标准应科学理解为这是应该遵守的最低要求。在现实的自然条件、工程状况变化后,不能刻舟求剑,而须与时俱进,采用符合本地实际情况的高标准。如大型城市:防洪应采用 200~300 年一遇标准,淮河以南区域应采用能抵御降雨 200~300 mm/d 的防涝标准,淮河以北及东北地区可根据实际情况适当降低;特大型城市上海、广州等,防洪标准应大于 300~500 年一遇,流域、区域应统一考虑适当的高标准,若流域的原规划不能满足区域的高标准洪涝防治方案,流域应修编其洪涝防治规划。

4.2 主要措施是阻挡、蓄滞、排泄

阻挡是将外来洪水阻于城市之外,也包括分洪和蓄洪;蓄滞对城市本地降雨而言是包括增加蓄水容积、建设海绵城市、减少地表径流和减慢径流形成速度;排泄是及时排泄洪水和多余的涝水,确保城市安全度汛。其中,滨海城市还应能够阻挡天文大潮和风暴潮。

5　正确理解建设海绵城市

(1)完全建成海绵城市可消除本地暴雨造成的涝灾,也可大幅度减轻地表径流污染;但其无法阻挡外来洪水造成的城市洪涝,所以海绵城市和水工程须密切结合。

(2)实施海绵城市应根据实际情况分别对待,新建城市、区域应一步到位。老城市进行海绵城市改造较困难,宜结合市政设施逐步改造。

(3)海绵城市的标准应根据城市具体情况制定,如城市径流量的削减比例不宜一刀切,如下述的无锡市城市防洪控制圈区域内的城市海绵化,只需控制局部街道不被淹就行,因其河道排涝能力已足够。

(4)防治海绵城市建设形式化,注意节约建设资金,讲究实际效果。

6　无锡市城市防洪控制圈是防治洪涝的典范

无锡市城市防洪控制圈位于无锡城市中心区,属典型的低洼平原河网地区,人口稠密、经济繁荣。控制面积 136 km^2,排涝能力 415 m^3/s,能确保 250 年一遇的外来洪水和本地 300 mm 的降雨不受灾。自 2007 年建成后,大暴雨时,圈内河道水位控制在警戒水位 3.8 m 以内,均未发生大面积受淹现象(其中,因施工等原因致排水管道局部堵塞曾造成部分街道积水受淹)。如苏南地区 2015 年 6~7 月中旬梅雨期间的 3 次大面积高强度降雨,使京杭运河水位全线升高,全面超历史最高水位 25~40 cm,致京杭运河沿岸各城市及上海市区相当多区域因河水倒灌而大范围受淹,但控制圈内均未受淹。能有效抵御洪涝的平原城市有很多,无锡市只是其中做得较好的一个典型。各城市具体情况不同,但可借鉴。

水利、城建、市政和交通等部门应密切配合,各部门要有统一的防治洪涝的高标准,不能各自为政,确保每个区域和街道均不受淹。无锡控制圈以外的其他区域还应加大防洪防涝力度。同时,流域要建设统一的高标准的排水通道,使城市的各控制圈能够充分发挥其高标准的防洪防涝功能。

7　其他区域防治洪涝

(1)江浙、上海、广东等沿海地区还应防治风暴潮水及可能与上游洪水三碰头或四碰头的高度重叠。如上海黄浦江挡墙阻挡高潮位的潮水,钱塘江的高标准护岸能抵御 8 月 15 日的钱塘江大潮。

(2)非河网区域的平原城市,也应遵循“阻挡、蓄滞、排泄”,采用相应方法消除城市洪涝。如武汉长江大堤和长江干流南京以下均能有效抵御1998年型长江特大洪水。又如人口稠密和社会经济发达的以广州为代表的珠三角城市群,洪涝灾害几乎年年有,没有一个高标准的洪涝防治规划是不行的。再如武汉,2011年发生大规模涝灾,而2013年、2015年又发生严重城市内涝,2016年6月初又发生大规模涝灾,因此武汉应大幅度提高城市内部的洪涝防治标准,及时建设相应防灾工程,加快海绵城市建设,并充分利用长江这一天然泄水通道。

(3)山前或山中城市应注重大规模的山洪对其的重大影响。

(4)村镇的山洪治理,因我国山沟较多,且多在偏僻地区,需很长时间去治理及尽量减少山洪、泥石流、塌方等灾害的损失,受山洪严重威胁的村庄或乡镇应实行搬迁。

8 在建设高标准防治洪涝工程时要认真做好预报预警和预案

做好防治洪涝灾害的预案和落实预案,同心协力治理洪涝,特别是在未建成高标准防治洪涝工程以前,应千方百计减少洪涝的损失和使百姓安居乐业。大家共同努力,希望在不久的将来完全可以消除城市洪涝灾害。

第七部分
治理河湖的建议

序

编撰著作、写作论文均是作者观点的表示或宣传作者的创新成果，包括作品、产品、工艺、技术，等等，以得到别人的认同、采纳、应用，或进行交流，同时通过交流可进一步完善自己的观点或成果。同样给政府部门、机构、单位提出建议，也是发表作者自己的观点，与之交流，希望他们采纳作者的观点，以推进社会经济发展和环境改善。

本部分是作者给政府部门、机构、单位的治理河湖的有关建议。在2007年7月作者朱喜就国家发展改革委《太湖流域水环境综合治理方案》建议献策活动中提出了改善太湖水环境的8+6点建议，见《河湖生态环境治理调研与案例》(2018)的第一部分河湖综合治理。本书第七部分的建议是多位作者2016~2019年提出的3组建议，是关于治理"三湖"(太湖、巢湖、滇池)蓝藻爆发，希望把蓝藻爆发列入治理目标，加强污水处理和提高污水处理标准、进行生态修复恢复湿地、加强规模禽畜养殖污染的治理和废弃物资源化利用，等等。有些建议已被有关部门采纳。

给《中华人民共和国长江保护法（草案）》的修改意见[①]

修改说明：本修改意见主要针对蓝藻、蓝藻水华爆发的现状、治理，污水处理能力的增加和排放标准的提高，污染负荷总量控制与水质断面控制相结合等内容。仅供参考。

本修改意见已于2020年1月7日下午，分章、条，发给中国人大网的法律草案征求意见的页面。具体修改意见如下。

1　第一章的修改意见4条

第四条第二款　根据《中华人民共和国水污染防治法》规定的河长制及相关的湖长制，……（注：有下画线的文字为修改意见中增加的文字或句子，下同）

修改理由：湖长制也已由国务院批准发布，所以应该列入。

第五条第二款　长江流域县级以上地方人民政府按照职责分工落实生态系统修复、环境和蓝藻水华治理、促进资源高效合理利用、优化产业结构和布局、维护长江流域生态安全的管理责任。

修改理由：因为太湖、巢湖、滇池等大中型浅水湖泊蓝藻水华年年爆发，已经持续30年，且曾造成2007年的太湖供水危机，蓝藻水华爆发（以下简称蓝藻爆发）的总趋势至今没有减轻，甚至有所加重。事实上，只要将太湖、巢湖、滇池进行分水域（分为若干个小水域）治理，就能将曾经多次蓝藻爆发的武汉东湖、杭州西湖、南京玄武湖和无锡蠡湖经治理后基本消除蓝藻爆发的成功技术和经验进行技术集成，用于这些大中型湖泊的蓝藻爆发的治理，就能基本消除其蓝藻爆发。所以，应发挥我国能够举全国科技之力办大事的体制优势，集中研究创新治理直至最终消除蓝藻爆发的技术及技术集成，使太湖、巢湖、滇池没有蓝藻爆发。所以，应该将此列入长江流域县级以上地方人民政府的职责分工中。

① 此为作者朱喜发给中国人大网的《给中华人民共和国长江保护法（草案）》的修改意见（2020年1月7日）。

第八条　国家鼓励和扶持支撑长江流域生态安全、科学修复生态系统、治理环境和蓝藻水华、推进绿色发展的科学研究和技术推广应用活动。

修改理由：目前以太湖、巢湖和滇池等为主的浅水湖泊蓝藻爆发的水环境事件年年发生，影响很大，人们均希望治理直至消除蓝藻爆发。所以，也应把蓝藻水华治理列入国家鼓励和扶持支撑的科学研究和技术推广应用项目。

第九条　国家鼓励并支持单位和个人参与修复长江流域生态系统、治理蓝藻水华、合理利用资源、保护生态环境、促进绿色发展的活动。

修改理由：同第八条的修改理由。所以，也应把治理蓝藻水华列入国家鼓励并支持的活动。

2　第二章的修改意见7条

第十一条　长江流域协调机制负责督促国务院有关部门根据各自职责，加快长江流域水生生物、蓝藻藻类、生态流量、自然岸线保有率、物种保护、水产养殖、自然资源科学合理开发和利用等相关标准和规范的制定，建立蓝藻控制系统和相应控制标准，建立健全长江流域生态标准体系。

修改理由：因为太湖、巢湖、滇池等大中型浅水湖泊蓝藻水华多年连续爆发，曾造成2007年太湖供水危机，且蓝藻爆发总趋势至今没有减轻。所以，也应该制定相应的蓝藻藻类的控制系统和控制标准。发挥我国能够举全国科技之力办大事的体制优势，集中研究创新治理直至最终消除蓝藻爆发的技术及技术集成，实现太湖、巢湖、滇池没有蓝藻爆发的愿望。

第十二条　（四）现有水污染物排放标准不能满足所辖长江流域水生态环境管理要求，需要进一步细化明确的；长期未达到水质目标的太湖、巢湖、滇池等大中型湖泊水库流域应该提高水污染物排放标准，以满足水域环境容量的要求。

修改理由：太湖、巢湖、滇池等大中型浅水湖泊的水功能区水质目标多年来长期未达到标准，其主要原因或主要原因之一是流域的城镇污水处理厂（处理设施）、工业污水处理设施的水污染物排放标准偏低，所以其应该提高。

第十六条　长江流域协调机制应当组织国务院有关部门在已经建立的相关台站和监测项目基础上，建立健全长江流域相关生态、环境、蓝藻、资源、水文、航运、自然灾害等监测网络体系，统筹各相关监测管理工作的协调、协作，并建立统一的长江流域监测信息公开共享机制。具体办法由长江流域协调机制组织国务院有关部门制定。

修改理由：1.关于蓝藻的监测，蓝藻水华已经在太湖、巢湖、滇池等浅水湖泊、长江三峡水库的支流回水段及其他水库普遍存在的一类生态环境问题，应该建立监测网络体系和进行及时监测。2.关于监测信息公开共享，其中共享一般认为是指若干单位、部门共同拥有，而公开共享则认为是全体公民和法人单位共同拥有，即在网上就可查到所需要的信息，如日本等国即是如此。

第十九条第二款　国家建立长江流域污染物排放总量控制制度，其中在人口稠密和社会经济发达区域建立污染物排放总量控制和断面控制相结合的制度。国务院生态环境主管部门根据水环境质量改善目标和水污染防治要求，确定长江流域各省级行政区重点污染物排放总量控制指标。

修改理由：几十年来的实践证明，在人口稠密和社会经济发达区域如太湖流域仅提出“污染物排放总量控制”制度的效果不理想，往往在考核时发生污染物排放总量已经达到控制目标，而相当多监测断面（或监测点）没有达到水质控制目标，其原因是，在计算污染物排放总量时，由于多种因素往往把排放总量计算少了，如仅计入生活、工业等点源和种植业等面源污染负荷，没有计入或少计入城镇集中污水处理厂等点源污染负荷，没有计入各类地表径流及降雨降尘等面源污染负荷，以致常常出现上述总量控制已经达标而水质监测断面（或监测点）没有达标的现象，巢湖、滇池流域的一些水体也存在此类现象。

第二十条　长江流域协调机制负责组织国务院有关部门和省级人民政府建立长江流域信息公开共享系统。

修改理由：同第十六条。

第二十一条　国务院长江流域协调机制根据长江流域生态环境保护的实际需要，组织国务院有关部门统一发布有关长江流域生态环境和蓝藻水华爆发总体状况和重大风险预警、资源利用、水文情况等信息。

修改理由：同第十一条、第十六条。

第二十二条　（三）排污权、碳排放权、水权交易等市场化生态保护补偿方式；其中在水质未达到标准的区域不能进行排污权交易。

修改理由：本来某水域水质未达到有关标准，虽然排污权交易后另一个水域减少了污水排放量，某水域的污水排放量没有减少，水质仍然未达到标准。所以，此不能如碳排放权一样进行交易，因为碳排放权交易的总体效果是全球流动的空气中的碳排放总量减少了。

3　第四章的修改意见 3 条

第四十二条第二款　长江流域县级以上地方人民政府应当根据流域湖泊生态保护的需要，削减入湖河流污染负荷，加强底泥和蓝藻等内源污染控制，以有效削减内源及预防、控制蓝藻水华爆发；及时清理入湖垃圾，……，改善和恢复湖泊生态系统的质量和功能。

修改理由：因为太湖、巢湖、滇池等大中型浅水湖泊蓝藻水华年年爆发已经连续 30 年，目前蓝藻已成为湖泊的主要内源污染或其中之一，如《太湖健康状况报告》指出，目前太湖的蓝藻密度已较 2007 年太湖供水危机时总体上增加了 1 倍多，已经成为太湖的主要内源污染，所以仅依靠清除湖底淤泥的常规清除内源污染的清淤方法已经不能很好地解决内源污染的问题。只有同时加强底泥和蓝藻等内源污染的控制，才能有效削减内源，以及预防、控制蓝藻爆发。其中，清除内源蓝藻应包括清除水面、水体和水底的蓝藻。

第四十二条第三款　严格控制入湖河流的氮磷浓度。长江流域县级以上地方人民政府对氮磷浓度严重超标的湖泊，应当在影响湖泊水质的汇水区，削减化肥用量，禁止使用含磷洗涤剂；全面清理投饵、投肥养殖；建设足量的污水处理能力，根据环境容量的要求适当提高污水处理标准。

修改理由：在人口稠密和社会经济发达或较发达的太湖、巢湖、滇池等流域的入湖河道区域，城镇污水集中处理厂（处理设施）已经成为该地区主要的污染点源群，除了要建设足量的污水处理能力和全覆盖的污水收集管网，还必须根据湖泊环境容量的要求大幅提高污水处理标准至相当于地表水的Ⅲ～Ⅳ类标准，特别是总氮，与湖泊水功能区的水质目标相一致，才能满足湖泊环境容量的要求。如巢湖的南淝河流域的每日污水处理能力将接近 200 万 t，其排放的污水量已占河道总水量的接近 4/5，河道入湖水质为劣Ⅴ类，其中总氮为严重劣Ⅴ类，加之其他所有入湖河道的总氮均程度不等地超标（其中有相当大程度上为污水处理能力不足和污水处理标准偏低），使入湖的总氮量大幅度超过西部巢湖的环境容量，以致无法使西部巢湖水质达到水质目标Ⅲ类的要求。所以，必须大幅提高排放标准。而根据目前的污水处理新技术和新工艺，大幅度提高排放标准完全可使各类指标能够达到《地表水环境质量标准》（GB 3838—2002）的Ⅰ～Ⅳ类。如采用高效固载微生物（或称固化微生物）进行生活污水厂提标处理，氨氮、总氮可达到地表水Ⅰ～Ⅱ类标准；采用麦斯特环境科技离子气浮技术处理污水后的 TP 可达 0.01 mg/L。且此类技术、工艺处理污水所增加的投资和运行费用不太多或很少。

第四十九条　达不到水环境质量要求的水源，由县级以上地方人民政府组织有关部门制定限期达标方案，逐步改善水源水质；对于短时间内无法解决水量不足、水质超标或蓝藻水华爆发等问题的水源，县级以上地方人民政府应当采取补充、更换水源或者加强蓝藻水华爆发治理、强化水厂处理工艺等方式保障饮水安全。

修改理由：现在有相当多湖泊（如太湖的贡湖、巢湖东部的水源地，其中贡湖曾经因为蓝藻爆发等发生2007年“湖泛”型太湖供水危机）、水库（如宜昌枝江市善溪冲水库水源地等）的水源地均有蓝藻爆发现象，蓝藻爆发产生藻毒素，影响人体健康，所以应把此列入水源地的问题之中，不应回避，而应该把治理蓝藻爆发列入各级政府日常的治理工作，并且加大治理力度。

4　第五章的修改意见1条

第五十二条第二款　对未达到水质目标的水功能区，除污水集中处理设施排污口以外，应当严格控制新设、改设或者扩大排污口。同时应该逐步提高城镇污水集中处理厂（处理设施）的排放标准，最终与相应河道、湖泊水体的水质目标一致。

修改理由：现在城镇生活污水集中处理的新技术与新工艺的有关排放标准可以达到《地表水环境质量标准》（GB 3838—2002）的Ⅰ～Ⅳ类，无论是新建或对原有生活污水厂进行改建，投资和运行费用相较于原来而言均增加不多，如利用高效固载微生物技术设备改建原有生活污水处理设施，其改建后设施排放的总氮、氨氮可达到地表水标准的Ⅰ～Ⅱ类，且其每吨水的处理运行费用仅增加0.02～0.10元，完全可以接受。

5　第七章的修改意见1条

第七十五条　国务院应当每五年就长江流域生态状况变化趋势、生态系统修复和保护、环境和蓝藻水华爆发的预防、治理情况向全国人大常委会报告。

修改理由：长江流域的太湖、巢湖、滇池年年蓝藻水华爆发，治理了30年，仅减轻了富营养化程度，而蓝藻水华爆发程度在总体趋势上基本没有减轻。所以，应举全国之力，加大治理蓝藻爆发力度，突破世界难题，至2030～2049年分水域消除蓝藻水华爆发，国务院也应该将此列入向全国人大常委会报告的项目中，以促进、加快实现百姓在中华人民共和国成立百年之前看到消除太湖、巢湖、滇池蓝藻爆发现象的愿望。

2020.1.7

加强无锡水污染防治四大问题及建议的报告①

最近，为响应无锡市人大常委会关于"征集水污染防治方面的问题、意见和建议"的号召，无锡市经济学会水污染防治研究课题组在过去长期跟踪研究的基础上专门进行了深度调研，现提出"关于治理太湖消除蓝藻爆发的问题及建议""关于修复太湖湿地至蓝藻爆发以前规模的建议""关于深度治理蠡湖重现清澈见底长满水草的建议""关于提高污水处理厂排放标准的建议"等四大问题及建议的报告，供决策参考。

1　关于治理太湖消除蓝藻爆发的问题及建议

10 多年来，政府投入大量资金，全力治理太湖，其富营养化程度大幅度减轻，太湖治理取得了一定的成效。然而，蓝藻仍年年爆发，2017 年最大爆发面积甚至超过发生太湖供水危机的 2007 年，以后仍存在蓝藻爆发、"湖泛"型供水危机的潜在危险。对此，我们必须高度重视。2018 年太湖建立了湖长制，这是推进太湖水生态环境治理的良好机制和机遇，消除蓝藻爆发应是湖长制中不能缺少的内容，也是流域百姓和全国游客的迫切愿望。

1.1　太湖治理的现状

2007 年"5·29"太湖供水危机后，市委、市政府采取了五项卓有成效的综合措施治理太湖：一是控源截污。建成足量的污水处理能力及相应污水管网，处理标准达到一级 A；治理规模集中畜禽养殖；控制生活和工业点源污染，关

① 此为 2019 年 6 月无锡市经济学会水污染防治研究课题组给无锡市人大的建议报告，课题组人员：黄胜平，朱喜（执笔），冯冬泉。此类建议在 2016 年曾由朱喜执笔，以无锡老科技工作者协会的名义报送给无锡市人民政府。

停并转千余家重污染企业,提高工业污水排放标准,等等。二是打捞蓝藻。至2017年共打捞藻水1 100万m^3,并进行无害化处置或资源化利用。三是生态调水。至2017年望虞河“引江济太”调水入湖93亿m^3,梅梁湖调水出湖89亿m^3,带走大量TN、TP和蓝藻,二者调水联合运行有效化解了2007年太湖供水危机。四是生态清淤。太湖清淤3 000万m^3,清除底泥中大量TN、TP、蓝藻种源和去除“湖泛”基础物质有机质。五是生态修复。实施多个生态修复试验示范工程,验收时均取得良好成果,其中东太湖修复以芦苇为主的湿地37 km^2;苏州三山、宜兴太湖沿岸等水域成功进行了小规模生态修复。

治理总体取得良好效果。据太湖局资料:① 2016年起入湖河道在“三湖”(太湖、巢湖、滇池)中首先消除劣Ⅴ类水(不含TN),其中NH_3-N(氨氮)达到Ⅲ~Ⅳ类。② 太湖2017年平均水质Ⅳ~Ⅴ类,TN 1.60 mg/L(Ⅴ类)、TP 0.083 mg/L(Ⅳ类),较2007年的TN 2.35 mg/L、TP 0.074 mg/L分别削减31.9%、增加12.2%,其中蠡湖水质从2009年起达到Ⅳ类且保持至今。③ 消除贡湖水源地“湖泛”,保证正常供水。④ 局部水域蓝藻爆发的程度有所减轻。

1.2 目前治理太湖存在的主要问题

太湖1990年蓝藻爆发至今30年,从2007年起至今也治理了13年,治理改善了其富营养化,但蓝藻仍持续年年爆发,此为治理太湖存在的最大问题,如2017年最大蓝藻爆发面积1 403 km^2,超过2007年979 km^2的43%。有其客观因素,如世界性的温度升高和CO_2浓度升高利于蓝藻生长繁殖,蓝藻爆发是世界性难题等。但治理中还存在若干具体问题。

1.2.1 没有建立消除蓝藻爆发的目标

30年的太湖治理,均没有正式提出并设立消除蓝藻爆发的目标。以往编制或修订的2个太湖水环境综合治理规划方案及各级政府文件中均未提出并确立消除蓝藻爆发的目标。因此,不能充分调动有关部门和科研人员治理太湖、消除蓝藻爆发的积极性和责任心。

原因分析:① 缺乏消除蓝藻爆发的信心。其一是对消除蓝藻爆发的必要性和迫切性认识不足,安于治理富营养化现状。其二是对消除蓝藻爆发的可能性认识不足,认为此是世界难题,存在畏难情绪,缺乏致胜信念。其三是缺乏调研论证,中国多数大中型淡水湖已富营养化,仅“三湖”年年蓝藻爆发;鄱阳湖、洞庭湖在其主水流通过水域不会发生蓝藻爆发;洪泽湖曾有数次轻度蓝藻爆发,但其后一般不再爆发;武汉东湖、蠡湖、玄武湖、西湖均曾数次蓝藻爆发，经治理现基本不爆发。消除蓝藻爆发过程较长、任务艰巨、技术复杂，但认真总结经验后可建立消除其爆发的信心。② 存在“治理富营养化就能消除蓝藻爆发”的不正确观点。国内外专家一般认为具有蓝藻爆发现象的大中型浅水湖泊，仅依靠治理富营养化是不能消除蓝藻爆发的。太湖的 N P 须分别达到 0.1~0.2 mg/L、0.01~0.02 mg/L（分别相当于太湖Ⅰ类、Ⅰ~Ⅱ类水），才能消除蓝藻爆发现象，太湖 N P 无法达到此值，因此仅治理富营养化不能解决蓝藻爆发的问题。③ 满足于调水、清淤和打捞蓝藻。此几类措施能一定程度上削减蓝藻，但不能从根本上消除其爆发。

1.2.2 太湖和入湖河道水质均未达到要求

太湖无锡水域水质目前为Ⅳ~Ⅴ类、局部为劣Ⅴ类，距太湖水功能区划要求的Ⅲ类还有相当差距，水体富营养化有利于蓝藻生长繁殖；入湖河道 N P 均超过湖泊Ⅲ类标准，其中 TN 均劣于Ⅴ类（注：河道水质评价不含 TN）。

原因分析：① 入湖污染负荷削减速度缓慢。政府在控源方面下了非常大的力气，但据《太湖健康状况报告》，2017 年环湖河道入湖负荷 TN 3.94 万 t、TP 0.20 万 t，分别为 2007 年 4.26 万 t、0.19 万 t 的 92.5%、105%，即 10 年来 TN 削减 7.5%，TP 增加 5%。所以，必须增加治理污水厂、工业、生活、畜禽规模养殖点源及农业农村等面源污染的强度。② 污水厂是最大点源群及处理标准偏低。③ 内源清除强度不够，蓝藻成为主要内源。内源主要包括污染底泥、蓝藻及水生动植物残体等。最近 10 多年大规模清除了底泥及其中蓝藻种源。但目前藻密度升高，如梅梁湖藻密度 2017 年 2.4 亿 cells/L，为 2009 年 0.99 亿 cells/L 的 2.42 倍，导致 TP 降不下来。据计算，目前打捞水面蓝藻仅能清除湖中 2%~4%的蓝藻，故打捞蓝藻对于降低 TP 效果很差，所以虽经 10 年打捞水面蓝藻，但 2017 年较 2007 年太湖 TP 和藻密度并没有得到削减。

1.2.3 芦苇湿地大量减少

目前，河道和陆域的生态修复成效显著，但太湖湖体芦苇等湿地恢复不多。由于围垦、水污染、蓝藻爆发和水位升高等原因使太湖湿地较蓝藻爆发前减少 200 km^2 以上，其中无锡水域减少 100 km^2 以上，目前尚未得到有效恢复，减少了净化水体和抑制蓝藻生长繁殖的能力。

1.2.4 缺乏综合消除蓝藻爆发技术集成

治理太湖、消除蓝藻爆发，须采用治理富营养化、打捞消除蓝藻和修复湿地三大类技术集成综合措施，但现在缺乏此类技术集成，各类措施各自实施，形不成合力，所以消除蓝藻爆发效果不佳。

原因分析：① 研究消除蓝藻爆发技术力量薄弱。全国研究蓝藻和湖泊的机构一般只研究蓝藻生长繁殖机制，极少研究蓝藻死亡规律、生境和消除蓝藻爆发的技术集成。② 缺少资金。现有技术若进行科学集成创新，则可消除蓝藻爆发，但研究单位一般不愿意在缺少资金的情况下进行研究，有些民间组织（企业）愿进行研究但苦于无资金。

1.3 总对策及具体建议

总对策：建立消除蓝藻爆发的目标；加强污染源治理，削减各类点源、面源的入湖污染负荷，目前污水厂已成为无锡最大的点源群，所以控制污染的关键之一是提高污水处理标准、增加污水处理能力、管网全覆盖，减少污水厂的入湖污染负荷；恢复湿地面积达到蓝藻爆发以前的规模；调水和清淤；分水域深度彻底清除水面、水中和水底的蓝藻；以梅梁湖作为分水域消除蓝藻爆发试验水域，成功后相继在贡湖、竺山湖、宜兴沿岸水域、无锡太湖湖心水域推广。

1.3.1 建立消除蓝藻爆发的中长期目标

现推行实施的湖长制，是开展新一轮治理太湖的良好开端和组织基础。特别要抓住蓝藻年年持续爆发的问题导向。治理太湖应由目前治理富营养化阶段转入消除富营养化和蓝藻爆发并重的阶段，要建立消除蓝藻爆发目标，调动相关部门领导和干部及广大科研人员的积极性、责任心，加速治理太湖。

建议在2030~2049年（中华人民共和国成立百年之际）分水域消除太湖无锡水域蓝藻爆发；2030~2035年消除富营养化，达到Ⅲ类水目标。

建议消除蓝藻爆发时间表：2030年梅梁湖；2035年贡湖、竺山湖；2040年宜兴沿岸水域；2049年无锡太湖其他水域。

1.3.2 建立消除蓝藻爆发的专家组和加强科研

（1）建立专家组。成员主要为大专院校、科研单位、有丰富实践经验的对消除蓝藻爆发有信心的科技人员。

（2）组建多学科联合研究团队。加大科研投入，研究推广适用、低价、长效、安全的技术集成，推进科技成果转化和推广应用。治理太湖科研的重点应放在研究蓝藻死亡规律、生境和消除蓝藻爆发的综合集成措施等实用性研究上，兼顾基础理论研究，为编制一湖（水域）一策治理方案奠定基础。

（3）建立资料公开共享的太湖大数据（研究）中心及网站。凡政府出资取得的研究成果和监测资料均应公开共享，不应由某些单位垄断，做到研究人员共用、百姓知情和便于监督，加快推进治理太湖和消除蓝藻爆发。

1.3.3　把梅梁湖作为分水域消除蓝藻爆发试验水域

梅梁湖具有良好的自然地理和治理基础条件，全国游客和百姓对消除梅梁湖景区蓝藻爆发最为关切，可把其作为分水域消除蓝藻爆发的典型试验水域。成功后再在太湖推广。

(1)将梅梁湖建成相对封闭的水域。在梅梁湖与太湖湖心水域交界的口门处设置钢丝石笼坝。其作用：挡藻，阻挡太湖湖心水域蓝藻漂进梅梁湖；挡风浪；透水，使石笼坝两侧的水体可在一定程度上交换。

(2)将湖岸水域建成湿地。作用：净化水体、抑藻除藻、丰富生物多样性，直至消除蓝藻爆发。恢复湿地达到蓝藻爆发以前规模、植被覆盖率达到25%～30%。建设湿地范围为沿岸1～1.5 km或更宽的水域，及湖湾中间的部分水域；湿地外围建设钢丝石笼透水坝或其他隔断；湿地主要种植芦苇、沉水植物等。生境要求：沉水植物主要提高透明度、消除蓝藻爆发和减轻风浪；芦苇主要是控制水深或抬高基底减轻风浪，太湖清淤可作为抬高基底的土方来源之一。

(3)在湖湾中心水域分水域消除蓝藻爆发。

① 分水域除藻。把湖湾中心分成若干个水域消除蓝藻爆发，可把在小湖泊能使用的技术用于梅梁湖治理，其后把已消除蓝藻爆发的各小水域连起来，成为没有蓝藻爆发的梅梁湖。

② 深度彻底打捞·清除蓝藻。彻底打捞·清除水面、水中和水底蓝藻，使水域保持无蓝藻爆发数年，后把其连成大片无蓝藻爆发水域。此举能消除蓝藻，并可大幅度削减内源特别是削减TP，有效净化水体。

③ 主要抑藻除藻技术。包括：采用微粒子技术除藻；改性黏土除藻或采用天然矿物质净化剂除藻；德林海藻水分离的混凝气浮技术直接用于太湖除藻；固定和移动式高压除藻或使用推流曝气、电催化等抑藻除藻；生物种间竞争除藻，如沉水植物、紫根水葫芦、芦苇湿地、植物化感物质、鲢鳙鱼和贝类抑藻除藻；锁磷剂降低磷浓度抑藻除藻；安全高效微生物、固载微生物及其制剂或其他生物制剂除藻抑藻，其具有巨大潜力，但目前需解决太湖禁用微生物制剂的矛盾；调水、清淤、治理富营养化等常规措施抑藻除藻；改变蓝藻生境或通过种间竞争的技术抑藻除藻。综合除藻：在分水域基础上采用上述数种技术搭配抑藻除藻，达到分水域消除蓝藻爆发的良好效果。

(4)先在十八湾试点。梅梁湖北部十八湾的5 km^2 多水域进行分水域消除蓝藻爆发试点,再在梅梁湖全面实施。

(5)或可把贡湖同时作为分水域消除蓝藻爆发的试验水域。也可先在贡湖北部选 5 km^2 水域进行消除蓝藻爆发试点。

2 关于修复太湖湿地至蓝藻爆发以前规模的建议

2.1 历史追溯与现状

2.1.1 太湖湿地历史

20 世纪 60 年代及更早,太湖沿岸水域有大片以生长芦苇为主的湖滩湿地(简称湿地),能有效净化河水湖水、固定底泥、减少底泥污染物的释放、保持和促进生物多样性、有效抑制蓝藻生长。此阶段入湖污染负荷少,太湖水质良好,无蓝藻爆发,若至今仍能保存大量芦苇湿地,至少可有效推迟蓝藻爆发的时间和减轻爆发程度。

湿地大量毁损、减少原因:大量围垦太湖成为农田或鱼池;水污染、蓝藻爆发使沉水植物大量死亡;提高冬春季太湖水位使湿地减少。据调查与测算,太湖在 20 世纪 50 年代后减少湿地超过 200 km^2,其中太湖西半部减少过半。这是导致太湖富营养化加重、蓝藻爆发及难以消除的一个重要原因。

2.1.2 修复湿地状况

原来水生态系统较好的东太湖近年已修复了 37 km^2 芦苇湿地,使水质好转、藻密度有所降低;太湖苏州三山岛水域修复了 3 km^2 芦苇湿地;宜兴、湖州沿岸水域人工修复部分湿地;竺山湖、梅梁湖和贡湖沿岸水域的人工或自然修复,使湿地面积也有所增加。

2.1.3 无锡太湖水域恢复湿地有限及其原因

无锡在太湖周围修复了许多湿地。如已建成梁鸿、蠡湖、长广溪、蠡湖等国家湿地公园,其中蠡湖成为全国小湖泊治理典型;建成了宜兴云湖、江阴芙蓉湖等 3 个省级湿地公园;建成了尚贤河、贡湖湾、十八湾等 16 个湿地保护小区;太湖沿岸大部分陆地侧均建设了良好的湿地;自然湿地保护率从 2011 年的 16.6%升至 50%。但无锡太湖水域恢复湿地有限,其原因如下:

(1)没有大规模修复湿地的规划方案。以往有一个小规模修复湿地的方案,而没有如东太湖那样大规模修复湿地的规划方案。没有得到批准大规模修复湿地的规划方案,人力、物力、财力就跟不上,也就谈不上大规模修复湿地。

(2)有人认为大规模修复湿地的生境尚不成熟。认为在改变藻型湖泊生境前不能发展湿地。事实上仅依靠自然因素是不可能改变太湖藻型湖泊生境的,须加大人为干预的力度、实施人工修复促进自然修复,才能在恢复湿地的同时,使太湖由目前的藻型湖泊转变为草型湖泊。

(3)有人对大规模修复湿地认识片面。有人认为大规模修复湿地仅有固定底泥、吸收N P、净化水体的作用,没有认识到建成大规模湿地具有有效抑制蓝藻生长、有效削减蓝藻数量的作用,是太湖消除蓝藻爆发后使蓝藻保持不再爆发的最有效措施。

(4)有人认为芦苇湿地内的蓝藻无法消除或可能产生黑臭水体。只要新增芦苇湿地设计建设合理、管理科学,外部蓝藻一般不会进入湿地,就是进去了也可以马上消除,更不会产生黑臭水体。

2.2 大规模修复湿地的建议

总体建议:恢复湿地至蓝藻爆发前即20世纪六七十年代规模,估计需要修复面积超过200 km^2,其中过半湿地的恢复应在太湖西部无锡水域。这是使太湖水质能够改善至Ⅲ类和基本消除蓝藻爆发的必要措施。恢复湿地包括新增、恢复原有和降低水位等三部分。

2.2.1 建议一:适度新增湿地

新增规模湿地是国家治理水环境的要求。2013年国家修订的《太湖流域水环境综合治理总体方案》中提出了重点恢复环太湖湖滨湿地植物带,这为人们治理水环境指明了方向。近两年来,宜兴沿岸水域人工改造生境、修复了多处芦苇湿地,合计面积0.2 km^2,生长状况良好,成为无锡修复芦苇湿地的示范。其他水域也通过人工、自然修复了部分湿地。对于已经成功修复湿地的经验,应该认真总结,全面推广。

新增湿地主要是修复沿岸水域800~1 500 m宽的范围内的区域。以种植芦苇与沉水植物为主,也可将新增湿地的一部分安排在湖湾中心水域。要求和布置如下:

(1)湿地外围设置钢丝石笼坝或其他隔断。新增湿地外围设置适当高度的钢丝石笼坝或其他隔断。其作用:阻挡风浪;阻挡外部蓝藻进入;钢丝石笼坝体可透水,其两侧的水体可以一定速度自由流动,以利于能量转换,净化水体。

(2)湿地外侧建设芦苇湿地。即在钢丝石笼坝一侧的湿地可种植200 m宽的芦苇(若风浪较小,且湿地较窄,则不一定种植成芦苇带)。种植芦苇需改善生境,主要抬高基底至冬春季基本无水,使芦苇正常生长。其中,抬高基底的回填土一部分可利用太湖清淤土方。2013 年国家修订的《太湖流域水环境综合治理总体方案》中提出利用清出的底泥实施滨水区生态湿地建设工程。

清淤土用作回填土是最好的资源化利用：① 节省清淤费用六成。太湖清淤及淤泥固化处理的综合单价为 110 元/m^3，直接用作回填土为 40 元/m^3，节省 64%。② 解决清淤的堆场难题。③ 有利于恢复芦苇湿地。若清淤的回填淤土太软，需降低含水率或淤土与硬土混合，满足种植要求和防治污染物回流入湖。

(3)湿地内侧种植沉水植物。即在芦苇湿地与湖岸之间的湿地种植沉水植物，其宽度根据实情确定，一般可为 500~1 300 m。种植前，首先改善生境：使用钢丝石笼坝或其他隔断和芦苇湿地阻挡风浪及防止外侧蓝藻进入；计划种植沉水植物的内部水域可采用改性黏土、矿物质净化剂、锁磷剂和光量子载体等技术控制污染、消除蓝藻、净化水体、提高透明度后再种植。或直接抽干水再种植。

(4)人工湿地需 2~4 年保护期。种植芦苇、沉水植物的湿地在 2~4 年内需要加强管理，才能使植物良好生长，并使其根深叶茂，不怕风吹浪打。

2.2.2 建议二：适当恢复原有湿地

(1)前提和可能。在确保防洪安全的前提下，新增湿地达到一定规模后，拆除部分环湖大堤，恢复 20 世纪 50~70 年代原有芦苇湿地。如昆明滇池的外海已拆除 50 km 的环湖大堤，恢复了 10 km^2 湿地。

(2)宜兴沿岸。在宜兴环湖大堤及与其相连的河堤上建设若干个(座)有适当截面的桥涵，使堤两侧水体保持适当的双向流动，以满足原陆地侧地面高程种植芦苇等植物的要求，建成湿地。同时可使上游河水从河堤流入湿地而从湖堤流出，起到大幅度削减河水污染物的作用。

(3)其他区域。如贡湖的蓝藻爆发控制到一定程度后，贡湖大堤北部陆地侧的数平方千米湿地水体也可与贡湖水体实行双向流动，具体时间根据实际情况确定。

(4)人工修复促进湿地的自然修复。通过人工修复促进湿地的自然修复，同时通过人工直接或间接的改造使部分水域如湖湾中心水域的生境得到一定程度的改善，逐步适合部分植物的自然生长，达到自然修复的目的。如蓝藻爆发前，贡湖中心就有大片生长沉水植物的水域。

(5)部门密切配合。由农林部门牵头，水利、生态环保等部门配合，制定能够达到蓝藻爆发以前规模的“恢复无锡太湖水域湿地的规划方案”。先试验再推广。

2.2.3　建议三：适当降低水位，增加湖滩地

(1)适当降低太湖冬末春初水位。如在不影响用水和航行情况下，降低冬春季水位 0.5 m，据测算太湖可增加湖滨湿地 14 km^2，有利于春天种植芦苇及其发芽生长，有利于扩大沿岸湖滩地。冬春季以外时间也应适当降低水位，以增加湖底光照和有利于湖中心水域沉水植物覆盖率的增加。

(2)修改以往控制太湖最低水位的有关规定。为彻底解决太湖水环境问题，建议由省水利厅、太湖局等行政主管部门联合进行可行性研究，制定有关方案，修改以往控制太湖最低水位的有关规定，争取上级批准。

3　关于深度治理蠡湖重现清澈见底长满水草的建议

3.1　深度治理蠡湖的背景和依据

3.1.1　背景

蠡湖(五里湖)是无锡市景观内湖，湖面面积 8.5 km^2，2002 年起经多年治理取得阶段性效果，水质 2009 年起已达Ⅳ类，并保持至今，但局部水域的水质有反弹的趋势，入湖污染物已接近 20 世纪 70 年代的状况，基本无蓝藻爆发，已成为治理太湖的成功范例，成为全国治理小型湖泊水环境的典型。

蠡湖目前透明度仅 40~80 cm，沉水植物比较少，但藻密度比较高且呈上升趋势。据太湖流域管理局《太湖健康状况报告》，2014 年藻密度 7 030 万 cells/L，为太湖平均值的 124%。西部、东部等沿岸的局部水域夏天有蓝藻高密度聚集现象。

蠡湖在 20 世纪 60 年代及以前是清澈见底和长满水草的湖泊。目前，应该采用现代集成技术综合治理、恢复蠡湖 60 年代的健康的生态系统，这不仅是必要的，而且也是可行的。根据调查和计算，只要科学、合理地制定深度治理五里湖的方案，投资不会很高，估计每亩的投资只需 3 000~5 000 元，单价仅为 863 项目时治理蠡湖的 15%~20%。

3.1.2　依据

无锡市政府 2012 年 5 月编制的《无锡市水利现代化规划》要求将蠡湖建成全国小型浅水湖泊富营养化治理的样板。深度治理蠡湖，使其成为中国和世界治理小型湖泊污染的典范。

目前，无锡市实行湖长制，应根据市政府有关规划要求，进一步治理蠡湖，

提升湖长的责任感。如提升水质,降低藻密度,使百姓和游客看到游鱼可数和长满水草的蠡湖美景。

3.1.3 目标

深度治理蠡湖目标:在水质Ⅳ类的基础上,提升至Ⅲ类,达到水功能区目标;沿岸水域消除夏天蓝藻积聚现象;重现清澈见底和长满水草的美景,实现蠡湖水生态系统良性循环。

3.2 采用综合集成技术深度治理蠡湖的建议

3.2.1 制定深度治理蠡湖方案

根据实行湖长制和深度治理蠡湖目标的要求,建议由市行政主管部门牵头,制定一个能够达到目标的深度治理蠡湖的实施方案。

3.2.2 进一步治理蠡湖周围小河浜

污染物入湖量虽不大,但是超出Ⅲ类水的环境容量,需要实施以控源截污为主的技术削减污染负荷。污染物主要来自湖周围的入湖小河浜,其治理技术如下:① 蠡湖周围建有水闸的 11 条小河浜,继续实施关闸挡污,或直接采用小流量持续抽取干净的蠡湖水改善小河道水质。② 控制 10 余条断头浜的污染:封闭全部排污口;蠡湖周围人口稠密,地表径流是其重要污染源,采用雨污合流溢流技术严格控制地表径流污染,使没有进入污水管网的其他生活污水和初期地表污染径流进入污水收集管网。③ 利用微生物、电子技术或食草虫、矿物质净化剂或锁磷剂等各类净化水体技术,提高河水透明度和净化底泥,其后种植以沉水植物为主的植物,并采用增氧技术保持水体清洁。④ 打通数条断头浜,实行持续调水改善水质。

3.2.3 改善生境、实行两步制生态修复法

第一步改善生境。① 将蠡湖现有水深 2.6 m 降至 1.8~2.0 m,增加湖底光照,以利于修复沉水植物。若水深过大,可用泵站抽水出湖。② 种植水生植物特别是沉水植物前,应该控制底栖鱼类,以防扰动底泥、妨害沉水植物成活和生长,待沉水植物良好生长后再养殖适当数量和品种的鱼类。要改变养鱼越多(大)越好的观点。养鱼要根据具体情况确定鱼的种类、大小,以及养殖时间和密度。③ 蠡湖东、西部等沿岸水域消除蓝藻积聚。采用技术:沿岸蓝藻积聚水域放养 100~200 m 宽的紫根水葫芦或围网放养高密度鲢鳙鱼,以直接消除蓝藻、提高透明度。④ 喷洒改性黏土溶液、矿物质净化剂或总磷净化剂消除蓝藻、净化水质。⑤ 种植菱等先锋植物,或适当配以有益微生物净化水体。⑥ 采用微粒子(电子)技术,同时净化水体和底泥及

除藻。

第二步种植植物。在改善生境、提高透明度后,搭配种植以本地品种苦草、狐尾草、马来眼子草等为主的沉水植物,或可以撒播等方法种植,成本低、生长速度快。分片分年种植,每年 1~1.5 km^2,3~4 年基本能够在全湖种植。其间适当搭配种植挺水植物和浮叶植物及适当配置生态浮床(浮岛),并满足水景观要求。同时,依靠蠡湖的自然修复能力,逐渐恢复湖底 70%~80%的植被。实施生态修复时,要求有经验且造价低的有资质的施工单位进行施工,不一定要求施工单位名气大。

同时加强管理。选择、培养高效、低成本的管理队伍,每年如公园草地一样拨款管理蠡湖湿地,加强水生植物长期进行有效管理和养护,争取用 5 年时间把蠡湖建设成具有水质Ⅲ类、清澈见底、长满水草的良性循环的健康的水生态系统。

4　关于提高污水处理厂排放标准的建议

4.1　当前情况

4.1.1　入湖污染负荷削减速度缓慢

据太湖局资料,2017 年环湖河道入湖总负荷量为 TN(总氮)3.94 万 t、TP(总磷)0.20 万 t,分别为 2007 年 4.26 万 t、0.19 万 t 的 92.5%、105%,即 10 年来入太湖的 TN 仅削减 7.5%,TP 反而增加 5%。

4.1.2　原因

环湖流域特别是无锡市已经花了很大的力气严格控制各类点源,关停并转 3 000 多个重污染企业,封闭绝大部分入河排污口;建设相当多污水厂,污水处理率、污水管网率均达到 90%~95%;搬迁、关闭太湖周围的全部畜禽集中养殖业;全面控制农业农村等面源污染。为此,控源截污取得很大成效。为何入湖污染负荷削减速度缓慢,TP 甚至没有削减。分析其原因如下。

(1)总体是控源截污强度不够。环湖流域是社会经济发达地区,人口数量持续增加,2018 年 650 万人,为 1990 年的 417 万人的 1.56 倍;经济持续发展,2018 年 GDP 1.14 万亿元,为 1990 年 0.016 万亿元的 71 倍,污染负荷产生量持续增加,而对点源、面源的污染控制力度相对不够,削减污染负荷速度没有超过社会经济的发展速度,如 TP 没有得到削减。

(2)关键原因是污水厂排放标准偏低,西部地区处理能力不足。其一,现行处理标准太低。《城镇污水厂污染物排放标准》(GB 18918—2002)的一级 A 与《地表水环境质量标准》(GB 3838—2002)的太湖水质Ⅲ类标准比较:TN 分别为 15 mg/L、1 mg/L,二者之比为 15 倍;TP 分别为 0.5 mg/L、0.05 mg/L,二者之比为 10 倍。其二,处理能力不足。特别是太湖的西部地区还有 30%~40%的缺口。其三,随着城市化率的提高,入水污染物也相应增多。1990 年,无锡城镇化率仅为 34.5%,2016 年无锡城镇化率达到 76.8%,估计 2030 年将达到世界发达国家水平的 85%。全国人均排放污水量城市为农村的 11 倍(2011 年),生活污水排放量以后将相当幅度地增加。虽生活污水今后将全部进行处理,就是处理标准全部达到一级 A 标准,据统计,污水厂一般 TN、TP 分别削减 60%~75%、75%~85%的污染负荷,仍然还有相当多的污染物要排入河道。也即城市化率越高,虽全部经一级 A 处理,进入水体的污染物仍越多。

(3)其他污染的治理强度不够。如畜禽集中养殖等点源、农业农村和城镇地表径流等面源污染的治理强度尚不够。

(4)结论。在继续加强治理各类点源和面源污染的同时,必须继续提高污水处理能力和大幅度提高污水处理标准,削减入湖污染负荷。

4.2 提高标准的必要性和可行性

4.2.1 必要性

(1)污水处理厂(设施)污染负荷超过太湖环境容量,是流域最大的点源群。测算至 2030 年,全部生活污水和相当部分工业污水进入污水厂处理,流域上中游污水处理能力将达到 750 万 m^3/d,若全部按一级 A 标准合格处理,将排放 TN 3.3 万 t、TP 0.11 万 t,分别相当于平水年太湖Ⅲ类水时的环境容量的 1.57 倍、1.05 倍;若再加上部分未进入污水厂的工业、畜禽集中养殖等点源污染,以及农业农村和城镇地表径流等面源污染负荷,则 TN、TP 超过太湖环境容量的幅度更大,太湖 2030 年无法达到水功能区目标的Ⅲ类水。

(2)国家提出提高标准。2013 年国家修订的《太湖流域水环境综合治理总体方案》提出要制定比现行国家标准更严格的污水排放标准。此方案虽然未提出明确的具体标准,但为流域提高排放标准指明了方向。无锡市作为生态文明城市和社会经济发达城市,应该率先提高污水处理标准。

4.2.2 可行性

(1)较一级 A 更高的标准完全可达到。据目前我国污水处理技术水平,只要合理采用高效复合微生物等生化工艺方法、精确调控、适当延长处理时间，在近期即可达到较一级 A 高数倍的标准。① 如滇池水务公司的昆明第一、二污水厂 NH_3-N（氨氮）已达《地表水环境质量标准》（GB 3838—2002）的Ⅰ～Ⅱ类。② 宜兴正在筹建且已奠基的高塍污水厂的 TN 计划达到3 mg/L，将为流域污水厂提标树立良好榜样。③ 安徽合肥王小郢污水厂等 TN 已经达到 5 mg/L。④ 固载微生物污水处理提标技术，NH_3-N 可达到地表水质量标准的Ⅰ类、TN 可达 1～3.5 mg/L。⑤ 磷处理技术，无锡麦斯特环境科技公司离子气浮技术可使 TP 达到 0.01 mg/L。⑥ 无锡、深圳、合肥、河南、北京和昆明的有些污水厂排放标准已大幅优于一级 A 或制定了提高污水处理的地方标准。

以往不愿意提高标准的原因：没有相应的较现行一级 A 更高的地方标准、没有目标责任制和没有适当增加污水处理的运行费用。

（2）较一级 A 更高标准的投资和运行费用增加不多。经调查，较大幅度高于一级 A 的工程投资较一级 A 增加其实并不多，因仅是选择高效复合微生物，只要设计合理，升级改造新增工程量很少，增加投资有限；运行费用如 NH_3-N和 TN 仅少量增加，如采用固载微生物设备对原污水厂进行提标改造，处理每立方米增加的运行费用仅增加 0.10～0.02 元。但需增加一定的投资。

（3）现有城市建立了地方高标准。如合肥、北京、上海等城市及江苏、滇池等区域均建立或正在建立高于现行一级 A 的地方标准。

4.3 建议

4.3.1 为提高污水厂处理标准立法，制定地方标准

随着城市化进程加快、社会经济持续发展，排放的污染负荷持续增加，现有的污水处理标准偏低和处理能力不足，使入河湖的污染负荷增加。虽然控源截污途径很多，但提高污水厂排放标准是最快和最有效的措施之一。所以，无锡市在建设足够的污水处理能力和全覆盖的污水收集管网的同时，应为提高污水厂处理标准立法，制定地方标准。建议地方标准如下。

（1）入湖河道流域污水厂。2020 年起，TN 提高至 5 mg/L（一级 A 为 15 mg/L），NH_3-N 0.2～1 mg/L（一级 A 为 5 mg/L），TP 0.05～0.1 mg/L（一级 A 为 0.5 mg/L）。2030 年起，生活污水厂 TN 提高至地表水Ⅲ～Ⅴ类（1～2 mg/L），NH_3-N、TP 提高至Ⅰ～Ⅱ类。

（2）非入湖河道流域污水厂。2020 年起，提高 TN 至 10 mg/L，TP 至 0.1～

0.2 mg/L,NH_3-N 至 0.5~1 mg/L。

4.3.2 先试点再全面推广及提高运行补贴

近期市区和江阴、宜兴市应各选取 1~2 个较大规模的典型污水厂进行提高排放标准试验,取得成功经验后,在 2020~2025 年全面推广。有条件的行政区可提前提高标准。根据提高处理标准的程度,相应增加污水厂的运行补贴。

课题组组长:黄胜平,无锡市人大常委会原高新区人大工委主任、市人大代表,现为无锡市经济学会会长,无锡国家高新区发展研究院院长、研究员,是无锡市最早主持研究“治理太湖水、打好太湖牌”战略并为无锡市委、市政府采纳的学者。

课题组成员:朱喜,高级工程师,无锡市经济学会、无锡市水利学会专家,曾长期在无锡市水利局工作,担任无锡市治理蓝藻办的顾问,多年研究水资源、水生态、水环境,治理富营养化和蓝藻爆发。为本课题具体执笔。

课题组成员:冯冬泉,无锡市经济学会常务理事、副秘书长,从事社会经济和生态环境的研究。

创新思路　建立目标　消除太湖蓝藻爆发①

【按】 2007 年“5·29”太湖供水危机后,中央、省市投入大量资金,采取诸多治理措施,取得良好效果:太湖富营养化减轻,由中富营养化改善为轻富营养化;消除贡湖“湖泛”,保证了供水安全。但蓝藻爆发治理效果欠佳。为此,作者对太湖蓝藻爆发的历史、现状和治理措施、效果进行深入调研,提出最终消除蓝藻爆发的目标及相应对策。此对巢湖、滇池的治理兼具推进、借鉴作用。

① 该建议为 2018 年 9 月递给中国生态学会的建议,次年 4 月与此相仿的建议又递给了江苏省科学技术协会。

1　引言

据太湖局资料，治理太湖11年来富营养化程度减轻，2017年TN、TP分别较2006年削减50%、19.4%；但蓝藻仍年年大爆发，2017年最大爆发面积1 403 km^2，超过2007年的979 km^2，梅梁湖、竺山湖年均藻密度达到1.6亿~1.7亿个cells/L，较以往有较多增加。仍有可能发生蓝藻爆发"湖泛"型供水危机。2018年太湖建立湖长制，消除蓝藻爆发应是其工作中极重要的内容，是流域乃至全国百姓的迫切愿望。

2　问题现状

（1）没有建立消除蓝藻爆发目标。以往编制或修订的2个太湖水环境综合治理规划方案及各级政府文件中均未提出消除蓝藻爆发目标。这就不能充分调动领导、科研人员治理太湖、消除蓝藻爆发的积极性。

（2）太湖和入湖河道水质均未达标。太湖水质未达到Ⅱ~Ⅲ类；入湖河道N P均超过湖泊Ⅲ类水标准；入湖N P大幅度超过太湖环境容量。

（3）太湖芦苇湿地大量减少。现流域河道和陆域的生态修复成效显著；但太湖水域以芦苇为主湿地（简称湿地）恢复有限，太湖湿地较蓝藻爆发前减少200 km^2。

（4）消除蓝藻爆发研究力量薄弱。全国研究蓝藻和湖泊的机构一般只研究蓝藻生长繁殖机制，极少研究蓝藻死亡规律和消除蓝藻爆发的技术集成措施。

3　原因分析

太湖蓝藻年年爆发有其客观因素。如温度和二氧化碳浓度升高利于蓝藻生长繁殖，消除蓝藻爆发是世界难题；流域人口稠密、社会经济发达，入湖污染负荷多。但不能忽视的主观原因如下：

（1）缺乏消除蓝藻爆发信心。其一对必要性认识不足，各级政府安于现状；其二对可能性认识不足，决策者认为是世界难题，不好消除蓝藻；其三缺乏调研，中国多数大中型淡水湖泊已富营养化，仅"三湖"年年蓝藻爆发；鄱阳湖、洪泽湖数次蓝藻爆发后一般不再爆发；武汉东湖、蠡湖、玄武湖、杭州西湖和洱海曾数次蓝藻爆发，经治理现不爆发或爆发规模很小。

（2）认识不清造成有些措施不当。其一认为"控磷是消除蓝藻爆发关键”,此提法不适合太湖。太湖主要是微囊藻,不吸收空气中的氮;蓝藻年年爆发后死亡进入水底可发生厌氧反应,使底泥中不溶性磷转化为可溶性磷。其二认为“治理富营养化就能消除蓝藻爆发”,不注重消除蓝藻。国内外专家一般认为蓝藻已爆发的大中型湖泊,消除爆发的 N、P 须分别达到 0.1~0.2 mg/L、0.01~0.02 mg/L(相当于太湖Ⅰ~Ⅱ类水),太湖无法达到。其三满足于调水和打捞蓝藻,此仅能有限地控制蓝藻而不能消除其爆发。

(3)缺乏资金。研究单位一般不愿在缺少资金情况下进行此方面的研究。有些民间组织(企业)或个人愿意进行研究,但缺乏资金。

(4)缺乏消除蓝藻爆发技术集成研究。现有技术若进行科学集成,则可达到消除蓝藻爆发目标,但无机构去研究此技术集成。

4 对策建议

4.1 建议一:建立消除蓝藻爆发目标

现实行湖长制,是开展新一轮治理太湖的良好开端和组织基础。治理太湖特别要抓住蓝藻年年爆发的问题导向,确立消除蓝藻爆发目标。建议2030~2049年(中华人民共和国成立百年之际)分水域消除太湖蓝藻爆发。

4.2 建议二:再一次修编太湖流域水环境综合治理规划方案

把消除蓝藻爆发目标及其相应的治理技术及其集成措施列入其中。

4.3 建议三:把消除蓝藻爆发列入治理太湖重点研究项目

组建多学科联合研究团队,研究推广适用、低价、长效、安全的技术集成,推进科技成果转化和推广应用。科研机构重点研究蓝藻死亡规律、生境和消除蓝藻爆发的综合集成措施,为编制一湖一策治理方案奠定基础。研究应联合关心治理太湖的民间组织、民企和个人。如本人出于责任心和兴趣爱好,长期重视治理太湖蓝藻爆发研究,并自费出版专著。

4.4 建议四:加大太湖治理和科研投入资料公开共享

但科研不宜多次同类型重复投入。

4.5 建议五:地方立法大幅度提高污水处理标准

污水厂是人口稠密、社会经济发达的流域最主要的点源群。污水厂排入水体的 N P 超过太湖环境容量,若加上其他点面源污染,则超过环境容量幅度更大。因此,除建设足量污水厂和全覆盖污水管网外,须大幅度提高污水处理标准。

污水厂能做到大幅度提标。如滇池水务公司的昆明第一、二污水厂

NH_3-N已达地表水Ⅰ~Ⅱ类[《地表水环境质量标准》(BG 3838—2002),下同];固载微生物污水处理提标技术的TN可达到1~3.5 mg/L;麦斯特环境科技公司离子气浮技术的TP可达0.01 mg/L。

地方立法大幅度提高污水处理标准,如TN提高到Ⅱ~Ⅴ类或接近Ⅴ类,TP、NH_3-N达到Ⅰ~Ⅱ类。

4.6　建议六:清淤土方作为抬高修复芦苇湿地基底的回填土

可一举三得:利于修复芦苇湿地,节省投资64%和减少淤泥堆场。

4.7　建议七:梅梁湖或贡湖、竺山湖进行分水域综合除藻试验

主要除藻措施:① 分水域除藻。② 深度彻底打捞清除水面、水中和水底蓝藻,使水域保持无蓝藻爆发数年,后把其连成大片无蓝藻爆发水域。③ 综合模式除藻,即采用上述数种技术搭配除藻。

主要除藻技术:① 改性黏土、天然矿物质净化剂除藻。② 高压、推流曝气、超声波除藻。③ 电子技术除藻。④ 混凝气浮法除藻。⑤ 生物种间竞争除藻。如芦苇湿地、紫根水葫芦、沉水植物、植物化感物质制剂除藻,鲢鳙鱼等滤食蓝藻。⑥ 锁磷剂除藻。⑦ 安全高效微生物及其制剂。⑧ 调水、清淤、治理富营养化等常规技术减慢蓝藻生长繁殖速度。

综合模式除藻试验成功后全面推广。

4.8　建议八:组建治理蓝藻技术安全性鉴定机构

现决策部门有较多不合理的内部规定:有关微生物技术、带有一些化学性质的技术均不允许在太湖使用。该机构对各类技术进行安全性科学鉴定,允许安全的技术使用,或为技术进行安全性指导。

4.9　建议九:科学制定太湖大规模修复湿地专项规划方案

恢复湿地、生物多样性。太湖湿地应恢复至蓝藻爆发前规模。此是消除蓝藻爆发、净化水体及今后确保能持续保持蓝藻不再爆发的关键措施。太湖应该新增超过200 km^2 芦苇湿地,主要在西部和北部水域。包括:太湖沿岸水域300~1 000 m或更宽的湿地外围设钢丝石笼坝或其他隔断挡风浪,水体可内外流动;适当降低太湖全年特别是冬春季水位;恢复太湖西部等相当部分被围垦湿地。如云南滇池外海拆除大部分环湖大堤,恢复9 km^2 湿地的经验可借鉴。人工修复促进自然修复。

附建议专家名单

朱喜(1945-),退休于无锡市水利局,高工,主要调研者;多年从事水环

境、水生态、水资源和湖泊蓝藻爆发、富营养化治理。曾任无锡市治理蓝藻办顾问。自筹资金编写出版《中国淡水湖泊蓝藻爆发治理与预防》《河湖生态环境治理调研与案例》等专著,编写出版《太湖蓝藻治理创新与实践》等专著,发表(完成)有关论文、课题近百篇(个)。

李贵宝(1963-),博士,中国水利学会事业发展部,教授级高工。《南水北调与水利科技》等杂志编委。主要研究河湖治理与管理保护、湿地生态与水污染控制、饮水安全与水环境。曾技术负责和主持科技部、水利部、中国科协等多项子课题与课题。在世界环境、环境保护、水利学报等杂志发表论文30余篇;编写和主编或副主编多本书籍;参加编制国标3项;获农业部科技进步一等奖、河南省科技进步二等奖等多个奖项。

王圣瑞(1972-),博士,北京师范大学水科学研究院,教授,博士生导师,中组部首批国家万人计划科技创新领军人才,湖北省"楚天学者"奖励计划特聘教授,国家水专项湖泊主题组副组长及重点流域专家组专家,云南抚仙湖保护治理专家,大理洱海保护治理专家组副组长,《Frontiers in Soil Science (FSS)》、《Current Advances in Environmental Science(CAES)》与《环境科学研究》等期刊编委;获环保部"五四"青年奖章、青年科技创新奖、突出贡献奖和优秀学术论文奖等荣誉。致力于湖泊保护与治理关键技术、难题的研究。获国家科技进步二等奖1项,部级科技进步一等奖5项,省部级二等奖2项及专著11部与专利和软件著作权等成果。

唐涛(1974-),中国科学院水生生物研究所,副研究员。现任中国生态学会流域生态专业委员会秘书长。主要从事淡水生态学、流域生态学研究工作,对水域生态状况评价、氮磷生态阈值、流域生态系统管理等问题进行了系统研究,发表相关论文60余篇。

徐耀阳(1982-),中国科学院城市环境研究所,研究员。现任中国生态学会流域生态专业委员会副主任委员。主要从事流域/淡水生态系统有关的气候水文特征、化学污染物和生物多样性等应用基础研究工作,在国内外主流期刊发表学术论文60余篇,其中在湖沼学领域权威期刊《Limnology and Oceanography: Methods》和《Freshwater Biology》发表"孪生"研究论文,阐释"具体湖泊精准评估和管理的途径及策略",得到学界同行、管理部门和环境企业的关注。

袁萍(1980-),无锡市河道堤闸管理处,高工。多年从事河湖水环境治理管理工作,参加编写《中国淡水湖泊蓝藻爆发治理和预防》,发表有关论文10

多篇。

张扬文(1970-),无锡市水资源管理处,高工。多年从事水资源、河湖水环境治理管理工作,参加编写《太湖蓝藻治理创新与实践》《中国淡水湖泊蓝藻爆发治理和预防》,发表有关论文10多篇。

第八部分
治理河湖·学术交流[①]

序

在杂志期刊上登载文章、编撰著作出版、网上微信群和QQ群等发表文章均是学术、技术交流。第八部分的交流是指与其他作者用文字直接进行观点、理念的交流。本部分19篇交流短文发出后,有部分原作者给予了回应、答复和交流;部分读者进行了交流;部分原作者未给予回应,也许其没有见到交流文章,也许其工作比较忙,也许其不想回应,等等。总之,当今时代,作者与读者之间大多数还没有建立起良好的交流、互动关系或习惯。实际上,只有通过各类交流,才能提高各自的学术、技术水平,即所谓在交流中相互学习、相互提高。

该部分19篇不长的文章,主要是与原作者、期刊编辑部及关心太湖、巢湖、滇池水环境、蓝藻爆发的朋友交流观点:提高污水厂处理标准必要与否、可行与否、划算与否?蓝藻爆发能否消除?太湖、巢湖能否达到Ⅲ类水?控磷是消除蓝藻爆发的关键吗?有无必要修复湿地、能否修复湿地?能否仅通过治理富营养化消除蓝藻爆发?减轻了富营养化程度,为什么蓝藻爆发程度基本没有减轻?为什么打捞蓝藻10多年,蓝藻爆发程度总体上没有减轻?为什么多家监测单位监测水质的结果差距很大?水环境治理的诸多误区是什么,等等。

---

① 第八部分的19篇交流文章的作者为朱喜(原工作于无锡市水利局),联系方式:13861812162,E-mail:2570685487@qq.com。

该部分文章主要发表于10个微信群:水资源保护群(498个群员,2020年4月统计)、流域生态论坛群(494个群员)、智慧水利联盟群(476个群员)、中国水生态总群(456个群员)、生态水利工程交流群(310个群员)、流域生态保护交流群(213个群员)、2019苏州长三角论坛群(190个群员)、全国湖长制交流平台群(176个群员)、长三角生态环境联盟群(141个群员)、环境科学研究专家群(114个群员),另有一些小群或微信联系人。

该部分文章还主要发表于7个QQ群:全国河湖治理资源平台群(1 983个群员)、水科学(专家)群(1 982个群员)、智慧水利交流群(637个群员)、流域与水污染治理群(541个群员)、河湖治理生态修复论坛群(526个群员)、流域水环境保护与交流群(393个群员)、水资源开发与管理群(233个群员),另有一些小群及60多位QQ联系人及多个邮箱。此19篇文章中,肯定有不妥、错误或不全面之处,请读者指正。

交流1 “太湖蓝藻水华的扩张与驱动因素”读后感

本人于退休2年后的2007年太湖供水危机时开始研究治理太湖蓝藻爆发。有机会在微信上看到“太湖蓝藻水华的扩张与驱动因素”一文,刊登于《湖泊科学》(2019.3.6),作者张民,阳振,史小丽。

此文对太湖蓝藻爆发的时间、空间和生物量三方面的表征因子、扩张趋势、驱动因素三项内容写得甚好。本人对其中的部分资料、观点提出一些看法或感想,与作者、主编、编辑、审稿及关心治理太湖蓝藻爆发人士共同探讨,交流提高。

1　关于文中资料

(1)原文开头第一段中称,“合计港渎59条,其中东太湖出水量约占总出水量的67%,西太湖仅占33%。但是,近年来一系列的水利工程已经显著改变了太湖原有的流场状况"。的确,现在太湖的水动力条件改变不少,如西太湖原来的自然出水量由原来大部分年份的占太湖总出水量的33%减少至接近于0,但梅梁湖泵站人工出水有近10亿m^3,还有自来水取水,这在相当程度上影响太湖及梅梁湖蓝藻爆发的时间和空间布局,有利于梅梁湖营养化程度改善。

(2)原文开头第二段中称,"太湖蓝藻水华的历史较久,20世纪五六十年代在太湖五里湖就可见蓝藻水华"。据调查,在三四十年代或更早,在太湖西部宜兴沿岸就存在水华,老百姓捞出来当肥料。

在此提出我对一些名词的看法:水华,是各类藻类不同聚集程度的总称;水华爆发,是水华发生程度严重的一类;蓝藻水华爆发,是以蓝藻为主的水华爆发,也即蓝藻爆发。读后感中,水华一般为引用原文的,蓝藻爆发是我在文中对蓝藻水华爆发的称呼。1930~1960年太湖水华的称呼很妥当,20世纪90年代及以后称蓝藻爆发更为妥当。

(3)原文中的温度一般称为水温较合适,因水温与气温不同,易混淆或造成误会。据作者对太湖10多年水温的调查,其大面积水域的水温一般没有超过34 ℃的(沿岸局部水域或浅水水域夏天高温期可能有例外),而气温可达38 ℃或更高。[注:太湖站2017年7月25日的最高水温为36.5 ℃,"2005-2017年太湖北部叶绿素和富营养化变化",朱广伟、秦伯强、张运林,湖泊科学2018.2.1,30(2)]

(4)原文1.3蓝藻水华生物量扩张表征一节中称,一般用"叶绿素A浓度替代生物量来反映浮游植物生物量"。一般的确如此,但误差较大,所以最能真实反映其实质的应是直接监测的生物量,即水中蓝藻(藻类)干物质含量(单位:g/L)。研究单位应发挥研究"生物量"的潜力。

(5)原文2.2太湖蓝藻水华的时间扩张趋势一节第一段中称,"2017年太湖蓝藻水华最大面积已经占全湖面积的一半左右",其第二段中称,"2017年1 150 km^2"。据太湖局等的《太湖健康报告》,2017年最大面积为1 403 km^2,已达到太湖面积的60%。

(6)原文2.2节第二段中称,"2003~2013年太湖年平均水华面积从115.91 km^2增加到167.77 km^2"。此句含义不清,是指全年各次水华面积平均值还是指水华爆发期间每天的平均值,或是其他?

(7)原文2.3太湖蓝藻水华的生物量扩张趋势一节第二段及3.2节第二

段中称，“东部湖区自 2016 年水草大面积减少以后，水华蓝藻生物量也呈现明显的增加趋势”。据调查，2015 年以前水草大面积减少，2015 年以后芦苇、水草面积逐步有所增加，东太湖已退鱼池还湖 30 多 km^2。另外，文中水草是否仅指沉水植物？所以，东太湖“水华蓝藻生物量也呈现明显的增加趋势”应分析其他原因。

(8)原文 2.3 节第四段中称，“2003 年和 2009 年生物量很高，但是蓝藻水华的面积却并没有达到生物量的扩张程度”。此处缺乏“生物量”“蓝藻水华面积”的简单数据及所述水域范围。

(9)原文 3.3 太湖蓝藻水华的生物量扩张驱动因素一节第二段中称，“太湖地区升温显著，但是升温的幅度有限”。应给出升温(气温或水温)数据，才能说清楚“显著”、“有限”，否则二词放在一起不恰当。

(10)原文 4 结论 2)中称，“导致春季蓝藻水华发生的提前”，此句仅适合于 1990~2007 年，其后蓝藻水华爆发年份均晚于 2007 年。

(11)太湖供水危机有两次。第一次为梅梁湖在 1990~1995 年梅园水厂发生数次程度不等的臭自来水事件，影响 20 万~30 万人供水，其水源地为梅梁湖北部，后此水源地被取消；第二次为贡湖 2007 年 5 月 29 日至 6 月 7 日黑臭水体事件，影响 300 万人(含流动人口)供水。这两次均是蓝藻爆发-底泥污染厌氧反应造成的“湖泛”型供水危机，应认真总结一下。

2　观点交流

(1)区别水华和蓝藻爆发。太湖在 1930~1960 年的水华不能消除，也不必要消除；现在的蓝藻爆发可消除，也须消除，但消除较困难、时间也较长。

(2)在原文 2.3 节第四段中称，“整合遥感反演和野外监测结果构建水华蓝藻总存量模型，计算不同时间蓝藻总存量作为蓝藻水华扩张的指标应该是以后的发展方向”。此观点很对，国家应调动有关研究力量建立蓝藻爆发的扩张或缩小的数模，以后更要建立消除蓝藻爆发的数模。

(3)原文 3.1 太湖蓝藻水华的时间扩张驱动因素一节第二段中称，“上述的研究中我们发现，营养盐的变化对太湖蓝藻水华时间扩张的贡献不显著，这主要归咎于太湖较高的营养盐水平”。此观点很正确，10 多年来，太湖 2017 年的 N P 较 2006 年分别下降了 50%、19.4%，但相当多年份的蓝藻爆发最大面积较2007年均增加。这主要归咎于太湖“当营养盐水平超过蓝藻水华发生的阈值之后，营养盐将不再成为限制蓝藻水华时间扩张的因素”。这是值得研究的问题，政府投入大量资金，降低N P，但蓝藻爆发程度没减轻(藻密度反而升高)，究竟何故？值得研究。

(4)原文3.1节第二段中称，“平均温度的升高不能有效解释蓝藻水华强度扩张主要缘于温度升高效应的复杂性”。应该说，世界、太湖区域的年平均气温的升高总体使太湖蓝藻爆发程度(包括时间和空间)变得严重，但局部时间和水域由于其他因素而不能确定。

(5)原文4结论3)中称，“总磷仍是太湖水华蓝藻生物量扩张的主要驱动因素，另外氮磷比、水下可利用光和风速的变化”。应该说，TN、TP总体上均是太湖等大中型浅水湖泊蓝藻生物量扩张的主要驱动因素，但在不同时期(阶段)随着N P浓度变化有不同的驱动效果。如文中在3.1中所述“当营养盐水平超过蓝藻水华发生的阈值之后，营养盐将不再成为限制蓝藻水华时间扩张的因素”。以往10多年治理效果仅使N大幅度降低，而P降幅很小，与2007年相比，2017年P没有降低，说明目前太湖N的净化途径较P广、净化效果也较好。所以仅能说，目前削减P难于N。

削减P，一是削减外源P，主要是污水厂排放的P，其次是未进污水厂的生活工业污水及农业等面源的P；二是内源，包括削减底泥和蓝藻等生物的P。

事实上，磷是治理、消除蓝藻爆发的关键这个结论不适合太湖。一是大多数专家认为，蓝藻爆发后的浅水湖泊若仅依靠治理富营养化，则P至少要削减至相当于地表水Ⅰ类标准才能消除蓝藻爆发，但太湖水今后不可能达到Ⅰ类；二是年年蓝藻爆发使底泥中P经厌氧反应等途径而大量释放进水体。所以，太湖仅依靠消除富营养化无法消除蓝藻爆发。应消除富营养化与打捞消除蓝藻结合才行。这两大举措包括控源、修复湿地、打捞消除蓝藻、调水和清淤等诸多措施。只要治理富营养化思路正确，N P是能同时控制的。

经2007年测定，太湖蓝藻组成物质的N/P比是10∶1，所以各阶段应该根据当时的N/P比来确定治理富营养化的关键因子。

消除蓝藻爆发必须分水域消除，采用技术集成清除水面、水体、水底蓝藻，然后把已消除蓝藻爆发的若干小水域连成一大片无蓝藻爆发的大水域。划分水域大小视具体情况而定。

(6)关于太湖植被覆盖率,由1950~1970年的超过650 km^2,由于水污染、围湖造田、太湖全面控制提升水位等因素而减至21世纪的不足500 km^2,可以说植被覆盖率的大幅度减少是太湖蓝藻爆发提前和程度加重的一个重要因子。虽然以后东太湖等水域恢复了数十平方千米植被,但距恢复至以往植被覆盖率超过650 km^2 水平还有相当差距。恢复以往植被覆盖率是消除太湖蓝藻爆发的重要因素,是确保消除蓝藻爆发后能保持此水域蓝藻不再爆发的主要因素。

3　启示希望

(1)蓝藻水华是太湖目前最严重的水环境问题。这是开头第一段最后一句,说得非常对,我完全赞同。但有许多专家不承认此观点,须让领导、百姓认同此观点。政府不能仅有治理富营养化目标而无消除蓝藻目标。希望国家及有关部门尽快提出太湖(巢湖、滇池)消除蓝藻目标。有目标才能提高湖长的责任心、主动性,才能提高全民治理消除蓝藻爆发的积极性。

(2)加强科研,设立消除蓝藻爆发研究课题。科研机构重点应该是研究蓝藻死亡的生境、规律和消除蓝藻爆发的应用技术集成及其理论,兼顾蓝藻的基础理论研究,推进适用低价长效安全技术的科技成果转化推广,为编制太湖及各湖湾、水域的一湖一策治理及消除蓝藻爆发方案奠定基础。

(3)资料公开共享,推进太湖治理。资料公开共享有利于百姓监督和研究者研究,加快治理太湖目标的实现,国家应责成有关部门,凡是使用国家资金监测得到的资料均应公开共享(涉密除外)。

(4)地方立法大幅度提高污水处理标准是重点。太湖流域各省市及地级市,根据人口密度和社会经济发展情况,地方立法大幅度提高污水处理标准,如TN最终提高到地表水环境标准的Ⅲ~Ⅴ类(近期至接近Ⅴ类或3 mg/L),TP、NH_3-N提高至Ⅰ~Ⅱ类。这完全可做到。

(5)总结以往修复湿地经验教训。全面、科学制定修复太湖及各湖湾湿地专项规划方案,包括太湖沿岸和湖湾中间水域的新增湿地、恢复太湖西部等被围垦湿地、适当降低冬春季水位恢复湿地等。

欢迎交流!

2019.3.12

交流 2 “太湖蓝藻水华暴发机制与控制对策”读后感

本人有机会看到《太湖蓝藻水华暴发机制与控制对策》一文(刊登于《湖泊科学》,2019 年第 31 卷第 1 期,2019 年 1 月 6 日出版,作者为杨柳燕、杨欣妍、任丽曼、钱新、肖琳)。

此文对太湖蓝藻爆发机制进行了科学分析和对控制对策进行了一定程度的论述,甚好,值得参考,本人提出一些看法与大家交流。

1 关于文中资料

(1)原文 2.2 太湖特定的地理、水文和气象特征一节第二段中称,“除了水动力条件,温度和光照……,蓝藻的光合作用速率和生长速率在 25 ℃以上显著增加,最适生长温度为 27~37 ℃”。对于蓝藻而言的温度,一般应理解为水温。若无说明,则理解为水温或气温均可,水温与气温不同。据我对太湖 10 多年水温的调查,其大面积水域的水温一般没有超过 34 ℃的(沿岸局部水域或浅水滩夏天高温期有例外),而气温可达 38 ℃或更高。此处的“27~37 ℃”是指实验室的水温或局部水域的水温,还是指气温?应予以说明。

(2)原文 2.3 太湖草型-藻型生态系统的转换一节第一段中称,“太湖梅梁湾水域……,频繁暴发蓝藻水华,富营养化呈现加剧趋势”。应该分别说明:2007 年以前,梅梁湖富营养化呈加剧趋势,2008 年起呈下降趋势。其中 N 值下降较多,2017 年 N(1.85 mg/L)较 2006 年(6.1 mg/L)(历史年均最大值)下降 70%;P 由 2006 年劣Ⅴ类(0.226 mg/L)逐步改善为Ⅳ类,曾达到 0.075 mg/L,但在 2016~2017 年又回升至Ⅴ类。正确判断富营养化现状有利于科学制定治理方案。

(3)原文 2.4 高浓度营养盐的刺激一节第一段中称,“2009~2010 年太湖河道氮素年输入总量约为 7 万 t,总磷年输入量约为 3 756 t,较 2001~2002 年显著增加”。其中,“7 万 t”可能为输入太湖总量,而非河道输入总量。我统计过,当年河道输入 N 总量大概不超过 5 万 t(见《中国淡水湖泊蓝藻爆发治理与预防》)。

(4)原文5结论与展望一节第二段中称,“历史上太湖都有面积不等的蓝藻水华暴发”。太湖在20世纪30~70年代的水华称为水华较合理,而1990年后称为蓝藻水华爆发(读后感中简称蓝藻爆发)为好,不宜称水华,以免二者混淆。原因是20世纪30~70年代那样的水华消除不了,也不必要消除,而蓝藻爆发是应该消除,也可以消除的。

2　观点交流

人的认知(观点)是不断完善、逐步接近直至基本符合客观事实的,而人与人的观点交流有利于促进加快此进程。交流可以促进技术创新,可以促进加快消除太湖蓝藻爆发。

(1)原文1太湖概况一节第二段中称,“如今,通过铁腕治污,太湖入湖氮、磷负荷得到有效削减,富营养化程度得到一定的控制,但蓝藻水华暴发的面积仍然较大”。说的对。《2017太湖健康状况报告》,2017年蓝藻最大爆发面积1 403 km^2,超过发生太湖供水危机的2007年最大爆发面积979 km^2的43%,此是客观事实,国家应重视此问题。

(2)原文2.2节中,分析了太湖的自然地理和水动力条件,但缺少对太湖围堤建闸成为人工控制封闭型湖泊后产生不良影响的分析,如减少换水次数,减慢流速,冬春季提高1 m水位,减少芦苇湿地和沉水植物面积等,对加速太湖蓝藻爆发有一定的影响。

(3)原文2.3节中称,“胥口湾水域……,近年来也受到水体富营养化的困扰,藻类数量不断增加”“水体中营养盐浓度升高,超过大型水生植物吸收营养盐速率”。近几年,太湖西部富营养化程度特别是TN明显降低,但东太湖营养化程度反而有所升高,其中TP从Ⅲ类升为Ⅳ类,藻密度增加,值得有关科研机构研究。

(4)原文2.4节第二段中称,“而夏、秋季蓝藻水华发生时,氮是主要限制因子,磷是次要限制因子……”,此话不妥或没有说清楚,因为目前太湖富营养化程度特别是TN显著降低,但营养化程度仍然超过蓝藻爆发的阈值,所以蓝藻爆发的面积没有减少,2017年的最大蓝藻爆发面积反而较2007年增加43%,所以目前不存在N P是蓝藻爆发限制因子的问题。目前,仍应继续全面控制N P,包括控制外源和内源。

(5)原文2.5太湖水体营养盐四重循环是蓝藻水华暴发的强化机制一节

第一段中称,“湖泊水体一旦形成藻型生态系统,需要强大的外部干预才能转化为草型生态系统”。提出此观点很科学,关键是如何实施“强大的外部干预”;同节最后一段中,“蓝藻-蓝藻、蓝藻-附生细菌、藻华-沉积物和湖区-湖区循环构成了太湖氮、磷营养盐的四重循环,这四重循环链正是太湖蓝藻水华持续暴发的原因所在,因此,太湖水体一旦暴发蓝藻水华,就难于消除”。提出“太湖氮、磷营养盐的四重循环”,很有特色,很科学,但最好在得出“难于消除”的结论后,在文中加一句,但蓝藻爆发不是不可消除的,这样更能鼓励人们去消除蓝藻爆发。事实上,仅通过控制 N P 营养盐是无法控制及消除蓝藻爆发的,而应同时大幅度削减蓝藻数量至蓝藻不爆发的密度为止,才能消除蓝藻爆发。

(6)原文 3 太湖蓝藻水华对氮、磷营养盐的反馈过程一节第一段中称,“2017 年太湖水体平均总磷偏高极有可能是蓝藻大面积暴发的结果”,分析的有理有据,认同此观点。这也说明消除蓝藻爆发不仅要控制外源、消除富营养化,还必须彻底清除蓝藻,才能真正地消除富营养化和消除蓝藻爆发。

太湖蓝藻多年高频率持续爆发及底泥厌氧反应则可增加水体中的 P 元素。如 2007 年至今,太湖 P 浓度上下波动,下降后又上升,如 2017 年 P 年均值升至 0.083 mg/L,反而大于 2007 年的 0.074 mg/L,可能也印证了上述观点。

(7)上节第二段中称,“太湖水体反硝化脱氮能削减太湖输入总氮量的 30%~40%,因此导致近年夏季太湖水体总氮浓度不断下降,夏季太湖蓝藻水华大规模暴发,水体总氮浓度下降是蓝藻水华大规模暴发的结果”。本人认同此观点,但句中的“导致近年夏季太湖水体总氮浓度不断下降,夏季太湖蓝藻水华大规模暴发”,似乎没有说清楚,使人误以为“太湖水体总氮浓度不断下降”,反而可“造成夏季太湖蓝藻水华大规模暴发”。

(8)原文 4 太湖蓝藻水华控制对策一节第一段中称,“但不管调水方式如何,总调水量相对于河道入湖水量而言还是较少,对于缩短太湖换水周期作用十分有限”。上述句子对太湖整体而言是对的,因目前年入湖水量 100 亿~118 亿 m^3。1966~1988 年,多年平均入湖水量为 76.6 亿 m^3,2017 年为 111 亿 m^3,为前者的 1.45 倍(相当于换水周期增加倍数),但入太湖污染负荷却有所增加,所以看上去太湖由于调水而降低富营养化程度不显著。但对于局部水域如梅梁湖的作用很显著,如通过梅梁湖泵站年调水出湖 9 亿~10 亿 m^3,使梅梁湖换水周期增加 4 倍,水质得到明显改善,水质已从太湖中最差的劣Ⅴ类的两大湖湾之一(另一个为竺山湖)改善为Ⅳ~Ⅴ类,已接近太湖西部湖心水域。且若新沟河、新孟河建成调水运行，则梅梁湖和竺山湖这两个湖湾将进一步增加换水周期，可进一步改善水质和有利于控制、消除蓝藻爆发。

(9)原文4第二段中称，"控制氮、磷输入总量的同时，还应注意氮磷比值的调节，水体中氮磷质量比≥23时，藻类生物含氮量大于或等于反硝化脱氮量，则水体为磷限制；氮磷质量比≤9时，藻类生物含氮量小于等于反硝化脱氮量，则为氮限制"。此处有氮磷质量比≥23、≤9，但无23≤氮磷质量比≥9时的说明，可能是N限制或P限制，或二者同时限制。

此观点与原文2.4节中称"春季和冬季浮游植物的生长主要受到磷限制，夏、秋季蓝藻水华发生时，氮是主要限制因子，磷是次要限制因子"的结论不统一。太湖蓝藻爆发主要是在夏、秋季，而近几年，N几乎连年下降，但蓝藻爆发面积基本没有减少甚至有所增加，可以说N在此时不是限制因子；而"春季和冬季浮游植物的生长主要受到磷限制"的说法不妥，因为冬春季无论是N限制还是P限制，一般均不会发生蓝藻大规模爆发(2007年3月、4月温度较高情况例外)，因此时的限制因子应该是温度。

(10)原文4第三段中称，"太湖蓝藻水华控制策略已从湖泊流域氮、磷污染控制为主转入到湖内、湖外氮、磷污染控制并重，实施疏堵结合的方针"。此观点的结论是对的，但句子开头"太湖蓝藻水华控制策略"应改为"太湖富营养化控制策略"更为合适；同段中，"在富营养化得到一定程度控制的前提下，采用生态调控的方法，在东太湖、东部湖区以及贡湖湾恢复湖滨湿地，增加湖体浮叶植物和沉水植物面积"，总体认同此观点，但应该把"湿地"范围扩大，还应包括梅梁湖、竺山湖、太湖西部沿岸等水域或部分湖湾、湖心的水域，同时在增加湿地的植物中，更应包括太湖传统湿地芦苇的面积。

(11)原文4第三段中称，"控源与生态恢复并举是未来一段时间内太湖蓝藻水华控制的策略……，还可在水华暴发较为严重的梅梁湾、竺山湾划分出一定的水域，使用其他物理化学方法强化湖泊内氮、磷营养盐的去除，以期建立良性循环的湖泊水生态系统"。总体认同此观点，但在太湖这种已经多年高频率持续蓝藻大规模爆发的浅水湖泊，仅依靠消除富营养化(包括控制外源和内源)和修复湿地是无法达到消除蓝藻爆发的目的的，很明显，其中缺少除藻措施，应该首先必须建立消除蓝藻爆发的目标，这是根本，有了此目标，人们才会重视，并有信心和积极性去消除蓝藻爆发，才会有经费去研究如何消除蓝藻爆发。或者说明湖泊内部污染源营养盐的去除包括去除蓝藻的氮磷。

但文中的生态恢复若包括大幅度降低蓝藻密度和恢复藻类的多样性也可认为是正确的,因为广义上讲,蓝藻也是生态系统中的一个组成部分,所以削减蓝藻密度也是恢复太湖生态系统和同时消除蓝藻爆发的一种主要手段。

的确,梅梁湾、竺山湾应该划出部分水域作为消除富营养化和消除蓝藻爆发的试验基地,我建议可以把这两个湖湾的全部水域作为消除富营养化和消除蓝藻爆发的典型、样板。

(12)原文5结论与展望一节第一段中称,“近年关于太湖蓝藻水华持续暴发机制虽有一定的认识,……研究者们已建立许多模型预测太湖蓝藻水华的暴发过程,但仍没有一个公认的可以准确预测蓝藻水华暴发的模型。……可以考虑从细菌学角度对蓝藻生长、繁殖、暴发的环境因素进行研究,能进一步揭示湖泊蓝藻水华持续暴发成灾机理”。这个建议很好,应该研究蓝藻持续爆发成灾机制,也须研究消除蓝藻爆发问题,所以建立科学、实用的蓝藻数模是数模科研人员的一个艰巨任务。建立蓝藻数模,应包括蓝藻生长繁殖和爆发在时间、空间上的分布及分水域消除蓝藻爆发两部分。

(13)上节第二段中称,“在适宜的湖区实现水生态系统向清水-草型系统演替,我们对于适宜进行大型水生植物修复的营养盐浓度阈值、水动力学条件等尚不清楚,盲目对水体进行大型水生植物修复往往得不到预期的效果”。这个警告是对的,不能盲目修复生态、修复湿地。但应考虑三个问题:其一,在认真总结以往修复湿地经验教训基础上,对准备生态修复水域的生境条件进行调查;其二,可考虑人工改造准备修复湿地的生境,包括N P、透明度、风浪和水深等,使符合种植有关植物的生境要求;其三,做好太湖各湖湾及有关水域大规模修复湿地的规划方案,使植被覆盖率达到20世纪60年代占太湖水面积25%~30%的比例。其中,恢复湿地除包括恢复湖滨湿地,还应包括太湖西部及其他沿岸被围垦的部分湿地,还应适当降低冬春季水位恢复一些湿地。

(14)加强消除蓝藻爆发的科研。一是政府立项消除蓝藻爆发研究课题;二是科研以实用性为主,兼顾基础理论研究。实用性即是研究消除蓝藻爆发的技术、技术集成创新及其应用理论的研究,也包括研究蓝藻死亡的生境、规律等,推进适用低价长效安全技术的科技成果转化推广,为编制(修编)太湖的一湖(湾、水域)一策治理、消除蓝藻爆发方案奠定基础。

(15)长江大保护应该包括消除太湖蓝藻爆发。太湖是长江下游最大的湖泊,长江大保护应该消除太湖最大的生态问题——多年持续高频率的蓝藻爆发。本人总结消除蓝藻爆发的“强大的外部干预”包括三大类技术集成措施:一是消除富营养化,包括控制外源、内源,调水清淤和打捞清除蓝藻等技术;二是修复湿地,如上述第 13 个交流观点所述;三是清除蓝藻,在分水域治理的基础上,采用包括物理、理化、生物、生化等技术抑制蓝藻生长繁殖或直接消除蓝藻,即深度彻底消除水面、水中和水底的蓝藻,然后把已经消除蓝藻爆发的各水域连成一个没有蓝藻爆发的大整体,最终消除太湖蓝藻爆发。此三大类措施并重,缺一不可,否则太湖这样的浅水湖泊无法消除蓝藻爆发。

欢迎交流!

2019.4.2

交流 3　彭永臻院士发言读后感

近日在微信群里看到“爱创刊”的 302 期“水资源瞭望”上 2019 年 4 月 3 日刊登了彭永臻院士于 2019 年 3 月 25 日下午在全国人大常委会水污染防治法实施情况专家评估座谈会上的发言(下称“发言”),其标题是“坚决遏制Ⅳ类和Ⅲ类排放标准的过高要求”,以及根据在微信群、QQ 群的有关“发言”的若干文章或言论,提出本人看法,与大家讨论交流。

1　院士专家是否反对提高污水处理标准的问题

我认为“发言”中并未直接反对提高污水处理标准,它是明确反对城镇污水处理排放标准过于“整齐划一”,应该因地制宜规划与修订,该严的严,该松的松;其一,对于湖泊、海湾等脆弱水体,应该制定更严格的氮磷等排放的地方标准;其二,针对无富营养化的水体,应当制定适当宽松的氮磷等排放标准;其三,反对把一般地区的标准提的过高,如提到现行地表水标准的Ⅲ~Ⅳ类。但

“水资源瞭望”上的标题“坚决遏制Ⅳ类和Ⅲ类排放标准的过高要求”就不妥了,因其没有区分情况,易让人误认为提标至Ⅲ~Ⅳ类就是过高要求。

有些人提出院士专家反对提高污水处理标准此论点的可能原因,一是误解院士专家的意见;二是有些人思想意识没有与时俱进,认为达到国家的最高标准一级A就行了;三是对污水处理工程集团而言,原主打工艺是一级A,现提标是给其增加困难,但也是机遇,可在创新中发展、前进。

2 “发言”中提到的Ⅲ类、Ⅳ类过高要求中未说明河道或湖泊标准

“发言”提到的盲目提出达到地表水环境质量标准中Ⅲ类、Ⅳ类的过高要求中,有个具体问题,就是地表水环境质量标准包含河道、湖泊两类,没有说明。因两者在TN、TP上的指标相差较大。

湖泊(河道)环境质量标准(单位mg/L)的TN分别为Ⅲ类1.0 mg/L(无标准)、Ⅳ类1.5 mg/L(无标准),Ⅴ类2.0 mg/L(无标准)。湖泊(河道)的TP分别为Ⅲ类0.05 mg/L(0.2 mg/L)、Ⅳ类0.1 mg/L(0.3 mg/L)、Ⅴ类0.2 mg/L(0.4 mg/L)。而污水厂排放标准一级A的TN、TP分别为15.0 mg/L、0.5 mg/L。

3 一般地区达到一级A即可

“发言”中提出一般地区污水处理标准达到一级A就行了,这个观点很对。有些一级B也就行了,具体根据地区环境容量来确定标准。

“发言”中又提到沿海污水厂可向大海排放。这个建议应加以说明和限制。因目前允许向大海排放,但应指出应逐步提标、尽量减少排入污染负荷,以免几代人后给海洋造成极其严重的污染。如目前我国大量污水排入黄海、东海、渤海等近海,已经造成相当严重的污染,赤潮、浒苔泛滥就是例子。

4 注意环境质量的Ⅳ类、Ⅲ类标准与准Ⅳ类、准Ⅲ类标准的区别

“发言”中提出应及时遏制越来越多的地区盲目提出要达到水环境质量标准的Ⅳ类和Ⅲ类水质的过高要求的趋势。这个观点很对。

其中有个具体问题,即一般关心环境人士说的提标是指达到准Ⅳ、准Ⅲ类标准的通俗说法,即是指地表水环境质量的河道标准,一般仅指氨氮等指标,是不含TN的。

5 人口稠密、社会经济发达地区须大幅度提标

“发言”中提出对于湖泊、海湾等脆弱水体应制定更严格的氮磷等排放的

地方标准,但其未提出严格的程度。我认为如太湖(巢湖、滇池)流域的污水处理厂或处理设备就应大幅度提标。

(1)污水厂尾水排放入湖的河道的标准,污水厂的 NH_3-N、TP 应提高至地表水环境质量的Ⅲ类、Ⅳ类标准或更高,而 TN 最终应提高至Ⅲ~Ⅴ类,近期可先达到 3 mg/L。

(2)污水厂尾水不排放入湖的河道的标准,即排入一般河道、河网,也应提标至准Ⅲ、准Ⅳ类标准,因如太湖流域的非入湖河道水质一般均要求消除劣Ⅴ类、达到Ⅲ、Ⅳ类。所以,污水排放标准应与河道的水功能区标准相协调、一致。

6　发达地区大幅度提标是可行的

社会经济发达和人口密度大的地区,如太湖流域须大幅度提标才能满足太湖环境容量的要求。据太湖局资料,2017 年环湖河道入太湖总负荷量 TN 为 3.94 万 t、TP 为 0.20 万 t,分别为 2006 年 4.23 万 t、0.19 万 t 的 93%、105%,即 11 年来 TN 仅削减 7%,TP 反而增加 5%。其中最主要因素就是污水处理标准偏低、仅满足一级 A,污水厂成为流域最大点源群。

大幅度提标是可行的。如 NH_3-N 提高至地表水Ⅲ类或更高应该没有问题,TP 提高至Ⅲ~Ⅳ类也是可行的。如昆明第一、二污水厂在已达到一级 A 标准的基础上进行提标改造,NH_3-N 达到 0.1~0.2 mg/L,TP 达到 0.1~0.2 mg/L。污水处理 TP 提标在技术上无难处,主要通过生物除磷和化学除磷可达到,要多花一点钱。

TN 提标技术较困难。生物脱氮是目前污水处理经济且唯一有效的方法,彭永臻院士提出用国际上的先进技术即厌氧氨氧化脱氮技术可解决此问题,如新加坡樟宜污水处理厂实现了部分厌氧氨氧化的脱氮。经了解如宜兴 2018 年奠基的高标准的高塍新概念污水厂(2 万 t/d)采用厌氧氨氧化工艺,处理标准:TN 3 mg/L、TP 0.1 mg/L、NH_3-N 1 mg/L;安徽合肥王小郢污水厂等 TN 已达 5 mg/L;采用复合高效固载微生物提标改造污水厂的 TN 可达到 1~3.5 mg/L;北京、合肥、上海等城市已制定提高污水厂或企业处理污水的地方标准,一般均提高至类Ⅳ标准或更高标准。

7　关于提标花钱太多的问题

有人说,提标花钱太多,不合算,没有必要。此话不妥。如对太湖而言,其一对于太湖流域入湖污染负荷多,污水厂必须提标;其二污水厂不提标则无法使入湖污染负荷满足太湖环境容量;其三流域可以筹集到资金;其四若污水厂不提标、不多花钱,但不能治好太湖遭受污染的主要病根,无法消除富营养化,是不合算的。

结论　太湖(巢湖、滇池),流域内全部污水厂应先达到一级A,再逐步改造原污水厂和新建污水厂达到更严格排放标准,建设足够污水处理能力的设备(设施)和全覆盖管网,严格控制其他点源和各类面源,大幅度削减入湖污染负荷,满足环境容量要求,消除富营养化,建设成为长江大保护中生态文明的美丽湖泊。

2019.5.3

交流4 “蓝藻水华:从哪儿来,到哪儿去?”读后感

本人退休后2年的2007年发生太湖供水危机,从那时至今一直研究治理太湖消除蓝藻爆发。有机会在微信群里看到“蓝藻水华:从哪儿来,到哪儿去?”(下称该文),刊登于中国科学报2019年5月7日第7版生态环境,作者:秦志伟。

这是篇较好的文章,科学总结蓝藻水华从哪儿来,汇总了相当多符合实际的观点,值得参考。本人提出一些看法与作者及大家交流。

1　“谜一样的问题”一节

第5段中称,“社会对于水体富营养化与蓝藻水华暴发已有初步认识,氮磷等营养盐浓度的增加以及较高的水温、充足的光照、平静的风浪条件,都有可能促成蓝藻水华的暴发”。

此话很对,目前社会上和业界对于蓝藻水华爆发(简称蓝藻爆发)基本有统一认识,但对消除蓝藻爆发无统一认识,甚至没有认识,需要做工作、改变观念。

第9段中称,"由于水体富营养化,太湖每年5~10月都会暴发微囊藻水华"。

此话基本正确。实际上太湖现在每年11月均有蓝藻爆发,有时爆发规模还相当大,如2017年11月的爆发面积有近千平方千米,一般年份12月还有些水域蓝藻爆发。个别年份如2007年的3月就有蓝藻爆发。

2　"单纯控磷效果难达预期"一节

第1~3段中称,"目前的研究基本弄清了是氮磷等营养盐对水体富营养化及出现蓝藻水华起主导作用,特别是确定了磷的决定性作用,并由此提出以控磷为目标的富营养化控制策略。但秦伯强团队发现,太湖这样的大型浅水湖泊并不适合这套策略,单纯的控磷很难达到预期效果"。

"单纯控磷很难达到消除太湖富营养化和蓝藻爆发的预期效果"的结论正确,但此结论不是在目前提出的,若干年前就提出了。

我认为:控磷是治理蓝藻爆发关键的结论不适合太湖;氮磷同控才能消除富营养化;仅依靠治理富营养化不能消除蓝藻爆发,须与削减蓝藻数量结合才能消除浅水湖泊太湖的蓝藻爆发。此类观点在我2014年《中国淡水湖泊蓝藻爆发治理与预防》、2018年4月《河湖生态环境治理调研与案例》等书及这几年有关的会议报告、文章中多次提出。

第5段中称,"如果把外部进入的磷看成是外源,那么底泥释放的磷便可以称为内源,后者是秦伯强团队最近的发现"。

此结论是对的。但结论若干年前就有,是专业人士共识,非最近发现。

3　"气候变暖是蓝藻水华暴发的另一原因"一节

第3~4段中称,"而越冬蓝藻细胞的增加,加大了次年蓝藻水华的种源数量。在秦伯强看来,正是这种气候变暖叠加营养盐浓度的升高,导致了2007年无锡饮用水危机事件的发生。"

上述无锡饮用水危机成因的说法不错,但不全面。因此说法将使百姓觉得以后经常会发生饮用水危机,因为太湖具备蓝藻爆发、温度变暖、营养盐浓度高的3个条件的现象将长期存在。实际上以后发生此类供水危机的概率极小。事实上,太湖具备上述3个条件的绝大部分水域以往均未产生黑臭水体和供水危机。其原因是产生供水危机还须有其他特定环境因素。2007年太湖供水危机的实质是多年蓝藻爆发后的蓝藻残体大量积存于同一水域湖底,在温度较高和水体相对静止的特定条件下产生厌氧反应使水体黑臭造成供水危机。经我在“太湖蓝藻大爆发的警示和启发”(上海企业,2007.7)提出,现政府把此现象正式称为“湖泛”,如江苏省给治理太湖水环境下达的任务中就有消除大规模“湖泛”这一条。

4 “控源和生态调控并举”一节

第3~4段中称,“南京地理与湖泊研究所专家基于水源地、蓝藻水华减灾防灾需求,研创了‘预测预警—智能拦截—高效清理’成套技术与设备,并成功推广应用于太湖、巢湖等湖泊水库。”上述其中的高效清理设备未在太湖应用。

第3段中称,“但这种恢复需要一个前提条件,即污染负荷必须降低到一定程度才能实施”(注:此处的“恢复”指湿地)。

此话不全面,修复、恢复湿地的前提条件应有多个,其中修复芦苇(挺水植物)的前提是湖底高程(水深)和风浪,沉水植物是污染物、透明度、风浪和蓝藻爆发等。

最后第2段中称,“杨柳燕同时指出,这需要环保、农业、水利、渔业等部门协调统一,调整湖泊管理模式,实现管理思路从控源截污为主向控源截污与湖泊生态调控并重的重大转变”。

这话不错,但有些笼统。若此处的“生态调控”是广义的,即生态中同时包括藻类、蓝藻,则就是正确的,因为消除过多的蓝藻、使藻类的多样性恢复至正常状况也属于“生态调控”;若仅指狭义的动植物及湿地则是片面的。

最后1段中称,“但杨柳燕不赞同盲目对水体进行大型水生植物修复,弄清营养盐浓度、水文状况与大型水生植物和藻类竞争生长的耦合机制十分重要,是未来需要解决的科学问题之一”。

我对于“不能盲目大型修复植物、湿地”的思考:一方面,此结论基本是对的,目前大规模修复湿地应慎重;另一方面,由于水污染、蓝藻爆发、围湖造田等人为因素直接或间接损毁太湖150~200 km^2 湿地,目前应发挥积极的人为干预因素、尽快逐步解决这些湿地的生境问题,继而实行大规模生态修复,恢复湿地至蓝藻爆发以前规模。不能坐等生境的自然改善和湿地的自然修复,大家一起想办法,去努力、去奋斗。

5 该文仅完成了文题内容的一半

该文仅论述了蓝藻水华从哪儿来,而未论述蓝藻水华到哪儿去,即能否消除蓝藻爆发及如何消除。

我认为：每一篇有关治理太湖蓝藻爆发的文章，在客观反映治理蓝藻爆发的困难、艰巨性和长期性的基础上，同时应给读者增加消除蓝藻爆发的信心和希望，即增加“正能量”，这是每个作者的责任。

事实上，蓝藻爆发是可以消除的，只要认真调查总结已消除或基本消除蓝藻爆发的东湖、西湖、玄武湖、蠡湖等小湖泊，总结洪泽湖基本不再有蓝藻爆发，总结已富营养化的洞庭湖、鄱阳湖在主水流经过的水域无蓝藻爆发的经验教训，就可得出能消除太湖蓝藻爆发的结论。

为此，首先要以蓝藻爆发为问题导向，在国家层面建立分水域消除太湖蓝藻爆发的目标（巢湖、滇池也应有目标），以提高领导、科研工作者、百姓消除蓝藻爆发的信心和积极性；将太湖分成若干个相对可封闭的水域，如同小湖泊一样治理、消除蓝藻爆发；将现有诸多治理措施集成进行综合治理，必定能逐步分水域消除蓝藻爆发；最后把已消除蓝藻爆发的各水域连起来，实现太湖没有蓝藻爆发。

2019.5.21

交流5　“湖泊富营养化治理—控磷？还是控氮？”的读后感

本人2005年退休，2007年发生“5·29”太湖供水危机，此时起任无锡市蓝藻办顾问，一直研究治理太湖富营养化和消除蓝藻爆发。最近微信朋友发来“湖泊富营养化治理—控磷？还是控氮？”（下称该文），登载于藻智汇平台Algae Hub. 2019. 7. 20（第六届蓝藻水华论坛官网），作者许海，中科院地理与湖泊研究所。有人问我该文如何？我觉得该文总体是篇好文，文中精辟分析了治理湖泊富营养化、蓝藻水华爆发（简称蓝藻爆发）的相关观点，结论正确，文章有水平且通俗易懂，值得阅读参考。本人发表一些补充意见，与作者及大家交流。

1　关于富营养化与蓝藻爆发

该文分析范围广、涉及湖泊多,对有些湖泊的富营养化与蓝藻爆发的关系分析不十分清楚。如富营养化≠蓝藻爆发,消除富营养化≠消除蓝藻爆发。前者表示不是所有富营养化湖泊均有蓝藻爆发,后者表示不是所有消除了富营养化的湖泊均能消除蓝藻爆发。

①湖泊富营养化后可能有蓝藻爆发,如“三湖”(太湖、巢湖、滇池),年年发生严重的蓝藻爆发,至今爆发程度没有减轻;云南星云湖也年年蓝藻爆发。②富营养化湖泊(水域)不一定有蓝藻爆发,如鄱阳湖、洞庭湖为中富营养化,其中后者曾达劣Ⅴ类,在主水流通过水域没有蓝藻爆发,原因是换水次数多,冬春季水浅,春季能存活萌发的蓝藻少等,但局部水体相对静止的水域有轻度蓝藻爆发。③消除富营养化不是消除蓝藻爆发的必要、唯一条件,如杭州西湖曾有两次大规模蓝藻爆发(为非微囊藻的蓝藻)、武汉东湖在1985年前的一段时间年年蓝藻爆发;此后西湖消除了蓝藻爆发,其时水质为Ⅴ~劣Ⅴ类,东湖主体基本消除了蓝藻爆发,其时至今水质一直为劣Ⅴ类。④有一段时间,星云湖的蓝藻有相当数量流入抚仙湖,但抚仙湖没有蓝藻爆发,原因是水深、水量大,生境不适合蓝藻生长繁殖。⑤至于已蓝藻爆发的大中型浅水湖泊就是消除了富营养化(如水质达到Ⅲ类,中营养),一般认为可减轻蓝藻爆发程度,但仍不能消除蓝藻爆发,如年年蓝藻爆发的“三湖”;一般认为仅依靠治理富营养化去消除蓝藻爆发,N、P须分别达到0.1~0.2 mg/L、0.01~0.02 mg/L(湖泊标准的Ⅰ~Ⅱ类);这两个推断仅是多数专家估计的观点或实验室结论,有待今后去印证。⑥结论。富营养化和蓝藻爆发二者密切相关,由于自然界及人类活动的千差万别,对湖泊的影响不尽相同。中国绝大部分湖泊已富营养化而只有部分有蓝藻爆发;有些湖泊没有消除富营养化就能消除蓝藻爆发;有些湖泊消除富营养化(如达到中营养)也不一定能消除蓝藻爆发。

2　控磷？还是控氮？

①针对治理、消除湖泊富营养化。该文的观点很对,一般应该N P同控,但控制强度不尽相同,可根据湖泊实情确定。如太湖,2007年供水危机时,全湖TN为劣Ⅴ类、2.35 mg/L,TP为Ⅳ类、0.074 mg/L,此时主要是控N,兼顾控P;其后10年,由于加强治理外源、内源,至2017年TN削减31.9%,TP却增加

12.2%，故此后主要是控 P，兼顾控 N。② 针对治理、消除蓝藻爆发。治理富营养化是消除蓝藻爆发的基础。消除蓝藻爆发应该是控 P 还是控 N，各湖泊不尽相同。对于固 N，蓝藻爆发的湖泊一般是控 P 为关键，但此结论不适合非固 N 蓝藻爆发的湖泊，如“三湖”。相当多湖泊应 N P 同控。

3　控磷为治理蓝藻爆发关键的提出与分析

控 P 是消除蓝藻爆发关键的提出是依据加拿大安大略实验湖区历时 37 年的施肥试验的结论。试验中的蓝藻是鱼腥藻和束丝藻等固 N 蓝藻，可从空气中获取 N，故认为难以控 N，则控 P 是关键。但此结论不适合中国的“三湖”，以太湖为例：① 太湖中的蓝藻主要是非固 N 型的微囊藻，而非固 N 型蓝藻。② 专家一般认为，消除蓝藻爆发应达到 TN 0.1～0.2 mg/L、TP 0.01～0.02 mg/L，今后太湖不可能达到此值。③ 太湖底泥中的 P 元素较丰富（巢湖、滇池 P 元素更丰富），在蓝藻年年爆发、大量死亡沉入水底或由于其他情况而发生厌氧反应时，底泥表层的不溶性 P（也包括上覆水体蓝藻所含 P）可转化为可溶性 P。故太湖难以达到 TP 0.01～0.02 mg/L，10 年治理实践 TP 不降反升也说明了这点。④ 加拿大实验湖区的试验不知其底质是否含 P 及含 P 量多少，37 年试验中是否每年捞走沉积于底泥表层的蓝藻，若每年捞走蓝藻，则基本不存在厌氧反应，其试验的正确程度要打折扣。

4　关于内源

内源包括底泥、藻类和其他生物残体。不同内源对湖泊富营养化和蓝藻爆发程度的影响不同，差别较大。一般湖泊以底泥为第一污染内源，其可释放 N P，影响水质，蓝藻及其他均是次要内源；“三湖”特别是太湖蓝藻年年爆发，使底泥表层的污染物和蓝藻释放污染物质特别是释放 P 物质，加重水体污染物浓度，且底泥表层沉积物中的蓝藻将有更多的存活萌发（苏醒），直接有利于当年或次年的蓝藻爆发。据 2007～2017 年的资料分析，太湖各水域在此 10 年中蓝藻密度已增加了 1～5 倍不等，可以说蓝藻已逐渐成为太湖的第一内源，底泥（指原来基本不含蓝藻的底泥）已退居为第二位。所以，目前清除太湖内源的关键是首先清除水面、水体和水底的蓝藻。

5　关于消除蓝藻爆发

该文分析了控制 N P 对治理富营养化和蓝藻爆发作用的各种观点，也提出了一些控制 N P 的原则,但未能提出消除蓝藻爆发的目标及其相应基本措施。在此以太湖为例,提出消除湖泊蓝藻爆发的基本思路:在治理富营养化并达到一定程度的基础上,进行分水域治理,深度彻底清除蓝藻,配合修复湿地,利用现有诸多技术的集成综合措施消除蓝藻爆发,加强管理,确保今后蓝藻再不爆发。若能研究出具有突破性作用的消除蓝藻爆发的技术更好。

① 首先是建立信心、建立消除蓝藻爆发目标。只有这样,才能增强领导和科技人员的责任心和积极性,研究出消除蓝藻爆发的技术集成和整套方案。② 技术措施包括治理富营养化、恢复湿地和深度彻底清除蓝藻三大类。其中,治理富营养化,大家均清楚,此处省略;湿地要大规模恢复至蓝藻爆发以前面积、新增超过 200 km^2 湿地,不能坐等生境的自然改善和湿地的自然修复,需要大家共同努力,做好修复方案,同时改善生境与人工修复局部湿地,再促进湿地的自然修复,人工修复与自然修复相结合。

至于深度彻底清除蓝藻包括清除水面、水体和水底蓝藻,技术众多,可采用其中若干技术进行集成创新、消除蓝藻爆发。① 改性黏土除藻。使水面、水体和水底的蓝藻均快速沉于水底,继而种植沉水植物,固定底泥和吸收蓝藻所含营养物质。② 混凝气浮法除藻。把混凝气浮的藻水分离除藻技术(或其他类似技术)直接用于太湖水域。③ 高压除藻。高压设备对蓝藻进行处理,改变其压力、温度等生境,使蓝藻大幅度减慢生长繁殖能力或死亡。其中若是将高压除藻设备产生的尾水进行藻水分离,可更有效除藻。④ 碳纳米电子技术除藻。用碳纳米薄膜电极装置加电压释放电子,通过光电效应、光催化作用破坏、消除蓝藻,同时削减水体和底泥污染物。与此类似的还有复合式活水提质除藻技术。⑤ 生物种间竞争除藻。如芦苇湿地、紫根水葫芦、沉水植物除藻,鲢鳙鱼、贝类、浮游动物滤食蓝藻,或用植物化感物质制剂除藻。⑥ 喷洒锁磷剂除藻。⑦ 安全高效微生物及制剂除藻。⑧ 使用常规措施除藻。控源调水清淤等可治理富营养化至一定程度,减慢蓝藻生长繁殖速度,调水可带走蓝藻、清淤可部分除藻。⑨ 综合除藻。在“三湖”选择若干种除藻技术进行试验,试验成功后配合其他技术分片进行综合除藻。

6　关心治理湖泊人士共同推进消除蓝藻爆发工作

利用报纸杂志、会议、活动等宣传消除蓝藻爆发的必要性、可能性,以蓝藻爆发为问题导向,促进建立消除蓝藻爆发的目标,增加领导和科技人员的信心和积极性，对现有技术进行创新集成，分水域消除蓝藻爆发，就能消除整个湖泊蓝藻爆发。

2019.8.5

交流 6　共同推进"三湖"消除蓝藻爆发

——阅环保大会论文集感想

1　背景

① 翻阅 2018 环保大会(合肥，8 月 3~5 日)文件和论文集，感觉会议总体开得很成功。会议期间，巢湖严重蓝藻爆发，其后新华每日电讯以"蓝藻！难藻"！巢湖蓝藻水华为何年年治年年发?"为题报道了此消息，报道中希望巢湖的综合治理在 2035 年取得根本性胜利。大会做报告的 300 余位专家、大会论文集中 608 篇论文均没有关于"三湖"(太湖、巢湖、滇池)消除蓝藻爆发的内容(包括消除蓝藻爆发目标和相应技术集成)。同样，2019 环保大会(西安，8 月 23~25 日)，总体开的也很成功，大会做报告的 300 余位专家、大会论文集 658 篇论文中有 1 篇关于"三湖"消除蓝藻爆发的内容。② 翻阅近几年国家重大科技试验项目，几乎查不到关于"三湖"消除蓝藻爆发的项目。③ 近年诸多学术期刊刊载的上万篇水环境文章中，仅能查询到寥寥无几的有关消除"三湖"蓝藻爆发目标和相应治理技术集成的综合性文章。④ 报刊仅有一些关于蓝藻爆发的报道，但极少见打捞蓝藻以外的消除蓝藻爆发的有关内容。对上述情况有些遗憾，希望消除蓝藻爆发方面有突破性进展。

2　推进消除蓝藻爆发工作困难分析

(1)相当多的领导或专家对消除蓝藻爆发缺乏信心，认为难以消除蓝藻爆发或没有必要消除蓝藻爆发，故决策者难以下决心制定消除蓝藻爆发的目标，没有目标就不能有效提高各级领导和科技人员的责任心、积极性和主动性，国家重大科技试验项目中也就无消除蓝藻爆发的研究项目。

(2)科技刊物难见此方面文章,主要原因是刊物一般习惯于刊登治理富营养化的文章、蓝藻基础理论方面的文章,不习惯于刊登消除蓝藻爆发的综合性应用技术方面的文章。有心消除蓝藻爆发的各界有识之士应共同努力,加强宣传力度,推进治理“三湖”消除蓝藻爆发进程。

3 感想和希望

3.1 中国有能力消除“三湖”蓝藻爆发

中国现在是世界第二大经济体,有中国特色的能集中力量办大事的社会主义优越体制,有众多关心“三湖”希望消除蓝藻爆发的科技人才,创造了诸多领先世界的技术和成就,如量子技术和天眼领先世界、北斗卫星网将替代美国 GPS 等,再经 10~30 年的努力,我们一定能在中华人民共和国成立百年之前分水域消除浅水型“三湖”蓝藻爆发这一世界难题。这也符合 2015 年发布的《水污染防治行动计划》提出的到 2049 年生态环境质量全面改善的目标,符合习总书记长江大保护的要求。

3.2 必要性

蓝藻爆发危害大:具有藻毒素、产生供水危机,使人有难受的视觉和嗅觉感觉及严重影响景观的效果,有消除蓝藻爆发的必要性。“三湖”流域和全国百姓,以及世界的旅游者都希望看到没有蓝藻爆发的“三湖”。

3.3 技术可行性

利用现有技术集成完全能消除“三湖”蓝藻爆发。

(1)加强各位专家的学术交流,总结有些富营养化大中型湖泊蓝藻不爆发和相当多的小型湖泊已基本消除蓝藻爆发的经验教训,增强消除蓝藻爆发的信心,共同推进政府出台消除蓝藻爆发的目标。

(2)在分水域治理的基础上,利用三类现有技术集成措施完全能消除“三湖”蓝藻爆发。

① 消除富营养化。削减水体营养至一定程度能减慢蓝藻生长繁殖速度:a.控外源。削减污水厂污染负荷:提高污水厂标准,提高污水处理能力、污水收集管网全覆盖、加强管理和治理渗漏;控制生活、工业、规模集中畜禽养殖业等点源;控制种植业及其他面源。b.控制内源。清除已成为主要内源的蓝藻和清除污染的底泥及其他。c.调水。d.生态修复。

② 恢复湿地。湿地既可净化水体,又具有一定程度的抑藻和除藻作用,同时,恢复湿地也是“三湖”在消除蓝藻爆发后保持蓝藻不爆发的保障措施。

恢复湿地至蓝藻爆发前规模、约新增超过 200 km^2 湿地，主要恢复沿岸湿地，拆除部分环湖大堤恢复湿地，也可改善生境恢复湖中心的部分湿地，适度降低水位恢复湿地。

③ 分水域除藻。具体见交流 5 的 5“关于消除蓝藻爆发”。

3.4　加强宣传

逐步推动国家及有关省市政府及部门、流域机构、大学、研究机构等单位，增强信心，加快消除蓝藻爆发进程。

3.5　呼吁国家把消除“三湖”蓝藻爆发目标及试验项目列入“十四五”规划中

希望各位专家、同仁们，为消除“三湖”蓝藻爆发这个世界性难题做好宣传、交流，做出进一步贡献。祝各位工作顺利！

2019.9.26

交流 7　关于巢湖治理之一的污水厂提标问题

2019 年 7 月，作者给《环境科学研究》期刊投了篇关于综合治理巢湖消除蓝藻爆发的稿件，编辑部结合审稿者观点回复了几条值得讨论的意见，且希望“如有问题，请及时沟通”，所以作者与之“沟通”，专门写了 5 篇短文与之交流。因编辑部提出的意见是在学术界带有共性的大家关心的普遍性议题，所以在此希望与大家共同研讨交流、共同提高认识，短文随后陆续发出。

编辑部认为“建设足量的污水处理能力和大幅度提高污水厂排放标准是重点有问题，目前管网效率低是主要问题，处理能力已经接近需求，处理标准也已经接近经济技术瓶颈”。交流如下。

1　建设污水处理厂的目的

建设污水处理厂（含处理设施）（简称污水厂）的目的主要是对城市乡镇的全部生活污水和工业污水及其他污水进行处理以达到削减污染负荷而满足区域、流域环境容量的目的。

2 建设污水处理系统内容

① 建设足量的污水处理能力,把需要处理的污水全部进行处理;② 配套全覆盖的污水收集管网,使每个污水生产户的污水全部进入管网;③ 适当的污水处理标准,能够满足所在区域水体的环境容量;④ 加强运行管理,包括污水厂达标排放,管网安全运行,提高污水处理率,降低成本。

3 巢湖流域污水厂提标的必要性

(1)巢湖流域污水厂是最大的点源群。虽然合肥市污水厂基本已达到一级A标准,有些如王小郢污水厂的处理标准比较高,已达到类Ⅳ标准(也称准Ⅳ类)。污水厂的一级A标准一般可以削减55%~75%的污染负荷。但经计算,仅合肥市污水厂(以一级A标准计算)排入水体的N P负荷,即经污水厂一级A处理后剩余的25%~45%的入水污染负荷就已相当于超过巢湖Ⅲ类水时环境容量(负荷在进入巢湖前尚有一些削减),若加上污水厂以外的点源、面源负荷和流域其他城市污水厂的污染负荷,则更将大幅度超过巢湖环境容量。

(2)相当多入湖河道水质不达标原因是污水厂标准偏低。如南淝河流域,其受纳超过122.5万m^3/d污水厂排放的尾水超过3.6亿m^3,为河道年入湖水量80%多,派河、十五里河流域也因污水厂标准偏低等原因使河道水质不达标。2018年南淝河入湖水质为:TN 8.51 mg/L、TP 0.399 mg/L、NH_3-N 5.33 mg/L;派河、十五里河的水质TN、TP也均为劣Ⅴ类;其他全部入湖河道水质的TN均为Ⅳ~Ⅴ类,距离巢湖Ⅲ类水目标有相当大的差距。污水厂若不提标,南淝河及派河、十五里河入巢湖的大片水域将无法达到Ⅲ类水。所以,根据巢湖的环境容量,必须提高流域入湖河道流域污水厂的排放标准、适当增加处理能力和提高污水厂处理效率。

4 关于"目前管网效率低是主要问题"

管网效率低问题目前主要表现在以下方面:① 管网的最后一公里未打通,或是管网接到排水户家门口了,但差一步,其排水未进管网,造成效率低;② 管网的建设质量差或时间长了造成不同程度的渗漏,致使管网效率低。这些的确是存在的问题,但仅是目前的问题,找出问题后花点力气就可解决管网效率低的问题。同时,应该创新改革污水处理工艺,提高污水处理效率。今后需要满足巢湖环境容量的要求时需要削减各类污染负荷,其关键是首先应该削减污水厂的污染负荷,才能解决根本问题。

5　关于“处理能力已经接近需求”

的确,巢湖流域在提升污水处理能力方面是下了大工夫的,如合肥市的污水处理能力从2011年的100万 m^3/d 增加至2018年的200万 m^3/d 左右,虽然已经接近目前污水处理能力的需求,但由于人口增加,社会经济不断发展,合肥的近期规划要建设达到272 m^3/d 的污水处理能力,其后由于合肥市已从欠发达城市转变为发达城市,城市规模不断扩大,相当部分初期雨水污染也需要处理,人口和GDP继续持续增加,所以污染负荷产生量将持续增加。简单测算可知至2030~2040年污水处理能力将增加至320~350 m^3/d。那时污水厂的污染负荷对巢湖的贡献率将大幅度超过现在,也即更有必要提高污水厂排放标准了。

6　关于“处理标准也已经接近经济技术瓶颈”

即有些专家认为污水厂提高标准对于目前而言在经济上不合算和技术上难以做到,但不应该断定今后也是如此。随着社会经济和科学技术的发展,经济效率将得到大幅度提高,也即目前的经济技术瓶颈今后将不是瓶颈。

7　关于污水厂提标的可能性

第一,提高污水处理标准的技术可能性:科学技术是不断进步的,污水处理技术也是不断进步的。但明明是一级A现在在许多区域满足不了水域的环境容量要求,如“三湖”流域的一级A排放标准已满足不了环境容量的要求,其中特别如南淝河流域等污水厂尾水占主要水量的河道(包括尾水在季节性水量中占主要的河道),这些区域必须提高标准,这是大多数研究人员的共识,也是实际的需要。作者2019年11月去巢湖参加研讨会,听说安徽、合肥的有些领导同志也同意提标,但有些专家就根据“处理标准也已接近经济技术瓶颈”等观点反对提标。技术人员不能站在原地用老一套的观念看问题,认为一级A处理标准已经是最高标准了。

现在已经有许多污水处理技术、工艺可以大幅度提标,如北京信诺华公司固载微生物对污水厂的尾水进行提标处理,NH_3-N 可达到地表水标准的Ⅰ类、TN可达到1~3.5 mg/L;无锡麦斯特环境科技公司离子气浮技术可使TP

达到0.01 mg/L;短程厌氧氨氧化工艺的处理效果也很好;2015年昆明的第一、二污水厂提标改造NH_3-N就达到0.1~0.2 mg/L(地表水Ⅰ~Ⅱ类);合肥王小郢污水厂也已达到准Ⅳ标准,也称类Ⅳ标准,是指NH_3-N、TP等部分指标达到地表水Ⅳ类的河道标准。当然提高标准的技术工艺在其发明、创新后,需要经过一段时间的过渡,才能发挥其作用,但这是必然趋势。

许多城市也已提高了污水处理标准。例如,《巢湖流域城镇污水处理厂和工业行业主要水污染物排放限值》(DB 34/2710—2016),提高了排放标准;《上海市污水综合排放标准》(DB 31/199—2018)自2018年12月1日起实施,全部排污口均要提高标准;北京也提高了排放标准至类Ⅲ~类Ⅳ类标准。这说明在重要区域大幅度提标已是势在必行。使用人工湿地直接处理污水或处理污水厂的尾水也是可行的措施,或可作为提标技术的一部分,但此需占用大量土地,难以在社会经济发达而土地资源紧缺的城市大规模推广;也可使用其他相关技术处理已进入河道的污水厂尾水,提升河道水质。

第二,提高污水处理标准的经济可能性。滇池水务局的第一、二污水厂提标后NH_3-N达到地表水Ⅰ~Ⅱ类,且基本没有增加运行费用;北京信诺华公司固载微生物技术污水厂提标处理污水,TN提高标准的运行费用为0.10~0.02元/m^3。合肥大部分的污水厂的原处理费用在1.20~1.60元/m^3,有节约的空间。可以说,在逐步完成污水厂的提标改造任务后,提标后的运行费用可能要有少量增加。当然老污水厂的改造是要增加一些投资的,新建(扩建)采用提标的新技术、新工艺的污水厂需要的投资不会较原来增加很多甚至可能减少,但需要整合、创新整套污水处理装置。随着时代和科技的进步,若采用高度自动化和智能化的工艺和管理,则污水处理费用的上涨幅度不会太多或甚至可能降低。

8 必须努力控制其他污染源

众所周知,必须全力控制生活、工业、规模养殖等点源污染,控制种植业、分散的生活污染,散养畜禽、水产养殖、地表径流污染,特别是巢湖流域富磷地区地表径流的磷污染等面源污染(此处简略)。

结论:必须充分认识到,污水厂是巢湖流域最大的点源群,应在建设足量污水处理能力、配套全覆盖污水收集管网、加强运行管理和提高污水处理率的同时,适度提高全流域污水处理标准,其中在人口稠密、社会经济发达的巢湖北部的合肥市南淝河等流域必须大幅提高污水处理标准,才能满足巢湖的环境容量。

2019.12.27

交流 8　关于巢湖治理之二的大规模修复湿地问题

《环境科学研究》编辑部认为“大面积恢复水生植物也不现实,以目前的巢湖的运行水位节律,不可能大面积恢复水生植物”。交流如下:

此观点仅注意到目前的生境,而未考虑巢湖的生境在以后能够得到改善的可能,所以才认为目前“大面积恢复水生植物也不现实”。

1　巢湖湿地大规模减少的原因与过程

巢湖 20 世纪的围垦、泥沙淤积、水污染和蓝藻爆发,数次大洪水使水位大幅度升高致芦苇湿地遭受灭顶之灾,1962 年建设巢湖水闸控制使最低水位提高 1.5 m,鲢鳙鱼等食藻鱼类及浮游动物从 1952 年的 38.3%减少至 2002 年的 2.6%,致芦苇湿地大量减少,植被覆盖率从 1931 年的 30%减少至 20 世纪 50 年代初的 20%,后减少至目前的 5%。

2　以往未能大规模修复巢湖内湿地的原因

一是客观原因:湖中风浪大、水深等,使修复难度大,影响大规模生态修复的进行。二是主观原因:对巢湖大面积修复湿地的必要性认识不足。三是对巢湖大面积修复湿地的可能性认识不足,认为现状不可能大规模修复,所以缺乏大规模修复的信心。四是未科学制定大规模修复湿地的规划方案,无法去实施。

3　巢湖湿地大规模修复的必要性

若要保护和修复巢湖良好的生态系统,其基本要求是必须大规模修复巢湖湿地,否则就谈不上建设良性循环的健康的生态系统。所以,巢湖的植被覆盖率(湿地面积/湖泊水面积比例)应该恢复至原来25%~30%的水平。

4 巢湖湿地大规模修复的可能性

现在大规模修复“三湖”及河湖生态、湿地已是全国百姓的共识,只是如何修复和修复时间的问题。

现有的经验:太湖的东太湖(湖湾)制定了一个科学的修复方案,至2015年已修复了37 km^2 的湿地;滇池拆除50 km环湖大堤,恢复了9 km^2 湿地。另外,太湖和巢湖均采用人工修复和自然修复结合的方法分别零零星星恢复了10 km^2 多的湿地。所以,只要有决心并制定一个科学的修复方案,改善现有的生境,使其适合植物生长,必定能大规模修复湿地。

修复湿地的途径和方法有以下几种:

(1)恢复原有芦苇湖滩地。在确保防洪安全的前提下,拆除巢湖西部的派河与杭埠河之间的部分环湖大堤或用其他方法恢复原有15~20 km^2 芦苇滩地。此湿地恢复后同时可作为净化派河水的前置库,大量削减派河的入湖污染负荷。其他如巢湖的西南部等区域均有一定面积的原来湿地可供恢复。2019年11月去合肥开研讨会时巢湖本地专家提供的巢湖湿地变化图,可供参考(附图2)。

(2)适当降低巢湖水位。如冬末春初降低水位0.5~0.8 m,则可增加湖滨湿地8~13 km^2 及有利于春天种植芦苇,有利于湿地植物发芽生长,有利于沉水植物的生长。若降低水位后影响航行,可适当疏浚加深航道。若全年适当降低水位,则可增加湖体透明度,也有利于湖底沉水植物的自然恢复。就这方面我于2019年11月去合肥时与有关专家交流过,观点和认识相同,认为是可行的。

(3)巢湖沿岸水域分片修复500~1 000 m或更宽的湿地。关键是要改善风浪和水深等生境使其符合种植植物的生境条件:

①湿地外围设置能够挡风浪、蓝藻的透水坝,可为钢丝石笼坝、土坝+透水系统,或设置其他适合形式的隔断、软围隔(不能设置全封闭的堤坝、隔断)。

②种植芦苇的湿地需要抬高基底至冬春季基本无水,以确保芦苇正常生长。湿地也可种植其他适合在巢湖生长的挺水植物。

③准备种植沉水植物,先可用改性黏土、金刚石碳纳米电子、光量子载体、

混凝气浮、锁磷剂等技术控制污染、消除蓝藻爆发，同时控制底栖鱼类扰动底泥，以提高透明度，再种植相应植物。事实上，南淝河与派河沿岸水域之间已经基本建成长度15 km和500～100 m宽的湿地，只是应增加植物的密度和生物多样性。实施此措施，可能要改建、增建一些基础工程，花一点钱，但为了保护和修复巢湖生态系统，且其作为长江大保护的一部分，是完全有必要的。

(4)建立专业管理队伍。长期管理、保护湿地，如冬季收获芦苇，控制沉水植物疯长，保持水体清洁。为适应巢湖改善的水质、生境，在必要时采用人工方法更替沉水植物品种。

结论　必须建立大规模恢复巢湖湿地的信心，认识其必要性和可能性，制定可行的恢复湿地的方案，千方百计克服阻力，必然能够大规模恢复湿地，修复巢湖良性循环的健康的生态系统。

2019.12.28

交流9　关于巢湖治理之三的分水域打捞消除蓝藻的问题

《环境科学研究》编辑部认为"提出大范围打捞蓝藻也不切合实际"。可以说，在没有提高认识的前提下，大范围打捞蓝藻的确不切合实际，而且文章中说的是打捞和消除蓝藻，不仅仅是打捞蓝藻。反对意见主要认为一是技术上不可能，二是经济上不合算。但这些困难均是可以克服的。

1　巢湖打捞蓝藻的现状问题和原因

巢湖2013年开始打捞蓝藻，随后逐步加大打捞规模，至2019年已有打捞和藻水分离系统(站)4套，分离藻水能力11 000 t/d，现年打捞藻水量24万m^3，年藻水分离得藻泥1万t；在派河口建设了处理能力为9万m^3/d的1套深井式高压除藻系统。这些设备起到了较好的削减水面蓝藻的作用。

存在问题：努力治理巢湖使富营养化程度大幅减轻，但由于每年温度、降雨、入湖水量、水位和富营养化等各类因素的不同,每年蓝藻爆发面积和藻密度有大有小,但蓝藻爆发程度比较严重的总趋势基本没有改变,如蓝藻爆发面积达到:2016 年 237.60 km^2、2017 年 380 km^2、2018 年 440 km^2,分别占巢湖面积的 31%、44.5%、57.9%;又如 2018 年东巢湖的叶绿素 a、藻蓝素分别较 2012 年增加 159%和 404%。

其原因:巢湖水环境综合治理规划方案缺失消除蓝藻爆发目标,没有此目标,就难以提高各级领导、湖长河长和科研工作者的治理积极性、主动性,难以消除蓝藻爆发;由于仅采取治理富营养化及打捞水面蓝藻等措施,仅能减慢蓝藻生长繁殖的速度,不能消除蓝藻爆发;未能深度彻底清除水面、水体和水底的蓝藻,没有使藻密度降低,藻密度反而升高;生态退化严重现象没有得到根本扭转,湿地没能进一步发挥治理富营养化和扼制蓝藻生长繁殖的作用。所以,总体上巢湖的蓝藻爆发程度基本没有得到减轻。

2 仅依靠治理富营养化是无法消除蓝藻爆发的

“湖泊水污染,根子在岸上,治湖先治岸”的说法对治理水污染和富营养化而言完全正确;但“治理蓝藻爆发即是治理富营养化”这个观点不妥。因巢湖等浅水湖泊蓝藻年年规模爆发后根子已延伸到湖中,须同时大量削减湖中蓝藻数量才能消除蓝藻爆发。且专家一般认为已经蓝藻爆发的浅水湖泊,仅依靠治理富营养化消除蓝藻爆发则应达到 TN 0.1~0.2 mg/L、TP 0.01~0.02 mg/L。今后一段时间内巢湖不可能达到此 N P 标准。所以,必须治理富营养化与削减蓝藻数量结合才能大幅度降低藻密度,最终消除蓝藻爆发。

3 仅依靠目前打捞水面蓝藻是无法消除蓝藻爆发的

打捞蓝藻是目前控制蓝藻爆发、有效改善蓝藻爆发产生不良的视觉和嗅觉效果的重要的应急措施,并能同时清除一定数量的 N P、有机质。据计算,太湖每年打捞蓝藻的数量仅占全太湖蓝藻生长量的 2%~4%,巢湖情况基本与之类似。所以,仅靠打捞蓝藻不能消除蓝藻爆发,应创新完善除藻技术,深度彻底打捞消除水面、水体和水底的蓝藻,并配合其他措施,才能消除巢湖蓝藻爆发。

4 分水域深入打捞消除蓝藻的必要性

根据目前治理巢湖的状况,在大力实行控源截污、整治入湖河道、进行生态修复,及多年打捞蓝藻,富营养化有相当程度的减轻,但在蓝藻爆发程度基本没有减轻的情况下,应该分水域深度彻底清除水面、水体和水底的蓝藻,才能控制和消除该水域的蓝藻爆发,然后把已经消除蓝藻爆发的各水域连成一大片,使巢湖最终成为无蓝藻爆发的水域。

分水域是除藻的基本要求,要想短时间内一次性消除巢湖蓝藻爆发是不可能的。巢湖可分为东、西巢湖两部分(消除蓝藻爆发主要是西巢湖),每部分可分割成若干大小适宜的水域,如使东湖、西湖、蠡湖、玄武湖等现有小型湖泊基本消除蓝藻爆发的治理技术经集成创新后能用于治理巢湖消除蓝藻爆发。

分水域的分隔设施,各个水域既要相对封闭,又要与相邻水域具有一定的水力联系、水量交换,须在水域的边界处设置高度和形式适宜的阻隔、围隔系统。如风浪较大水域,可采用钢丝石笼透水坝(其水下一定位置可采用土坝),需允许水流在其两侧间适当流动,也可采用橡胶坝或土坝加透水系统或比较牢固的围隔等;风浪相对较小水域可采用固定围隔或软围隔等。

5　消除蓝藻的技术

具体见交流5一文的5“关于消除蓝藻爆发”。

6　全面深入打捞消除蓝藻的可能性

采用分水域打捞清除蓝藻措施后,就可以把用于小型湖泊消除蓝藻爆发的措施经集成后用于巢湖。如无锡蠡湖、南京玄武湖、武汉东湖主湖区、杭州西湖等小型浅水湖泊,水质均曾为劣Ⅴ类、蓝藻曾多次爆发或数次爆发,后经采取建闸挡污、控源截污、清淤、调水、生态修复、养殖鲢鳙鱼滤食蓝藻等措施中的若干个进行综合治理,水质改善为Ⅳ~Ⅴ类,基本消除蓝藻爆发。其中,西湖则是彻底消除蓝藻爆发。说明分水域后采用现有的除藻技术进行集成就能够消除蓝藻爆发。加之现在科技不断进步,不断有新的除藻技术出现,将会更好地消除蓝藻爆发。

消除蓝藻爆发主要是西巢湖的200 km^2 水域,据各类除藻技术测算,除藻费用大概在2 000万~3 000万元/km^2,此费用在经济上应该是可以接受的。

结论　只要发挥中国特色社会主义社会能够集中全国之力办大事的体制优势,集中全国有关科技力量,创新研究,突破世界难题,完全可以消除蓝藻爆发。所以,只要充分认识到消除巢湖蓝藻爆发的必要性,建立消除巢湖蓝藻爆发的目标,认真总结全国治理大中小型湖泊和消除(控制)蓝藻爆发的经验教训,对除藻技术进行综合集成创新,实行分水域除藻,最终必然能够消除巢湖蓝藻爆发。

2020.1.1

交流 10 关于巢湖治理之四的水质目标问题

1 关于治理巢湖水质目标

《环境科学研究》编辑部认为“以巢湖的流域压力,巢湖 2030~2035 年设定达到Ⅱ~Ⅲ类的水质目标,不太切实”。事实上,在国家综合治理巢湖水环境的规划中就已经提出巢湖的水质目标是Ⅲ类,若西部能够达到Ⅲ类,东部必然能够达到Ⅱ~Ⅲ类。参考太湖的水功能区规划的水质目标,也是西部Ⅲ类,东部Ⅱ~Ⅲ类。所以,这是国家层面上推出的目标,而非作者提出的“不太切实”的目标。只要努力,进一步全方位深入推进各类点源和面源的控源工作,特别是提高污水厂处理标准、采取综合措施大幅削减污水厂污染负荷,清除蓝藻和底泥等内源污染,消除富营养化,必然能够达到水质目标。如国家提出 2020 年基本消除地级城市的黑臭河道,共同努力,完全可以做到,浙江等的一些城市已提前完成任务。

2 关于科普性质与科研论文的问题

编辑部认为“现状及对策只是科普性质的东西,作为科研论文并没有数据支撑或文献总结”。

科奖中心 2019 年 12 月 9 日,有一篇论文:SCI 崇拜,别把中国科研带偏了!其中指出,科研是为了认识世界和解决生产实践问题(来源:中国青年网)。

当然科普性质及科研论文有相当的差别,但有时也无明显的差别。其中的基础理论文章可能科研成分多,而应用性文章科研成分相对少一点。作者的稿件是有关综合性的治理巢湖消除蓝藻爆发的文章,主要是为解决生产实践巢湖的蓝藻爆发问题,所以文章主要论述用多种技术组合而成的综合性措施达到消除巢湖蓝藻爆发的目的,数据也相当多,可以基本满足分析的要求,至于提出的参考文献少一点,的确也是事实,因为"三湖"蓝藻爆发是国家和世界性技术问题,目前国内外的期刊(包括许多著名的期刊)和技术专著极少有综合性消除"三湖"类型浅水湖泊蓝藻爆发、解决生产实践问题的文献可以供参考,均几乎难以找到治理"三湖"蓝藻爆发的综合性文章,只有相当多关于蓝藻的基础理论如有关蓝藻种类、生境之类的文章,所以相当多的论述只能依据作者本人的著作、多处收集的资料(包括未正式发布的资料)后进行综合分析而得出。投稿的目的主要是推进综合治理"三湖"、消除蓝藻爆发的综合性科研及同时推进治理技术的实用性,并以此加强交流,不能以期刊编辑部认为的一般课题论文的要求来衡量审稿。

3 关于资料时限与资料公开共享问题

编辑部认为稿件的"数据是2015年、2016年、2017年的,现在是2019年了"。的确,稿件中数据的新鲜度是差一点,稿件是2019年7月26日以前投的,当初找不到2018年的数据。作者于2019年11月去合肥开会才有幸取得了巢湖2018年的一些相关资料。

这也说明我国水环境方面尚未形成资料公开共享的机制,没有如空气的PM2.5那样的实时监测即时发布的机制,为什么水环境数据不能与PM2.5一样实时监测即时发布呢?这是生态环保等部门应该及时解决的问题。而太湖的有关单位却能坚持每年出一本《太湖健康状况报告》,公开太湖的主要数据,供大家参考、引用和研究,这值得称赞和提倡,值得其他湖泊管理机构学习。

资料公开共享可以推进治理湖泊特别是治理"三湖"、消除蓝藻爆发的工作。目前,水质、蓝藻等相当部分资料被有关部门垄断,作为单位的私有财产而不公开共享,仅限内部使用,资料公开共享有利于百姓监督和研究者研究,有利于加快治理巢湖目标的实现,国家应责成有关各单位,凡是使用国家资金监测得到的水环境的资料均应公开共享(涉及机密的除外)。各期刊应该大声呼吁,促进资料公开共享。作者曾听说发达国家学成归来的研究人员说相当多发达国家的空气、水环境等资料是公开共享的。现在空气的资料是公开共享的，水环境资料的公开共享能否也仿效一下呢？

4 关于技术创新的试验问题

现代社会是科技不断进步发展的年代，新科技层出不穷。2007 年太湖供水危机后，治理“三湖”、消除蓝藻爆发的新技术也是不断出现的。如德林海的打捞蓝藻和藻水分离技术、改性黏土除藻、紫根水葫芦除藻，现在提出的金刚石碳纳米电子除藻等，以后还会创新出相当多的除藻技术；以往认为污水处理一级 A 标准已是最高标准了，现在许多省、市已经提高了污水处理标准，要求达到类Ⅲ、类Ⅳ类标准（或称准Ⅲ、准Ⅳ类标准），甚至 NH_3-N 可以达到地表水Ⅰ类、TN 可以达到 1～3.5 mg/L。这些创新的技术（工艺）均需要进行试验，进行多次相当规模的成功试验，就能正式全面推广，实际上现在已有若干技术在推广之中了。

但是，听说“三湖”中有些地区不允许进行除藻试验，说其他区域试验成功了我们再使用。这就存在一个问题，新技术到哪儿去试验的问题，特别是浅水湖泊“三湖”年年蓝藻爆发，需要一个有效而实用的除藻技术，这在“三湖”之一必须进行试验。所以，必须建立一套试验机制，或有上级部门出面，选择几项急需的希望比较大的技术（工艺）进行统一试验。其经费：上下各级部门分摊、技术创新单位（企业或研究单位）出一点、有关基金单位出一点。试验成功并作用很大的，应该给予奖励，以提高创新单位的积极性。

有些相对较小的试验课题，创新单位认为其已试验多次很成功了，当使用单位要其再试验时，创新单位则不同意再花钱去进行试验，要求使用单位自己花钱购买设备、技术进行试验；也有使用单位要求创新单位进行试验，试验成功了就给全部或部分的设备钱及运行费用。这就需要创新单位和使用单位进行协商，根据技术的先进性、各自的需要和可能进行协商，确定双方出钱的比例及相关的权利和义务。不要仅注重一点小钱，而影响河道湖泊治理的大事。

结论　应该制定适度超前的治理巢湖的水质目标；应该明确科研是为了认识世界和解决生产实践问题；资料应该尽快实现公开共享；技术创新公司（单位）和使用方应该努力协调，试验新技术为治理河湖所用。

2020.1.1

交流11　关于巢湖治理之五的发挥期刊作用推进消除蓝藻爆发问题

《环境科学研究》编辑部希望“如有问题,请及时沟通”。这是作者写的第5篇与编辑部(包括编辑、主编、副主编、编委)、审稿者和读者(阅读此文的均为读者)交流沟通的短文。

1　首先要建立消除蓝藻爆发的长远目标

《环境科学研究》编辑部及与治理巢湖有关的专家、领导、湖长,应该认真考虑一下,为何治理巢湖那么多年,年年治理水污染,富营养化程度下降了相当多,而蓝藻爆发程度基本没有减轻?为何年年生态修复,巢湖内恢复湿地面积却很少?目前仅满足于打捞2%~4%的水面蓝藻,为什么不能向上跨一个台阶,深入打捞·清除水面、水体和水底的蓝藻?现在有关领导在圆满完成上级的责任目标后,是否可以用一点时间来超前考虑一下老百姓希望消除“三湖”蓝藻爆发的愿望,并把其列入综合治理“三湖”的规划方案中?巢湖的治理工作应当从仅考虑治理水污染、富营养化,转变为治理水污染、富营养化与治理蓝藻、降低藻密度相结合,最终消除蓝藻爆发。

为此,首先要修编巢湖水环境综合治理方案,把消除巢湖蓝藻爆发作为长远目标列入其中,消除蓝藻爆发目标也应列入“长江保护法”,在编制“十四五”规划方案时应该列入治理巢湖蓝藻的启动项目及试验课题,这样才能提高各级领导、湖长河长和有关专家、研究人员的积极性、主动性和创造性,研究机构和有关专家应该为此做好治理巢湖消除蓝藻爆发的技术集成准备工作。同时《环境科学研究》等期刊应多刊载一些此方面的文章,不要满足于刊载治理小范围水体的课题类研究文章,要扩大视界,改变以往基本不刊载治理“三湖”、消除蓝藻爆发的技术集成综合性文章的习惯,为加快治理“三湖”、消除蓝藻爆发做出新贡献。同时,发挥我国特色社会主义体制可以集中力量办大事的优势,组织各研究单位、机构,集全国之力,研究消除蓝藻爆发的技术集成措施,达到在2035~2049年最终消除“三湖”蓝藻爆发的目的,其中巢湖应该在2035年左右消除蓝藻爆发。

2　解放思想、创新治理思路才能消除蓝藻爆发

编辑部认为“作者对巢湖的认识不太够”。的确是这样，因为作者非巢湖本地人士，很难得到有关巢湖较多的相关资料，若得到更多资料，文章可写得更好；但正由于作者为外地人士，不如本地人士那样受本地的条条框框的束缚，可以看出有些本地人看不出的问题，作为外地人士的作者才可提出3项有一定超前意识（污水厂提标，大规模修复湿地，分水域深度打捞·清除水面、水体和水底蓝藻）的能够消除巢湖蓝藻爆发的设想、思路，此方面内容作者已在前文中论述交流过了。必须用发展的观点看待上述一些问题，才能是合理的。若编辑部没有用前瞻性目光看待这些问题，就难以得出科学合理的结论。

如前所述，根据巢湖的环境容量，污水厂必须提标，不能满足于现有污水处理的成绩，也不能舍不得提标的钱，否则无法满足巢湖环境容量的要求，难以达到Ⅲ类水；要恢复原生态，就必须千方百计使巢湖的湿地面积（植被覆盖率）恢复至以前的25%～30%，与恢复湿地不协调的条件或设施应该进行改造，花一点钱也是必要的；现有的打捞水面蓝藻的措施不能满足社会经济发展的要求，必须想方设法进一步清除水面、水体和水底的蓝藻，才能真正降低藻密度，分水域消除蓝藻爆发。所以，必须要解放思想，具有适度超前意识，紧跟长江大保护的步伐，创新治理思路，才能最终消除巢湖蓝藻爆发。

3　综合治理巢湖消除蓝藻爆发思路

（1）采用综合措施治理、消除富营养化，使入湖污染负荷满足巢湖环境容量，使巢湖达到西部Ⅲ类水、东部Ⅱ～Ⅲ类水，减慢蓝藻生长繁殖速度。

（2）想方设法，克服困难，改善现有生境，大面积恢复湿地至占比25%～30%的原有水平，有利于净化水体和减慢蓝藻生长繁殖速度，且可在消除巢湖蓝藻爆发后确保以后不再有蓝藻爆发。

（3）改变依靠治理富营养化就能消除大型浅水湖泊巢湖蓝藻爆发的不切实际的空想。

（4）研究集成除藻技术，分水域消除水面、水体和水底的蓝藻。

所以，在建立消除蓝藻爆发目标的基础上，大家共同努力，推进治理“三湖”、消除蓝藻爆发工作，争取国家在“十四五”计划中正式启动治理“三湖”蓝

藻爆发工作，以尽快达到最终消除蓝藻爆发的目标。

4　关于课题文章与综合性文章的不协调性

作者在黑龙江科学第6卷2015.06（下）刊出的"《湖泊科学》载文分析和建议"中明确提出了此问题，《环境科学研究》与《湖泊科学》同样是全国著名的学术期刊，均有此特点，其刊出的有关水环境方面的论文绝大部分为"课题论文"，而"非课题论文"极少。刊登"非课题论文"很少的可能原因："课题论文"中的课题在验收时已经通过专家组验收，以此为依据的论文原则上不会有错，审稿专家较方便、省力。"非课题论文"则没有经过专家组验收，审稿专家觉得较麻烦、费力，且对论文中的有些观点吃不准，特别是相当部分编审人员对综合性治理"三湖"的"非课题论文"中的治理措施或观点有些不理解或不太懂，怕出问题，使期刊编辑部、审稿者大为头疼，不知如何着手。

绝大部分"课题论文"为单项（子项）研究的论文。单项研究的论文一般仅研究某一生物（包括蓝藻、藻类、鱼类、浮游动物、底栖动物、植物、微生物等）种类或品种的分布、数量、生境，或某一水体水质指标及其缘由，湖库治理的单项措施等。一个单项"课题"的治理范围较小或很小，所以"课题论文"涉及面一般不大，论文易写作，易审稿，一般一两个审稿者已足矣。

《环境科学研究》等有相当影响的期刊可能没有或极少刊登治理"三湖"蓝藻爆发的技术集成的综合性文章。其原因可能与编委会、编审人员的办刊或审稿思路有关。因其主要注重单项"课题"研究的影响力，而对综合治理"三湖"、消除蓝藻爆发不够重视或感觉难以着手、难以审稿，这其中包括综合治理"三湖"的难度大，撰写、编审此类论文难度也大等因素，同时作者与编审专家间缺乏全面的、直接的和有效的沟通交流。完全采用两人或单人审稿制的规定不妥，因为1个人或2个人的知识面可能较狭窄，不能全面了解"三湖"蓝藻爆发的情况和应该采取的特殊措施。

希望《环境科学研究》及其他有关编辑部在发挥"课题论文"创新作用的基础上，拓宽编审人员的知识面，进一步提高编审人员的业务和服务水平，增加治理"三湖"、消除蓝藻爆发的"非课题论文"的刊出比例。

希望《环境科学研究》及其他有关编辑部增加专刊、增加专题综合治理"三湖"及消除蓝藻爆发的论文，增加"三湖"及大中型湖库治理的不同观点的讨论，增加作者、编审人员与读者的交流。可以以《环境科学研究》及其他有关编辑部的名义建立交流平台(应该是大家均能够看得到的平台),可以在微信群中进行交流。进行作者、读者、编辑部、审稿者的交流,通过交流,共同提高,推进和加快治理“三湖”、消除蓝藻爆发的进程。

总结 《环境科学研究》及国家各级各类有关水环境期刊编辑部应该为推进治理“三湖”(巢湖、太湖、滇池)、大中型湖库,治理、消除(预防)蓝藻爆发做出进一步的贡献:促进在“十四五”建立课题,进行“三湖”、消除蓝藻爆发的试验,并建立在合适的时候(2035~2049 年)消除蓝藻爆发的目标,且把此列入长江大保护的战略之中;在大量刊登课题文章时,增加刊登一些综合治理“三湖”、消除蓝藻爆发技术集成等非课题的文章,刊登能够进一步认识世界和解决生产实践问题的文章;刊登呼吁水环境资料实行公开共享的文章;刊登解决主要技术难题(污水厂提标,恢复原有植被覆盖率,分水域清除水面、水体和水底蓝藻及其他技术难题)的技术或方案的文章;利用可利用的一切方式进行作者、编审者和读者之间的交流,共同提高学术技术水平,共同推进治理“三湖”、消除蓝藻爆发的进程,为长江大保护出一份力。

2020.1.5

交流 12 为何几家监测的巢湖水质 N P 指标差距如此大?

——《2012~2018 年巢湖水质变化趋势分析和蓝藻防控建议》的读后感

阅读了“2012~2018 年巢湖水质变化趋势分析和蓝藻防控建议”一文(下称文章一),《湖泊科学》2020,VOL.32 » ISSUE(1)-2020.0102,作者张民,史小丽,阳振,陈开宁。对我很有启发。

1 总体感觉

文章一在《湖泊科学》刊物中对于治理巢湖而言是写的不错的一篇文章。其对巢湖 2012~2018 年各部分湖体的富营养化程度,蓝藻的种类、爆发程度

(面积、叶绿素、藻蓝素)等元素的描述比较合理、符合实际。也提出了对蓝藻水华防控的粗略建议。

2　巢湖、太湖有关部门监测与文中水质数据差距相当大及其原因

文章一中,中国科学院南京地理与湖泊研究所(下简称地湖所)监测的2018年巢湖水质TP为0.125 mg/L、TN为2.17 mg/L;2018年,巢湖有关部门监测数据:TP为0.102 mg/L、TN为1.44 mg/L;前者超过后者:TP 22.5%、TN 50.6%(见表1)。又如文章二,“三十年来长江中下游湖泊富营养化状况变迁及其影响因素”,作者为朱广伟、许海、朱梦圆等(《湖泊科学》2019,VOL.31,2019.0622)。根据原文章二中的图4(见图1~图4)判断,2018年太湖水质:TP为0.15 mg/L、TN为2.6 mg/L;2018年太湖有关部门监测数据:TP为0.074~0.079 mg/L,TN为1.44~1.55 mg/L;前者数据超过后者,TP 100%~89.9%、TN 80%~67.7%(见表2)。而文章二较文章一关于巢湖数据的差距则更大,文章二中巢湖2018年TP为0.27 mg/L、TN为3.2 mg/L(见表2),读者可自行去查看分析原文二中的图4。

表1　2018年巢湖水质的3组监测数据对比

项目	巢湖有关部门监测		文章一中水质			文章二中水质		
	水质数据(mg/L)	类别	数据(mg/L)	增加比例(%)	类别	数据(mg/L)	增加比例(%)	类别
	①		②	③=(②-①)/①		④	⑤=(④-①)/①	
TP	0.102	Ⅴ	0.125	22.5	Ⅴ	0.27	164.7	劣Ⅴ
TN	1.44	Ⅳ	2.17	50.7	劣Ⅴ	3.2	122.2	劣Ⅴ
总评		Ⅴ			劣Ⅴ			劣Ⅴ

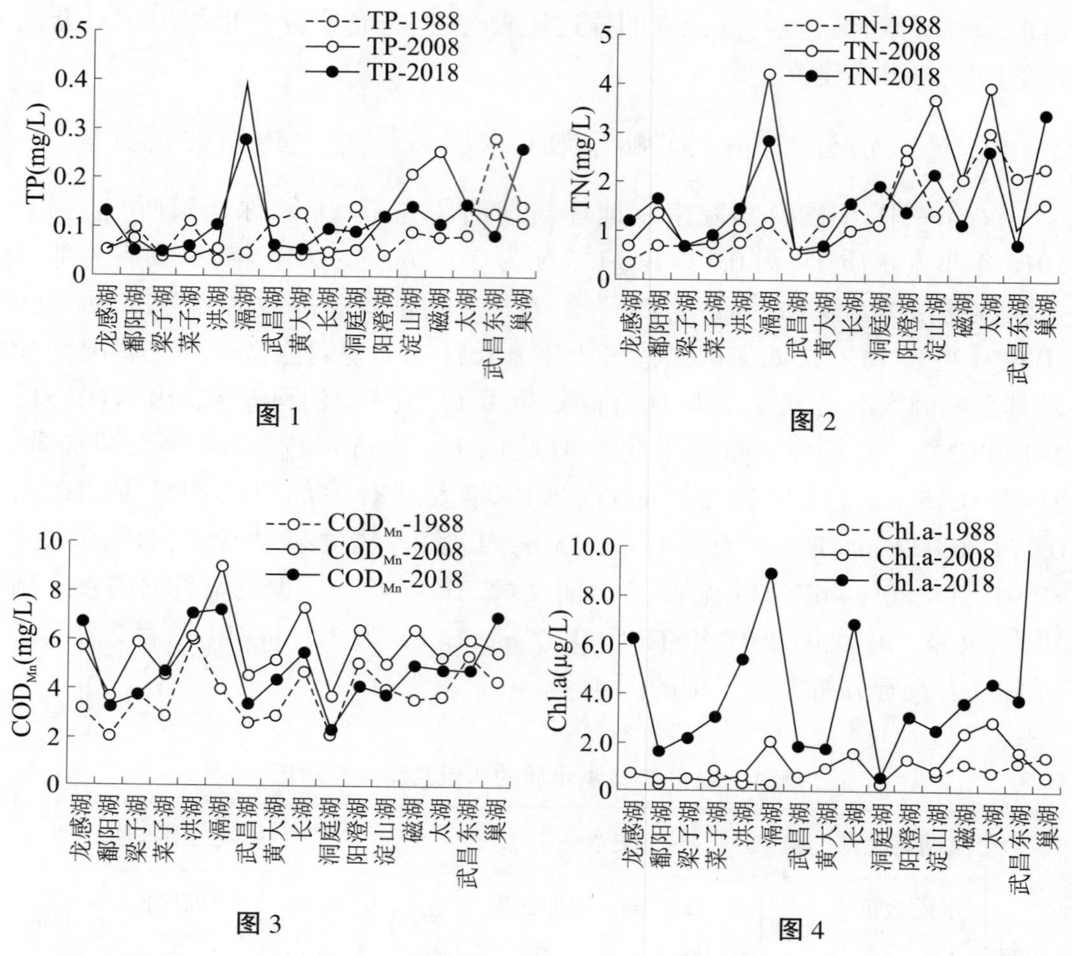

图 1

图 2

图 3

图 4

表 2　2018 年太湖水质的 2 组监测数据对比

项目	太湖有关部门监测水质		文章二水质		
	数据(mg/L)	类别	数据(mg/L)	增加比例(%)	类别
	①		②	③=(②-①)/①	
TP	0.074~0.079	Ⅴ	0.15	102.7~89.9	Ⅴ
TN	1.44~1.55	Ⅳ~Ⅴ	2.6	80.6~67.7	劣Ⅴ
总评		Ⅴ			劣Ⅴ

分析湖泊有关部门与地湖所文章之间的监测水质数据存在相当大差异的原因：

(1)采样的时间、地点(平面位置)的差异,统一采样深度 50 mm 存在的误差,采样时不一样的晴阴雨雪、风浪风向和风力等气候及其他因素。

(2)分析方法有差异,有些是按 GB 3838—2002 的办法(不去除蓝藻)分析的,有些是采用滤网过滤蓝藻或其他方法去除部分蓝藻分析的。

(3)有些是采用自动监测仪器(包括固定式或移动式,用试剂或光谱分析)得到的数据。

文章一中说明巢湖水质监测是每月中旬采样 1 次,共 17 个采样点,东部湖区有 3 个点位,中部湖区有 3 个点位,西部湖区有 2 个点位,其他 9 个点位代表各河道入湖河口(具体采样点位见原文章一的图 1)。TN、TP 的测定是不经过滤水样、利用过硫酸盐氧化法测定的。

一般巢湖有关部门的监测是在水样经沉淀后,吸取水面以下数厘米处的样水测定的,即大部分或相当部分蓝藻均被排除在检测数据之外。太湖有关部门的水质监测也基本如此。

由于上述种种原因,造成两类监测结果的不一致,也可理解。但对百姓而言应该相信哪个数据呢？对于没有自行监测能力的分析研究治理"三湖"的人员应该用哪个数据比较合理呢？

3　水质数据误差相当大的现象说明什么？

若二类监测数据的差距仅有一点是问题不大、可以理解的,但差距太大,就使人产生疑问,为什么？

分析：巢湖和太湖均是 30 年来蓝藻年年爆发的浅水湖泊,蓝藻对水质影响非常大。二者相当大差距的主因是监测时是否包括蓝藻的问题：

(1)2018 年水质监测结果为Ⅳ～Ⅴ类的,基本是不包括蓝藻或仅含少量蓝藻：可能是人工监测时过滤或去除大部分或相当部分蓝藻,也可能是采用自动监测仪监测,仪器本身设计在监测水质时不含水中蓝藻的。

(2)2018 年水质监测结果为劣Ⅴ类水的基本是包括蓝藻的,或至少包括相当部分或大部分蓝藻(见表 3)。

表 3　巢湖有关部门与文章一、文章二的监测水质数据比较

（单位：mg/L）

项目	有关部门监测水质					文章一水质			文章二水质		
	1995	2010	2018	2018 年较 1995 年削减（%）	2018 年较 2010 年削减（%）	2018	较 1995 年削减（%）	较 2010 年削减（%）	2018	较 1995 年削减（%）	较 2010 年削减（%）
TP	0.41	0.21	0.102	75.1	51.4	0.125	69.5	40.5	0.27	34.1	−28.6
TN	4.62	1.8	1.44	68.8	20.0	2.17	53.0	−20.6	3.2	30.7	−77.8
总评	劣Ⅴ	劣Ⅴ	Ⅴ			劣Ⅴ			劣Ⅴ		

我曾计算过，目前太湖水体蓝藻中至少含 N 0.5～1.0 mg/L、P 0.05～0.1 mg/L。所以，若巢湖、太湖有关部门监测的数据加上作者计算的湖泊中蓝藻含 N P 量的数值，基本就与上述两篇文章中的数据相差不多了。上述两类数据可能各有用处：有关部门的监测数据用于公布、上报，地湖所监测数据用于科学研究。表 3 说明有关部门、文章一、文章二中的 2018 年水质监测指标值均较 1995 年（当时是按 GB 3838—2002 的监测要求执行的）有相当程度的降低，但降低程度是依次减小的。3 组数据较 2010 年的削减幅度相差很多，如 TP，文章二削减值为−28.6%；TN，文章一、文章二的削减值均为负数，其中文章二达到−77.8%。

根据上述 3 组数据粗略总结一下，25 多年来巢湖的水环境，应该说富营养化治理较最严重时的 1995 年是取得很大效果的；较 8 年前的 2010 年有些效果，但不明显，其中 TN 基本没有得到削减；巢湖蓝藻爆发治理，通过打捞蓝藻取得了一定效果，但在减轻蓝藻爆发程度的总体上没有明显的效果。

存在上述两类水质监测数据的现象可能为我国有关部门近几年的惯例，也不能说哪一类完全错，只能说其中一类没有做出必要说明而不妥，也掩盖了部分事实。

建议有关单位，无论用何种形式公布蓝藻爆发湖泊的水质数据时，应遵循实事求是的原则，应该说明：监测的 N P 数据是否过滤或去除相当部分蓝藻、吸取样水表面以下的水进行测定、用自动水质监测记录仪测定、按 GB 3838—2002 规定方法测定或评价时不含 TN，等。

建议监测单位，蓝藻监测除了叶绿素、细胞密度、爆发面积（最大、累计面积,爆发频次等)等项目,应增加蓝藻干物质项目。目前,水体中实际所含 N P 包括两部分:湖泊有关部门监测的水质 N P 和蓝藻所含 N P。若按国标的监测方法,取混合样水进行监测,则二者均含在内;若去除大部分蓝藻,则仅包括可溶性 N P、普通的悬浮物和少部分蓝藻。所以,巢湖、太湖有关部门监测的水质数据+蓝藻所含的 N P 才是水体中含有 N P 的真实数据,才能正确反映防治水污染取得的效果,才能使有关研究机构正确地分析湖泊的营养化程度和研究正确的治理富营养化和蓝藻爆发的对策,创新消除蓝藻爆发的技术及其集成措施。

地湖所是中科院单位,应该出面或由其上级出面与巢湖、太湖的有关部门或其上级进行交流、沟通,起到相应的协调作用。

4　对于文章一提出的蓝藻水华的防控建议的建议

文章一提出的防控建议主要是控制污染源,减少入湖污染负荷,这完全是应该的;至于使用应急措施打捞蓝藻,这是目前已经使用 10 年的措施,也是今后一段时间仍然要用的措施。这里有个问题,使用应急措施打捞水面蓝藻已经 10 多年了,但巢湖、太湖的蓝藻怎么会越打捞越多?所以说,应该认真思考一下,改变策略,换一种(套)打捞、消除蓝藻的技术、办法才行。所以,应想办法分水域打捞和消除水面、水体和水底的蓝藻,才能解决蓝藻水华爆发问题。

5　为什么治理巢湖、太湖 10 多年,治理富营养化效果不十分明显?

至目前,削减污染负荷入湖速度虽超过流域污染负荷增加的速度,但超过的比例有限。巢湖流域现人口超过 1 000 万,安徽已融入长三角经济区,流域社会经济越来越发达,合肥已成为人口稠密、社会经济发达城市,流域的其他城市也将逐步由欠发达城市发展为发达或较发达城市,产生和入水(湖)的污染负荷将越来越多。所以说,巢湖治理的最近 10 多年,治理取得相当的成绩,但治理速度尚未满足污染负荷总量控制要求。同样太湖也如此,2007 年来,经 10 多年治理,TP 的入湖量没有减少、湖体水质 TP 没有得到削减。所以,应该好好思考,在大幅度减少污水厂和城镇生活污水的污染负荷上下工夫及在其他各项点源和面源的治理上下工夫,更不能忘记必须重视污水厂的提标改造。

6 文章一中最好能计算一下湖泊环境容量等数据

地湖所有能力和人力，所以在文章中，最好能计算一下各主要入湖河流的污染负荷的贡献量及其比例、环境容量、湖泊水体对入湖污染负荷的净化效率，以得出更科学、更令人信服的结论。若缺失部分资料，可以参考有关文章或技术书籍。我个人在编写某本书时，就曾以自己之力，粗略计算了基本正确的有关一些湖泊的这类数据。

7 还有 3 个问题

文章一中提出“加强巢湖蓝藻水华监控能力建设，是把握巢湖蓝藻水华动态，实施蓝藻预测预警和应急处置的基础”这个结论，就此提出 3 个问题：

（1）蓝藻预测预警完全必要，但有关科研单位应同时考虑蓝藻预测预警的几十或上百平方千米的蓝藻爆发水面怎样才能得到有效的应急处置？况且目前对于湖泊中间的蓝藻爆发水面几乎没有应急处置能力。

（2）应该想一个脚踏实地的综合消除巢湖、太湖蓝藻爆发的办法、方案才行，所以应创新消除蓝藻爆发的思路。

（3）关于“加强巢湖蓝藻水华监控能力建设，是把握巢湖蓝藻水华动态，实施蓝藻预测预警的基础”，蓝藻预测预警对于应急处置来说只是一个很重要的信息措施，处置蓝藻水华爆发的最好基础应该是创新消除富营养化和处理蓝藻水华爆发的技术及其集成。

8 希望

各刊物或其网站或有关水环境的网站上应该建立有关治理、消除“三湖”蓝藻爆发的学术、技术交流平台（应该是大家均能够看得到的平台），促进交流，同时促进政府在“十四五”规划中建立“三湖”、消除蓝藻爆发的目标，促进研究单位、企业研究消除蓝藻爆发的技术及其集成，尽早消除“三湖”蓝藻爆发，使“三湖”的生态环境能够在 2049 年或早一点的时候得到根本性的提高、改善。

2020.2.8

交流 13　水·蓝藻·爆发·治理

——与“探寻藻与水的奥秘之水华篇”的交流

“探寻藻与水的奥秘之水华篇”，此文来自生态水利工程学微信群 2020.3.3，是水生态修复网.生态学院文章（2020 年 2 月），分 5 节，是一篇较好的关于蓝藻及其爆发的科普文章，表示作者非常关心蓝藻爆发治理。但其中尚有些不完善或不足之处，提出来与大家共同商讨，望把此交流意见转告原作者、望生态学院将原文改得更好。

原文第 1 节水与藻。主要内容：美国的犹太湖 2016 年，伊利湖 2019 年 7~8 月均蓝藻爆发；太湖 2007 年 6~7 月蓝藻爆发供水危机，滇池 2016 年 6 月蓝藻爆发，巢湖 2018 年 6 月 5 km^2 蓝藻爆发。

1　太湖发生供水危机是在 2007 年 5~6 月由于多年蓝藻爆发引起的

同时应说明三湖（太湖、巢湖、滇池）均是从 20 世纪 90 年代起年年发生大规模蓝藻爆发。

原文第 2 节水华。主要内容：何为水华，形成机理，湖泊富营养化发展历程，蓝藻、硅藻、隐藻、绿球藻目等的水华，3 种繁殖方式，3 大分布特点，4 大危害，9 大诱因。

2　应区分水华与水华爆发

原文在前言中说，古时候，清洁的水面漂浮一些藻类是美景，而现在水面有水华就觉得可恶。事实上，太湖、巢湖沿岸百姓反映说在 19 世纪二三十年代湖水清澈，但沿岸水面上也年年漂一层藻类水华，百姓把藻捞去当肥料。所以，文中要说明以往的水华与目前大规模水华的区别。建议，把以往的称为水华，把现在大规模水华称为水华爆发较合适；以蓝藻为主的水华爆发称为蓝藻爆发；其他藻类为主的水华爆发称为藻类爆发。很早以前的水华应保留，当今的水华爆发应治理直至消除。

3　应说明各类湖泊蓝藻爆发的不同情况

（1）人口密度小、社会经济不发达的入湖污染负荷少的区域的湖泊，如洱海（Ⅱ~Ⅲ类水，中营养）有轻度蓝藻爆发；水质良好（Ⅰ类）的抚仙湖和泸沽湖则蓝藻不爆发。

（2）深水湖泊水温低，一般不会蓝藻爆发，如抚仙湖。

（3）换水次数多的湖泊难以蓝藻爆发，如鄱阳湖、洞庭湖已富营养化，但因换水次数多达15次以上而在主水流通过水域不会有蓝藻爆发，而在其相对静止的水域则可能有轻度的蓝藻爆发。

（4）"三湖"是浅水型湖泊，自20世纪90年代起至今一直呈富营养化并年年蓝藻爆发。

（5）小型湖泊如蠡湖、玄武湖、东湖、西湖等仍为富营养化状态，各发生次数不等的蓝藻爆发，现经治理已基本消除或完全消除蓝藻爆发。

（6）全国城市微型湖泊绝大部分富营养化，其中相当多有蓝藻爆发或藻类爆发，有些已治理好，有些未治理好，有些治好后又有反复。

原文第3节治理。主要内容：水华治理关键，常规治理方法，藻的生态位，综合治理思路，源头控制减排（控制外源、截污纳管、控制内源），过程生态拦截（打捞蓝藻、水动力调节、化学除藻），水体生态修复（经典生物操纵，非经典生物操纵），流域环境监测。

4　源头控制减排中应提出减少污水厂污染负荷

源头控制仅提及截污纳管不够，应把人口密度大、社会经济发达区域的污水厂的尾水列为主要点源群。而提高污水厂的排放标准是其主要措施。同时，要建设足量的污水处理能力和全覆盖的污水收集管网。

5　关于治理技术分类

根据治理性质不同，治理技术可分为物理、理化、化学、生物（动物、植物、微生物）、生化技术等。以治理结果不同，分为改变生境、种间竞争、抑藻杀藻技术等，此三者是相关的。根据治理工程不同，治理可分为治理富营养化、打捞和削减蓝藻（包括水面、水体和水底蓝藻），修复湿地（生态修复）三大类。

6　要明确富营养化与蓝藻爆发的关系

富营养化造成蓝藻爆发，但治理富营养化不一定能减轻蓝藻爆发，也不一定要消除富营养化才能消除蓝藻爆发。如太湖，从2007年起通过10年治理，其水质从劣Ⅴ类改善为Ⅴ类，其中 TN 从 2.35 mg/L 降为 1.60 mg/L，削减 31.9%，但 2017 年最大爆发面积 1 403 km^2，超过发生太湖供水危机的 2007 年的 979 km^2 的 43%，且其间太湖藻密度增加了 1 倍多。说明治理富营养化必须到一定程度（如Ⅱ～Ⅲ类水）才能减轻蓝藻爆发程度；同样，如蠡湖、玄武湖、东湖、西湖等没有消除富营养化，水质改善至Ⅴ～Ⅳ类或东湖当时仍然是劣Ⅴ类，就基本消除蓝藻爆发了。

7　治理技术有多类

除文中介绍的控源、调水、清淤、化学方法、大麦秆治理、生物抑藻等外，还有许多治理技术：

（1）改性黏土除藻。

（2）高压除藻。

（3）混凝气浮除藻。

（4）金刚石碳纳米电子技术除藻及复合式活水提质除藻技术。

（5）超声波除藻。

（6）物种间竞争除藻。

（7）直接用植物化感物质制剂及其他的如食品级添加剂制剂除藻。

（8）锁磷剂除藻。

（9）安全高效微生物抑藻杀藻。

（10）综合除藻。选上述若干除藻技术，合理搭配和集成创新，取得降低藻密度的最佳效果，直至消除蓝藻爆发。

8　大中小型湖泊治理应分别对待

（1）城市微型湖泊蓝藻爆发容易治理，治理富营养化与削减蓝藻种源相结合：采用抽干水清淤，再放清洁水进去；大流量调水，增加 10 次以上的换水次数；微生物直接除藻；鱼类滤食蓝藻；紫根水葫芦或菱除藻。本部分的交流 5 一文中的除藻技术几乎均能用。

（2）小型湖泊蓝藻爆发治理也较容易，如蠡湖、玄武湖、东湖、西湖等采取综合措施治理后已基本消除或完全消除蓝藻爆发。

（3）大中型浅水湖泊如“三湖”蓝藻爆发治理难度大，但可治理好，只要把其分为若干水域，就可把用于小型湖泊治理技术经集成后用于大中型湖泊。关键是要有治理目标和建立信心，把消除蓝藻爆发列入国家计划中，并注意各类技术的综合集成与合理配合。

(4)直接用治理富营养化来消除蓝藻爆发,仅适合人口密度低和社会经济欠发达区域如洱海流域,及入湖污染负荷少或能大量削减入湖污染负荷至水质Ⅰ~Ⅱ类的湖泊。

2020.3.10

交流 14　太湖近年总磷升高原因及治理①

——与"今年治太重头戏:为太湖减磷"的交流

阅读 2020 年 4 月 24 日江南晚报 A03"今年治太重头戏:为太湖减磷",作者为江南晚报记者袁晓岚。该文是记者采访了治理太湖的多位官方专家编写而成的。作者看了该文后思绪万千,自 2007 年"5·29"太湖供水危机起,国家出巨资,采取综合措施全力治理太湖 10 年多:控源截污,关停并转 3 000 余家重污染企业,已建 223 万 m^3/d 的污水处理能力、相应管网和一级 A 标准排放的污水厂;打捞藻水 1 450 万 m^3;望虞河调水入湖 93 亿 m^3,梅梁湖调水出湖 89 亿 m^3;太湖清淤 3 000 万 m^3;修复湿地;等等。其间太湖平均值 TN 从 2007 年的2.36 mg/L 持续改善为 2019 年的 1.49 mg/L,削减 36.7%,效果明显,早已完成 2013 年修编的《太湖流域水环境综合治理总体方案》2020 年的治理目标2.0 mg/L。但治理太湖有曲折。

1　该文实事求是分析了成效与问题,10 年治理 TP 不降反升

作者基本同意其分析。太湖近年总磷升高现状:2007 年以来 TN 持续削减,但 TP 削减不理想。TP 在 2007~2014 年连续下降,2015~2019 年均高于 2007 年,其中 2015~2019 的五年均值(0.083 mg/L)较 2007 年(0.074 mg/L)

① 此文为作者在有关微信群及 QQ 群发表的文章,后作者于 2020 年 7 月初投稿于华南河湖长学院微信公众号(同济大学与华南河湖长学院联合主办),由其编辑后于 2020 年 7 月 21 日于其微信公众号上发表此文。

升高 12.2%(见表 1)。与《太湖流域总体方案》2020 年目标 0.05 mg/L 差距甚远。

表 1　太湖主要年份水质变化表　　（单位:mg/L）

年份	1981	1987	1990	1996	2000	2004	2006	2007	2014	2015	2016	2017	2018	2019
TN	0.9	1.543	2.349	3.29	2.6	3.57	3.2	2.36	1.85	1.85	1.96	1.60	1.55	1.49
TP	0.021	0.035	0.058	0.134	0.13	0.086	0.103	0.074	0.069	0.082	0.084	0.083	0.079	0.087

注:①2007 年及以后数据主要来自《太湖健康报告》。②2007 年以前的数据来自《太湖蓝藻治理创新与实践》,中国水利水电出版社,2012。

2　该文对外源和内源原因分析有些偏差

分析总磷升高总体原因:环湖河道入湖 TP 增加;底泥释放 TP 增加;藻密度升高致藻源性 TP 升高。具体如下。

(1)外源削减力度不够。

外源主要表现在环湖河道入湖:2017 年 TN 3.94 万 t、TP 0.20 万 t,2007 年 TN 4.26 万 t、TP 0.19 万 t,相应 10 年间入湖 TN 削减 7.5%、TP 增加 5%。说明控制外源力度不够,主要是人口密度增加、社会经济持续发展,磷生产量的增速超过削减速度。2017 年入湖 TP 已大幅度超过太湖Ⅲ类水时的环境容量 0.105 万 t 的 81%。

污水处理厂(设施)是最大点源群,以往相当多人士未注意这点:现行污水处理标准对太湖地区而言太低,现污水厂一级 A 排放的污染负荷就基本达到或超过太湖环境容量。城镇污水厂一级 A 标准的 TN、TP 分别为地表水环境质量标准太湖Ⅲ类水的 15 倍、10 倍。相当部分生活污水、工业污水、规模畜牧养殖等点源污染未进入污水处理系统。另外,还有种植业污染和地表径流污染,入湖负荷若加上这些污染将大幅度超过太湖环境容量。

(2)内源削减力度不够。

太湖清淤后,蓝藻仍年年爆发,太湖蓝藻已经成为主要内源。据有关部门统计,2017 年最大爆发面积 1 403 km^2,超过太湖供水危机 2007 年最大爆发面积 979 km^2 的 43%;2017 年太湖藻密度普遍增加,如太湖全湖、梅梁湖年均藻密度分别为 1.17 亿 cells/L 和 2.4 亿 cells/L,分别为 2009 年的 5.05 倍和3.43 倍。以此现象分析藻源性磷已超过底泥释放磷。10 年间太湖清淤135 km^2,占湖面面积的 5.8%,有相当的作用,但作用偏小,且其减轻底泥释放的作用数年就被增加的藻源性磷所抵消。

藻源性磷增加原因：蓝藻多年持续爆发使蓝藻的生长繁殖与死亡的长期循环持续进行，使蓝藻巨大数量的活的和死的群体一直处于好氧、厌氧或硝化、反硝化的反应中，使氮元素成为氮气进入空气，而原沉于湖底的不溶性磷和大量的蓝藻可能沉入水底且可能成为不溶性的磷，而成为可溶性磷释放进入水体，使水体磷大量增加。

现状湿地较蓝藻爆发以前的20世纪六七十年代减少200 km^2 以上，使其净化水体和抑制蓝藻的功能大幅度受损。

3 对“引江济太”望虞河调水影响的分析不正确

该文认为“引江济太”望虞河调水是太湖总磷升高的原因之一。这个结论有点片面。因为长江总磷虽略高于太湖，但长江水进入望虞河，同时要经过漕湖、鹅真荡、嘉陵荡3个湖泊，其流速减慢，磷沉淀，使原Ⅳ～Ⅴ类（以湖泊标准计）长江水进入贡湖时磷得到削减，基本与贡湖的磷相当或略高于贡湖；望虞河以1年调水10亿 m^3 计，使贡湖增加换水3次多，有利于净化水体、减慢蓝藻生长、改善水质。根据资料，历年贡湖蓝藻爆发的代表性指标均轻于梅梁湖，如2017年，藻密度分别为1.5亿cells/L、2.4亿cells/L，叶绿素a分别为50 μg/L、90 μg/L，水质TP也是贡湖优于梅梁湖，分别为Ⅳ、Ⅴ类，同时贡湖的水质一般均优于与贡湖相邻的太湖湖心水域的水质。说明望虞河调水好处多，不存在调水升高太湖磷的问题。

4 治理太湖减磷措施分类有差异

（1）太湖减磷措施。

总体包括三大类：控制外源性磷；控制蓝藻和底泥中的内源性磷；增加湿地、调水对太湖水的净化减磷能力。该文中缺失了控制藻源性磷。

（2）治理外源的分类应与时俱进。

现今社会进步、分工精细，外源也应精细化分类，应该改变如该文作者认为的以往外源分为生活、工业和农业“三大板块”的思路。外源应包括污水厂、生活、工业和规模集中畜禽养殖四大点源，面源主要包括种植、地表径流、农村生活、分散畜禽和水产养殖五类，还有航行、降雨降尘等。

5 治理外源时不能忘记提高污水处理标准

不能以习惯思维认为控制“三大板块”污染和现行标准处理污水就行了，

若一直以现行标准处理污水,则太湖难以全面达到Ⅲ类水。应该采取以下措施:

(1)加大污水处理力度。

全部特别是上游地区的城镇生活污水进入污水厂处理,农村生活污水用简易污水设备进行高标准处理,大部分工业污水自行处理或处理后再进污水厂处理,污染严重的城镇地表径流也应处理,有关部门要做好科学和适当超前的规划。

(2)大幅度提高污水处理标准。

特别要提高磷的标准。污水经一级A标准处理后可削减TP 70%~80%,若从一级A的0.5 mg/L提高为0.1 mg/L,则可削减TP 95%以上。这完全可以做到,无锡麦斯特环境科技公司离子气浮技术可使TP达到0.01 mg/L。应对提高污水处理标准进行地方立法,以促进污水厂及工厂减磷。

(3)削减农村污染。

通过加快农村城镇化建设进度,建设美丽乡村,污水进污水厂处理,分散生活污水用小型处理设备进行高标准处理,以削减农村污染负荷。

(4)继续控制工业污染。

关停并转重污染企业,企业污染源头至末端进行全过程治理,工业分类进入工业园区、污水分类进行处理,削减磷源。根据以往历年治理工业污染效果进行实事求是分析,得出的结论是工业污水的总体含磷量较低,非太湖磷源的主要来源,工业主要是有毒有害物质污染,工业磷源仅个别行业较多。所以,控制、削减工业磷源应该有针对性地进行。

(5)继续严格控制规模集中养猪污染。

太湖地区养猪场历经以往削减阶段,现又开始发展,其污染排放量有可能逐步加大,1头猪排放的污染物相当于8~10个人排放的污染物,全面建设养猪场污水处理设施、高标准排放,废弃物资源化利用,国家予以补贴。

(6)继续严格控制种植业化肥农药污染。

在严格控制种植业化肥农药污染时,同时应认真分析,太湖地区人均不足3分地,在节水灌溉、测土配方施肥和科学用药的情况下,产生的磷量为数不多,并非太湖地区主要磷源。所以,控制种植业污染的程度应放在适当位置。据流域有关部门分析,种植业的污染负荷一般不超过入湖污染总负荷的10%。

(7)严格控制地表径流污染。

太湖地区人口稠密、社会经济发达,城市化程度达到80%以上,城镇地表径流污染严重，许多小河道的雨后黑臭均是由此造成的，该文中也明确提出要消除小河道、断头浜黑臭。所以，须控制雨水排放口污染，采用相应的污染控制设备（设施），径流污染严重的应进污水厂处理，并配合海绵城市建设，以大幅度削减地表径流污染负荷。

（8）控制鱼池污染。

太湖西部有相当多的鱼池，形成严重的区域性污染。鱼池换水和年底干池清淤产生的污染均应在自身范围内处理、消除，不应进入外部水体。

（9）控制其他污染。

其他污染包括垃圾、废弃物、航行等污染。

（10）直接净化河道水质。

不能忘记今后较长一段时间内暂时无法全部控制外源污染，所以采用直接净化河道水质的方法是必要的、可行的。可用行之有效的技术直接净化入太湖河道及各级支流、断头浜水质。净化技术可用金刚石碳纳米电子技术、光量子载体技术、固载微生物技术等。此类技术管理和施工均方便、快捷，适合在一定流速河道内使用，是长期有效的治理技术，且可同时净化水体和底泥污染。

6 削减内源措施不能缺少治理蓝藻爆发

内源不能认为主要只有底泥。太湖内源中藻源性磷的占比逐步增大，甚至已超过底泥的磷源。所以，在抓紧削减内源时特别注重削减藻源性磷。

（1）继续清除底泥污染。

清除底泥，可同时清除底泥上层的蓝藻，这是公认的治理措施。但目前清淤土方应全部用作抬高修复芦苇湿地基底的回填土，这是最好的资源化利用，否则在某种意义上是资源浪费。因为这样可一举三得：较常规清淤和淤泥干化可节省投资64%、减少淤泥堆场占用土地资源、利于修复芦苇湿地。

（2）清除蓝藻、消除蓝藻爆发。

深度消除蓝藻、降低藻密度，消除蓝藻爆发，以大幅度削减藻源性磷，这是目前清除内源最重要的不可或缺的措施。

① 建立控制蓝藻爆发目标。至今政府未建立控制、消除蓝藻爆发的长远目标。建议争取在2030~2049年（中华人民共和国成立百年之际）前分水域消除蓝藻爆发。先消除梅梁湖、贡湖、竺山湖蓝藻爆发，再消除西部沿岸、湖心等水域蓝藻爆发。有了目标就能增强湖长、河长和科研人员的积极性、主

动性。

② 基本原则是分水域除藻。太湖面积大、风浪大,不可能一次性统一清除蓝藻。各湖湾在分水域除藻时,还可分割成若干大小适宜的水域,这样许多小型湖泊除藻的技术集成就能用于太湖。分水域除藻就是建立若干块相对封闭的水域治理蓝藻,各水域在消除蓝藻爆发数年后,再将其连成无蓝藻爆发的整片水域。分水域除藻道理简单,应逐步宣传和予以推广。

③ 改进仅打捞水面蓝藻的固有习惯。打捞藻水已经 10 多年,蓝藻爆发程度未有减轻,应吸取经验教训,尝试换一种治理蓝藻的策略。经计算,目前打捞水面蓝藻仅能消除太湖蓝藻生长量的 2%~4%,就是提高效率也只能达到 3%~5%。所以,应该改变治理蓝藻的原有策略,采用深度除藻技术打捞、清除包括水面、水中和水底的蓝藻。

④ 深度除藻技术。可用金刚石碳纳米电子技术或复合式活水提质除藻技术清除、分解蓝藻,同时净化水体和底泥,降低氮磷,可合理配合光量子载体净化技术除藻、改性黏土除藻、加压控藻(配合藻水分离的效果更好)、混凝气浮除藻等技术,以提高除藻效率、净化水体及底泥的效果。这些深度除藻技术虽均是试验成功的,但均未在太湖中大规模使用过,所以有关部门、单位应择优选取若干技术在太湖中先行试验,优化集成,再进行大规模推广。

7　修复湿地是大家的共识,但缺乏一个全面科学的规划方案

(1)分析湿地严重受损原因。

主要是建设环湖大堤、围湖造田(鱼池)、严重水污染、蓝藻大规模爆发和水位升高 1 m 多等。如太湖西部和竺山湖沿岸水域建设太湖大堤时减少湖滨水域湿地 70 km^2,贡湖和竺山湖由于水污染及蓝藻爆发使数十平方千米沉水植物消失。

(2)建议有一个科学的规划和目标。

恢复湿地应做好科学大胆的规划方案,湿地应恢复至蓝藻爆发前 20 世纪六七十年代规模、增加超过 200 km^2 湿地。虽然东太湖以往已经修复了 37 km^2的湿地,西部太湖现阶段也进行了小规模前期试验,如宜兴沿岸和梅梁湖已分别修复千余亩芦苇地和数百亩沉水植物湿地。大规模修复湿地,以起到全面净化水体和抑制蓝藻生长繁殖能力的作用。

(3)恢复湿地类型。

①恢复沿岸 500~1 000 m 或更宽水域湿地。修复湿地先要改善生境,修

复湿地应一般在其外围设置挡风浪设施;修复芦苇湿地需控制水深或抬高基底高程至冬春季基本无水;修复沉水植物湿地需消除污染和蓝藻爆发、控制底栖鱼类扰动底泥,提高透明度,再修复沉水植物。

②恢复被围垦湿地。主要恢复西部沿岸水域原来被围垦的30~50 km^2湿地及其他区域适宜恢复的湿地,如拆除部分环湖大堤、退田还湖,或在环湖大堤上打开若干缺口(上可设置桥涵)与太湖连通而成为湿地,这样同时可使上游的污染河水经由河堤上的缺口进入湿地,经净化后再通过环湖大堤缺口入湖,使湿地同时起到减少河道污染入湖的作用。

③降低水位,增加湿地。如适当降低太湖冬春季水位50 cm,可增加14 km^2湿地;全年适当降低太湖水位可增加水底光照,利于自然修复湖中心沉水植物群落。

8　纠正调水升高太湖总磷的偏见

通过调水,可以增加环境容量和水体自净能力,带走部分污染物质和蓝藻。主要措施是继续实行望虞河"引江济太"与梅梁湖泵站联合调水,增加太湖"引江济太"第二条新沟河线路和第三条新孟河线路,可有效改善竺山湖、太湖西部沿岸水域水质。

9　应急和长效治理措施密切结合

治理太湖,削减氮磷、消除蓝藻,特别是就当今紧迫的减磷任务,应把应急措施和长期治理措施密切结合,科学合理搭配,使在不太长时间内有效减磷,以达到太湖磷0.05 mg/L的目标。如采取先进工艺,污水厂的磷排放标准可达到0.01 mg/L,减少磷排放;采用先进技术净化入湖河流水质、减磷;太湖水源地及需监控的重要水域等可用双层围隔围成1~2 km^2的相对封闭水体,用深度除藻技术打捞,清除水面、水中和水底的蓝藻,尽快达到除藻减磷的目的。以此积累经验,配合其他的控制外源、削减藻源和底泥释放及生态修复等长效治理措施,争取早日完成太湖水质达到Ⅲ类的目标,早日实现消除太湖蓝藻爆发的目标。

2020.5.5

交流 15 “中国湖泊环境治理与保护的思考”读后感

本人 2005 年退休后特别关注有关消除“三湖”蓝藻爆发方面的文章。在微信上看到“中国湖泊环境治理与保护的思考”一文(刊于《民主与科学》,2018 年第 5 期(2018.12),作者郑丙辉)。此文总体写得较好,基本符合实际,也是难得见到的关于治理中国湖泊方面的思考。现对其中一小部分资料、观点提出一些看法,与作者、主编、编辑、审稿、读者及关心治理湖泊特别是消除“三湖”(太湖、巢湖、滇池)蓝藻爆发的人士探讨交流、共同提高。

1　文中资料

(1)第一节我国湖泊生态环境现状第 2 段:“重污染区域水体水华爆发……,尤其以太湖、巢湖和滇池最为典型”。

此段写得客观、正确,提出了“三湖”为典型的以蓝藻为主的藻类爆发,本读后感中把蓝藻水华爆发均简称为蓝藻爆发。

(2)第二节湖泊环境治理与保护技术研究及实践第 9 段:“2007 年 15 条主要入湖河流中……,至 2011 年已全部消灭劣Ⅴ类”。

此结论应核实,据了解,太湖西部宜兴的 13 条主要入湖河道在 2016 年才全部消除劣Ⅴ类。

2　观点交流

(1)第二节湖泊环境治理与保护技术研究及实践第 5 段:“太湖——农田面源总氮和总磷入湖通量贡献较大,占比均超过 1/3”。

此结论对全国而言应该正确,但对太湖而言不妥。① 流域人均仅 3 分田,农田污染物输出量不会很大。② 农田面源输出途径主要是农田径流,流域是社会经济发达地区,农田采用节水灌溉技术,现灌溉定额仅为以往的1/3,农田径流大幅度减少。③ 相当多的农田实施测土配方,化肥使用或可能减少。④ 枯水年份(年降水量 800~1 000 mm)的农田径流很少,径流的年污染物总量也很少。根据太湖流域有关部门估计,农田面源氮、磷入湖通量占比大约分别为 10%、6%。

据太湖局数据,2017 年环湖河道入湖负荷 TN 3.94 万 t、TP 0.20 万 t,分别为 2006 年 4.23 万 t、0.19 万 t 的 93%、105%,即 11 年来 TN 仅削减 7%,TP 没有削减反而增加 5%。说明控源强度不够,TN 的削减力度虽超过社会经济发展增加污染的速度,但不显著,而 TP 还赶不上污染的发展。主要因素:流域人口密度增加、社会经济持续发展致污染负荷产生量与排放量相应增加;污水处理一级 A 标准对于人口稠密、社会经济发达的太湖流域而言仍然偏低,致污水厂排放的污染负荷量相当大,经估算已相当于超过太湖水体的环境容量;目前流域上游的污水处理能力不足、污水收集管网没有全覆盖、有渗漏,有相当多的生活、工业污水尚未得到有效处理;其他点源和面源污染没有得到强有力的控制,其中城市、村镇的地表径流污染总量的占比正在逐渐增加,已成为主要面源污染之一。

(2)二节 6 段(1):“太湖蓝藻生长需要的总氮浓度为 0.6~1.8 mg/L,总磷浓度为 0.03~0.2 mg/L”。

太湖蓝藻生长需要 N P 值范围可扩大,如梅梁湖(太湖北部湖湾)以往曾达到 TN 6.2 mg/L,TP 0.23 mg/L,蓝藻仍大爆发。

(3)二节 6 段(2):“当总氮和总磷浓度分别低于 0.6 mg/L 和 0.03 mg/L 时,蓝藻则难以生长”。

此结论可商榷。上述“蓝藻则难以生长”的结论改为蓝藻生长将变得较为缓慢比较合适,一般认为基本上至少要达到Ⅱ类水时才难以生长,也即蓝藻不会爆发。“总氮和总磷浓度分别低于 0.6 mg/L 和 0.03 mg/L”的结论好似说的是蓝藻爆发营养盐的起始阈值,而非终结阈值,因为起始阈值和终结阈值两者应该是不同的。

(4)二节 6 段(3):“太湖中氮磷限制转化的总氮总磷比在 21.5~24.7,揭示了太湖蓝藻生长总体上以磷限制为主”。

仅凭 N/P 就说太湖蓝藻生长总体上以磷限制为主似乎不妥。① 消除太湖富营养化,应氮磷同控。2006 年时,N 为严重劣于Ⅴ类,甚至大于 6 mg/L,P 为Ⅴ类左右,此时全力削减 N,并取得很大成效;其后,太湖 N 继续得到削减,2019 年(或说 2018 年)达到Ⅳ类,而 P 基本没有得到削减,2015~2019 年反而较 2007 年略增。② 2007 年后的 10 多年,蓝藻密度恰增加 1 倍或更多。说明目前此类治理策略,无论是控 N,还是控 P,还是 N P 同控均无法使蓝藻生长繁殖速度减慢,所以至少说削减富营养化至一定程度才能减慢蓝藻生长繁殖速度,以上①与②两个问题值得研究。③ 结论。在治理富营养化的同时,必须深度削减蓝藻数量,才能消除“三湖”蓝藻爆发。

(5)二节6段(4):“形成了涵盖流域‘一湖四圈’的污染源系统控制、生态修复、湖泊水体生境改善及湖泊流域综合管理的四大体系”,“综合提出了富营养水体治理和蓝藻水华控制‘先控源截污,后生境改善,再恢复生态系统’的总体策略”。

此总体策略仅适合类似于洱海等人口密度较低、社会经济欠发达的入湖污染负荷较少的湖泊。而对于太湖这样人口密度高、社会经济发达的入湖污染负荷很大的浅水型湖泊,仅依靠控源截污、一般意义上的生境改善(削减N、P)和恢复生态(湿地)是消除不了蓝藻爆发的。所以,蓝藻水华爆发的控制(消除)的总体策略必须加上削减蓝藻数量的策略、措施,或者说明在四大体系的生态修复中包括削减蓝藻,因为修复生态的多样性应包括消除年年蓝藻爆发,若蓝藻不爆发就象征着真正达到生态修复的要求了。

(6)二节7段:“研发了城镇污水处理厂提标改造技术,实现太湖流域城镇污水处理厂提前达到一级A排放标准”。

的确,现在的污水处理成效已较21世纪初有大幅度的提高。但应注意到,目前流域最大的点源群应是污水处理厂的尾水。粗略计算,流域上中游污水厂(设施)排入流域水体的污染负荷氮磷就已相当于达到或超过太湖环境容量(污水厂尾水污染负荷在入湖前还有部分削减)。所以,污水厂的处理标准应继续大幅度提高。

(7)二节8段:“研发了底泥环保疏浚技术,支撑了太湖3 700万立方米污染底泥的疏浚工程实施;研发了蓝藻水华预警……”。

研发底泥环保疏浚技术与太湖底泥疏浚的实践相结合,做得很好;研发的蓝藻水华预警也很好,可惜实用价值不是很大:一是未公开共享;二是蓝藻爆发预警后,有关领导和部门未采取任何消除蓝藻爆发的措施,即暂时缺乏实用价值。

(8)第三节湖泊环境治理与保护策略第1段:“直到今天这三个重污染湖泊环境质量还没有得到实质性改善,湖泊氮磷浓度远高于环境目标,水华依然频发”。

这里明确提出了“三湖”依然有蓝藻爆发,湖泊氮磷浓度远高于环境目标,符合客观实际。希望同时提出建立消除蓝藻爆发的目标。

(9)三节2段:2015年4月发布《水污染防治行动计划》,……提出了,“2030年水环境质量总体改善,到2049年生态环境质量全面改善”的目标。

希望2030年“三湖”水环境质量总体改善,达到其水功能区目标,希望消除“三湖”蓝藻爆发能够成为“2049年生态环境质量全面改善的目标”

之一。

(10)三节3段:"重点在于实施工程、结构和管理三大减排工程,做到点、面和内源控制同步"。

重点实施工程中似缺少削减蓝藻数量工程,因为"三湖"这样的浅水型湖泊,蓝藻年年爆发,仅实施三大减排工程,而不实施除藻工程是达不到消除蓝藻爆发的目标的,也难以达到2030年"三湖"的水质目标。

(11)三节4段:"防治结合型湖泊"中如洞庭湖、鄱阳湖、三峡水库等。

此类"防治结合型湖泊",因其具有水量大、换水次数多、环境容量大等特点,所以完全可以主要依靠消除富营养化来预防或消除蓝藻爆发,此结论是正确的。但若建立适宜的除藻工程可更快、更好地预防或消除蓝藻爆发(洞庭湖、鄱阳湖、三峡水库已有轻度蓝藻爆发)。

3　希望

(1)国家在"十四五"计划、"长江保护法"中应该建立"三湖"消除蓝藻爆发的长远目标。

(2)在监测水质TN、TP时,应说明相应的监测方法,是否包括蓝藻等。否则,有可能出现"交流12.为何几家监测的巢湖水质N P指标差距如此大?"的现象,使人疑惑不解,不知道去相信谁好。

(3)"三湖"等重要河湖的水质、蓝藻监测资料应公开共享。

2020.5.8

交流16　蓝藻水华治理——打捞能否控制蓝藻生长?

阅读"学术论坛:(三)蓝藻水华治理——打捞能否控制蓝藻生长?",原创史小丽 ALGAEHUB 藻智汇 2019-10-19,很有感想。现对文中的部分观点提出一些看法,与作者、编辑、读者及关心治理湖泊特别是消除"三湖"(太湖、巢湖、滇池)蓝藻爆发人士探讨交流、共同提高。

1　肯定了治理太湖打捞蓝藻的成效

2007年“5·29”供水危机以来,国家出巨资治理太湖,原文中提到人民日报2017年12月31日03版:“10年治理,河长制全面上岗,重拳出击:清淤泥、疏河道、控源截污,累计关闭企业5 300多家,打捞蓝藻水,生态清淤3 700万方……”。据统计,2007年以来太湖总计打捞1 450万 m^3 蓝藻水,相当于1个西湖水。取得了很大成效:保证了供水安全;水质得到改善,从劣Ⅴ类提升为2019年的Ⅳ类,其间TN削减了36.6%;同时打捞蓝藻使太湖蓝藻爆发时的视觉、嗅觉等感官效果明显改善。成绩是众所周知、有目共睹的。

2　明确提出打捞蓝藻越捞越多,值得思考

原文中肯定了政府“铁腕治太”的决心,肯定了科学家对太湖治理的情怀,肯定了社会各界对太湖治理的殷切希望!虽然政府各部门在蓝藻治理这项系统工程中联合协同作战,也采取了现有的综合治理措施,但治理蓝藻效果还是不佳。

所以原文在肯定治理太湖成效的同时,实事求是地提出了客观存在的大问题,如原文第3节的标题就是“为什么蓝藻越捞越多?”,并说明“蓝藻打捞可带走营养盐,然而太湖蓝藻水华依然每年如期而至……”。本人基本认同蓝藻越捞越多的现象,就是说治理太湖10多年,明显改善了水质,但蓝藻爆发的程度基本未得到改观。又为什么“三湖”打捞蓝藻已10多年(其中巢湖时间少一点),蓝藻爆发程度均不见减轻?这也是对太湖10多年来治理蓝藻的总结,是个值得人们思考的问题。

3　须正确理解“蓝藻越捞越长”的含义,转变治理蓝藻思路

原文中称中国科学院南京地理与湖泊研究所专门为打捞蓝藻的效果进行了多次试验,结论是“部分藻类的去除,会对蓝藻的进一步生长创造空间”;第5节的“究竟如何进行蓝藻打捞?”中说“大湖面的蓝藻打捞,只会进一步促进蓝藻的生长,可能会陷入‘越捞越长’的尴尬境地”。

我认为必须正确理解“蓝藻越捞越长”的含义:其一,蓝藻越来越多是自然规律,20世纪80年代末期至2007年蓝藻爆发的总趋势是越来越严重,2007~2014年由于人们的强力干预而有所减轻,但蓝藻或许已经适应此类人类干预方式而继续严重爆发,应该说这是自然规律,即若不转变治理蓝藻爆发

的思路,蓝藻爆发将继续呈现越来越严重的趋势。其二,蓝藻“越捞越长”的根本原因是蓝藻生长繁殖的生境依然全盘存在,包括富营养化、水文水动力条件等的基本状况没有得到根本改变,温度有继续升高的趋势,而蓝藻的种源越来越多,蓝藻越来越多是其必然效果。其三,打捞水面蓝藻是一个具有相当作用的治理蓝藻的历史阶段:保证了太湖水源地的供水安全,一定程度上改变了蓝藻爆发给人们带来的不良视觉(难看)和嗅觉(难闻)的感官效果,给人们在2007年“5·29”太湖供水危机后治理蓝藻建立起了一定的信心。其四,即是原文中认为的“太湖治理需要转变思路,必须由原来的粗放式治理,逐步走向精准化治理”。本人认为转变治理蓝藻爆发思路的建议很好,应该深入研究。

4 文中未提出转变治理思路的具体建议

4.1 治理太湖思路的大转变

原文提出需要转变治理太湖的思路,这已经突破了10多年来形成的打捞蓝藻是目前最好、最直接治理蓝藻方法的传统思维。因为事实上,无论如何改进打捞办法及提高打捞效率和增加打捞数量,均无法消除蓝藻爆发,因目前打捞蓝藻方法经估算只能消除太湖蓝藻产生总量的2%~4%或提高一点效率达到3%~5%。治理太湖思路必须有个大转变,从在蓝藻爆发期打捞水面蓝藻推进到一年四季深度打捞,消除水面、水体和水底的蓝藻才能真正解决问题,消除蓝藻爆发。所以,应彻底改变治理太湖的思路、策略、措施,采用一切可以治理太湖起到消除蓝藻爆发作用的技术并进行集成。

4.2 治理蓝藻爆发的紧迫性及目标

原文中提到“太湖富营养化及其蓝藻水华治理已成为国家和全民关注的重大而紧迫的问题”。此话基本是对的,但实际上“太湖富营养化及其蓝藻水华治理”仅是国家和全民关注的重大问题,还未成为“紧迫的问题”。应该说,在2007年发生“5·29”供水危机时是非常“紧迫的问题”,因那时严重影响300万人(含临时人口)的饮用水安全。目前已不是“紧迫的问题”,表现在:其一,江苏省政府给无锡市政府的治理太湖基本任务是确保饮用水安全和确保不发生大面积湖泛。由于治理得当,现水源地年年不发生“湖泛”、安全度夏。其二,国家至今未制定治理太湖消除蓝藻爆发的目标。在2008年“太湖水环境综合治理总体方案”及2013年方案的修编中均未提及治理蓝藻爆发的目标,在原文中提及的2019年2月20日,生态环境部《关于做好2019年重点湖库蓝藻水华防控工作的通知》中,只是分析重点湖库形势,就防控蓝藻水华爆发提出要求,也无治理的具体目标。目前,推行的是目标责任制,有了目标才能提高各级河长、湖长和科研人员的积极性和主动性。

建议控制蓝藻爆发的目标为:争取在2030~2049年(中华人民共和国成立百年之际)前分水域消除蓝藻爆发。这也符合2015年4月发布《水污染防治行动计划》中提出的"2030年水环境质量总体改善,到2049年生态环境质量全面改善"目标。因为消除蓝藻爆发是全面改善太湖生态环境质量的最重要和最难的目标。不能因为消除蓝藻爆发难而不提治理目标,应以蓝藻爆发问题为导向,充分发挥中国特色社会主义能够集中力量办大事的体制优势,建立科学的治理太湖、消除蓝藻爆发的目标。

4.3　正确理解富营养化与蓝藻爆发的关系

太湖发生富营养化后才发生蓝藻爆发,这是公认的道理。原文中提到了"水专项研究结果表明湖泊水体总磷和总氮浓度分别为0.03 mg/L和0.60 mg/L,是蓝藻水华暴发的营养盐阈值",也提及"国际上普遍认为叶绿素a浓度20 μg/L是蓝藻水华的阈值"。但此仅是蓝藻爆发的营养盐起始阈值,不是有些专家认为的消除蓝藻爆发的营养盐阈值,国内外专家一般认为已有蓝藻爆发的浅水型湖泊消除蓝藻爆发的营养盐阈值总磷和总氮浓度分别应为0.01~0.02 mg/L和0.1~0.2 mg/L。太湖流域是人口稠密、社会经济发达的区域,污染负荷的产生量年年增加,是难以达到此消除蓝藻爆发的营养盐阈值的。现一般年份的年均叶绿素a浓度除了东部沿岸区可基本达到20 μg/L,其他水域一般均在40~90 μg/L,在蓝藻爆发期间个别水域曾经达到1 000 μg/L以上。所以,应转变治理太湖思路,不能仅依靠治理富营养化解决蓝藻问题,而应治理富营养化与削减蓝藻数量结合,才能较快消除蓝藻爆发。治理富营养化至一定程度就能减慢蓝藻生长繁殖速度,削减蓝藻数量也能降低营养程度,二者相辅相成,而削减蓝藻数量至一定的藻密度就能消除蓝藻爆发。

4.4　基本原则是分水域治理

太湖因其面积大不可能一次性清除蓝藻。各湖湾在分水域除藻时,水域内还可分割成大小适宜的水域,小型湖泊除藻如西湖、东湖、玄武湖和蠡湖基本消除蓝藻爆发的技术集成措施和经验就能用于分水域除藻的太湖。分水域除藻就是建立多个相对封闭的水域治理蓝藻,最后把已经消除蓝藻爆发的各水域连起来成为无蓝藻爆发的太湖。应该宣传此简单的道理。

4.5　采用多举措消除蓝藻

治理太湖、消除蓝藻爆发的措施可归纳为控制污染源、削减蓝藻和修复湿地三类。这三类也是相互作用、相互影响的。其中,控制污染源、改善富营养化至一定程度可减慢蓝藻生长繁殖,控制内源中的蓝藻可直接削减蓝藻及其藻源性 N P 负荷;削减、消除蓝藻同时可削减藻源性污染负荷及提高透明度,有利于沉水植物生长;修复湿地可净化水体、降低营养化程度及抑制蓝藻生长繁殖。

原文中提到了目前治理太湖的主要方法可分为物理法、化学法和生物法,也谈到了一些具体的技术。太湖改善富营养化和治理蓝藻均是用此三法。具体的技术有许多。此处主要叙述消除蓝藻技术,粗略归纳如下:

(1)微粒子(电子)技术。

①金刚石碳纳米电子技术除藻。装置加电压释放电子,在阳光下产生光电效应、光催化作用,破坏蓝藻的细胞壁和细胞内部物质,同时可长期净化水体和底泥。此类技术还有复合式活水提质除藻技术。

②超声波除藻。利用适当频率声波在水体中产生一系列强烈冲击波和射流,破坏、杀死蓝藻。

③电催化技术除藻。电击催化某些贵金属,与水体中物质反应,生成新生态的多类强氧化剂,有效杀死蓝藻并将其分解。

④光催化控藻。石墨烯的光催化作用能在一定范围内控制蓝藻生长速度。

(2)安全添加剂除藻。

①改性黏土除藻。喷洒改性黏土水溶液,使水面、水体和水底的蓝藻沉于水底,继而实施生态修复,固定底泥。

②天然矿物质净水剂除藻。净水剂喷洒入水中,使蓝藻附着沉入水底,或随后种植沉水植物。

③食品级的添加剂除藻。此类添加剂撒入水中直接杀藻。

④植物(中草药)化感物质制剂除藻。此类制剂撒入水中可直接除藻。

(3)混凝气浮除藻。

①混凝气浮技术除藻。用混凝气浮法使水面、水中和水底的蓝藻及水底有机悬浮物质全部浮于水面,然后将其打捞、处置,或设计成一体化工作船。此技术同时可清除有机底泥。

②藻水分离技术除藻。此技术为混凝气浮技术的配套技术,能使打捞的藻水体积压缩为1/30~1/60。或采用压滤、磁分离技术。

(4)安全高效微生物抑藻除藻。

抑藻除藻二者不完全相同,但无明显区别并密切相连。自然界中有很多微生物可以抑藻除藻,主要包括蓝藻病毒(噬藻体)、溶藻细菌、真菌、放线菌等;微生物抑藻除藻技术很多,如四川大学已研究出能专门杀灭蓝藻的微生物制剂;鄂正农公司研究出具有溶藻和破坏微囊藻蓝藻气囊功能的微生物,其对鱼腥藻、拟柱孢藻和微囊藻等蓝藻水华具有良好的清除效果。一般在小水体上推广微生物除藻可行,但在太湖等大水体上推广的困难是要求有限制地使用微生物的规则。所以,需证明微生物的安全性。

(5)改变生境除藻。

如改变深度、压力、水温、阳光等生境,使其不利于蓝藻生长繁殖,或有利于消除蓝藻的有益微生物生长。

①高压除藻。在一定时间段内改变蓝藻原来生长的深度、压力、温度等,使蓝藻在相当程度上失去生长繁殖能力,甚至逐步死亡。此技术有竖井式和移动式除藻两类设备,此技术若配合藻水分离技术,除藻效果更好。

②推流曝气增氧除藻。推流(射流)使水体上下循环流动,改变蓝藻生活的水深和水温,减慢蓝藻生长繁殖速度;在夏季高温时节,高浓度溶解氧与强烈的光照相配合会发生光氧化作用,可杀灭蓝藻及抑制其生长。设备有固定式、移动式或自动遥控式等。

③降低水温除藻。如遮阳降低水温、减慢蓝藻生长繁殖速度,若降低至9~12 ℃,则蓝藻难以繁殖。

(6)生物种间竞争。

①植物除藻。如采用芦苇湿地、紫根水葫芦、岸伞草、沉水植物除藻,植物在吸取水体和底泥 N P 的同时,可产生化感物质抑藻除藻。

②水生动物除藻。包括鲢鳙鱼、银鱼,贝类、浮游动物等能滤食蓝藻。

(7)治理富营养化抑藻。

治理、降低富营养化至一定程度就能减慢蓝藻生长繁殖速度,若水质提升至Ⅰ~Ⅱ类,可直接消除蓝藻爆发。其技术包括控制外源、内源,调水,清淤等降低富营养化及锁磷剂降磷除藻。

(8)打捞水面蓝藻。

(9)试验集成创新除藻技术。

消除蓝藻爆发技术很多,一般均未在太湖上试验过或大面积使用过。有关单位、部门应对上述技术择优选取进行科学试验和集成创新,成功后在分水域治理的基础上推广,取得降低藻密度的最佳效果,直至消除蓝藻爆发。

2020.5.10

交流 17 再谈太湖总磷升高原因及治理

——与“太湖流域新时期水环境综合整治战略”的交流

本人于2020年5月5日写了“交流14 太湖总磷升高原因及治理措施”,现阅读了微信群5月初发布的“太湖流域新时期水环境综合整治战略”一文,称发布于生态修复网<public@ er-china.com>【行业观察】的水专项栏目,作者未写明。阅读后有感,再谈此议题,希望跟大家多交流。

1 十余年努力成效显著,磷压力大

原文开头说“经十余年努力,太湖水环境质量整体好转,但太湖的污染负荷仍超水环境承载能力,尤其是磷压力大”。实事求是,说的对。

2 关于治理太湖策略

原文此后提出太湖流域新时期水环境综合整治战略——“控磷为主、协同控氮”的“减排”策略,“生态修复、生境改善”的“增容”策略。一般的专家是这么认为的。但实际上仅依靠这两个策略是无法消除蓝藻爆发的。2007年,太湖供水危机以来,基本就是采取这两个策略,10多年的治理,太湖富营养化程度总体呈下降趋势,其中TN浓度持续下降,从2007年2.35 mg/L下降为2019年1.49 mg/L,削减36.6%;但TP浓度先降后升,2015~2019年均高于2007年的0.074 mg/L,其五年均值0.083 mg/L,较2007年升高12.2%,其中2019年0.087 mg/L,较2007年升高17.6%。当然,“减排”策略和“生态修复、生境改善”的策略还未实施到位,以后若实施到位,太湖的富营养化程度会进一步改善。关键是太湖最大蓝藻爆发面积,2017年1 403 km^2,超过太湖供水危机2007年的979 km^2 的43%;2017年太湖藻密度普遍增加,如太湖全湖、梅梁湖年均藻密度分别为1.17亿cells/L和2.4亿cells/L,分别为2009年的5.05倍和3.43倍。所以,根据以往的实际和今后可能的情况,应增加第3个“分水域治理、全面深度削减蓝藻”的“除藻”策略,才能真正解决太湖的富营养化和蓝藻爆发问题。

3 关于2020年目标与是否能实现

在原文一、1节的富营养化的治理目标与差距中,《太湖流域水环境综合治理总体方案(2013年修编)》的2020年目标:TN为2.0 mg/L、TP 0.05 mg/L。现TN达标了,TP距目标尚远。其中有个情况,《太湖健康报告》上称2012年的TN就为1.97 mg/L,已实现2020年TN 2.0 mg/L的目标;而2013年修编总体方案中,2012年TN为2.38 mg/L,可能是监测单位不同的原因吧;又查阅原2008年制定的《太湖治理总体方案》2020年目标为TN 1.2 mg/L,TP相同。这可能是,2013年修编《太湖治理总体方案》时认为TN 1.2 mg/L的目标太高,就降低为2.0 mg/L。结果,认为不易完成的TN在修编前就完成了,认为可以完成的TP 0.05 mg/L却很难完成。说明此目标制定的不太妥当,可能原因是对太湖治理的规律认识不够,也说明人们对治理太湖的认识是在实践中逐步提高的。但只要努力,措施得当,可在较短时间内相当接近TP 0.05 mg/L的目标。

4 关于"控磷"作用

原文此后又说"控磷"更有利于蓝藻水华的控制。此话不完全正确,因为"控磷"至一定的程度才能更有利于蓝藻水华的控制,否则不一定有利于控制蓝藻爆发。如太湖2015~2019年的"控磷"就无效果;使"控磷"有利于蓝藻爆发治理,估计须使TP浓度达到Ⅲ类才行;要使"控磷"发挥完全的效果,可能须使TP浓度达到Ⅰ~Ⅱ类才行,但难以达到此效果。

5 关于控制内源策略

原文提出的"控磷为主、协同控氮"的"减排"策略,实际上仅是外源控制策略,基本上没有提到控制内源的策略;同样,原文中总磷升高的外源原因分析比较正确,但缺少了太湖内源原因的分析。

6 内源促使太湖TP升高原因分析

原文基本未说到此原因,所以在此补充一下。主要原因是太湖蓝藻多年持续爆发使蓝藻的生长繁殖与死亡的循环长期持续进行,使数量巨大的死亡蓝藻群落一直处于好氧、厌氧,硝化、反硝化的反应中,使N元素成为氮气进入大气,但原已沉于湖底的不溶性P或蓝藻大量死亡后相当部分可以成为不溶性P的则又成为可溶性P被释放进入水体,使水体P大量增加;湿地大量减少使其净化太湖水体和抑制蓝藻功能大幅度受损。

7　长江调水使磷总量增加但未升高磷浓度

原文认为长江水的TP(0.12 mg/L)显著高于太湖(0.07 mg/L),是不能忽视的原因之一(上述两个数据未说明年份与来源)。此结论不完全正确。事实上,“引江济太”望虞河调水使太湖TP总量增加,这是事实,但并未升高太湖TP浓度。根据多年资料,长江TP一般为Ⅳ～Ⅴ类(湖泊标准),略高于太湖,但长江水流经63 km的望虞河时流速较长江慢得多,其间又流经漕湖、鹅真荡、嘉陵荡3个湖泊,水面较广阔,流速明显减慢,水中含TP物质相当多沉淀,后入贡湖时TP浓度降低,与贡湖相仿或略高于贡湖;同时望虞河以1年平均调水10亿m^3计,使贡湖增加换水3次多,更利于净化贡湖水,也在一定程度上净化了东太湖水,可一定程度上减慢蓝藻生长繁殖速度。据多年的《太湖健康报告》,历年贡湖蓝藻爆发的主要指标均明显低于梅梁湖,如2017年,藻密度分别为1.5亿cells/L、2.4亿cells/L,叶绿素a分别为50 μg/L、90 μg/L,水质TP浓度也是贡湖优于梅梁湖,分别为Ⅳ类、Ⅳ～Ⅴ类,同时贡湖的水质一般均优于与之相邻的太湖湖心水域的水质。说明望虞河调水好处居多,不存在调水升高太湖TP浓度的问题。

8　控制外源措施可行未提及控制内源藻源性磷

原文中控制外源说的较全面,包括生活、工业、种植业、畜禽规模养殖业、污水厂及其管网,还有降雨降尘等,其中提高污水厂的磷排放标准,由0.5 mg/L提高至0.2 mg/L,此标准也较先进。但未提及控制内源的藻源性磷,目前在蓝藻密度成倍增加的情况下,削减藻源性磷较削减原底泥释放磷更显得重要。否则,年年蓝藻爆发的浅水型太湖难以使TP达到0.05 mg/L(Ⅲ类)。

9　削减藻源性磷措施

削减藻源性磷主要是抑藻除藻。抑藻一般理解为通过改变生境或进行种间竞争减慢蓝藻的生长繁殖能力。除藻一般理解为消除蓝藻,其一为通过打捞、养殖鱼类等动物滤食蓝藻而直接消除蓝藻。其二是通过物理、化学、生物等手段直接损毁蓝藻的一种或多种功能,如浮力、吸磷、储磷、光合作用、叶绿素等,使其死亡。抑藻、除藻两者有所不同,但无绝对界限,有时候是共同发挥作用,两者削减蓝藻的速度快慢和彻底性不等,但两者的作用均是降低藻密度、最终达到消除蓝藻爆发的目的。削减蓝藻的措施首先是要建立控制直至消除蓝藻爆发目标，因为消除蓝藻爆发的难度比较大，目标可以定远一点，如可在2030~2049年的中华人民共和国成立百年之际分水域消除蓝藻爆发。同时，改进仅在蓝藻爆发期间打捞水面蓝藻的固有习惯，一年四季实施深度除藻，并且对除藻技术进行集成、试验创新，包括打捞，消除水面、水体和水底的蓝藻。

10　生态修复以太湖水域为重点

原文在一、3的“生态修复增容战略”的“一湖四圈”布局中，对于太湖周围的陆域生态修复，在太湖湖滨带、湖心水域修复20%。写得全面、思路好。陆域生态修复较易，但生态生复要以太湖水域为重点，要克服太湖大水面生态修复难度大的困难，关键是要克服风浪大、基底高程比较低、透明度较小和光照不足等难点。所以，必须制定一个科学全面的生态修复规划方案，改善生境、恢复湿地，消除许多专家认为无法修复太湖20%~25%植被覆盖率的悲观情绪。

11　削减总磷可以达标的结论有待核实

原文中说控制外源可削减TP 31%，生态修复可削减TP 1 100 t，可实现目标，这是个好前景。据《太湖健康报告》，环湖河道入湖，如2017年TP为0.20万t，经计算此数量超过太湖Ⅲ类水时环境容量0.105万t的81%，另外还有降雨降尘、湖岸径流直接入湖等污染。若上述结论成立，TP可达0.05 mg/L，这是可喜的结论。若能够做到，加上削减内源的藻源性磷这一项，太湖水质就有希望达到Ⅰ~Ⅱ类。但估计难以达到，且生态修复要达到20%的比例需要很长时间。此结论可能是通过数学模型计算得到的，需要核实数学模型的边界条件及有关数据资料是否正确，对能否达到总体目标进行全面分析。的确，若实现控制污染源和生态修复目标，好处很多，可以使太湖的水质大幅度改善和相当程度扼制蓝藻爆发程度。但须注意控制污染源、治理富营养化与削减蓝藻相结合才是治理太湖的正确思路，若仅注重控源截污而不注重削减蓝藻是无法消除蓝藻爆发的。在此希望能全力控制外源和内源，削减蓝藻，尽快制定太湖生态修复方案和分批实施，在2030~2049年能够分水域消除太湖蓝藻爆发，真正治理好太湖。

12　为何不提及削减蓝藻和控制蓝藻爆发

原文中没有提及削减蓝藻和控制蓝藻爆发这句话，事实上这是一个不能回避的问题。可能这也是相当多专家存在的思想和认识问题。在2020年1月生态环境部环境规划设计院编制的《重点流域水生态环境保护"十四五"规划编制技术大纲》也未提及治理"三湖"蓝藻爆发的事,既未提治理目标,也未提治理措施。估计有两种原因:一种可能是认为治理"三湖"、消除蓝藻爆发的事并不很重要,另一种可能是认为难以治理好"三湖"蓝藻爆发,或两个原因均有之。应该说这两个原因均是不可取的,是消极的。应该明白人们均希望消除蓝藻爆发,认为消除蓝藻爆发是必要的。

中国是具有中国特色社会主义体制能够办大事、创造奇迹的中国,完全能分水域治理"三湖",消除蓝藻爆发。不是要马上消除蓝藻爆发,可以提出在2030~2049年的中华人民共和国成立百年之际分水域消除蓝藻爆发。只要有了治理目标,河湖长、科研人员就会有消除蓝藻爆发的积极性、主动性,就会努力去创造消除蓝藻爆发的新技术及其技术集成,就能够消除"三湖"蓝藻爆发。所以,"重点流域水生态环境保护'十四五'规划"编制完成在2021年中期正式印发之时,希望能够见到治理"三湖"、消除蓝藻爆发的目标和措施。实现十九大提出的2050年奋斗目标,实事求是解决群众希望消除蓝藻爆发的问题,推进美丽中国水生态环境保护建设。

2020.5.21

交流18 "水环境治理八大误区"的分析交流①

近日在《雷克环境报》(总第八期2020.3.20)第8版上刊登了"水环境治理八大误区"一文,作者吴山。本人提出对此文的看法,并与大家共同讨论交流。

原文中提出"水环境治理八大误区":目标、理念、方案、控源、清淤、生态、

① 此文为作者在有关微信群和QQ群发表的文章,后作者于2020年6月下旬投稿于华南河湖长学院微信公众号(同济大学与华南河湖长学院联合主办),由其编辑后于2020年7月2日发表此文于其微信公众号。

治理、思想。其对误区的分析,绝大部分是正确的,在此表示赞同;但有些分析不到位、不全面。

1 关于"目标误区"

水环境治理的目标应该是消除黑臭、防治污染、恢复良好的生态系统。对于黑臭水体而言,消除黑臭是目前最紧要的事情,也是恢复生态的前提,黑臭水体无法恢复生态。至于原作者非常赞同有些评论员提出的将一些不妥当的治理水污染措施称为"伪科学"、"反生态"、"破坏式治污"、"酿成不可逆转的生态灾害"等。此提法有些不妥,应实事求是地说明那些治理水污染措施不妥当或错在何处。且"酿成不可逆转的生态灾害"的结论不妥,在现阶段生态遭受局部损毁就修复,大部分或全部损毁就重建水生态系统,似不存在"不可逆转的生态灾害"这样的事情。

2 关于"理念误区"

原文中说到的"黑臭在水里,根源在岸上,关键在排口,核心在管网"的水环境治理的"口头禅"。应该说基本正确。但其中的"关键在排口",排口应该包括污水管和雨水管的排口才对,若仅包括污水管的排口是不全面的。因现在长江流域及以南区域的大中城市,由于其雨水多、污染物多,雨水管的排口成为黑臭水体污染物的重要来源之一,上海在一场大暴雨之后能使苏州河水变黑就是例证。"核心在管网"则是片面了,因为控制污染源的措施很多,不能局限于"管网";就是污水处理系统也不能局限于"管网",还有处理能力的问题;而人口密度高、社会经济发达、水资源量少的区域,这三者中有二者存在的话,就应该提高污水处理标准。

至于说到"治水不等于治河"的问题,此是不同区域的不同称呼,不涉及理念的问题。治水在相当多区域是治理河道(湖泊)水体的简称,且其广义治水应包括治理水体污染、防洪排涝、供水、补水等内容。

3 关于"方案误区"

原文中说到的"方案误区"均是针对黑臭水体的,即其目标就是消除黑臭水体,提的很对。但对于总标题"水环境"而言,必须有一个明确的目标,如对于"三湖"(太湖、巢湖、滇池)而言,20 年来一直没有治理蓝藻的目标,只有治理富营养化的目标。在以往治理"三湖"的众多治理方案中未提及治理蓝藻目标,就是生态环境部环境规划院 2020 年 1 月编写的《重点流域水生态环境保护“十四五”规划编制技术大纲》中也未提及蓝藻及其治理目标，在《中华人民共和国长江保护法》(草案)中也未提及治理蓝藻目标，没有目标就没有方向，就没有前进的动力，湖长和科研人员就没有消除蓝藻爆发的积极性、主动性。

4 关于“控源误区”

控源包括控制外源和内源，众所周知。原文中利用某院士的话，呼吁国家禁止过度提标(指污水厂)，否则将给国家造成巨大的损失。此话不妥，目前污水厂提标已成趋势，因为中国的许多大中城市人口稠密、社会经济发达，不提标难以控制水污染，“三湖”难以达到水功能区的水质目标，北京、上海、江苏、合肥等均出台了提标至地表水准Ⅳ类、准Ⅲ类的标准。这标准完全可能达到。应在能够达到目标的基础上再讨论省钱的问题，在达不到目标的时候去讨论省钱的意义不大。至于污水厂提标，多花一点钱能够满足某特定水域环境容量要求是应该的，也是值得的，不会因此给国家造成损失，而是能够改善全国的水环境，满足人民的需求，使人民有一个宜居环境。

现在的主要问题不是过度提标(或许个别地方有过度提标的问题，应禁止)，而是提标不够的问题，如“三湖”各水域2019年水质一般在Ⅳ~Ⅴ类，有些水域是劣Ⅴ类，其中滇池是平均劣Ⅴ类，太湖近4年TP不降反升，北京的北运河投资巨大还是劣Ⅴ类，甚至有些河段还存在黑臭现象。主要原因之一就是污水厂没有提标或提标不够。

分析有些人反对提标或不愿意提标的原因有二：其一是认为没有必要提标；其二是认为污水厂难以达到高标准。如《2017年滇池外海水质异常下降原因及对策》(郑丙辉等，环境工程技术学报，第8卷第5期，2018年9月)中，详细正确地分析了2017年大雨及其他因素是造成外海水质异常下降的主因，但滇池外海的治理改善中，控源截污、控制降雨径流、调水等系列措施都有，就没有明确提及污水厂提标之事。持续发展的大都市昆明有那么大的人口基数和日益发展的社会经济及不断增加的用水量，会使超过环境容量几倍的污染负荷进入面积不大的滇池，若昆明污水厂不大幅度提标，污水厂的污染负荷将难以减少至满足环境容量的要求，则滇池水质难以得到很好的改善。估计有相当多的治理“三湖”流域及人口稠密、社会经济发达区域的河湖水环境的控源文章中或段落中，可能由于上述2个原因而大部分不愿意提及污水厂提标或回避污水厂提标之事。

其实全国已有高标准处理污水的例子，相当多城市已普遍开始或准备实施污水厂提标。本人在“交流3　彭永臻院士发言读后感”(2019.5.3)和“交流7　巢湖流域污水厂提标的交流”(2020.1.5)已分析,此处不再重复。

5　关于“清淤误区”

原文中认为“清淤不能等同于清污”。此话不妥,因为“清淤”就是清除污染的淤泥的简称。说“清污”也太笼统,“清污”可以是清除水体、底泥、土壤、点源面源等的污染。至于说清淤是水利、交通部门的工作范畴,此话也不妥。此处混淆了清淤与疏浚(拓浚)的概念。因为水利、交通部门加深、加宽河道一般称为疏浚(拓浚)(各地称呼可能有所不同);清除污染的底泥称为清淤,当然也有一定的疏浚作用。

应该说清淤主要是水利部门之事,因为清淤是河道治理、管理范围内的工作,当然,有些时候城市建设部门或其他有关部门也搞清淤工作,因为其是城市及环境建设的需要,不管是谁管理清淤工作,均是为治理水环境、为人民服务,各方应密切配合。

6　关于“生态误区”

原文中提到“水生态系统由生产者、消费者、分解者和非生物环境四部分组成”。此结论基本正确。但其中的“非生物环境”改为“生境”比较合理,因为“生境”包括水体、底质(底泥)及其中的营养成分和自然气候水文水动力等因素,其实这些均是水体和底泥中生物的“生境”。

原文中提到政府热心于进行陆地生态修复,这也是改善环境的一部分,应予以肯定。应希望政府同时注重修复水生态。分析对修复水生态重视不够的主要原因,可能是修复水生态比修复陆地生态的难度大得多,成功概率比较小,修复的植物由于“生境”的反复容易死亡,所以修复水生态的积极性不如修复陆地生态的高。

7　关于“治·理误区”“思想误区”

原文中提到治理黑臭水体工作中“返黑返臭现象十分严重”,这是一个值得重视的实际存在的问题;原文分析了其原因:治理方案不尽合理,技术选型缺乏科学;“治而不理”。分析得对,治理应该包括治理和管理两方面。关键是如何把这两方面有机地结合起来。原文中提出了后评估机制,这也是很必要的。

其中一个是技术问题,即是要选择相对长效的治理技术。彻底的控源是最长效的治理技术;在人口稠密、社会经济发达的城市的有些河道则难以彻底控源,应用相应直接净化水体技术相配套;如用微生物治理水体,采用固载微生物治理可以有效近 10 年,而用普通的手撒微生物要下 1 次大雨撒 1 次,治理效果的长期性相差若干倍。其他的长效、短效治理技术以此比较、类推。

另一个是非技术(行政)性的管理问题,管理除了打捞水面漂浮物、监督排污等,对于设计方、施工方、质量监督方和建设方而言,治理过程中存在的短效治理技术和不太负责的行为等方面的问题必须采用科学严格的合同条款来控制。如合同条款上明确规定治理期限要 3~5 年,达到目标后付款,否则不付款或大幅度减少付款,对那些说大话、治理不达标,靠关系拉项目的公司、单位进行严格的控制、惩罚。这需要政府的财政政策配套,需要行政监督机构的认真加入和密切配合。这些问题是可以得到解决的。

若长效治理技术和长效管理措施密切结合,在相当程度上能够解决原文中提到的“盲目冒进,投资越大政治站位越高”“被动应对”等不正确的思想,同时,妥善解决上述一系列问题后,就能够落实习总书记“绿水青山就是金山银山”的指示,就能够扎扎实实做好水环境治理工作,使中国的河道和湖泊变得更美丽。

2020.6.8

交流 19　治理太湖消除蓝藻爆发十大关键点①

太湖自 1990 年起年年蓝藻爆发至今已 30 年,2007 年发生太湖供水危机至今也已 13 年,国家和各级政府投入巨资、人力、物力,取得较好的阶段性成效,保证了太湖供水安全,一定程度上减轻了富营养化程度。但存在如下问题:

太湖蓝藻爆发年最大面积,2017 年达到 1 403 km^2,较 2007 年 979 km^2 增

① 此文由作者于 2020 年 8 月初投稿于华南河湖长学院微信公众号(同济大学与华南河湖长学院联合主办),于 2020 年 8 月 11 日发表。

加43%;2020 年 5 月 24 日,蓝藻爆发面积达到 1 071 km^2,较 2007 年增加 9.4%。

太湖、梅梁湖蓝藻年均藻密度 2017 年分别为 1.17 亿、2.4 亿 cells/L,分别较 2009 年增加 5.05 倍、3.43 倍,同期叶绿素浓度增加 1 倍多。

2019 年,太湖平均水质虽达到Ⅳ类,但 TP 为 0.087 mg/L,较 2007 年升高 17.6%,不降反升,且竺山湖、西部沿岸水域水质仍为劣Ⅴ类。

2018 年主要 19 条入湖河道:TN 均劣Ⅴ类(地表水湖泊标准,下同),TP 有 13 条为Ⅴ类,3 条为劣Ⅴ类。河道入湖污染负荷,2017 年较 2007 年 TN 削减 7.5%,但 TP 反而升高 5%。

对如何提升水质消除富营养化,消除水面、水体、水底蓝藻,修复湿地,作者提出以下 10 个关键点及消除相应误区(错误或不全面的认识、观点、措施),欢迎各位读者交流。

1 建立消除蓝藻爆发目标

自太湖蓝藻年年大规模爆发以来,国家未制定消除蓝藻爆发目标。建设优美清澈的太湖特别是消除蓝藻爆发是全国人民对良好生态环境的重要期盼和亲水要求,受到世界广泛关注。所以,应以蓝藻爆发问题为导向,在确定水质目标的同时,建议 2030~2049 年(中华人民共和国成立百年之际)期间分水域消除蓝藻爆发,生态环境得到根本改善。

有消除蓝藻爆发目标才能提高各级湖长、河长和科研人员消除蓝藻爆发的责任感、主动性、积极性,才能鼓舞人民斗志和提高监督力度。应消除不必要和不敢建立消除蓝藻爆发目标的错误认识、畏难情绪。

2 太湖应提升至Ⅲ类水

20 世纪 80 年代前期太湖水质是Ⅲ类,五六十年代水质更好。只要努力削减外源和内源,修复湿地生态,太湖水质完全可达到水功能区Ⅲ类目标,也即消除富营养化,此举可大幅减慢蓝藻生长繁殖速度。应消除太湖不可能达到Ⅲ类的悲观情绪、错误认识。

3 加大控制外源力度

为什么努力治理太湖 10 多年,TP 入湖负荷没有减少?一是太湖流域人口增加、社会经济持续发展,污染负荷产生量和入水量持续增加;二是原有的控源力度偏小,已不能满足要求。所以,须全面加大控制外源力度。外源应包括生活、工业、污水厂和畜禽集中养殖四类点源和种植、水产养殖、地表径流等面源污染。

同时,须认清控源的轻重缓急。先控制点源,面源也应得到积极控制。其中,种植业在人均不足3分地的太湖流域是重要污染源,但非最大污染源,在采取节水灌溉、测土配方施肥措施后,污染负荷量已大幅减少,特别是枯水年农田径流污染很少;目前各类地表径流特别是城市村镇和道路的径流污染量持续增加,要予以重视。应消除满足于控源现状的停滞不前的思想。

4 大幅度提高污水厂处理标准

加大流域控源力度的关键是大幅度提高污水厂处理标准,削减其污染负荷。污水厂是流域最主要点源群,应在建设足够污水处理能力、全覆盖管网和加强管理的基础上,大幅度提高污水处理标准,才能满足太湖环境容量的要求。根据目前科学进步、技术和工艺创新,完全可高标准处理污水,已有相当多成功例子,只要认真总结经验,通过对污水厂提标改造,TP 达到地表水Ⅱ~Ⅲ类、TN 达到地表水Ⅲ~Ⅴ类或接近Ⅴ类完全可能。消除相当多专家认为一级 A 标准已够了或提标在经济上不合算的误区。

流域上游须尽快实现污水厂提标,同时增加污水厂(设施)的处理能力。城镇生活污水全部进入污水厂,分散污水用小型设施处理;工业在结构和工艺上实施减污后,其污水自行处理或达到接管标准后进入污水厂处理;规模养殖场的粪尿水全部用固载微生物等长效技术进行集中处理、政府给予适当补贴,以及进行有效的资源化利用;城镇地表径流用适当的技术、设备进行处理。

5 蓝藻是目前主要内源

内源包括底泥及生物残体、蓝藻。蓝藻爆发前底泥是太湖主要内源,其后蓝藻持续爆发、生死循环,活的和死的蓝藻已成为底泥和水体中的主要内源,且使底泥中原有的不溶性磷也可变为可溶性磷。因此,必须清除水面、水体和底泥上层的蓝藻。目前,仅清除原来意义底泥的清淤工程,其投资大而作用不大,难以较大幅度降低磷浓度。应消除蓝藻不属于内源的误区。

6 建立治理蓝藻与富营养化结合才能消除蓝藻爆发的观点

“太湖水污染,根子在岸上,治湖先治岸”,此话对治理富营养化而言正确,"治理蓝藻爆发即是治理富营养化"这一传统观点不妥。因蓝藻年年规模爆发后根子已延伸到湖泊,必须治理蓝藻与富营养化结合,大量削减蓝藻数量才能消除蓝藻爆发。

若仅治理富营养化,专家普遍认为太湖水质必须达到Ⅰ~Ⅱ类才能消除蓝藻爆发,现今人口稠密和社会经济持续发展的太湖流域难以达到Ⅰ~Ⅱ类。应明白仅治理富营养化不能消除太湖蓝藻爆发。

7　建立分水域治理蓝藻思路

太湖消除蓝藻爆发的基本条件是分水域(块)治理,即建成若干可封闭的水域。分水域后如武汉东湖、南京玄武湖、杭州西湖和无锡蠡湖等小型湖泊消除或基本消除蓝藻爆发的技术和经验就能用于太湖。

分水域要大小适宜、因地制宜,分水域边界须采用适宜隔断、透水坝,阻挡风浪及阻挡外水域蓝藻进入,可适当进行水量交换。太湖的梅梁湖、贡湖和竺山湖等湖湾可先采用分水域治理,或可再分为若干小水域。每个五年计划确定治理太湖的目标应包括消除蓝藻爆发水域的面积,由小至大、逐步推进。应改正一次性消除蓝藻爆发的不切实际的误区。

8　全面打捞·消除水面、水体和水底蓝藻

太湖打捞水面蓝藻已10多年,起了改善嗅觉和视觉效果的一定作用及保证了供水安全。但客观上蓝藻越打捞越多,说明仅打捞水面蓝藻已不适应现状,应改变方法,实施全面打捞·消除水面、水体和水底蓝藻的策略,才能逐步分水域消除蓝藻爆发。应消除仅打捞水面蓝藻的片面认识和积极推进治理措施的进步。

打捞·消除水面、水体和水底蓝藻的措施很多。除采用打捞水面蓝藻、鱼类食藻、植物抑藻、调水清淤除藻外,可通过物理、化学、生物等手段直接损毁蓝藻的一种或多种功能如浮力、吸磷、储磷、光合作用、叶绿素等,抑制其生长繁殖或使其死亡。

具体措施有:金刚石碳纳米电子、复合式活水提质除藻、光量子、改性黏土、固载土著微生物、高压改变生境、天然矿物质净水剂、中草药或化感物质制剂、混凝气浮等单项技术除藻。但技术均须在太湖经试验成功,并根据各水域实情选择综合性除藻技术及配合相应的治理富营养化和修复湿地等措施全面消除太湖蓝藻爆发。

9 大规模修复湿地

太湖原有湿地超过650 km^2，现持久保存的仅有400 km^2，大幅度减弱净化水体和抑藻的能力，因此应大规模修复湿地，使太湖植被覆盖率达到蓝藻爆发前的25%~30%；应消除修复湿地条件不成熟或现时藻型湖泊难以修复湿地等错误认识。

修复湿地需要改变生境使适合植物生长：芦苇湿地要减小风浪、抬高基底，沉水植物要减小风浪、降低水深、提高透明度。这些生境在现有技术条件下可通过人为努力做到，不应等待生境得到自然修复后再去修复湿地。改善生境与修复湿地应同步进行，其间同时使藻型湖泊改变为草型湖泊。修复湿地有三类方法：恢复沿岸水域500~1 000 m或更宽水域的湿地；恢复西部等被围垦的原湿地；降低水位，增加湿地。

10 制定切实可行的规划方案

根据上述关键1~9，制定一个切实可行的治理太湖消除蓝藻爆发的规划方案，列入"十四五"规划和长江保护法，进一步修编太湖水环境综合治理总体方案。

以往编制的两个太湖水环境综合治理总体方案或修编方案均仅有治理富营养化目标，而未提及治理蓝藻爆发目标。规划是用来指导工作，不应仅挂在墙上或停留在纸面上让人看，而无法达到目标。治理太湖的规划、方案、法律文件均应注重"人水和谐"，明确提出治理太湖的最终目标是在水质达到Ⅲ类的同时消除蓝藻爆发，并制定符合实际的能达到目标的系列治理措施。

规划方案要"管用、好用、解决问题"：解决太湖蓝藻爆发的这个世界性问题，我国政府和人民有能力，经过一个、两个、三个五年规划，到2035年能分块消除主要水域蓝藻爆发，2049年前消除全太湖蓝藻爆发。

通过全国上下共同努力，最终必能将太湖水质提升至Ⅲ类、消除蓝藻爆发，确保安全供水和满足百姓、游客的景观、休闲、垂钓、游泳等亲水要求，让百姓拥有更多提升生态环境的获得感和幸福感，建成百姓期盼的完全消除蓝藻爆发的真正美丽的太湖。

（本文同时可供治理巢湖、滇池消除蓝藻爆发参考）

2020年8月初

附图

1 太湖流域

1.1 太湖流域示意图

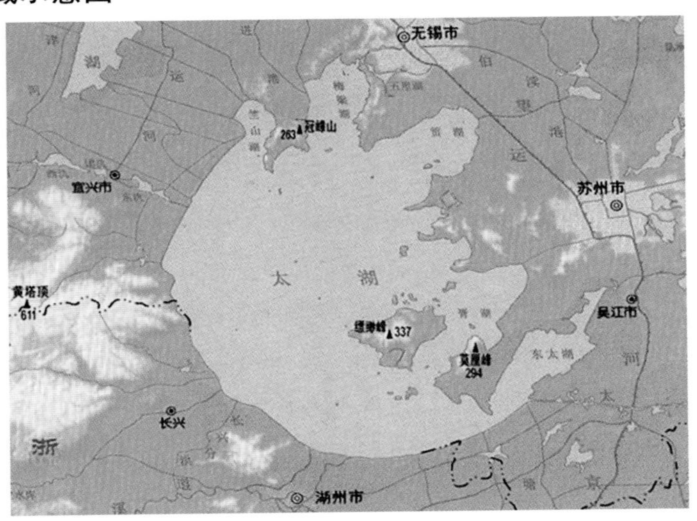

1.2 太湖分区图

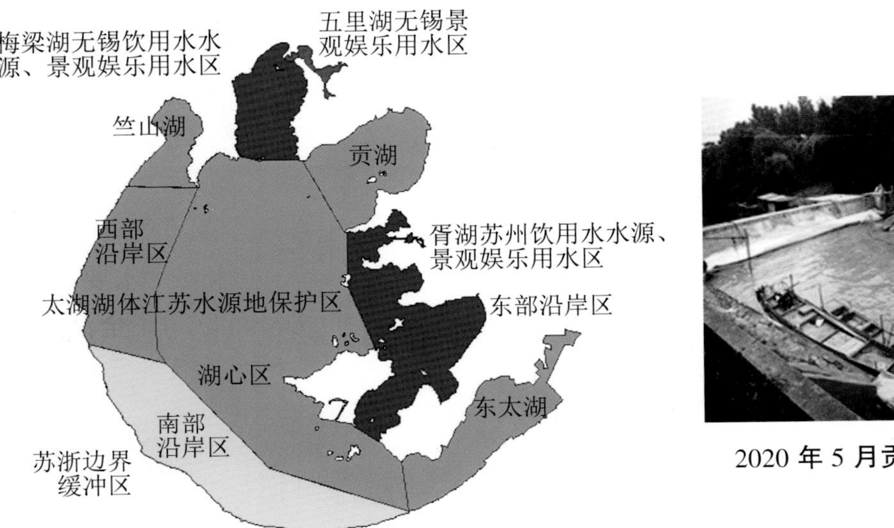

2020 年 5 月贡湖蓝藻

1.3 太湖蓝藻爆发图

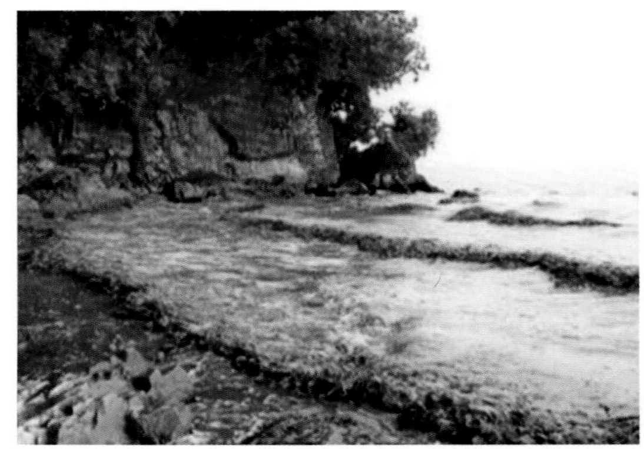

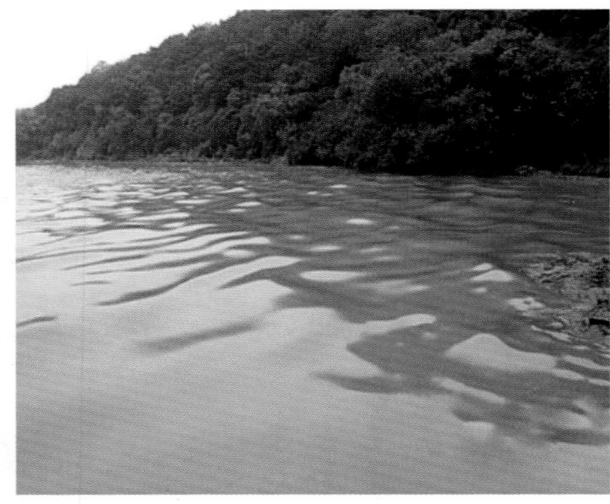

2007 年太湖梅梁湖蓝藻爆发

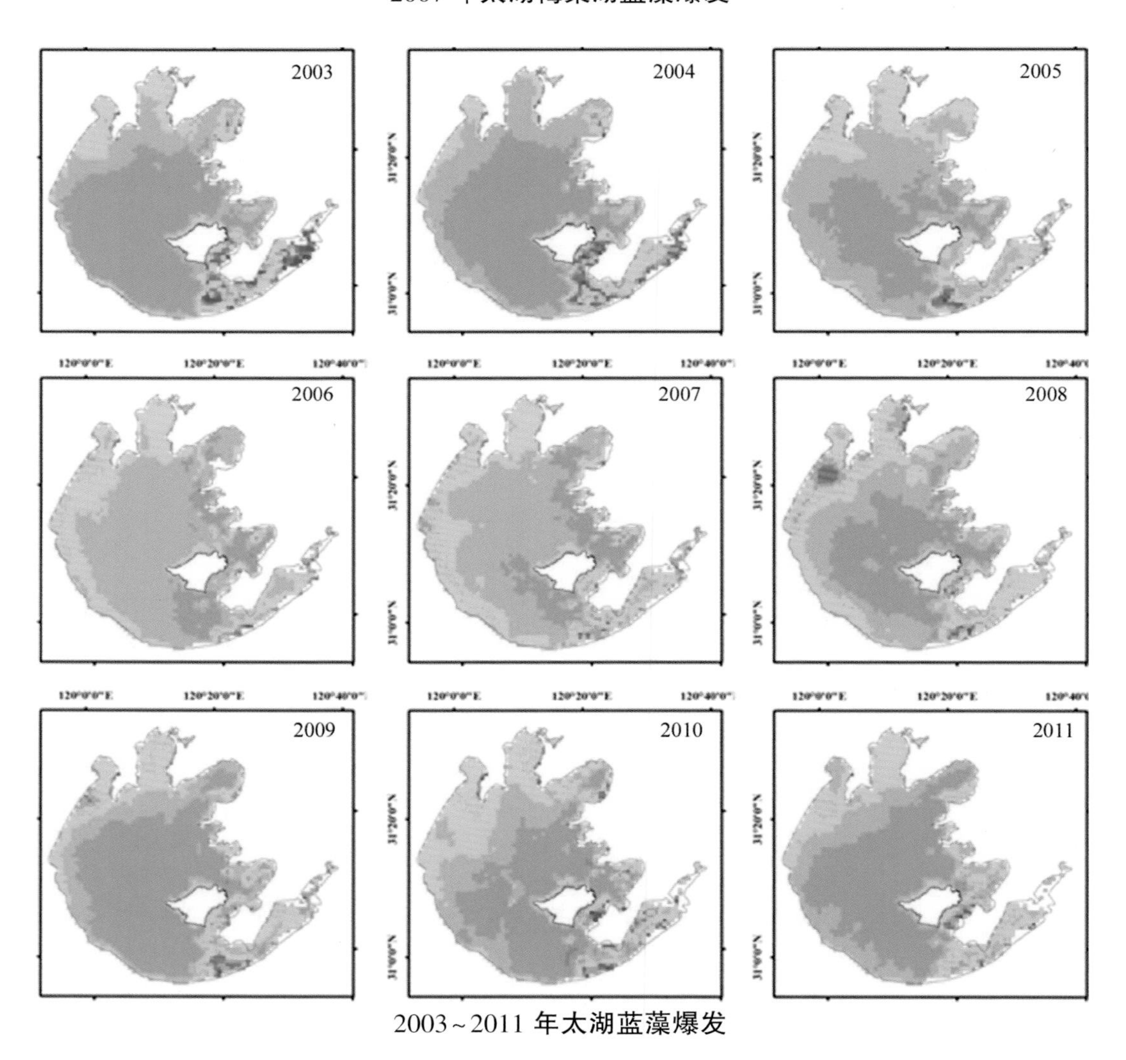

2003~2011 年太湖蓝藻爆发

1.4 太湖调水图

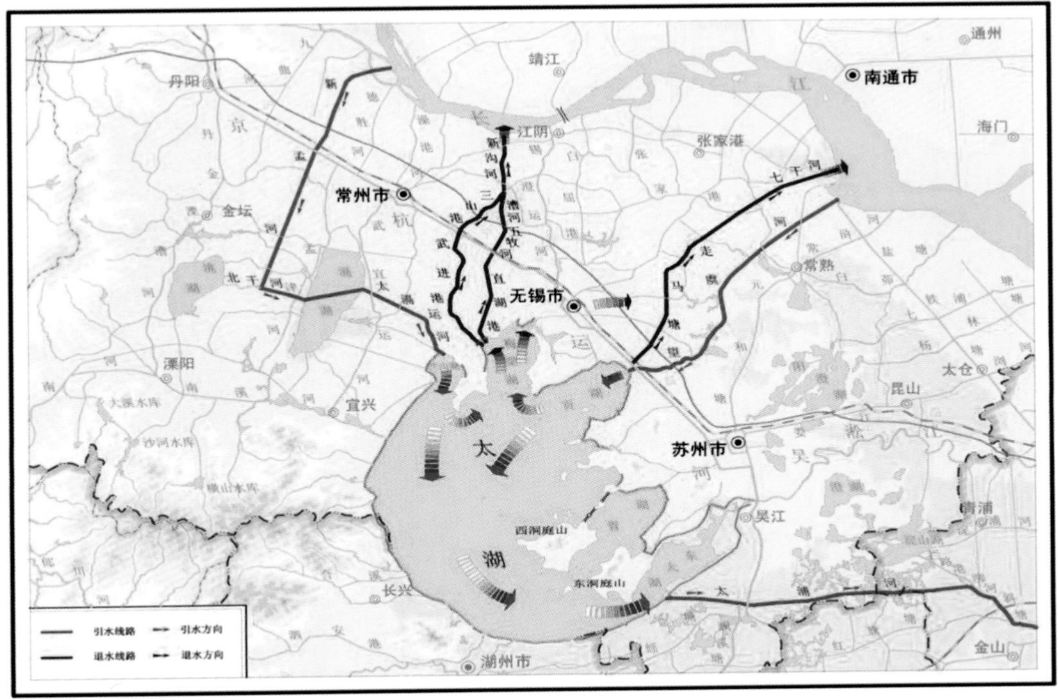

太湖调水 4 条线路图

梅梁湖调水泵站图

1.5 太湖周围城市和江南运河图

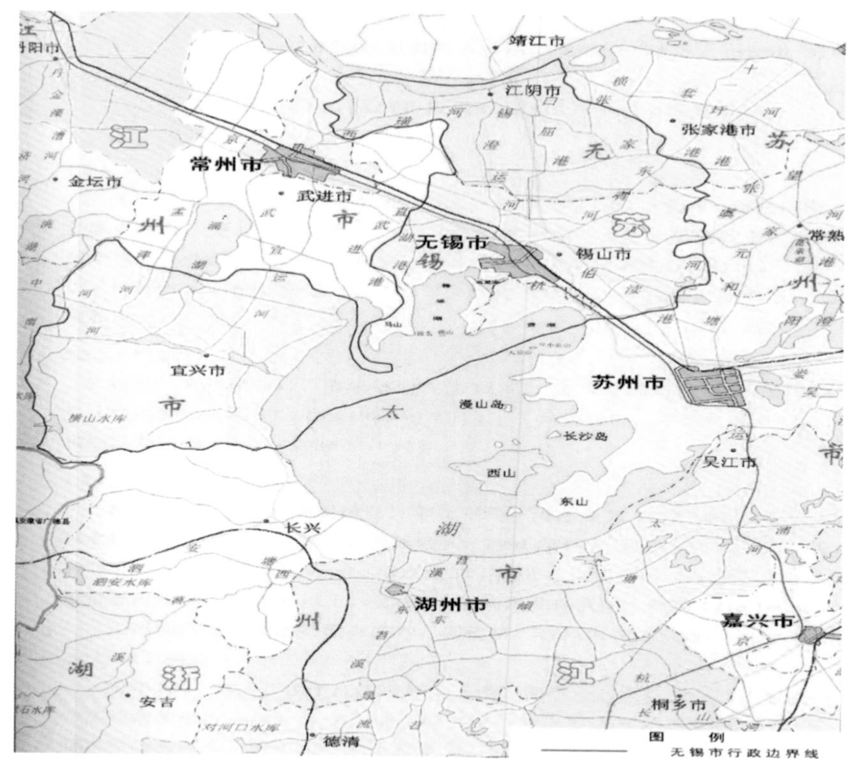

1.6 无锡防洪控制圈图

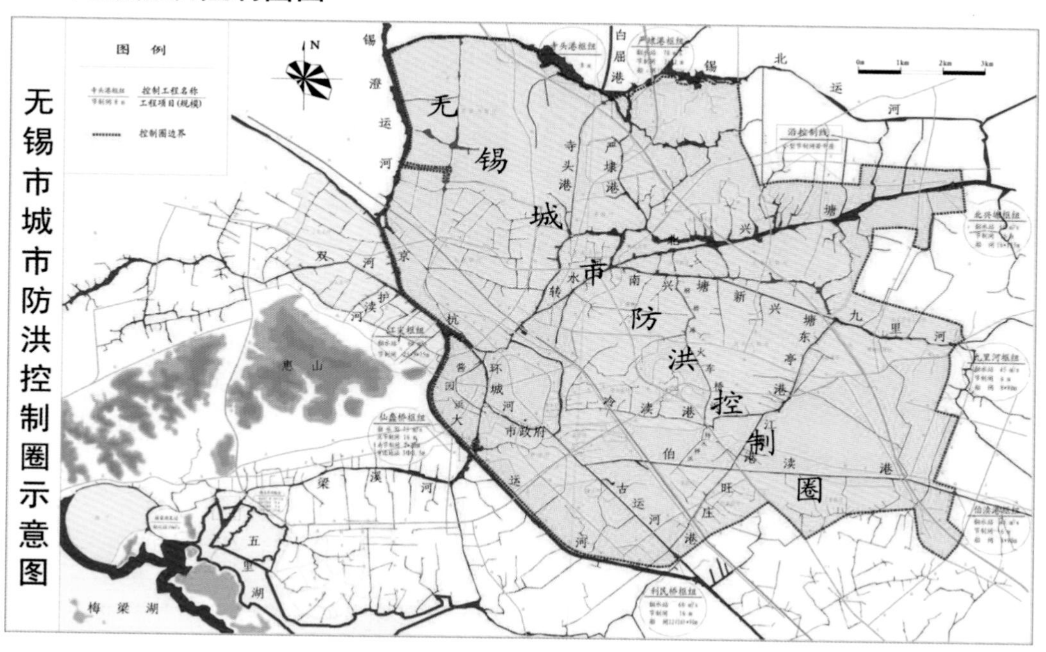

2 巢湖流域

2.1 巢湖流域示意图

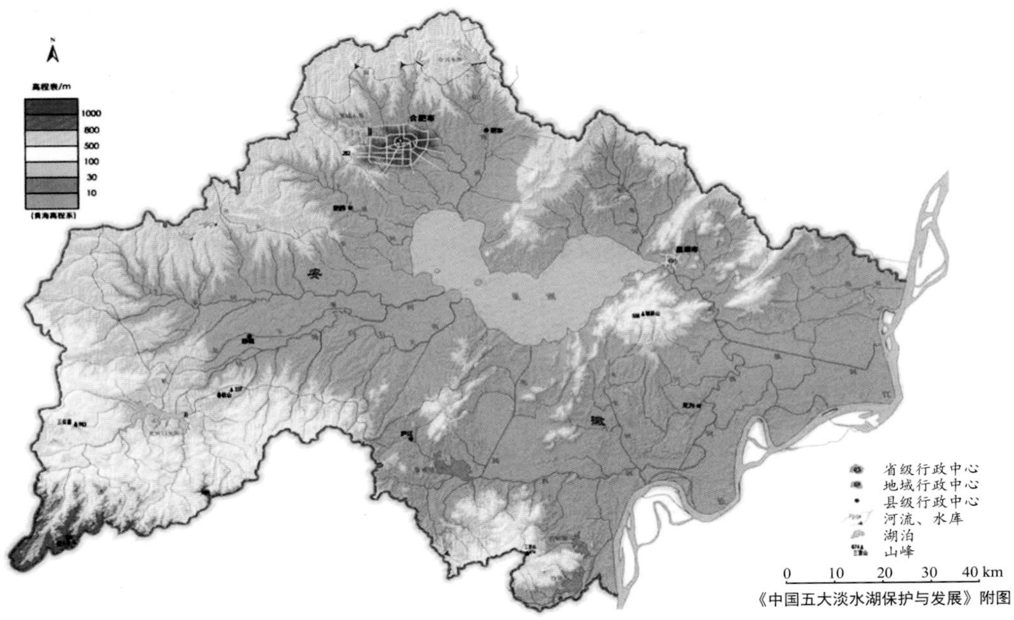

《中国五大淡水湖保护与发展》附图

2.2 巢湖流域水系图

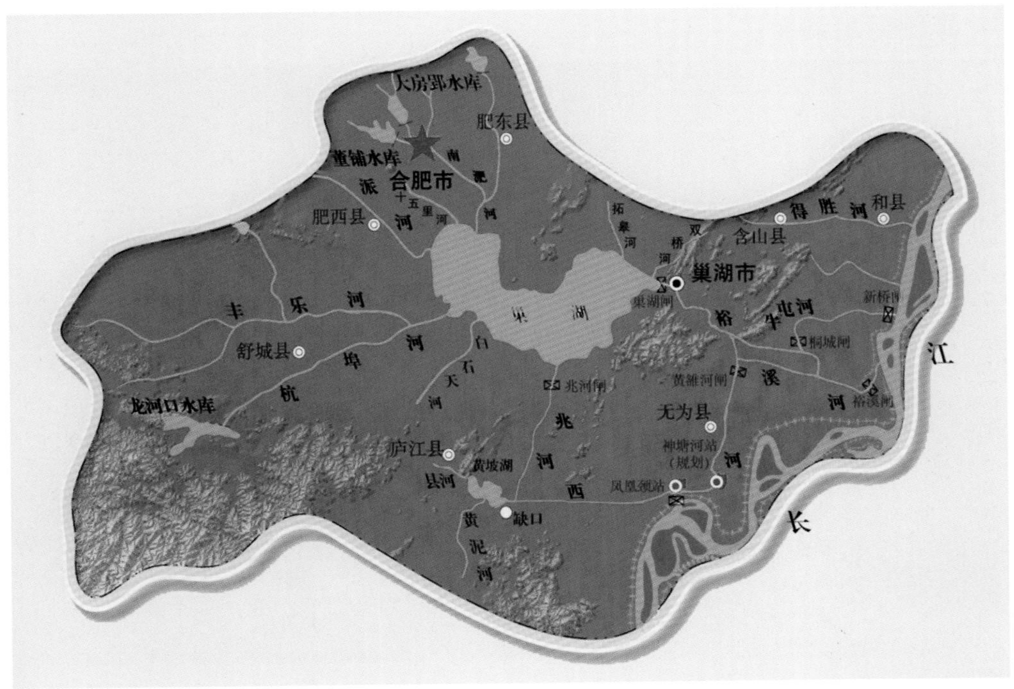

2.3　巢湖蓝藻爆发图

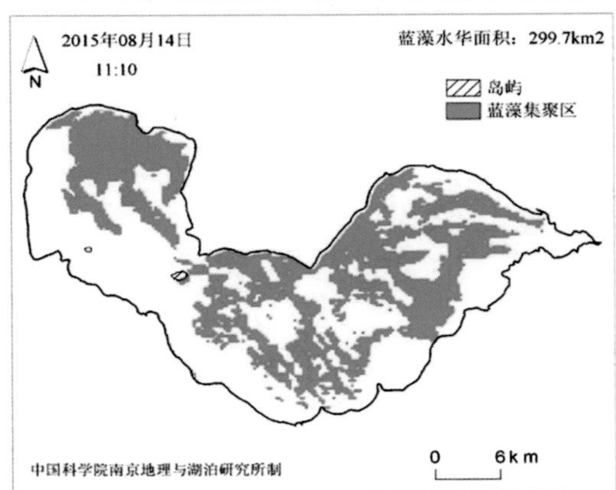

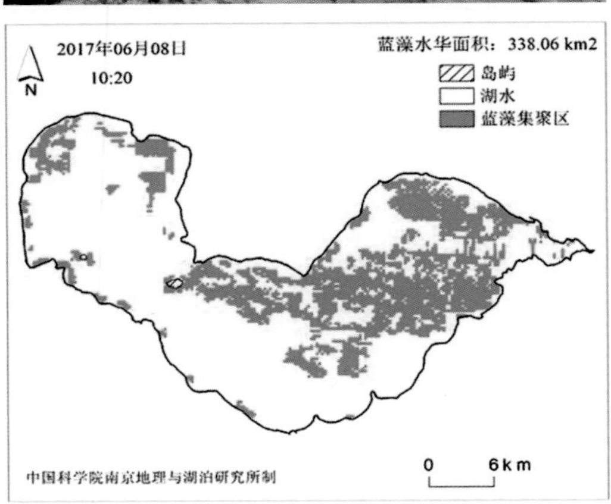

2.4　巢湖湿地演变图

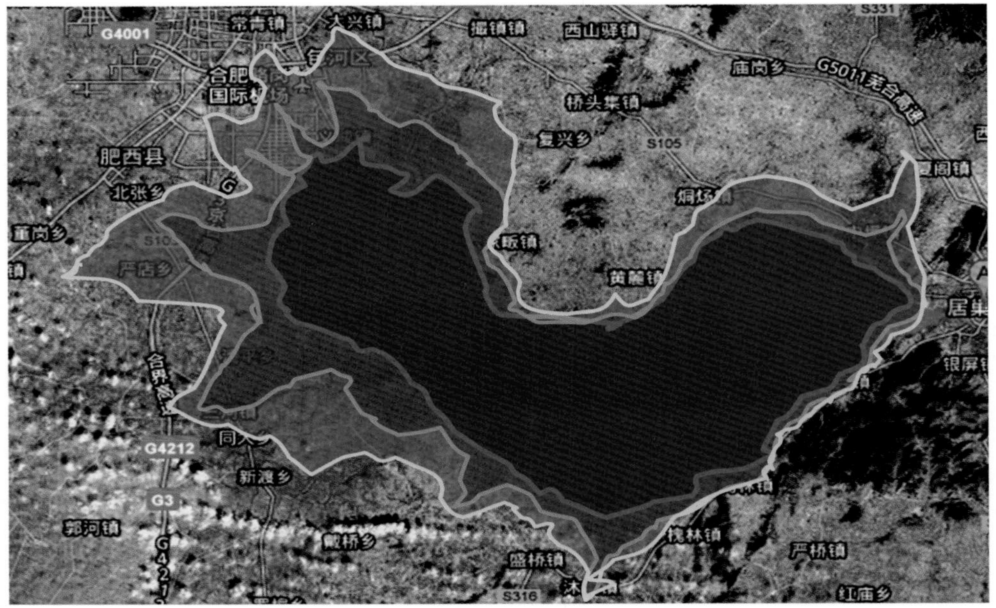

2.5 巢湖调水图

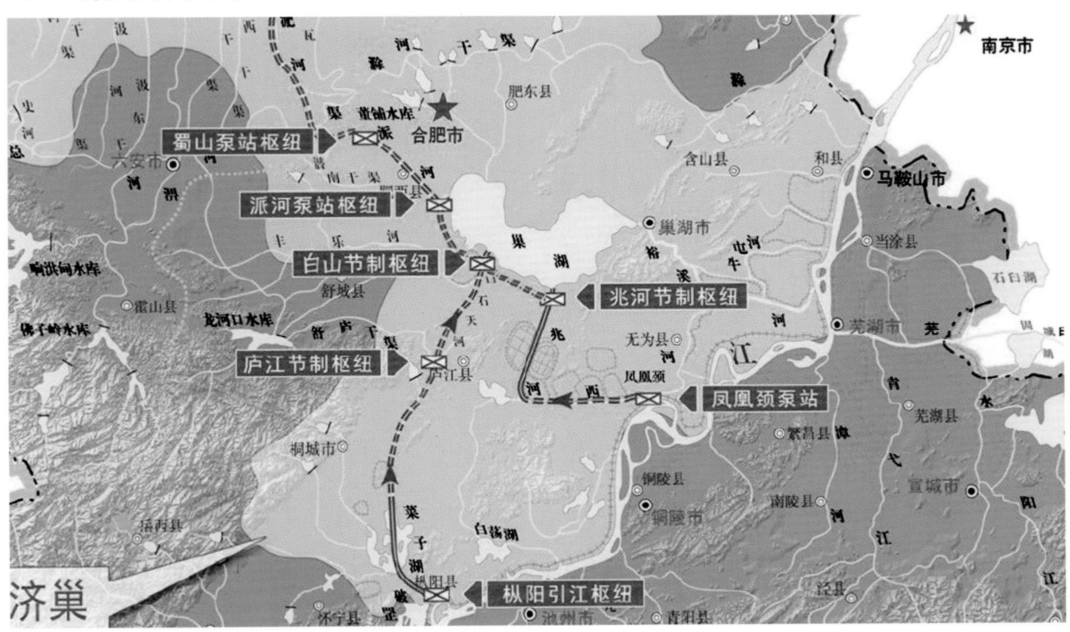

2.6 南淝河水系示意图

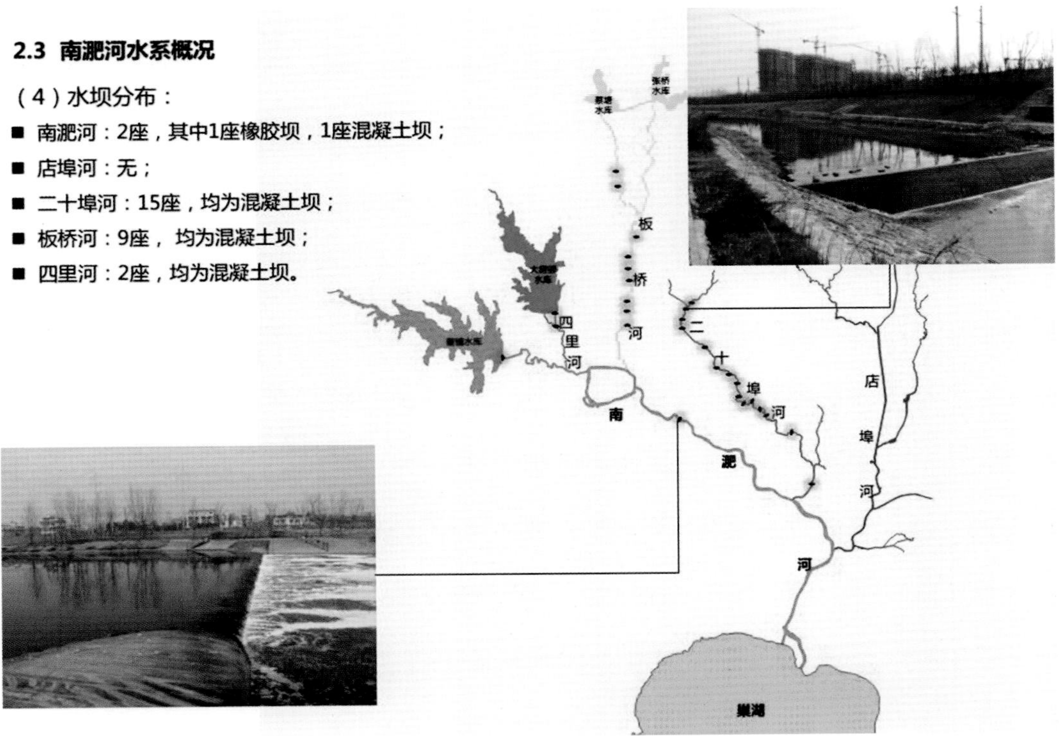

3 滇池流域

3.1 滇池流域位置图

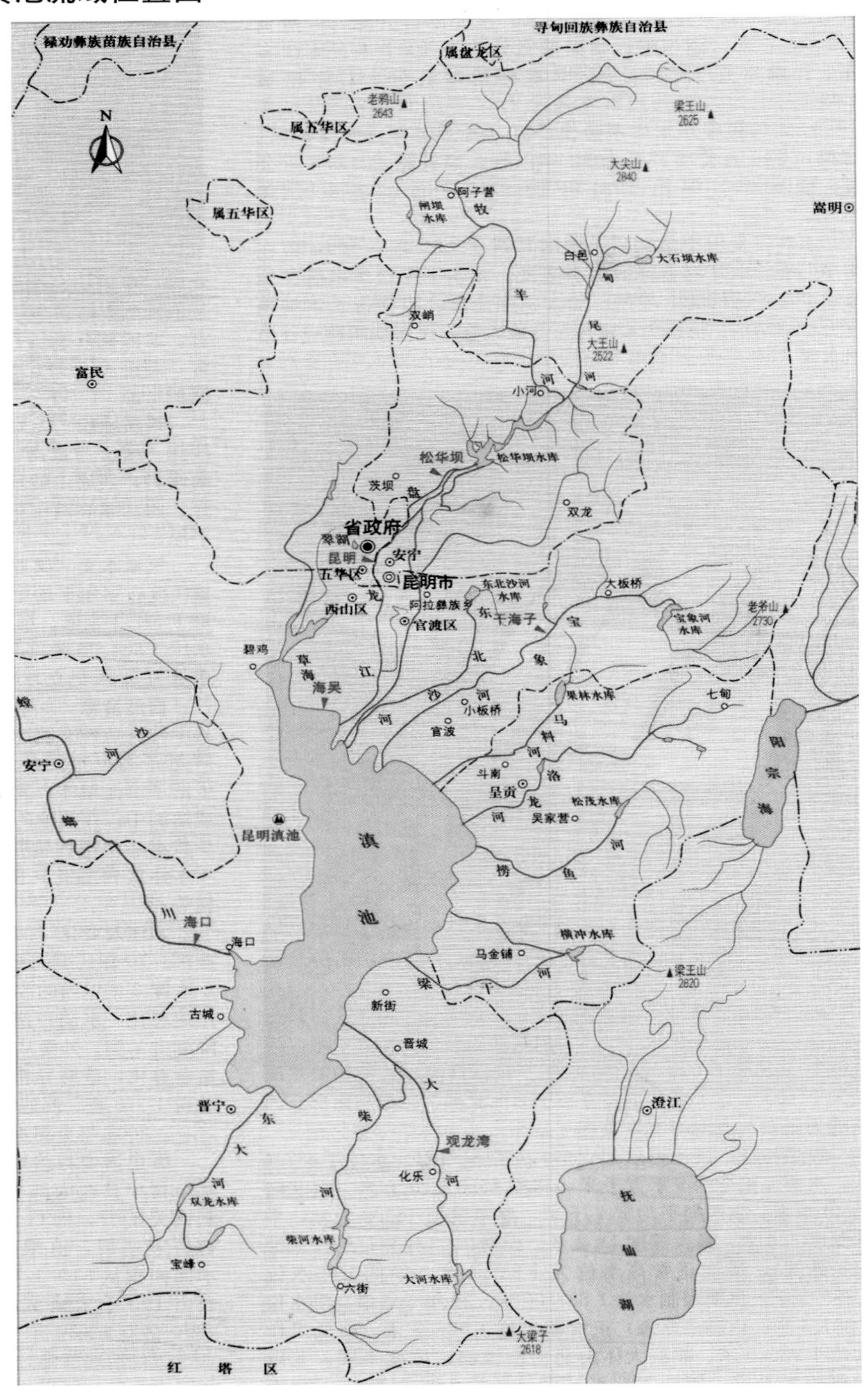

3.2 滇池蓝藻爆发(左上下图)和四退三还拆大堤示意图(右图)

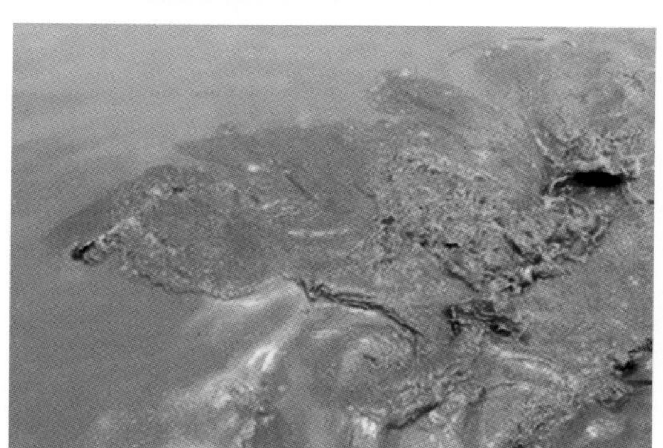

3.3 滇池调水图

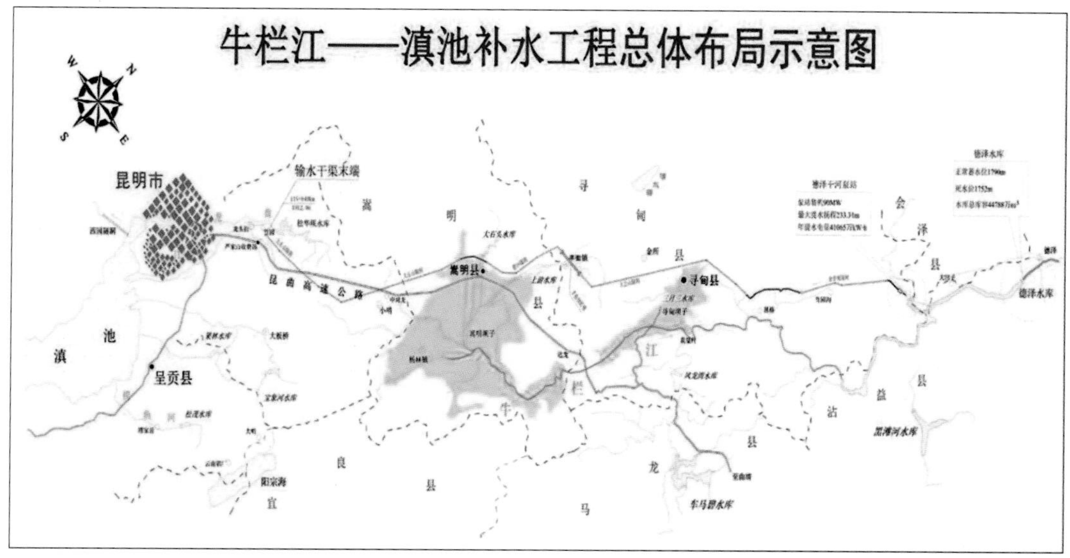

4　德林海蓝藻技术装备

4.1　蓝藻打捞船图

4.2　固定式藻水分离站(装置)图

在全国合计建设了德林海技术固定式藻水分离站27座,藻水分离能力为1 000~5 000 m^3/d。

杨湾藻水分离站(江苏无锡太湖)

七里堤藻水分离站(江苏无锡太湖)

洱源西湖藻水分离站(云南大理)

塘西河口藻水分离站(安徽合肥巢湖)

藻水分离池

藻水分离溶气设备

4.3 加压控藻船图

加压控藻船,可广泛用于湖泊、水库、河道、鱼塘及景观水体等水域蓝藻水华的防控。装置的藻水分离能力为 50 m^3/h、100 m^3/h、400 m^3/h,全国各地已经配置 39 艏。

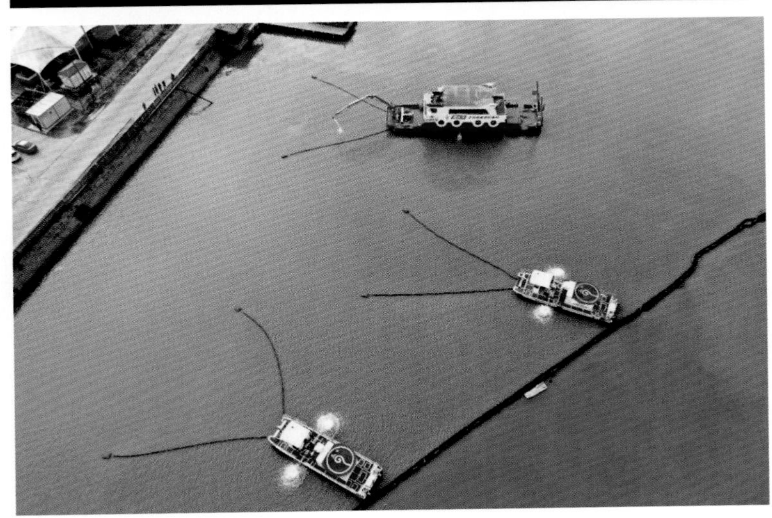

4.4 车载式藻水分离装置图

车载式藻水分离装置适合于湖湾、河道、水库及景观水体等水域近岸蓝藻应急治理的藻水分离，机动性强。装置的藻水分离能力为 1 000 m^3/d，全国已配置 19 辆。

4.5 组合式藻水分离装置图

此装置为机动性应急蓝藻治理装备，适用于蓝藻水华聚集严重但无条件建设大规模藻水分离站的湖库。处理能力为 2 000 m^3/d 富藻水。全国已经配置 8 套。

4.6 深井加压控藻平台设备图

改变蓝藻生长的压力、水温等生境，抑制蓝藻生长繁殖速度或致其死亡。深潜式高压除藻系统设备包括竖井加压控藻、水体推流循环、水上控制平台、蓝藻导流等系统。每日可处理藻水 4.8 万~9.5 万 m^3。全国已配置及即将配置 9 套设备。

太湖(江苏无锡)

星云湖(云南玉溪)

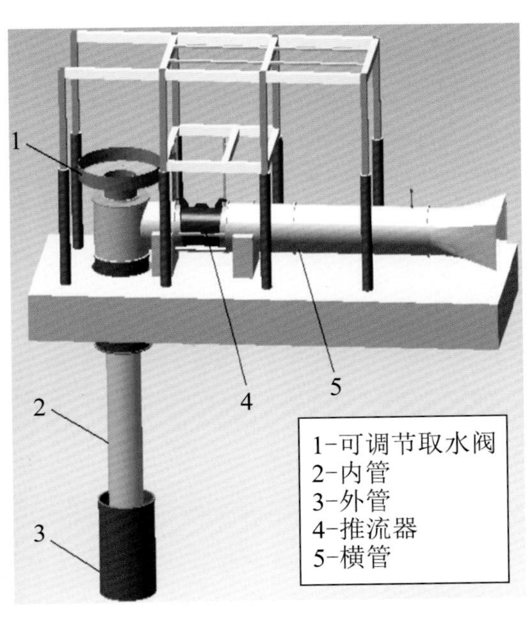

4.7 智能化打捞平台图

固定在蓝藻聚集点的钢结构打捞作业平台，配置高效可调式涡井取藻器，智能调节、高效吸取富集水面表层 5 cm 的高浓度蓝藻藻浆。

4.8 水动力控(灭)藻器图

水动力控(灭)藻器以固定方式间隔布置于蓝藻爆发水域中,通过调控水温和水流速度,改变蓝藻生长所需的环境条件,实现预防和控制蓝藻大规模曝发的目的。它可广泛用于湖泊、水库、河道、鱼塘及景观水体等。

4.9 监测预警船图

监测预警船搭载气象监测、多光源水质监测、无人机起降平台、水下视频及水下地形测绘等多种功能系统。配合卫星遥感技术,通过卫星、空中、水体和湖床的多层次监测,将数据进行整理融合,防范大面积水华、污染性事件等情况发生。

4.10　德林海清水车(治理黑臭水体净水车)

清水车——水体快速净化车

拥有独家的专利技术，外形似大巴车，可以方便地被运送到各条需治理的河道，能高效分离出河道水体中的致黑致臭污染物，使污染的水体迅速变为清澈，增加水体溶解氧含量。

矮化苦草

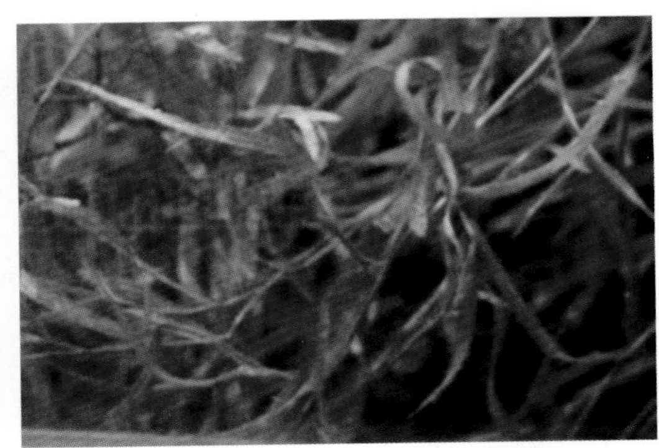

篦齿眼子菜

轮叶黑藻

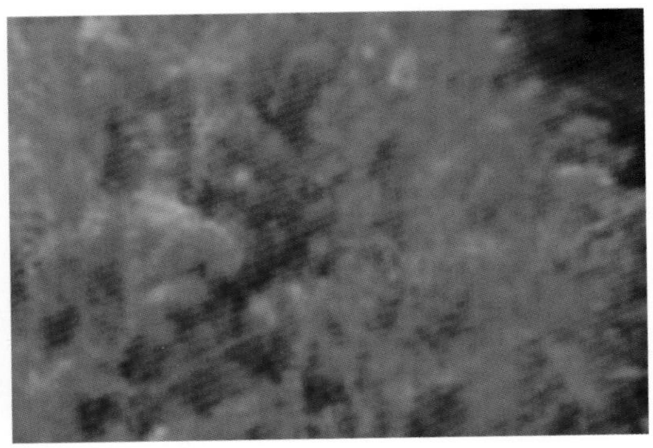

伊乐藻

5 光量子载体技术治理河湖与案例

5.1 光量子载体图

5.2 秦皇岛护城河治理项目附图

治理前(1)

治理前(2)

治理后(1)

治理后(2)

5.3 黎里新开河支流治理项目附图

上游治理前

上游治理后

下游治理前

下游治理后

5.4 圆通寺放生池项目附图

治理前

治理后

5.5 安徽十字河治理项目附图

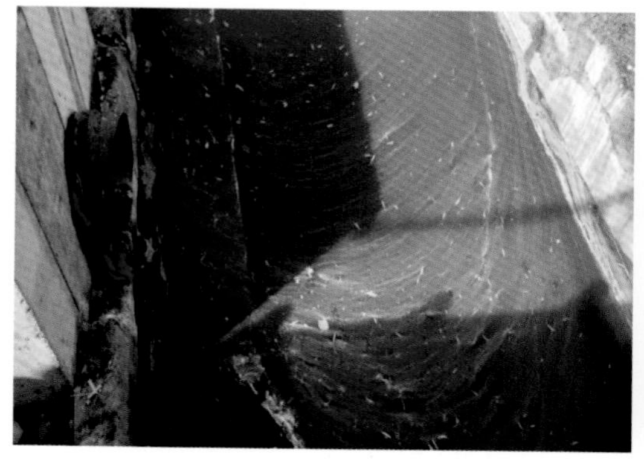

治理前(1)

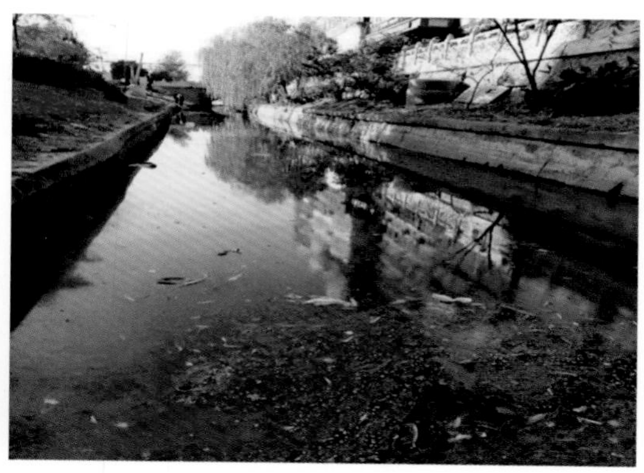

治理前(2)

治理前(3)

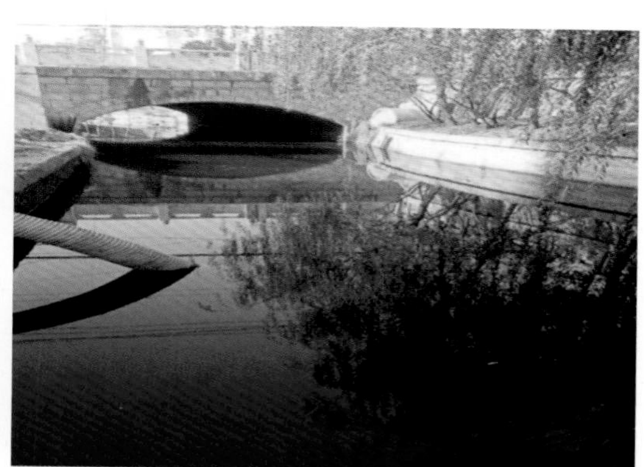

治理后

5.6 武汉墨水湖蓝藻治理项目附图

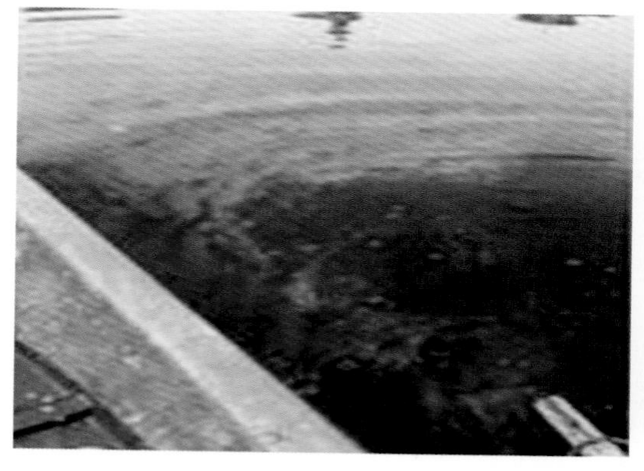

治理前

治理前

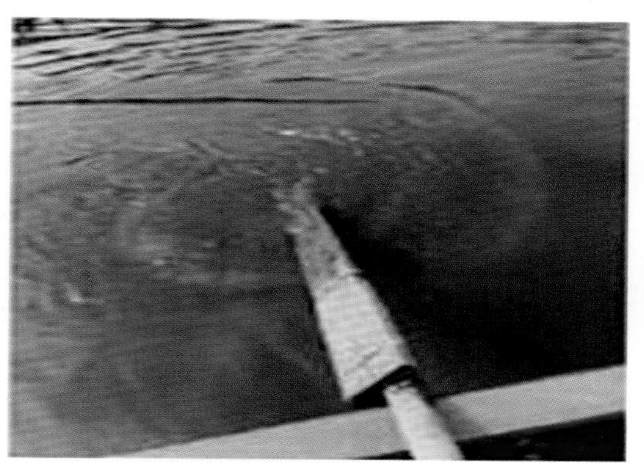

治理后

治理后

5.7 苏州畅园治理项目附图

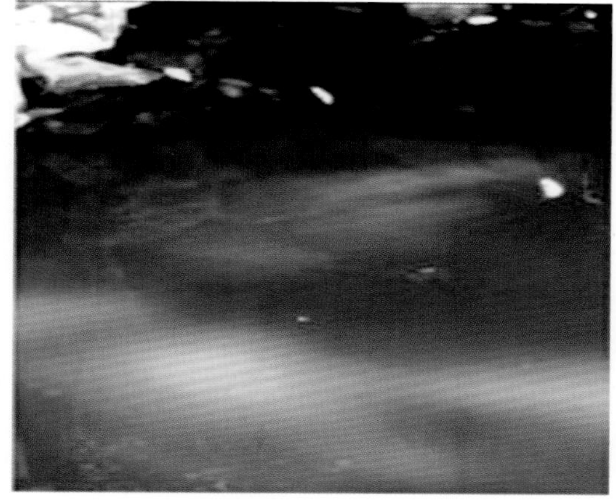

治理前

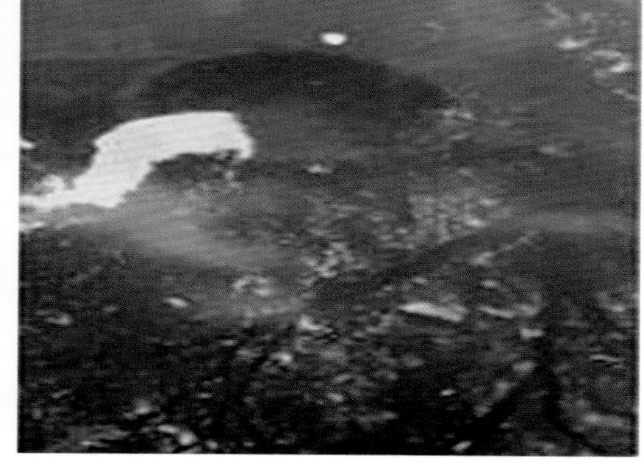

治理前

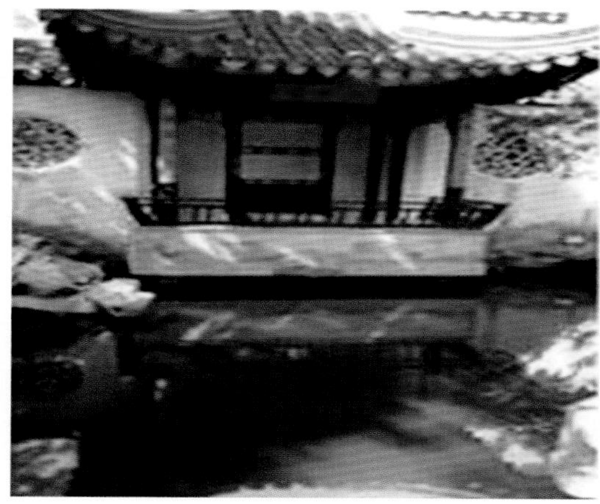

治理后

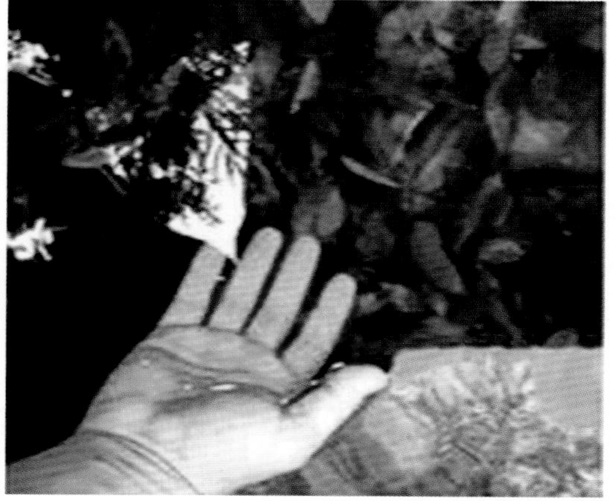

治理后

5.8 大连深矿坑黑臭水体治理项目附图

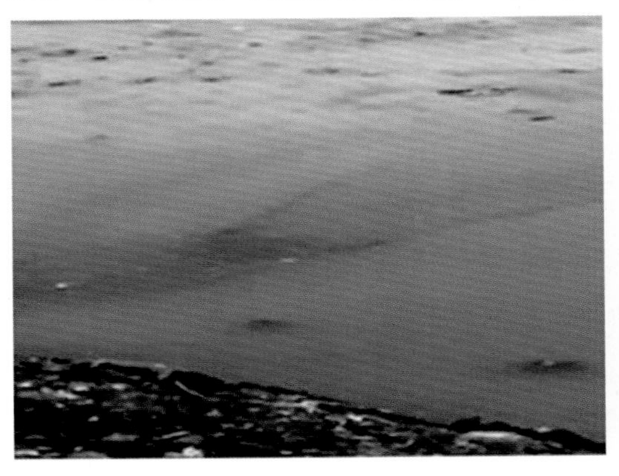

治理前

治理后

5.9 六盘水卡达凯斯人工湖黑臭水体治理项目附图

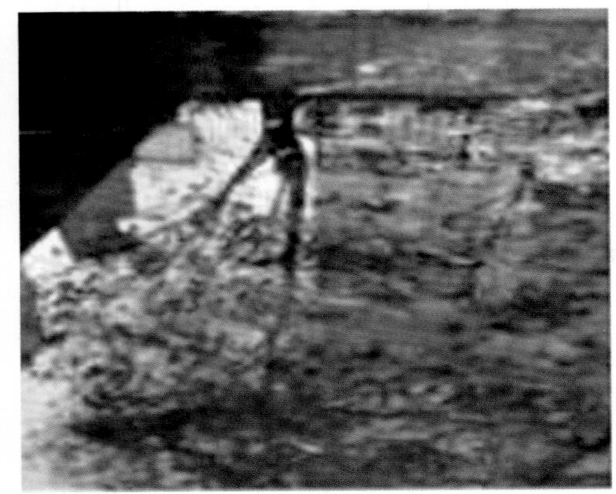

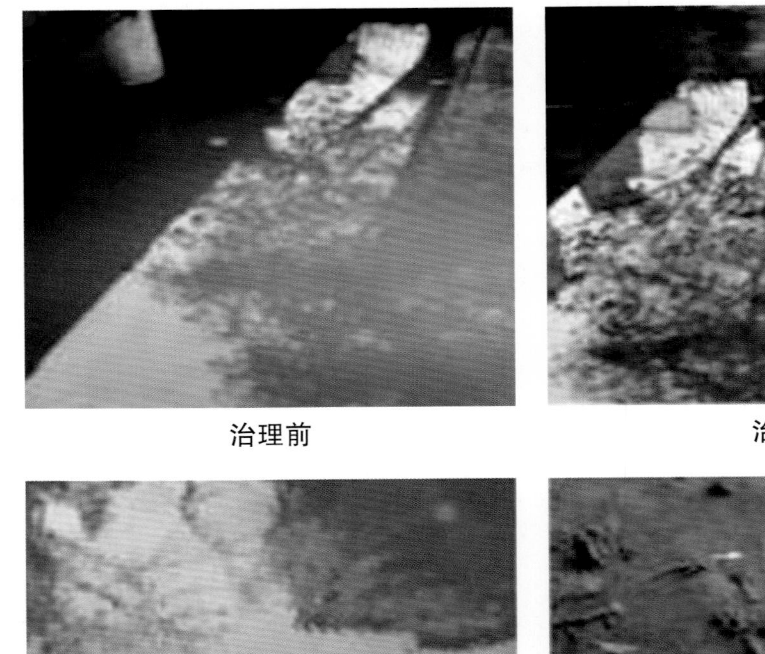

治理前

治理后

治理前

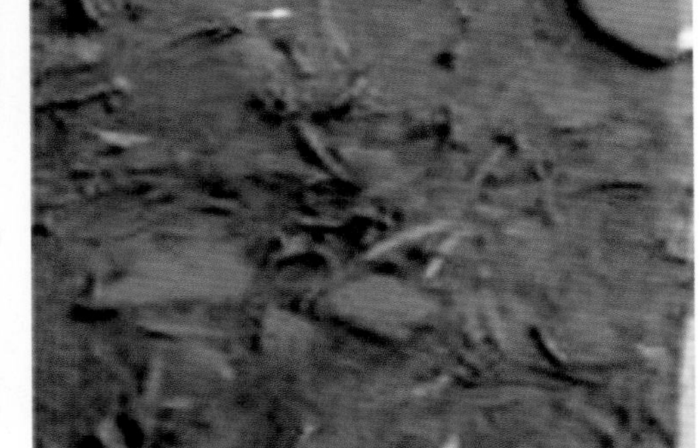

治理后

6 固载微生物技术治理河湖与案例

6.1 固载微生物颗粒图

6.2 固载微生物一体化发生器设备外形和运行图

设备外形图

设备运行图

6.3 昆明小清河治理工程附图

治理前(1)

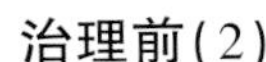

治理前(2)

治理后(1)

治理后(2)

6.4 广东佛山大沥镇溪头涌治理工程附图

广东省佛山市南海区内沟河 2014 年 1 月底至 2014 年 3 月初，水体浑浊，难以修复

治理前

经过 Biocleaner 设备一个多月的处理,水体得到了明显的改善,内沟河的水已经无臭味,透明度增加,且淤泥量大大减少

治理后

6.5 南京幸福河治理工程附图

治理前有异味、发黑

设备安装运行

设备运行 4 天,异味消除,DO>5 mg/L

设备运行 7 天,DO=10 mg/L,透明度为 50 cm

7　金刚石碳纳米薄膜电子技术治理河湖与案例

7.1　金刚石碳纳米薄膜电子技术装置图

碳纳米核心模块

光电能源供应平台

7.2　上海园西小河治理工程图

治理前(2019 年 5 月 17 日)

治理后园西小河主河段(2019 年 7 月 7 日)

7.3 雄安新区大清河尾水渠治理工程附图

治理前

治理后，距离装备 2.2 km 处水体清澈见底

7.4 上海一灶港河道治理工程附图

一灶港治理前

一灶港治理后

7.5 首届国际进口博览会河道治理工程附图

治理前

治理后，河道水质清澈

7.6 云南滇池去除蓝藻试验项目附图

治理前,蓝藻富集

治理后,消除蓝藻爆发

7.7 河北衡水湖大湖心水质提升项目图

衡水湖大湖心(2019 年 10 月 15 日)

8 复合式区域蓝藻和水土共治技术及案例

8.1 技术及装备附图

活水循环综合装置

能量释放模块

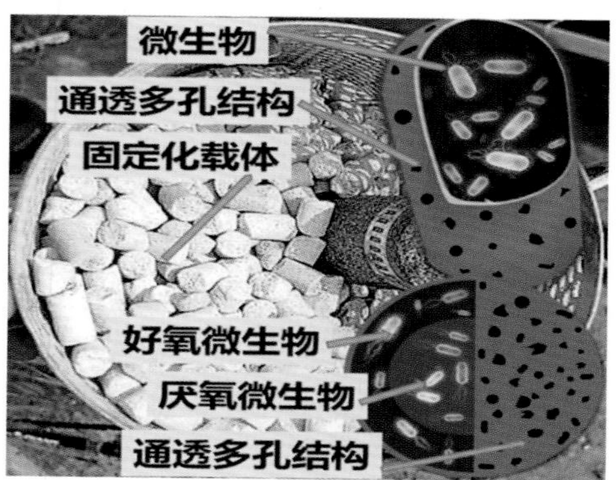

载体固化微生物

活水循环装置

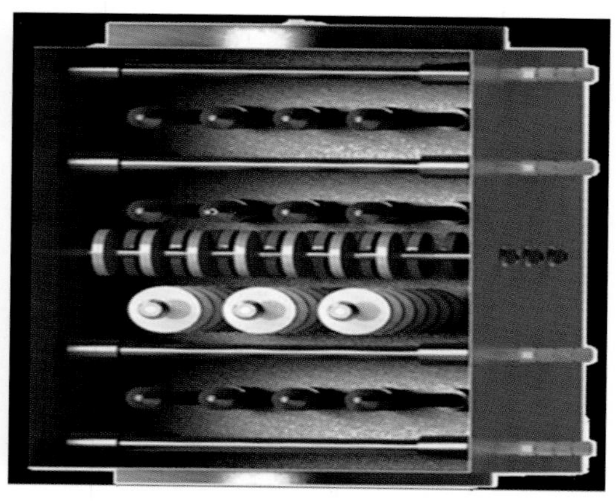

碳纳米核磁模块

远程控制式高级氧化发生器

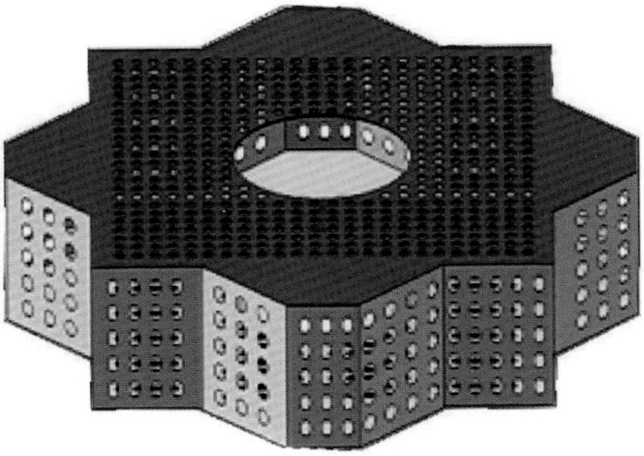

高级氧化发生器

8.2 星云湖除藻试验项目附图

治理前,蓝藻爆发

治理中,蓝藻死亡

治理后,蓝藻消除

8.3 雄安白洋淀治理项目附图

高级氧化模块治理白洋淀

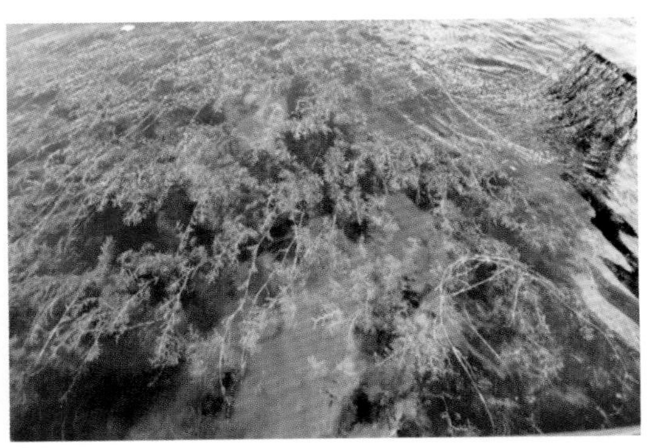

治理后水域风景美丽

8.4 福建山美水库治理项目附图

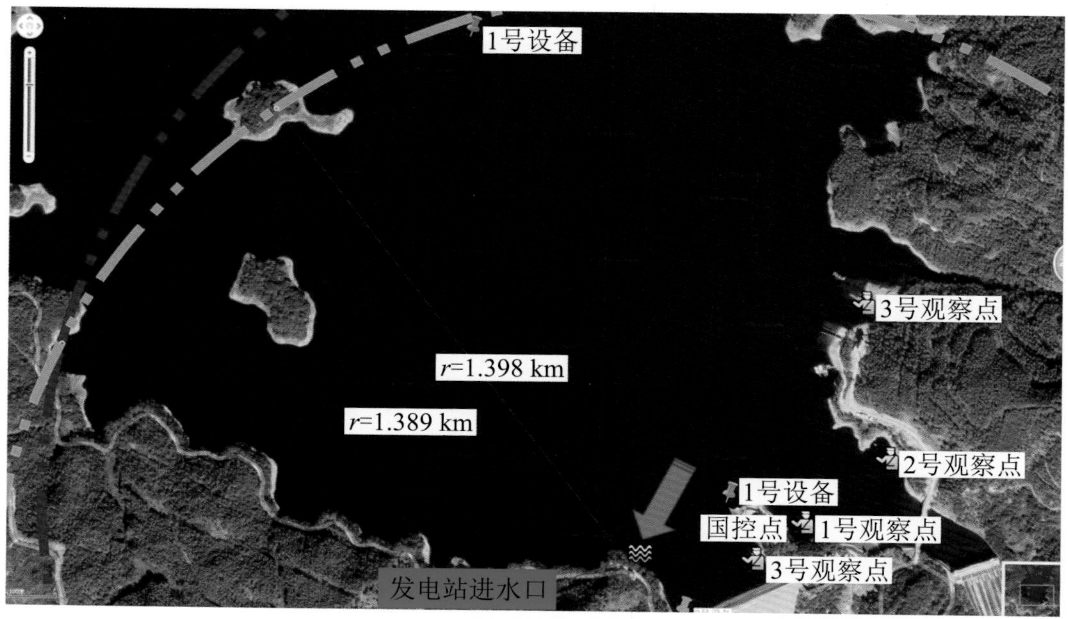

山美水库治理设备布置图

8.5 竺山湖除藻试验项目附图

2020 年 5 月 26 日~6 月 16 日治理区外的蓝藻爆发状况

治理水域内水体清澈见底

治理区外围布置的围隔和木桩等隔断

竺山湖治理除藻试验水域内部与外部蓝藻爆发程度的明显对比

9 生态修复

9.1 治理河湖 水景美丽

9.2 福建排洪沟项目附图

治理前

治理前

治理后

治理后

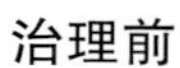

9.3 山东景区河道项目附图

治理前

治理前

治理前

治理后

治理后

治理后

10 全国部分调水线路

10.1 南水北调调水线路示意图(东线中线已建成运行,西线未建)

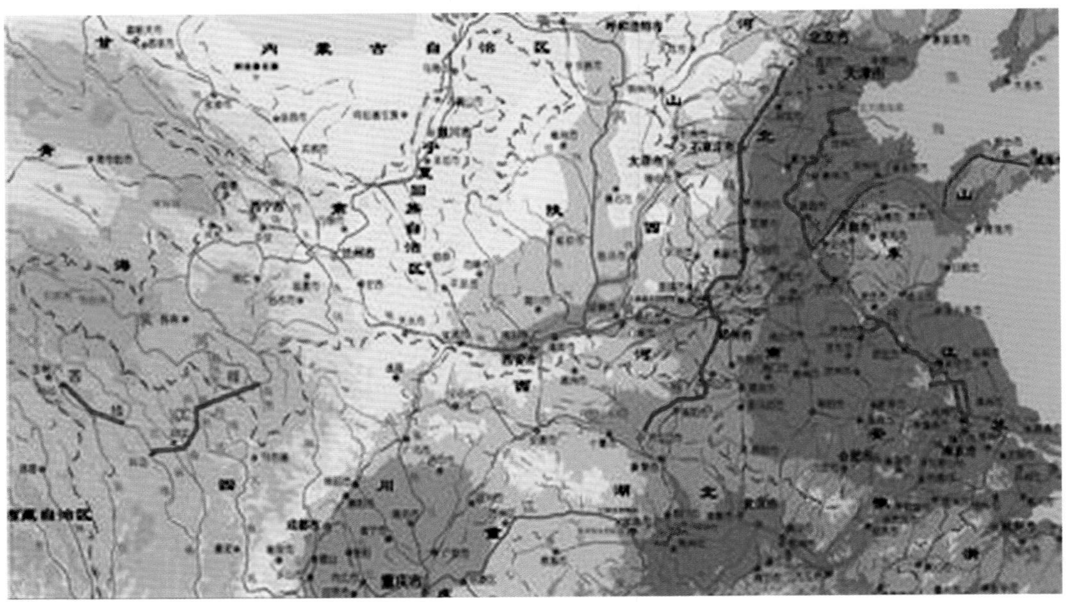

10.2 鄱阳湖水闸方案(左上)和塔里木河(左下)、黑河(右)调水线路示意图

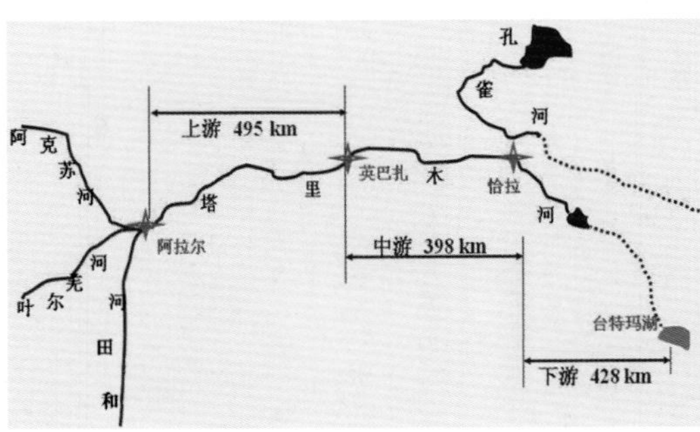

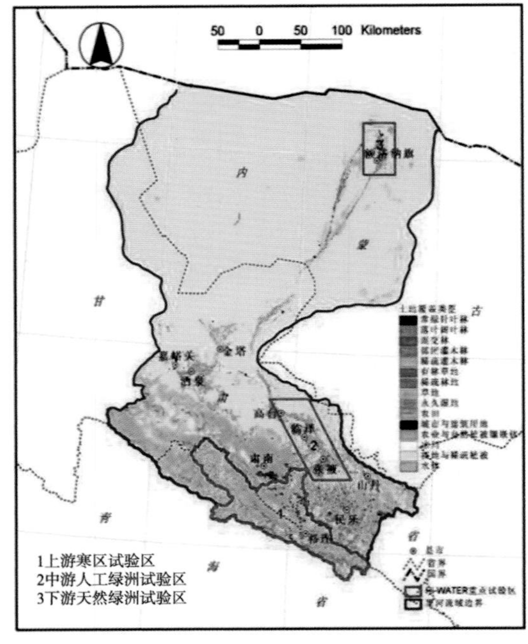

10.3 红旗河工程规划线路图

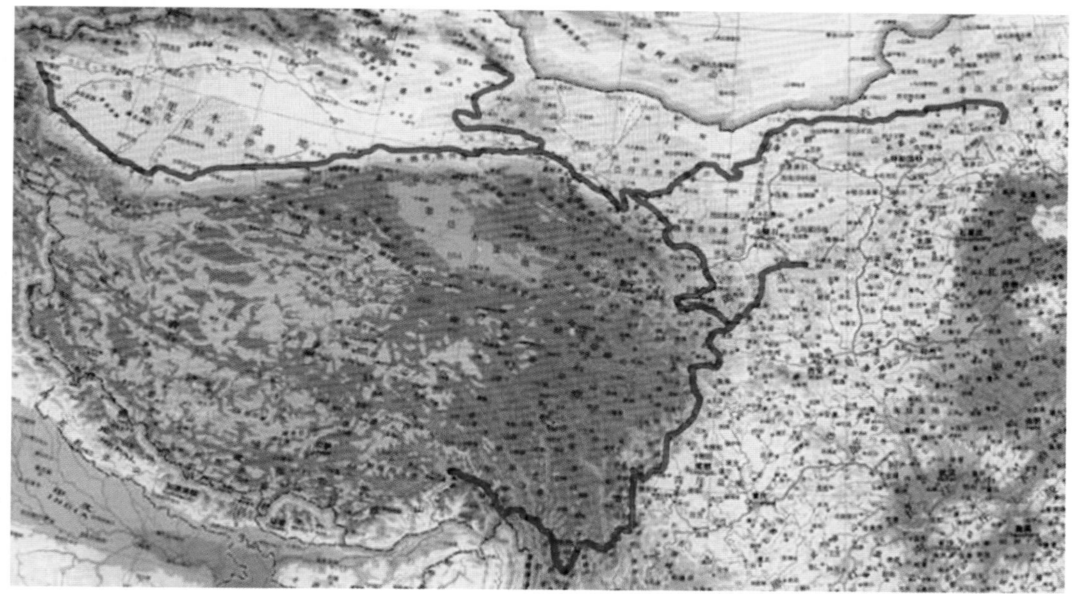

10.4 洞庭湖长江分流四口建大型泵站抽水入湖解决枯水问题方案示意图

洞庭湖可利用原长江分流形成的松滋河(松滋口)、虎渡河(太平口)、藕池河(藕池口)和华容河(调弦口,现已弃用)的“四口”或其部分,在长江口建 $Q_{总} \geq 1\ 000\ m^3/s$ 的大型泵站抽水入湖解决洞庭湖枯水问题,故可不必建闸控枯。

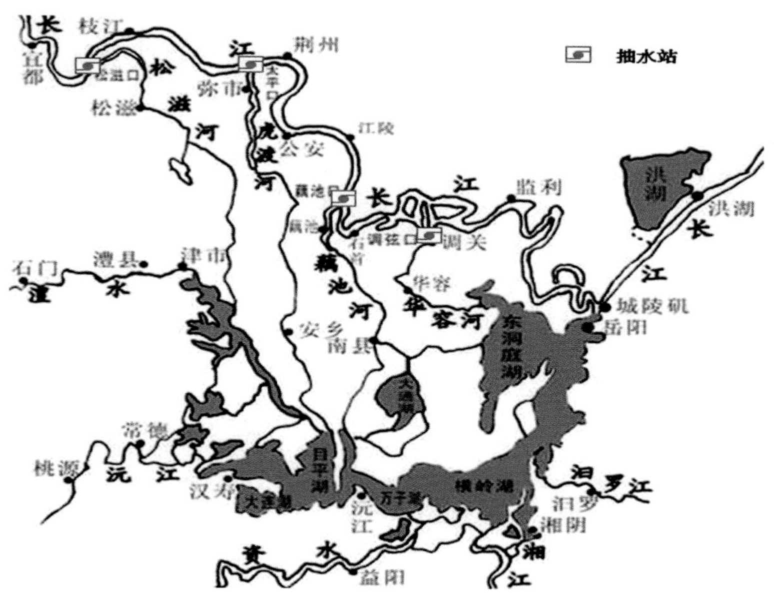

11　技术著作规划封面

《河湖生态环境治理调研与案例》
《中国淡水湖泊蓝藻爆发治理与预防》
《太湖蓝藻治理创新与实践》
《太湖无锡地区水资源保护和水污染防治》
《无锡市水资源综合规划报告》
《无锡市水生态系统保护和修复规划》